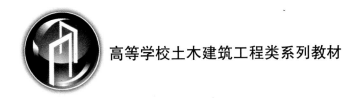

高等学校土木建筑工程类系列教材

地下结构设计模型（第二版）

■ 曾亚武 编著

U0250063

WUHAN UNIVERSITY PRESS

武汉大学出版社

图书在版编目(CIP)数据

地下结构设计模型/曾亚武编著.—2版.—武汉:武汉大学出版社,2013.9
高等学校土木建筑工程类系列教材
ISBN 978-7-307-11567-5

Ⅰ.地… Ⅱ.曾… Ⅲ.地下工程—结构设计—结构模型—高等学校—教材 Ⅳ.TU93

中国版本图书馆 CIP 数据核字(2013)第 210604 号

责任编辑:李汉保   责任校对:刘 欣   版式设计:马 佳

出版发行:**武汉大学出版社**   (430072 武昌 珞珈山)
(电子邮件:cbs22@whu.edu.cn 网址:www.wdp.com.cn)
印刷:湖北睿智印务有限公司
开本:787×1092 1/16   印张:21.5   字数:513 千字   插页:1
版次:2006 年 10 月第 1 版   2013 年 9 月第 2 版
    2013 年 9 月第 2 版第 1 次印刷
ISBN 978-7-307-11567-5   定价:38.00 元

内 容 简 介

本书是为普通高等学校土木工程专业地下建筑工程、岩土工程、交通工程、矿山工程等专业方向的本科生编写的地下建筑结构设计课程教材,系统地介绍了各种地下结构设计模型的基本原理和方法,涵盖了传统和现代两种不同的地下结构设计理念。

全书共分8章。第1章为绪论,简要介绍了地下空间、地下建筑和地下工程的概念,地下建筑的特点、结构型式、设计模型等;第2章~第6章分别介绍了地下结构经验类比设计模型、荷载结构设计模型、连续介质设计模型和收敛约束设计模型的原理和方法;第7章特别强调了现代支护结构的概念,介绍了新奥地利隧道设计施工方法的主要原则,以及喷锚支护结构的计算原理和方法;第8章简要介绍了地下结构的施工方法。

本书可以供普通高等学校土木工程专业本科生学习使用,也可以供相关专业研究生、高等学校教师以及从事相关工作的科研、设计和施工技术人员参考。

序

　　建筑业是国民经济的支柱产业，就业容量大，产业关联度高，全社会50%以上固定资产投资要通过建筑业才能形成新的生产能力或使用价值，建筑业增加值占国内生产总值较高比率。土木建筑工程专业人才的培养质量直接影响建筑业的可持续发展，乃至影响国民经济的发展。高等学校是培养高新科学技术人才的摇篮，同时也是培养土木建筑工程专业高级人才的重要基地，土木建筑工程类教材建设始终应是一项不容忽视的重要工作。

　　为了提高高等学校土木建筑工程类课程教材建设水平，由武汉大学土木建筑工程学院与武汉大学出版社联合倡议、策划，组建高等学校土木建筑工程类课程系列教材编委会，在一定范围内，联合多所高校合作编写土木建筑工程类课程系列教材，为高等学校从事土木建筑工程类教学和科研的教师，特别是长期从事土木建筑工程类教学且具有丰富教学经验的广大教师搭建一个交流和编写土木建筑工程类教材的平台。通过该平台，联合编写教材，交流教学经验，确保教材的编写质量，同时提高教材的编写与出版速度，有利于教材的不断更新，极力打造精品教材。

　　本着上述指导思想，我们组织编撰出版了这套高等学校土木建筑工程类课程系列教材，旨在提高高等学校土木建筑工程类课程的教育质量和教材建设水平。

　　参加高等学校土木建筑工程类系列教材编委会的高校有：武汉大学、华中科技大学、南京航空航天大学、南昌航空大学、湖北工业大学、汕头大学、南通大学、江汉大学、三峡大学、孝感学院、长江大学、昆明理工大学、江西理工大学、江西农业大学、江西蓝天学院15所院校。

　　高等学校土木建筑工程类系列教材涵盖土木工程专业的力学、建筑、结构、施工组织与管理等教学领域。本系列教材的定位，编委会全体成员在充分讨论、商榷的基础上，一致认为在遵循高等学校土木建筑工程类人才培养规律，满足土木建筑工程类人才培养方案的前提下，突出以实用为主，切实达到培养和提高学生的实际工作能力的目标。本教材编委会明确了近30门专业主干课程作为今后一个时期的编撰，出版工作计划。我们深切期望这套系列教材能对我国土木建筑事业的发展和人才培养有所贡献。

　　武汉大学出版社是中共中央宣传部与国家新闻出版署联合授予的全国优秀出版社之一，在国内有较高的知名度和社会影响力。武汉大学出版社愿尽其所能为国内高校的教学与科研服务。我们愿与各位朋友真诚合作，力争使该系列教材打造成为国内同类教材中的精品教材，为高等教育的发展贡献力量！

高等学校土木建筑工程类系列教材编委会

2008 年 8 月

第二版前言

《地下结构设计模型》一书于2006年初次出版以来，得到了广大师生的肯定和厚爱，在教学活动中发挥了重要作用，但在使用过程中也发现一些疏漏和不足。第二版在保留第一版特色的基础上，主要进行了以下几方面的修订：

1. 针对书中的大部分公式进行了复核、验算和文献查对，重点是针对引用国外学者建立的经验公式，通过查找原始文献，并经过充分的论证，进行了核查和更正。

2. 更新了部分陈旧内容，包括两个方面：其一是将第一版中使用的标准、规范等更新为现行的标准、规范，相应的内容也进行了调整；其二是删除了第一版中相对陈旧的内容，增补了一些新的、更具针对性的内容。

3. 重新绘制了书中所有的插图，使其表达的意义更明确、标注更清晰，避免错漏和歧义。

本书第1章~第4章、第6章、第7章由曾亚武教授修编；第5章由刘芙蓉讲师修编；第8章由高睿教授修编。全书仍由曾亚武教授统稿，赵震英教授审阅。

在本书修编过程中，得到了武汉大学、武汉大学土木建筑工程学院及武汉大学出版社相关领导和老师们的大力支持和帮助，尤其是武汉大学出版社李汉保编辑为本书第二版的及时出版付出了大量心血，提出了许多宝贵意见，在此一并表示衷心的感谢！在修编过程中，参考了国内外相关文献，在此对这些文献的作者表示感谢！

鉴于作者水平有限，虽经反复修改、订正，书中仍不可避免会存在疏漏和不足，敬请专家、同行和读者朋友批评指正。

作　者
2013年8月

前　言

随着我国经济的快速发展，各行各业对地下工程的需求越来越大，要求越来越高，发展也越来越快。如交通行业，一方面大中型城市的市内交通拥堵、用地矛盾突出，解决这一矛盾的出路就在于城市地铁、过街通道、过江通道的建设；另一方面，铁路、公路快速交通干道的建设，尤其是山区快速交通干道的建设，必然需要修建大量的隧道工程。其他如矿山、水电、能源、公共建筑、国防等各行业，都需要建设大量的地下工程。世界上许多国家已将地下空间开发利用作为一项基本国策，已经开始或正在进行大规模的地下工程建设。地下空间的开发利用已经得到普遍重视，可以预见21世纪将是地下工程的世纪。

地下工程处于地层中，其周围介质为岩石或土壤。因此，地下结构与地面结构相比较具有完全不同的特点。首先，与地面结构处于空气介质中不同，地下结构处于地层介质中，修建工程中和建成后都要受到地层（岩石或土壤）的作用，包括地层应力、变形和振动的影响，而且这些影响与所处地层的地质条件密切相关。因此地下结构的选址、选型及如何修建（施工）都必须充分考虑地层条件。其次，地下结构是在受载状态下构筑的，地下工程往往是一个大的空间体系，地下结构的构筑过程就是用内含空间替代地层实体，在地下结构构筑过程中是分部地完成这种替代的，也就是说地下结构的受载状态还与地下结构（空间）的形成过程及空间效应密切相关。其三，地层不单纯是荷载，各类地层有不同程度的自承能力。实际上地下结构与围岩形成一个统一的受力体系。因此地下结构的受力状态往往并不像地面结构那样明确，地下结构除了取决于结构物本身的特点外，还与地层条件有关。其四，地下结构处于地层中，设计时所依据的条件只是前期地质勘探得到的粗略资料，揭示的地质条件非常有限，只有在施工过程中才能逐步地详细了解。另外，还有一些因素随着施工进程会发生变化，因此地下结构的设计和施工一般有一个特殊的模式，即：设计——施工及监测——信息反馈——修改设计——修改或加固施工，建成后还需进行相当长时间的监测。

正是由于地下结构的这些特点，地下结构的设计方法也在不断的发展中，由传统的经验类比设计法、荷载结构设计法，发展到现代的连续介质设计法、收敛约束设计法等，且目前各种设计方法在地下结构的设计中都在发挥着各自的作用，出现了传统与现代设计理念并存的局面。因此，地下工程的设计施工迫切需要一大批具有专门知识的工程技术人才。

为满足地下工程建设的需求，加强地下工程设计和施工专门人才的培养，全国高等学校土木工程专业指导委员会已将地下、岩土和矿山方向列为土木工程专业的一个重要专业方向，地下结构为该方向核心课程之一。

根据土木工程专业课程建设需求以及地下结构的特点，作者于2002年编写了地下结构讲义开始为武汉大学土木工程专业本科生讲授地下结构课程。通过这几年的教学实践，逐步完善了课程内容，本教材就是在此基础上进行总结、修改、补充、完善后编写的。全书系统地介绍了各种地下结构设计模型的基本原理和方法，涵盖了传统和现代两种不同的地下结构设计理念。首先介绍了地下空间、地下工程的基本概念、特点、结构型式、设计方法等；其次以各种设计模型为主线，分别介绍了经验类比设计模型、荷载结构设计模型、连续介质设计模型、收敛约束设计模型等传统的和现代的地下结构设计模型的基本原理和方法及其工程应用；特别强调了现代支护结构的概念和设计原理；最后简要介绍了地下工程的施工方法。通过本课程的学习，可以为土木工程专业本科生毕业后从事相关工作打下坚实的基础。

全书共分 8 章，第 1 章，第 3 章和第 7 章由曾亚武副教授编写；第 2 章和第 6 章由张忠亭教授编写；第 5 章由刘芙蓉讲师编写；第 4 章和第 8 章由曾亚武副教授和张忠亭教授共同编写。全书由曾亚武副教授统稿，赵震英教授审阅。

本书在编写过程中，得到了武汉大学、武汉大学土木建筑工程学院及武汉大学出版社相关领导和老师们的大力支持和帮助，尤其是武汉大学出版社李汉保编辑为本教材的及时出版付出了大量的心血，提出了许多宝贵的意见，在此一并表示衷心的感谢！

由于编者水平有限，加上时间仓促，书中不可避免会存在一些疏漏和不足，敬请专家、同行和读者批评指正。

作　者

2006 年 7 月

目　　录

第 1 章 绪   论

1.1 地下空间及地下建筑的概念

人类赖以生存的地球是一个表层为地壳、深处为地幔和地核的球体。地壳为一层很厚的岩石圈，表层岩石有的经风化成为土壤，形成不同厚度的土层，覆盖着大部分陆地。岩层和土层在自然状态下都是实体，在外部条件作用下才能形成空间。在岩石和土层中天然形成或人工开挖形成的空间称为地下空间。天然地下空间按成因有喀斯特溶洞、熔岩洞、风蚀洞、海蚀洞等；人工地下空间包括两类：一类是开发地下矿藏而形成的矿洞；另一类是因工程建设需要开凿的地下洞室。地下空间的开发利用为人类开拓了新的生存空间，并能满足某些在地面上无法实现的空间要求。因此地下空间被认为是一种宝贵的自然资源。

建造在岩层或土层中的各种建筑物（buildings）和构筑物（structures），是在地下形成的建筑空间，称为地下建筑（underground buildings and structures），地面建筑的地下室部分也是地下建筑。建造在地下的各种工程设施称为地下工程（underground engineering）。随着国民经济的发展和科学技术的进步，地下空间的应用越来越广泛。城市地铁、铁路、公路、水电站、商场、仓库、地下车库、工厂、体育场馆等许多工程都安排在地下，某些工程在特定情况下还必须安排在地下。

地下空间的利用为各类建筑工程物的选址开辟了广阔的前景。当前，地下空间作为一种重要的自然资源—— 一种新的国土资源加以开发和利用，在国民经济的各部门和国防建设中都得到了世界各国的高度重视。联合国自然资源委员会 1982 年会议指出，地下空间是人类潜在的和丰富的自然资源。20 世纪 80 年代国际隧道协会（ITA）提出了"大力开发地下空间，开始人类新的穴居时代"的口号。许多国家将地下空间开发利用作为一项基本国策，已经开始或正在进行大规模的地下工程建设，地下空间的开发利用已经和正在得到普遍的重视，21 世纪将是地下工程的世纪。

1.2 地下空间的用途和地下工程分类

地下空间有着广泛的用途。在远古时期，人类开始利用天然洞穴作为居住之用，以保护自己免遭自然灾害的威胁。在北京西郊周口店，50 多万年前，北京猿人就居住在自然条件较好的龙骨山天然溶洞中。在日本也发现了距今 2 万年至 3 万年前的古人类居住洞穴。在欧美、中东、北非等地都发现了古人类穴居的遗迹。人类到地面居住以后，开始开发地下空间，用于满足居住以外的多种需求，如采矿、储藏、输水及交通工程、地下陵墓、宗教设施等，直到现代的大型公用设施、城市地下空间的综合利用与地下工业、商业以及军事设施等，地下空间的开发利用已得到普遍重视。显然，人类对地下空间的开发利用，经历了从自发到自觉的漫长过程，推动这一过程的，一是人类自身的发展，如人口的繁衍和智能的提高，人类需求的扩展；二是社会生产力的发展和科学技术的进步。

按照用途的不同，地下工程可以分为以下几种类型：

(1)矿山巷道：包括各类矿物采掘后的洞室和输送矿石的巷道工程，这类工程通常只要求在采矿过程中能维持洞室的稳定、安全，待采矿完成后，或者废弃或者转作其他用途。

(2)地下交通工程：包括各种公路和铁路隧道、城市地铁、地下过街通道等。

(3)地下储库：包括粮食、油料、水果、蔬菜等的储存库，鱼、肉食品的冷藏库，车库、核废料储存库等。

(4)水工地下洞室：包括各种输水隧道、水电站地下厂房、地下抽水蓄能电站、地下水库等。

(5)地下工厂：包括各种轻工业、重工业地下厂房、地下核电站、地下火电站等。

(6)地下民用与公共建筑：包括地下商场、图书馆、体育场馆、展览馆、影剧院、医院、旅馆、住宅及其综合建筑体系——城市地下街道等。

(7)公用和服务性地下工程：包括地下自来水厂、地下污水处理厂、给排水管道及天然气、供电、通信管线的综合工程等。

(8)地下军事工程和防护工程：包括各种野战工事、指挥所、通信枢纽、人员和武器掩蔽所、军火和物资库等。

地下工程可以修建在岩层中，也可以修建在土层中。根据地下工程所处的地层性质的不同，可以将其分为岩石地下建筑和土层地下建筑。由于两种地层地质条件的差异和介质特性的不同，这两类地下建筑工程无论在规划设计还是在施工维护等方面都是不同的。

1.3　地下空间开发利用简况

人类对地下空间的开发利用有着悠久的历史，经历了从自发到自觉的漫长历程。远古时代，人类就开始利用天然洞穴作为防雨避风的住所。随着人类走向文明与进步，人类社会进入了铜器和铁器时代，生产工具的改进和生产关系的改变，使奴隶社会中的生产力有了很大的发展，在其鼎盛时期形成了古埃及、古希腊、古罗马及古代中国的高度文明，这时期地下空间的利用也摆脱了单纯的居住要求，而进入更广泛的领域。在这期间的数千年中，遗留至今或有历史可考的大型地下工程很多，如古埃及金字塔，实际上是建于公元前2650年至公元前2500年前后的一种用于墓葬的地下空间；再如公元前22世纪古巴比伦幼发拉底河河底隧道，我国秦汉时期的地下陵墓及地下粮仓等。

中世纪以后，在采矿、地下交通、市政建设、工业和水工地下工程等方面，地下空间的开发利用得到了广泛的发展。随着经济建设的需要和科学技术的进步，特别是17世纪炸药的使用和18世纪蒸汽机的发明并使用于凿岩，人们能在坚硬岩石中快速挖掘洞室，这样地下空间的开发利用进入了一个较快速的发展时期。1613年修建了伦敦水道；1681年修建了地中海比斯开湾的连接隧道；1845年英国建成第一条铁路隧道；1871年建成穿越阿尔卑斯山连接法国和意大利的长12.8km的公路隧道，等等。

　　第二次世界大战期间，由于地下建筑物在防护方面的优越性十分明显，受到各参战国的高度重视，许多国家都将一些军事设施和工厂、仓库、油库等修建在地下。另一方面，将生产一些尖端产品的车间设在地下，能够满足恒温、恒湿、防震等生产工艺上的严格要求。

　　第二次世界大战后，随着经济的发展，对能源的需求与日俱增，从而开始了大规模的水利水电建设。有时在高山峡谷中修建水电站，由于施工场地的局限或者为了不破坏植被和生态环境，通常将水电站厂房建于地下。

　　随着世界人口的增长，城市面积扩大、土地资源减少、能源短缺、城市交通拥塞、环境污染及备战防灾诸方面的压力和问题，地下空间的开发和利用已成为建设现代化城市的重要标志。

　　20 世纪以来，现代地下空间开发有了迅速发展，达到空前规模，主要用于建造各种隧道、水利水电地下工程、大型地下公用设施和地下能源储库等。特别是城市地下空间的开发利用成了人们关注的热点，视其为新的国土资源。这一时期最典型的工程主要反映在城市地铁、长大隧道(如日本的青涵隧道、英法之间的英吉利海峡隧道等)、地下水电站、城市地下公用设施等方面。

　　截至目前，世界上已有一百多个城市修建了地下铁道，线路总长超过 6000km。长度大于 10km 的长大隧道超百座，包括穿越津轻海峡，总长 53.85km 的日本青涵隧道；穿越英法之间的英吉利海峡，总长 51km 的英吉利海峡隧道；总长 57km 的位于瑞士中部阿尔卑斯山区的戈特哈德铁路隧道等。地下电站发展迅速，包括地下水电站、地下火电站、地下核电站和地下抽水蓄能电站等，其中全世界的地下水电站已超过 400 座，如著名的加拿大丘吉尔瀑布电站地下厂房长 296m、宽 25m、高 47m。城市地下空间的开发利用在这一时期成为城市建设的重要内容，一些发达国家逐渐将地下商业街、地下停车场、地下铁道及地下综合管线工程等联为一体，成为多功能地下综合体等。

　　为了合理利用地下空间，加强学术交流与提高地下工程规划设计与施工技术，地下空间开发利用的学术研究也非常活跃。1970 年联合国经济合作与发展组织在华盛顿召开了有 19 个国家参加的隧道工程咨询会议，标志着国际隧道工程学会的成立。1976 年美国地下空间学会成立，并在明尼苏达大学建立地下空间研究中心，出版了《Underground Space》杂志。1977 年，在瑞典首都斯德哥尔摩召开了地下空间国际学术会议(Rockstone77)，第一次交流了与会各国开发利用地下空间的经验。1980 年，联合国自然资源能源和运输中心及瑞典政府各部门及学术团体(岩石力学学会、隧道工程学会、工程地质学会)共同发起组织召开了有 40 个国家和国际组织代表团约 1000 人参加的国际地下空间学术会议(Rockstone80)，这次会议产生了一个致各国政府开发利用地下空间资源为人类造福的建议书，并提出在开发利用地下空间资源中进行国际技术合作和经验交流的建议。1991 年在日本东京召开的城市地下空间利用的国际会议上提出了开发利用地下空间的"东京宣言"，称地下空间是一种新型的国土资源。这些国际间的技术交流与合作，极大地促进了地下空间的开发和利用。

　　在我国，地下空间开发利用的历史悠久。数千年前我们的祖先就在我国北方的黄土高原建造了许多供居住的窑洞和地下粮食储备工程，至今仍有不少农民居住在不同类型的窑洞中。

20世纪中期以来,我国地下空间开发利用有了很快发展,取得了举世瞩目的成就。

首先是人防工程。20世纪60年代末、70年代初,我国城镇曾掀起了"深挖洞"的群众运动。各单位、街道居民修建了大量的人防工程,并相互连通,形成了四通八达的地下网络。由于缺少统一规划,缺乏经验,加上技术力量不足,这些工程一般规模较小,质量较差,目前统称为早期人防工程。现在,新建的人防工程在建设前都经过了可行性论证,既考虑到战时防空的需要,又考虑到平时经济建设、城市建设和人民生活的需要,具有平战双重功能。同时,人防工程严格按建设程序办事,从土建到装修都注重质量,建成投入使用后,取得了显著的战备效益、社会效益和经济效益。许多大中型人防工程成为城市的重点工程,如哈尔滨奋斗路地下商业街、沈阳北新客站地下城、上海人民广场地下停车场、郑州火车站广场地下商场、武汉汉正街地下商城等,在社会上产生了巨大的影响。

其次是交通隧道工程。20世纪60年代开始的大规模交通设施建设,修建了为数众多的铁路隧道、公路隧道。据相关资料统计,至2002年底,我国共有铁路、公路交通隧道8600多条,总长度约4370km,居世界第一;至2010年,铁路、公路交通隧道总数已突破13000条,总长超过9000km。交通隧道单洞长度记录也不断被刷新,20世纪80年代修建的当时国内最长的铁路隧道——长14.295km的大瑶山隧道,大大改善了京广线的行车条件。1999年6月,长18.4km的秦岭铁路隧道贯通,在西(安)(安)康铁路上发挥着十分重要的作用。2006年3月30日和8月23日,当时亚洲最长的陆上隧道——长20.05km的兰(州)新(疆)铁路乌鞘岭隧道右线、左线正式建成通车。2007年2月15日,号称"天下第一隧"的秦岭终南山高速公路隧道建成通车,该隧道全长18.02km,分上下行双隧,长度居世界第二、亚洲第一,建设规模世界第一,是世界上双洞最长、技术标准最高、建设规模最大的高速公路隧道。2009年4月1日,长27.848km(左线27.839km)的石(家庄)太(原)客运专线太行山隧道随着我国最早开工建设(2005年6月)的高速铁路——石(家庄)太(原)客运专线一起建成通车。2008年12月28日,号称"万里长江第一隧"的武汉长江隧道建成通车。此外,穿越琼州海峡、渤海湾以及台湾海峡的海底隧道工程也正在论证或准备之中,其中渤海湾隧道已经开始前期准备工作。

其三是方兴未艾的城市地铁建设。1965年我国在首都北京始建第一条城市地铁以来,已有天津、上海、广州、深圳、南京、武汉等城市地铁建成营运或处于施工阶段。截至2010年底,北京市已开通运营的轨道交通总里程达336km;2010年上海世博会开幕之前,上海地铁总运营里程已达到408km,与伦敦地铁并列为世界上运营里程最长的地铁系统。

其四是水利水电建设中的地下工程,特别是大型地下水电站厂房的建设,说明我国已具备开发大型或超大型地下空间的技术水平和能力。举世瞩目的长江三峡水利枢纽工程,其地下电站部分主厂房长311.3m,宽32.6m,高87.24m,其跨度和高度均居世界地下水电站之冠。

其五,城市地下商城、地下综合体等的建设表明我国城市已经开始大规模开发利用地下空间。据相关报道,截至2010年,上海已结合地铁建设等开发利用地下空间面积约4000万m²,形成超过10座以上"地下城",地下客流已高达每日800万人次;而根据规划,到2020年,北京将建成9000万m²的地下空间,人均达5m²;到时武汉也将在684km²的主城区范围内,建成2000万m²地下空间。

最后,为满足军事防护要求、能源储备需求等均开发了大量的地下空间。我国已逐步开始实施的战略石油储备工程，仍将需要建设大量的地下油、气储备基地。

可以预见，随着经济、科技、国防建设的发展，我国地下空间的开发利用即将进入一个蓬勃发展的新时期。

1.4　地下建筑的结构形式

建造在岩层中和土层中的各种建筑物和构筑物统称为地下建筑。与地面建筑不同的是，地下建筑修建于地层中，其围护结构与地层接触，两者构成共同的相互作用的受力体系。显然地下建筑的结构形式除了应满足使用要求外，还必须考虑与周围地层的相互作用以及施工方法等因素。

1.4.1　岩石地下建筑结构

岩层中的地下建筑结构通常称为衬砌结构，常见的有以下几种形式：

1. 半衬砌结构。只做拱圈，不做边墙的衬砌结构称为半衬砌结构。在岩石较坚硬，整体性较好的岩层中，可以采用半衬砌结构。图 1.4.1(a)为半衬砌结构示意图。图 1.4.1(b)为落地拱，也按半衬砌结构设计。

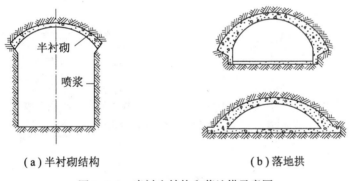

（a）半衬砌结构　　　　　　　　　（b）落地拱

图 1.4.1　半衬砌结构和落地拱示意图

2. 贴壁式衬砌结构。贴壁式衬砌结构是衬砌结构与围岩紧密接触，常在施工时将衬砌与围岩之间的空隙进行密实回填。根据岩层条件，可以做成厚拱薄墙衬砌结构、直墙拱形衬砌结构和曲墙拱形衬砌结构等形式，如图 1.4.2 所示。

3. 离壁式衬砌结构。离壁式衬砌结构的拱圈及边墙都不必与围岩接触紧密，其间空隙不做回填，只是在拱脚处局部支撑于岩壁上。在围岩基本稳定时，可以采用离壁式衬砌结构，如图 1.4.3 所示。

4. 锚喷支护结构。在岩层地质条件较差的地下工程中开挖地下洞室时，采用喷混凝土、钢筋网喷混凝土、锚杆喷混凝土或锚杆钢筋网喷混凝土对围岩进行加固的结构，称为锚喷支护结构，如图 1.4.4 所示。

由于锚喷支护是一种"柔性"结构，同时能对围岩即时支护，故能更有效地利用围岩的"自承"能力维护洞室稳定，是软岩中地下洞室常见的地下建筑结构形式。

 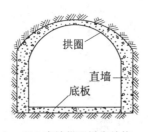 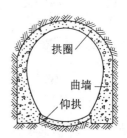

（a）厚拱薄墙衬砌结构　　　（b）直墙拱形衬砌结构　　　（c）曲墙拱形衬砌结构

图 1.4.2　贴壁式衬砌结构示意图

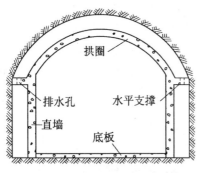

图 1.4.3　离壁式衬砌结构示意图

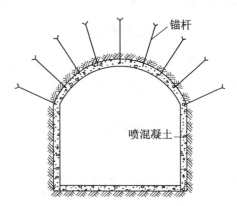

图 1.4.4　喷锚支护结构示意图

5. 穹顶直墙衬砌结构。是一种圆底空间薄壁结构。该结构可以做成顶、墙整体联结的整体式结构，也可以做成顶、墙互不联系的分离式结构。在我国，多采用后者，其基本构造如图 1.4.5 所示。

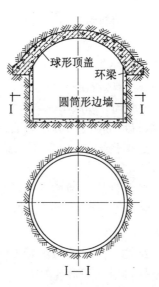

图 1.4.5　分离式穹顶直墙衬砌结构示意图

1.4.2 土层地下建筑结构

1. 浅埋式地下结构。浅埋式地下结构一般是指覆土厚度仅 5 ~ 10m，通常采用明挖填埋法修建的地下结构。这种结构的平面呈长方形或条形，其形式常为梁板结构或框架结构，也可以做成多跨的连续直墙拱形结构。如图 1.4.6 所示。

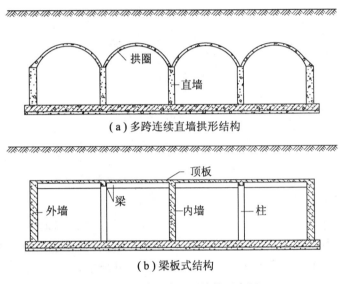

（a）多跨连续直墙拱形结构

（b）梁板式结构

图 1.4.6 浅埋式地下结构示意图

2. 地道式地下结构。地道式地下结构是土层中采用暗挖法施工的直墙或曲墙拱形结构，如图 1.4.7 所示。

3. 装配式圆形管片地下结构。装配式圆形管片地下结构断面为圆形，由装配式管片拼装组成。这种结构适用于中等埋深以上的软弱土层中盾构法施工的地下结构，如图 1.4.8 所示。

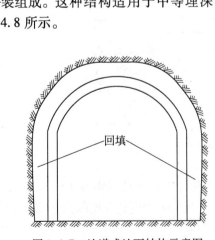

图 1.4.7 地道式地下结构示意图

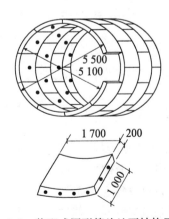

图 1.4.8 装配式圆形管片地下结构示意图

4. 沉井式地下结构。沉井式地下结构是指利用结构自重作用而下沉入土的井筒状地下结构，如图 1.4.9 所示。沉井式地下结构是土层地下结构中常用的结构形式之一，用途十分广泛。

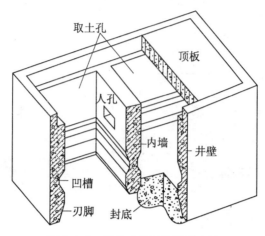

图 1.4.9　沉井式地下结构示意图

5. 顶管式地下结构。顶管式地下结构是以千斤顶顶进就位的地下结构。通常在立体交叉的情况下为了不影响上部交通或建筑物安全而采用这种结构或采用顶管法施工，其断面形式一般为圆形、矩形或多跨箱涵结构，如图 1.4.10 所示。

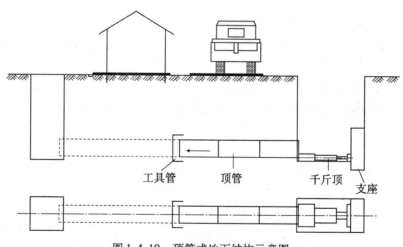

图 1.4.10　顶管式地下结构示意图

6. 沉管式地下结构。沉管式地下结构是适用于建造过江隧道和城市地下铁道等的一种地下结构，一般做成箱形结构，两端加以临时封门，施工时在预先开挖的沟堑或河槽内将预制好的管段测定放置就位，再连接成整体，如图 1.4.11 所示。

7. 基坑支护结构。基坑是由于建筑需要而由地面向下开挖的一个地下空间，四周一般为垂直的挡土结构，称为基坑支护结构，如图 1.4.12 所示。

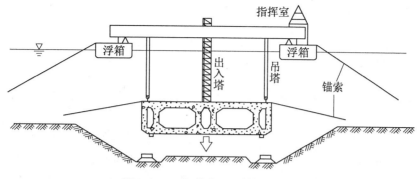

图 1.4.11 沉管式地下结构示意图

8. 附建式地下结构。附建式地下结构是房屋下面的地下室,一般有承重的外墙、内墙(或内柱)和板或梁板式结构,如图 1.4.13 所示。

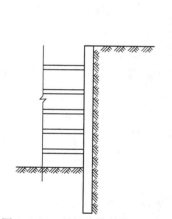

图 1.4.12 基坑支护结构示意图

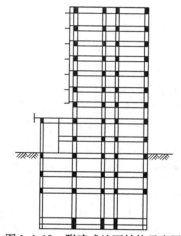

图 1.4.13 附建式地下结构示意图

9. 地下连续墙结构。先建造两条地下连续墙,然后在中间挖土,修建底板、顶板和中间楼层,如图 1.4.14 所示。

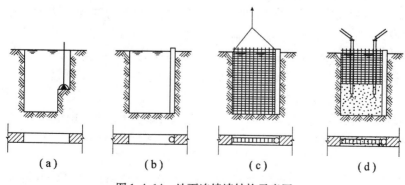

（a）　　　　　　　（b）　　　　　　　（c）　　　　　　　（d）

图 1.4.14 地下连续墙结构示意图

1.5 地下结构的特点

地下结构处于地层中，其周围介质为岩石或土层。因此，地下结构与地面结构相比较具有很大的差别。根据国内外各种地下建筑的工程经验，地下建筑结构具有以下特点：

1. 与地面结构处于空气介质中不同，地下结构处于地层介质中，修建过程中和建成后都要受到地层(岩层或土层)的作用，包括地层应力、变形和振动的影响，而且这些影响与所处地层的地质构造密切相关。地下结构的选址、选型及如何修建(施工)都必须充分考虑地层条件。

2. 地下结构的另一个显著特点是在受载状态下构筑。地下工程往往是一个大的空间体系，地下结构的构筑过程就是用内含空间替代地层实体，在地下结构构筑过程中是分部完成这种替代的，也就是说，地下结构的受载情况还与地下结构(空间)的形成过程及空间效应密切相关。

3. 地层不单纯是荷载，各类地层具有不同程度的自承能力。实际上地下结构与围岩形成一个统一的受力体系。因此地下结构的受力状态往往并不像地面结构那样明确，地下结构除了取决于结构物本身的特点外，还与地层条件密切相关。

4. 地下结构处于地层中，设计时所依据的条件只是前期地质勘探得到的粗略资料，揭示的地质条件非常有限，只有在施工过程中才能逐步详细了解。另外，还有一些因素随着施工进程会发生变化，因此地下结构的设计和施工一般有一个特殊的模式，即：设计——施工及监测——信息反馈——修改设计——修改或加固施工，建成后还需进行相当长时间的监测。

1.6 地下结构的设计方法

目前，地下建筑结构的设计方法有多种，但大体上可以归纳为以下四种设计模型：

1. 经验类比设计模型。首先对工程围岩或土层进行分类，然后根据相关规范或标准，参照过去的工程实践经验，通过工程类比进行设计。

2. 荷载结构设计模型。根据地面建筑结构的设计方法，确定结构、荷载和材料三要素，即首先确定地层压力，然后按弹性地基上结构物的计算方法计算结构内力，最后进行结构的截面设计。

3. 连续介质设计模型。将地下结构和周围地层视为整体共同受力体系，按变形协调条件分别计算地下结构与地层的内力，根据计算内力进行结构的截面设计，并验算地层的稳定性。

4. 收敛约束设计模型。是以现场测量和实验室试验为主的实用设计方法。该方法通常以地下洞室周边位移测量值为设计依据，根据位移测量曲线的特征来指导地下结构的设计和施工。

如表 1.6.1 所示是根据国际隧道协会(ITA)收集的部分会员国所采用的地下结构设计方法归纳的设计模型。由表 1.6.1 中可以看出，各国地下建筑结构的设计中，各种设计模型均有应用，但是针对不同地层或不同的施工方法，所采用的地下结构设计模型是不同的。

表 1.6.1　　　　　　　　　部分国家地下结构设计中所采用的设计模型

国家 \ 隧道类型	盾构开挖的软土层中隧道	喷锚钢拱架支护的软土层中隧道	中硬岩层中深埋隧道	明挖施工的框架结构
奥地利	荷载结构设计模型	荷载结构设计模型 连续介质设计模型 收敛约束设计模型	经验类比设计模型	荷载结构设计模型
德　国	荷载结构设计模型 连续介质设计模型	荷载结构设计模型 连续介质设计模型	荷载结构设计模型 连续介质设计模型 收敛约束设计模型	荷载结构设计模型
法　国	荷载结构设计模型 连续介质设计模型	连续介质设计模型 荷载结构设计模型 经验类比设计模型	连续介质设计模型 收敛约束设计模型	
日　本	荷载结构设计模型	荷载结构设计模型 经验类比设计模型 连续介质设计模型	荷载结构设计模型 连续介质设计模型 收敛约束设计模型	
中　国	荷载结构设计模型	初期支护： 连续介质设计模型 收敛约束设计模型 后期支护： 荷载结构设计模型	初期支护： 经验类比设计模型 永久支护： 荷载结构设计模型 连续介质设计模型	荷载结构设计模型
瑞　士	荷载结构设计模型	收敛约束设计模型 经验类比设计模型	连续介质设计模型 收敛约束设计模型 经验类比设计模型	荷载结构设计模型
美　国	荷载结构设计模型	荷载结构设计模型	荷载结构设计模型 连续介质设计模型 经验类比设计模型	荷载结构设计模型

1.6.1　经验类比设计模型

经验类比设计模型是目前国内外地下结构设计中应用最广泛的设计模型之一，尤其是建造在岩层中，以喷锚支护结构进行支护的地下结构设计中，应用尤其广泛。经验类比设计模型通常有直接类比法和间接类比法两种。直接类比法一般是以岩体的强度和完整性、地下水影响程度、洞室埋深、可能受到的地应力、结构的形状与尺寸、施工的方法、施工的质量以及使用要求等为指标，将设计工程与上述指标基本相同的已建工程进行对比，由此确定地下结构的类型和设计参数；间接类比法一般是根据现行的规范、标准，按工程所在围岩类别以及岩体参数确定拟建地下工程的结构类型和设计参数。

应用经验类比设计模型进行地下结构设计的程序，一般分为初步设计阶段和施工设计阶段。初步设计阶段的工作，是根据选定的结构轴线和掌握的地质资料，初步确定围岩类别，然后结合工程尺寸，结构设计参数，作为计算工程量、上报工程概算经费的依据。施工设计阶段的工作，是在对围岩地质条件进行比较细致和深入的研究后进行的，通常视围岩地质条件、工程规模等在不同时间进行，其目的是详细确定围岩类别和结构设计参数。采用经验类比设计模型进行地下结构设计时，在施工阶段，设计人员应深入施工现场，会同地质勘察、施工技术人员，根据现场实际及岩体参数的变化情况随时对设计进行修改。

1.6.2 荷载结构设计模型

荷载结构设计模型也称为结构力学计算模型。该模型认为，地层对地下结构的作用只是产生作用在结构上的荷载(包括主动的地层压力和由于地层约束结构变形而产生的弹性抗力)，按照结构力学的方法计算地下结构在地层荷载作用下产生的内力和变形。

荷载结构设计模型的关键是确定作用在地下结构上的地层荷载。地层荷载一般由两部分构成，即地层压力和弹性抗力。地层压力通常按照土压力公式、经验公式或围岩分级来确定，弹性抗力则通过文克尔(Winkler)局部变形理论、弹性地基梁理论等理论来加以考虑。

荷载结构设计模型不直接考虑地层(围岩)的承载力和地层与结构的相互作用，而是在确定地层压力和弹性抗力时间接予以考虑。地层(围岩)的承载能力越高，地层压力就越小，地层(围岩)对地下结构变形的约束作用就越大，相对来说，地下结构的内力就变小了。

一旦确定了地层荷载，地下结构的内力计算、截面设计等与地面结构就基本相同了。

1.6.3 连续介质设计模型

连续介质设计模型也称为地层—结构模型，其基本原理是按照连续介质力学原理及变形协调条件分别计算地下结构与地层中的内力，然后进行结构截面设计和地层的稳定性验算。

连续介质设计模型将地下结构和地层视为一个整体，作为共同承载的地下结构体系。在连续介质设计模型中，地层也是承载单元，地下结构是承载单元的一部分，其主要作用是约束和限制地层的变形，两者共同作用的结果是使地下结构体系达到新的平衡状态。从这一意义上来说，连续介质设计模型与荷载结构设计模型是相反的。

连续介质设计模型可以考虑地下结构的各种几何形状、地层和结构材料的非线性特征、开挖面所形成的空间效应、地层中的不连续面等。目前，对于圆形地下结构形式，采用连续介质设计模型，已取得了地层和结构内力的精确解析解。但对于其他地下结构形式，因数学上的困难，要求得地层和结构内力的解析解几乎不可能，只有通过试验和数值计算来求得近似解。通常所用的试验方法有光弹性模型试验法，地质模型试验法；而数值计算方法则包括有限元法（FEM）和边界元法（BEM）等。目前，随着计算机的普及以及计算技术的飞速进步，试验方法已逐步被数值方法所取代，而数值方法中使用最多、也最成熟的方法仍然是有限元法（FEM）。

1.6.4　收敛约束设计模型

收敛约束设计模型又称为特征曲线设计模型或变形设计模型，是一种以理论为基础，实测为依据、经验为参考的较为完善的地下结构设计模型。收敛约束设计模型严格来说是连续介质设计模型之一，但由于该设计模型以现场实测结果为设计依据，与以理论分析或数值计算结果为依据的连续介质设计模型存在较大的差别，通常将其单列为一种设计模型。

收敛约束设计模型的基本原理是按弹塑性理论等计算并绘制出表示地层受力变形特征的洞周收敛曲线，同时按照结构力学的原理计算并绘制出表示地下结构受力变形特征的支护约束曲线，得出两条曲线的交点，根据交点处表示的支护阻力值进行地下结构的设计。

收敛约束设计模型注重理论与实际应用的对照，比较适用于软岩地下洞室、大跨度地下洞室和特殊洞形地下洞室的支护结构设计。收敛约束设计模型是一种比较新的地下结构设计模型，其计算原理尚待进一步研究和完善，目前一般仅按照量测的洞周收敛值进行反馈和监控，以指导地下结构的设计和施工。但是，因为地层变形能够综合反映影响地下结构受力的各种因素，因此，收敛约束设计模型必将获得较快发展。

本教材将以上述几种设计模型为主线，分别介绍地下结构的各种设计原理和方法。

第 2 章　地下结构经验类比设计模型

2.1　概　　述

2.1.1　经验类比设计模型的概念

大多数情况下，地下结构设计还是依赖"工程类比法"进行设计的。因此，地下结构经验类比设计模型是地下结构最常用的设计模型之一。地下结构经验类比设计模型就是在地下结构所处地层特征相同或较为相近的前提下，参照已建工程的建设经验，包括勘测、设计、施工和运行管理等方面的经验，或借鉴相关规程、规范提供的经验参数，进行拟建地下结构的设计。

经验类比设计模型一般有两种基本方法：其一是以工程岩体分类为基础，结合工程特点、施工技术及使用要求等将拟建工程与上述条件基本相同的已建工程进行类比，从而确定地下结构设计的结构型式和相关参数，一般称其为直接类比法；另一种方法是根据现行设计规范，按工程岩体类别及衬砌支护设计建议参数确定拟建工程的支护类型和设计参数，通常称其为间接类比法。这两种方法本质上是一致的，它们都是依据大量工程建设的实践经验，经过统计规律的科学评价或工程经验的科学总结而得出的规律性认识。

地下结构设计是一门经验性很强的科学。在长期的实际工程建设中，人们积累了大量的工程实践经验，这些来自于工程实践的经验，是进行地下结构设计的重要依据。同时，工程经验类比设计模型本身也随着日益增多的经验和资料的积累，正在不断完善，其经验愈来愈符合理论的观点，其处理方法也愈来愈科学化。

2.1.2　工程岩体分类

所谓工程岩体分类，就是以工程实用为目的的岩体类型的划分。

地下结构所处地层的地质条件千差万别，不可能完全一样，但就某种类型的支护结构或施工方法来说，在多数条件下都有一定范围的地质条件适应性。例如，喷锚支护结构，几乎可以适应所有的地质条件，但不同的地质条件必须采取与之相适应的支护参数。因此，将适应某种设计参数或施工工艺的地质条件进行一定的抽象、归纳和分类具有十分重要的工程意义，可以作为地下结构设计参数、施工工艺选择的重要依据，即地下结构工程类比设计的重要依据。正因为如此，工程岩体分类已成为岩体力学的重要研究内容之一，也是地下结构工程的技术基础研究内容之一。

在进行工程岩体分类时，必须充分考虑工程实际的需要，采用明确的概念和严谨的判据去区分岩体的级别，以便工程技术人员合理地选择工程布局及采用相适应的技术处理方法。为满足工程设计使用而进行的工程岩体分类，一般应满足以下要求：

1. 形式简单，含义明确，便于实际应用。

2. 分类参数要包括影响岩体稳定性的主要参数，它们的指标应能在现场或室内快速简便地获得。

3. 评价标准应尽量科学化、定量化、并且简明实用。

4. 岩体分类应能较好地为工程类比设计提供必要的参数，且能为工程施工和运行管理提供必要的基础。

通常进行岩体工程分类应该考虑的主要因素包括岩体的完整性、结构面的产状、结构面的状态、岩石强度、地下水和初始地应力状态等因素。同时，在进行岩体工程分类时也应该考虑工程特点、工程技术措施等因素。根据岩体分类中所考虑的因素的多少及其分类指标的表达形式，现有工程岩体分类方法可以归纳为以下四种类型：

1. 单因素的岩体力学指标分类。早期进行地下工程建设时，由于人们对地下工程与地质条件的关系认识不足，经验不丰富，因此当时的围岩分类多以岩体单一的物理力学指标作为分类的依据，如岩石块体强度或岩体的变形（弹性）模量等。这种分类方法单纯以岩石力学指标为依据没有反映岩体的完整性，地下水等影响因素，所以不能全面反映岩体的工程特性。

2. 多因素综合指标分类。这种分类方法主要以通过一定的勘察手段，或对开挖后围岩稳定状态进行测试或观察所获得的资料作为分类指标。这类指标虽然是单一的，但反映的因素都是综合的，如围岩的弹性波速是反映岩性和岩体完整性的综合指标，既可以反映岩体的软硬，又可以表达岩体的破碎程度，反映岩体的完整性。这种分类的优点是简便，又有定量数据，所以在国内外获得广泛应用。

3. 多因素定性和定量指标相结合的分类。这种分类方法是目前国内外实际工程中应用最多的一种分类方法，这种分类方法能够全面考虑各种因素，比较适应当前的技术状况。如我国现行的《锚杆喷射混凝土支护技术规范》（GB50086—2001）中提出的围岩分级方法，采用岩体结构、构造影响程度、结构面发育情况和组合状态作为定性指标，而将岩石强度指标、岩体声波指标以及岩体强度应力比作为定量指标结合起来进行围岩分级（详见 2.7 节）。

4. 多因素组合指标分类法。这种分类方法认为岩体稳定性的好坏是多种因素的函数，先分别选取几个起支配作用的定量指标作为岩体稳定性的参数，即使有些参数无法通过测试获得定量值，也要按经验赋予其定量值，然后将这些参数按一定的函数关系进行组合，从而得出一个组合指标，并以此作为岩体分类的依据。如岩体结构等级分类（详见 2.3 节）、岩体地质力学分类（详见 2.4 节）、岩体 Q 指标分类（详见 2.5 节）、我国国家标准《工程岩体分级标准》（GB50218—94）（详见 2.6 节）等，均采用多因素组合指标进行工程岩体分类。

岩体工程分类是地下结构工程类比设计的基础。在岩体工程分类方面，许多学者都作出了重要贡献，如早期的泰沙基（Terzaghi）（1946）、劳弗尔（Lauffer）（1958）和迪尔（Deere）（1964）等。20 世纪 70 年代以后，随着岩体工程建设的不断发展，岩体工程分类方法的研究取得了显著的进展，如威克汉姆（Wickham）等（1972）提出了岩体结构等级（Rock Structure Rating，简称 RSR）分类法，宾尼奥斯基（Bieniawski）（1973）提出了岩体地质力学(Rock Mass Rating，简称 RMR)分类法，巴顿(Barton)等(1974)提出了 Q 指标(Q System，也称隧道质量指标，简称 NGI)分类法等。随后，霍顿(1975)、宾尼奥斯基(1976)、巴顿(1976)和拉特利奇(1978)等学者对各种分类方法进行了一系列的比较研究。

我国于 20 世纪 70 年代相继在一些行业或部门开展了岩体工程分类方法的研究，并自 20 世纪 70 年代起国家及水电、铁道、交通及国防等部门根据各自特点提出了一些围岩分类方法及经验设计方法。如国家为制定《锚杆喷射混凝土支护技术规范》(GBJ86—85，2001 年修订为 GB50086—2001)而提出的工程岩体分类，铁道部门为制定《铁路隧道设计规范》(TB10003—2001)而提出的铁路隧道围岩分类，以及国防坑道工程围岩分类等。1994 年颁布了我国国家标准《工程岩体分级标准》(GB50218—94)，该标准提出了分两步进行的工程岩体分级方法：首先根据岩体坚硬程度和完整性这两个指标进行初步定级，然后针对各类工程特点，并考虑其他影响因素对岩体基本质量指标进行修正，对工程岩体进行进一步的分级。该标准为我国工程岩体分级提供了一个统一的尺度，为我国地下结构的经验类比设计提供了可靠的基础。

2.2 泰沙基岩体分类及支护压力估算

为了确定铁路隧道建设中钢拱架支护上的洞顶岩体荷载，泰沙基(K. Terzaghi 1946)根据大量已建工程资料的分析和评价，将工程岩体分为 9 类(如表 2.2.1)，并根据岩体类型和工程特点(几何尺度)，确定作用在钢拱架上的岩体荷载(如表 2.2.2)。泰沙基岩体分类注重岩体的岩性和结构特征，考虑了工程的影响因素，对岩体类型进行了定性的定义。这种分类方法尽管受主观的或经验的影响，但这种方法简便，不需要进行复杂的地质调查或岩体物理力学测试，常作为隧道设计的基础。按这种分类方法所确定的支护结构上的荷载是岩石松动荷载，如果围岩产生的实际压力远大于这种松动荷载，则不能应用该方法。

表 2.2.1　　　　　　　　　　　　　　**泰沙基岩体分类**

岩 体 类 型	基 本 描 述
1. 坚硬、完整岩层	岩石未风化，单轴抗压强度不小于 200MPa，岩体稳固时间长，在开挖后局部开裂和掉块。
2. 坚硬、层状或片状岩层	岩石坚硬，层状结构，层间分离，有时含软弱夹层。
3. 块状、有一般节理的岩层	岩层含节理，节理分布广，节理或胶结或不胶结，节理间距大。
4. 有裂缝、块度一般的岩层	节理分布较少，块体尺寸约 1m，岩石软硬相间，岩体节理因互锁关系闭合而不产生侧压力，节理可以进行处理。
5. 裂缝较多、块度小的岩层	节理比较好地闭合，块体尺寸小于 1m，节理互锁关系不及 4 类，可能存在侧压力。

岩 体 类 型	基 本 描 述
6. 完全破碎的、但化学性质稳定的岩层	岩体类似压碎集合体，未经再胶结，节理间无互锁关系，会产生较大的侧压力，岩块尺寸从几毫米到几厘米。
7. 中等埋深的、挤压变形缓慢的岩层	挤压是一种力学变形过程，岩体向自由面缓慢变形但不产生体积变化。中等埋深是一个相对数据，可深至 50m。
8. 深埋、挤压变形缓慢的岩层	指埋深 50~100m。
9. 膨胀性岩层	指在水的作用下发生体积变化以及发生化学变化而膨胀的岩层，有些会从大气中吸收水分而膨胀，包含诸如蒙脱石和伊利石这样的膨胀性矿物的岩石会对支护结构产生很大的压力。

表 2.2.2　　　　　　　　　　　泰沙基岩体分类的围岩压力

岩 体 类 型	荷载高度 H_R/m	备 注
1. 坚硬、完整岩层	0	若发生剥落或岩爆，需轻型支护。
2. 坚硬、层状或片状岩层	$0 \sim 0.5B$	轻型支护，荷载局部作用，变化不规则。
3. 块状、有一般节理的岩层	$0 \sim 0.25B$	荷载局部作用，不规则。
4. 有裂缝、块度一般的岩层	$(0.25 \sim 0.35)(B+H_0)$	无侧压。
5. 裂缝较多、块度小的岩层	$(0.35 \sim 1.10)(B+H_0)$	侧压很小或无侧压。
6. 完全破碎的、但化学成分稳定的岩层	$1.10(B+H_0)$	有一定侧压，因漏水，隧道下部变软，需要连续支护，必要时采用环形支护。
7. 中度埋深的、挤压变形缓慢的岩层	$(1.10 \sim 2.10)(B+H_0)$	侧压很大，需仰拱，推荐采用环形支护。
8. 深埋、挤压变形缓慢的岩层	$(2.10 \sim 4.50)(B+H_0)$	侧压很大，需仰拱，建议采用环形支护。
9. 膨胀性岩层	埋深达 80m 以上时与 $(B+H_0)$ 值无关	要求采用环形支护，必要时使用柔性支护。

注：1. 此表适用于覆盖层大于 $1.5(B+H_0)$，采用钢拱支撑的地下结构，围岩压力作用于支撑顶点高度；

2. H_0——隧道的开挖高度(m)；B——隧道的开挖宽度(m)；

3. 当确认无水时，4~7 类所列值可降低 50%。

泰沙基岩体分类是一种多因素定性和定量指标相结合的岩体分类方法。泰沙基并没有给出与各类岩体对应的支护参数，而是统一采用钢拱支撑，并根据围岩类别及洞室尺寸给出相应的荷载高度。

根据泰沙基的岩体分类，估算出岩体荷载后，即可按荷载结构设计模型进行钢拱架断面的设计。工程实践表明，采用泰沙基岩体分类法确定的岩体荷载偏大，设计偏于保守。

2.3 岩体结构等级分类及经验设计

1972 年，威克汉姆（Wickham）等学者提出了一种比较全面的岩体分类的方法——岩体结构等级（Rock Structure Rating，简称 RSR）分类法，这是一种多因素组合指标分类方法。该方法充分考虑了岩体结构特性和状态，并给出具体的定量指标，然后计算出组合指标 RSR，岩体等级则通过组合指标 RSR 的值来划分。

$$RSR = A + B + C \tag{2.3.1}$$

式中：A——表征岩体种类和地质构造特征的参数，查表 2.3.1。

B——表征沿掘进方向的节理状态的参数，查表 2.3.2。

C——表征地下水对节理状态影响的参数，查表 2.3.3。

对某一地质剖面而言，RSR 值是参数 A、B 和 C 的总和，这个总和反映了岩体结构的质量。

参数 A 是一种评价隧道轴线所穿过的岩体的结构状况的参数，A 与隧道的开挖尺寸无关，也与其施工措施和支护手段无关，在工程建设前期，需要进行规范化的地质勘察获取相关的地质构造特征资料，用来确定参数 A 的取值。

表 2.3.1 岩体结构等级参数 A 值表（最大值 30）

岩石类型					地 质 构 造			
岩类	硬质	中等	软质	破碎	大块状的	轻微破碎或褶皱	中等破碎或褶皱	强烈破碎或褶皱
岩浆岩	1	2	3	4				
变质岩	1	2	3	4				
沉积岩	2	3	4	4				
1 型					30	22	15	9
2 型					27	20	13	8
3 型					24	18	12	7
4 型					19	15	10	6

参数 B 是与节理状态（走向、倾角和节理间距）和掘进方向有关的参数。一般地质调查或地质图均会给出岩层的走向和倾角，据此，可以得到岩层的有关节理状态参数的近似值，相应的隧道掘进方向由工程规划所确定。通常可以通过地质资料提供的岩层的节理特征并预先选用几种工程布置（隧道走向）取得节理间距估算的平均值，如节理密度或岩体块度分析，岩芯分析或 RQD（岩石质量指标）等地质资料，并综合考虑岩层产状和掘进方

向的影响,从而获得表征岩体节理特性的参数 B 值。

表 2.3.2　　　　　　　　岩体节理类型参数 B 值表(最大值 45)

节理状态 (平均节理间距/m)	走向与洞轴线垂直					走向与洞轴线平行		
	掘　进　方　向					掘　进　方　向		
	两者兼有	顺向倾向		逆向倾向		任意方向		
	主要节理倾角 *					主要节理倾角		
	平缓	倾斜	陡倾	倾斜	陡倾	平缓	倾斜	陡倾
节理极密集(< 0.05)	9	11	13	10	12	9	9	7
节理密集(0.05~0.15)	13	16	19	15	17	14	14	11
节理适中(0.15~0.30)	23	24	28	19	22	23	23	19
节理适中~块状岩体 (0.30~0.60)	30	32	36	25	28	30	28	24
块状~大块状岩体 (0.60~1.20)	36	38	40	33	35	36	34	28
大块状岩体(>1.20)	40	43	45	37	40	40	38	34

* 平缓—≤20°;倾斜—20°~50°;陡倾—50°~90°。

参数 C 是一项影响支护等级的地下水流动估计参数,C 涉及的因素有:

(1)岩体结构性的所有指标,即 A+B 之和表示的数值;

(2)节理面的状态;

(3)地下水的渗出量。

在预测地层的水文地质条件时,分析地下水流动情况应结合抽水试验、当地水井情况、地下水位、地表水文、地形和降雨量等因素综合考虑。评价节理面的状态特征,应考虑地表情况、地质历史、钻孔岩芯取样等方面的情况进行综合分析。参数 C 的定量指标可以查表 2.3.3。

表 2.3.3　　　　考虑地下水和节理条件的参数 C 值表(最大值 25)

预测涌水量($10^{-3}m^3/min/m$)	参数 A+B 之和					
	13~44			45~75		
	节　理　条　件 *					
	好	一般	差	好	一般	差
无	22	18	12	25	22	18
少量(< 2.5)	19	15	9	23	19	14
中等(2.5~12.5)	15	11	7	21	16	12
大量(>12.5)	10	8	6	18	14	10

* 好—节理闭合或呈粘结状态;一般—轻微风化;差—强烈风化或开裂。

对于某一地质剖面而言，RSR 值的范围一般在 25 ~ 100 之间，是岩体结构质量的反映。隧洞穿过的每种地层的结构特性都应分别予以分析和评价，得到相应的 RSR 值。确定岩体结构评价指标 RSR 值后，就可以确定隧洞顶拱岩体荷载为

$$W_r = \frac{D}{302}\left[\frac{6000}{RSR+8} - 70\right]^* \tag{2.3.2}$$

式中：W_r——岩体荷载（kip/ft^2，$1kip/ft^2 = 48.825kN/m^2$）；

    D——开挖直径（ft，$1ft = 0.3048m$）；

    RSR——岩体结构等级值。

*：编者注：在 Wickham（1972）的原始文献中隧洞顶拱岩体荷载的计算公式为 $W_r = \frac{D}{302}\left[\frac{6000}{RSR+8}\right] - 70$，国内绝大多数文献照此引用，但实际应用时由该式计算出的岩体荷载一般为负值，显然不符合实际。经过对原始文献资料的复核，发现该式是错误的，应更正为公式（2.3.2）。

确定岩体荷载 W_r 的建议值后，即可应用荷载结构模型进行地下结构的设计。

威克汉姆等（1972）在 RSR 值的基础上，提出了一种锚杆喷混凝土支护的经验设计方法。根据该方法，当使用 $1in$（25mm）直径的锚杆、拉拔力为 24000lp（110kN）时，系统锚杆的间距为

$$d = \sqrt{\frac{24}{W_r}} \tag{2.3.3}$$

喷射混凝土支护层厚度为

$$t = 1 + \frac{W_r}{1.25} \tag{2.3.4}$$

式中：W_r——岩体荷载（kip/ft^2，$1kip/ft^2 = 48.825kN/m^2$）；

    d——锚杆间距（ft，$1ft = 0.3048m$）；

    t——喷混凝土厚度（in，$1in = 2.54cm$）。

由于使用掘进机减少了对隧道围岩的破坏和扰动，建议对于使用 TBM 法（掘进机法）开挖的隧道工程，围岩的结构等级指标 RSR 值应予以提高，RSR 值提高可以降低 W_r 值，从而减少支护量。RSR 值的修正曲线如图 2.3.1 所示。

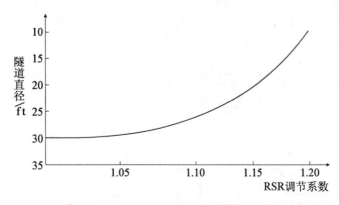

图 2.3.1 TBM 法施工时 RSR 值修正曲线

2.4　岩体地质力学分类及经验设计

岩体地质力学分类是宾尼奥斯基(Bieniawski，1973)提出的一种岩体多因素组合指标分类方法。该分类法考虑了以下 6 种因素：

(1)岩石抗压强度 R_c；

(2)岩体质量指标 RQD；

(3)节理间距；

(4)节理状态；

(5)地下水；

(6)节理产状与工程轴线的关系。

根据以上 6 个参数，建立了岩体质量评分标准从而进行岩体工程分类。在宾尼奥斯基 1979 年发表的《地质力学岩体分类在工程上的应用》一文中，系统地阐述了按岩体评分进行岩体工程分类的方法(Rock Mass Rating，简称 RMR)，并列举了一些工程实例。岩体地质力学分类的实质，就是根据岩体的“综合特征值”进行岩体质量等级的划分。按这种分类法，“岩体综合特征值”RMR 值应当是表 2.4.1 中所列各项单因素评分的总和，而各项单因素的评分是按照对岩体工程质量影响程度来确定的。某项因素分值的高低，反映该因素在 RMR 值中所赋予的评分值的大小，同时也表示该因素在划分岩体质量等级时受侧重的程度。

RMR 值的确定方法分两步进行：第一步对某一特定岩体，先按照表 2.4.1 所列的 5 项因素逐一评定，并按规定的评分标准评出分数，然后再把 5 个单因素的分数累加起来，得到 RMR 的初值。第二步，根据节理裂隙产状变化对 RMR 的初值加以修正，修正的目的在于进一步强调节理裂隙对岩体稳定产生的不利影响，各种情况下的修正评分值列于表 2.4.2。经修正后的岩体总评分实质上就是岩体质量综合评价的指标。以此作为划分工程岩体质量等级的依据，将岩体进行分类。表 2.4.3 列出了各种 RMR 值及其对应的岩体类别。

宾尼奥斯基在评价岩体质量时，十分重视岩体中结构面的因素，对节理的状态赋值最高，其次是 RQD 和节理间距。除此之外，他还根据节理的走向和倾向对工程位置处岩体稳定性的影响大小再次进行修正，由此可见这种分类方法十分重视岩体的节理裂隙对工程质量的影响。

在岩体分类的基础上，宾尼奥斯基提出了一种支护系统的设计方案，列于表 2.4.4 及表 2.4.5。

表 2.4.1 岩体工程分类的参数及评分标准

1	岩石抗压强度 /MPa	点荷载	>10	4~10	2~4	1~2	—	
		单轴抗压	>250	100~250	50~100	25~50	5~25	1~5	<1
	评 分		15	12	7	4	2	1	0
2	RQD/%		90~100	75~90	50~75	25~50	<25		
	评 分		20	17	13	8	3		
3	节理间距/cm		>200	60~200	20~60	6~20	<6		
	评 分		20	15	10	8	5		
4	节理状态		裂开面很粗糙,节理不连通,未张开,两壁岩石未风化。	裂开面稍粗糙,裂开宽度<1mm,两壁面轻微风化。	裂开面稍粗糙,裂开宽度<1mm,两壁面高度风化。	裂开面夹泥厚度小于5mm或裂开宽度1~5mm,节理连通。	裂开面夹泥厚度大于5mm或裂开宽度大于5mm,节理连通。		
	评 分		30	25	20	10	0		
5	地下水状态	隧洞中每10m长段涌水量/(L/min)	0	<10	10~25	25~125	>125		
		$\dfrac{节理水压力}{大主应力}$ 值	0	0.0~0.1	0.1~0.2	0.2~0.5	>0.5		
		状 态	干 燥	稍潮湿	潮 湿	滴 水	涌 水		
	评 分		15	10	7	4	0		

表 2.4.2 按节理产状的修正评分值

节理走向和倾向		非常有利	有利	一般	不利	非常不利
评分值	隧 洞	0	−2	−5	−10	−12
	地 基	0	−2	−7	−15	−25
	边 坡	0	−5	−25	−50	−60

表 2.4.3 按总评分确定的岩体类别

评分值	81~100	61~80	41~60	21~40	<20
分类级别	I	II	III	IV	V
质量描述	很好的	好的	中等的	差的	很差的

表 2.4.4　　　　　　　　浅埋地层中，直径 5～12m 隧道的初期支护方案

岩体分类	对钻爆法施工时可供选择的支护系统		
	锚杆为主体 *	喷混凝土为主体	钢拱架为主体
I	一般不需要支护		
II	锚杆间距 1.5～2.0m，拱顶局部钢筋网	拱顶喷 50mm 混凝土	不经济
III	锚杆间距 1.0～1.5m 加钢筋网，需要时拱顶喷 30mm 混凝土。	拱顶喷 100mm，边墙喷 50mm 混凝土，必要时局部加钢筋网与锚杆。	轻型支架，间距 1.5～2.0m。
IV	锚杆间距 0.5～1.0m 加钢筋网，在边拱喷 30～50mm 混凝土。	拱顶喷 150mm，边墙喷 100mm 混凝土，加钢筋网与锚杆，长 3m 间距 1.5m。	中型支架，间距 0.7～1.5m，在拱顶加喷 50mm 混凝土。
V	不推荐	拱顶喷 200mm，边墙喷 150mm 混凝土，加钢筋网，锚杆及轻型钢支架，封闭底拱。	重型支架，间距 0.7m 加背板，及时喷 75mm 混凝土。

　*　树脂锚杆直径 20mm，长为洞宽的 1/2。

表 2.4.5　　　　　　　地质力学分类作为岩石隧道开挖和支护的准则

岩体类别	开　挖	支　护		
		锚杆（φ20mm，全长胶结）	喷混凝土	钢支架
I RMR80～100	全断面，每次掘进 3m	除偶尔局部设点锚杆，一般不需支护		
II RMR61～80	全断面，每次掘进 1.0～1.5m 完成的支护距开挖面 20m	拱顶局部设 3m 长锚杆，间距 2.5m，有时放金属网	在拱顶需要喷 50mm 混凝土	无
III RMR41～60	上导洞和台阶，上导洞进度 1.5～3.0m，爆破后开始支护，完成支护距开挖面 10m	拱部和边墙安装系统锚杆，长 4m，间距 1.5～2.0m，拱部设金属网	拱部喷 50～100mm，侧壁喷 30mm 混凝土	无
IV RMR21～40	上导洞或台阶，导洞进度 1.5～3.0m，距开挖面 10m 与开挖同时架设支撑	拱部和侧墙为系统锚杆，长 4～5m，全部设金属网	拱部喷 100～150mm，侧壁喷 100mm 混凝土	轻-中型支架间距 1.5m（需要时）
V RMR<20	多导洞法、顶导洞进度 0.5～1.5m，并同时架设支撑，爆破后尽快喷混凝土	拱部及侧墙均为系统锚杆，长 5～6m，间距 1.0～1.5m，金属网，仰拱加锚杆	拱部喷 150～200mm，侧壁喷 150mm，掌子面喷 50mm 混凝土	中-重型支架，间距 0.7m，设金属背板，必要时打插板、仰拱封闭。

2.5　岩体 Q 指标分类及经验设计

1974 年，挪威岩土工程研究所的巴顿(N. Barton)等学者，根据大量地下工程实例的围岩稳定性分析，并通过岩体质量与隧道支护结构相互关系的具体计算，提出了根据岩体质量指标进行隧道围岩分类的一种多因素组合指标分类方法，即 Q 系统(Q System)分类法。Q 系统分类法采用 6 个岩体定量指标，包括岩体质量指标 RQD、节理组数 J_n、节理粗糙度 J_r、节理蚀变系数 J_a、节理含水折减系数 J_w 和应力折减系数 SRF 等，用来表示并确定岩体的质量等级指标，即

$$Q = (\text{RQD}/J_n) \cdot (J_r/J_a) \cdot (J_w/\text{SRF}) \tag{2.5.1}$$

式(2.5.1)中右边的六个参数值 RQD、J_n、J_r、J_a、J_w 及 SRF 可以分别查表 2.5.1 ~ 表 2.5.4，由此可以得到岩体质量的 Q 值。Q 值的取值范围一般为 0.001 ~ 1000，包含了从严重挤压地区到坚固完整岩层等各种情况的岩体条件。实际上岩体质量 Q 系统分类法，是通过不断反复分析工程实例的资料直到 Q 值、开挖尺寸和支护三者之间取得恰当的关系后得出的。因而，由 Q 系统分类法可以得出如图 2.5.1 所示的隧道支护系统图。支护系统图纵坐标为当量尺寸 H 值，由实际开挖尺寸和工程用途确定。分析拱顶支护时，开挖尺寸为洞室跨度或直径；分析边墙支护时，开挖尺寸为洞室高度或直径。开挖支护比(ESR)反映的是施工实际情况，包括开挖后的用途(决定了开挖安全程度和支护要求)，现场的机械、人员，等等，通过对各类工程实例中的试算和评价，得出表 2.5.5 所示的适用于各种地下开挖的开挖支护比 ESR 值，则当量尺寸 H 值为

$$H = \text{开挖尺寸}(L) / \text{开挖支护比}(\text{ESR}) \tag{2.5.2}$$

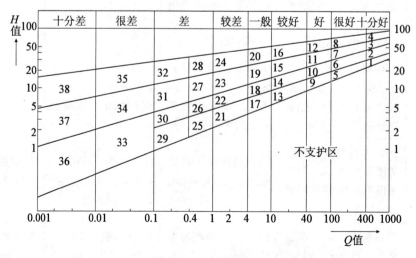

图 2.5.1　支护系统图

表 2.5.1　　　　　　　　　**RQD、J_n 和 J_r 参数的分类与取值范围**

岩体质量指标		RQD	备　　注
A	非常差	0 ~ 25	①在使用公式(2.5.1)时，如 RQD ≤ 10(包括 0)按 RQD = 10 计算。 ②RQD 取值步距为 5，如 100、95、90 等，可满足精度要求。
B	差	25 ~ 50	
C	一般	50 ~ 75	
D	好	75 ~ 90	
E	很好	90 ~ 100	
节理组数		J_n	备　　注
A	完整岩体，没有或很少节理	0.5 ~ 1.0	
B	1 组节理	2	
C	1 ~ 2 组节理	3	
D	2 组节理	4	①对洞室交叉点用($3.0 \times J_n$) ②对洞口用($2.0 \times J_n$)
E	2 ~ 3 组节理	6	
F	3 组节理	9	
G	3 ~ 4 组节理	12	
H	4 ~ 5 组节理，大量节理、多组节理	15	
J	压碎岩石，似土类岩石	20	
节理面粗糙系数		J_r	备　　注
(a)节理壁完全接触		0.5 ~ 1.0	
(b)节理面在剪切滑动<10cm 时接触			
A	不连续节理	4	
B	粗糙或不规则的起伏节理	3	
C	平坦但是起伏节理	2	
D	带擦痕面的起伏节理	1.5	
E	粗糙或不规则平面节理	1.5	如果节理的平均间距超过 3m，则 J_r 值增加 1.0
F	光滑的平面节理	1	
G	带擦痕的平面节理	0.5	
(c)剪切后，节理面不再直接接触			
H	节理面间连续充填有不能使节理面直接接触的粘土矿物带	1.0	
J	节理面间充填有不能使节理面直接接触的砂、砾石或挤压破碎带	1.0	

表 2.5.2 J_α 参数的分类与取值范围

	节理蚀变程度	J_α	ϕ 近似值/(°)
	(a) 节理面直接接触		
A	坚硬的、半软弱的、紧密接触且具不透水充填物的节理	0.75	
B	节理面未产生蚀变、仅少数表面稍有变化	1.0	25~35
C	轻微蚀变节理、表面为半软弱矿物所覆盖,具砂质微粒风化岩土等	2.0	25~35
D	节理为粉质粘土或砂质粘土覆盖,少量粘土或半软弱岩覆盖	3.0	20~25
E	有软弱的或低摩擦角的粘土矿物覆盖,或有少量膨胀性粘土(不连续,厚度 1~2mm)覆盖	4.0	8~16
	(b) 当剪切面滑动变形<10cm 时节理面直接接触		
F	砂质微粒、岩石风化物充填	4.0	25~30
G	紧密固结的半软弱粘土矿物充填,连续的或厚度<5mm	6.0	16~24
H	中等或轻微固结的软弱粘土矿物充填,连续的或厚度<5mm	8.0	12~16
J	膨胀性粘土充填,如连续分布的厚度<5mm 的蒙脱石土充填,J_α 值取决于膨胀性颗粒所占百分数以及水的渗入情况	8.0~12.0	6~12
	(c) 剪切后,节理面不再直接接触		
K、L、M	破碎带夹层或挤压破碎带岩石和粘土(对各种粘土状态的说明见 G、H、J)	6.0、8.0 或 8.0~12.0	6~24
N	粉质或砂质粘土及少量粘土(半软弱)	5.0	
O、P、R	厚的连续分布的粘土带或夹层(粘土状态说明见 G、H、J)	10.0、13.0 或 13.0~20.0	

表 2.5.3 J_w 参数的分类与取值范围

	裂隙水情况	J_w	近似的水压力(MPa)
A	开挖时干燥或有少量水渗入,渗水量小于 5L/min	1.0	<0.1
B	中等渗入或填充物偶然受水压力冲击	0.66	0.1~0.25
C	大量渗入或为高水压,节理未充填	0.5	0.25~1.0
D	大量渗入或为高水压,节理充填物被大量带走	0.33	0.25~1.0
E	异常大的渗入或具有很高的水压,但水压随时间衰减	0.1~0.2	>1.0
F	异常大的渗入或具有很高且持续的、无显著衰减的水压	0.05~0.1	>1.0

表 2.5.4　　　　　　　　　　**SRF 参数的分类与取值范围**

	(a)隧道穿过软弱带，开挖后可能引起岩石松动			SRF
A	含有粘土或化学风化岩石的软弱带多次出现，围岩非常松软(任何深度)			10.0
B	含有粘土或化学风化岩石的单个软弱带(开挖深度≤50m)			5.0
C	含有粘土或化学风化岩石的单个软弱带(开挖深度>50m)			2.5
D	自稳岩石中多次出现剪切带(无粘土)、松散的围岩(任何深度)			7.5
E	自稳岩石有单个剪切带(无粘土)(开挖深度≤50m)			5.0
F	自稳岩石中有单个剪切带(无粘土)(开挖深度>50m)			2.5
G	松散张开节理，严重节理化或成"糖晶块"等(任何深度)			5.0
	(b)自稳岩石，岩石应力问题	$\dfrac{\sigma_c(抗压强度)}{\sigma_1(最大主应力)}$	$\dfrac{\sigma_t(抗拉强度)}{\sigma_1(最大主应力)}$	SRF
H	低应力，接近地表	>200	>13	2.5
J	中等应力	10~200	13~0.66	1.0
K	高应力，非常紧密的构造(常有利于稳定，可能不利于边墙稳定)	5~10	0.66~0.33	0.5~2.0
L	轻微岩爆(完整岩石)	2.5~5	0.33~0.16	5~10
M	强烈岩爆(完整岩石)	<2.5	<0.16	10~20
	(c)挤压岩石，在高岩石压力作用下非常自稳岩石产生塑流			
N	轻微的岩石挤压压力			5~10
O	强烈的岩石挤压压力			10~20
	(d)膨胀岩石，根据水的有或无的化学膨胀活力			
P	轻微的岩石膨胀压力			5~10
R	强烈的岩石膨胀压力			10~15

表 2.5.5　　　　　　　　**各种地下开挖的开挖支护比近似值 ESR 值表**

	开 挖 类 型		ESR
A	临时采矿坑道类工程		3~5
B	竖井	圆形断面	2.5
		矩形/方形断面	2.0
C	永久采矿坑道、水电输水隧道(不包括高压隧道)、引水隧道、竖井、纵横交错的平巷等		1.6
D	贮藏洞室、水处理厂、小型的公路、铁路隧道、调压室等		1.3
E	地下发电厂、主干线公、铁路隧道、民防洞室、隧道口、洞内交叉点等		1.0
F	地下核电站、地铁站台、地下体育和公共设施及工厂等		0.8

由公式(2.5.1)可以看出，第一个商数(RQD/J_n)代表岩体总的结构效应，相当于岩石的相对块体尺寸。第二个商数(J_r/J_α)代表节理面或充填物质的粗糙度和蚀变程度。可以看出，arctan(J_r/J_α)正好是实际抗剪强度指标的一个良好近似值，因而由 arctan(J_r/J_α) 可以估算节理岩石的"摩擦角"，其值近似等于节理面设计总摩擦角(考虑粘聚力后提高的摩擦角 = arctan(τ/σ)，这里 τ = 抗剪强度，σ 为法向应力)。表2.5.8为根据参数 J_r 和 J_α 估算的"抗剪强度指标"。第三个商数(J_w/SRF)包含两个应力参数，其中 J_w 反映地下水压力，由于地下水压力会降低有效的法向应力，因此对节理的抗剪强度有不利影响，而且水还会使岩体软化。参数 SRF 反映岩体松动荷载或自稳岩石的岩石应力，该商值可以当做总的应力参数，该参数是一个复杂的经验参数。

岩体质量 Q 值的取值范围为 0.001~1000，对应于严重破碎的糜棱化岩体到完整坚硬的岩体。根据岩体质量 Q 值的大小，可以将岩体质量划分为 9 个等级，如表 2.5.6 所示。

表 2.5.6　　　　　　　　　　巴顿 Q 系统岩体质量分级

岩体质量	十分好	很好	好	较好	一般	较差	差	很差	十分差
Q 值	400~1000	100~400	40~100	10~40	4~10	1~4	0.1~1.0	0.01~0.1	0.001~0.01

另外，根据岩体质量 Q 值和当量尺寸，利用图 2.5.1 可以查得支护类型编号(从 1 至 38)，然后查表 2.5.7，可得不同 Q 值岩体的支护类型和支护参数。

表 2.5.7(a)　根据 Q 值的支护类型(质量属"十分好"、"很好"、"好"、"较好"的岩体)

支护类型	Q	条件因素			P /(kN/m²)	跨度 /(ESR·m)	支护形式	附注
		RQD/J_n	J_r/J_α	跨度 /(ESR·m)				
1	400~1000	—	—	—	<0.1	20~40	sb(utg)	—
2	400~1000	—	—	—	<0.1	30~60	sb(utg)	—
3	400~1000	—	—	—	<0.1	46~80	sb(utg)	—
4	400~1000	—	—	—	<0.1	65~100	sb(utg)	—
5	100~400	—	—	—	<0.5	12~30	sb(utg)	—
6	100~400	—	—	—	<0.5	19~45	sb(utg)	—
7	100~400	—	—	—	<0.5	30~65	sb(utg)	—
8	100~400	—	—	—	<0.5	48~88	sb(utg)	—
9	40~100	≥20 <20	—	—	2.5	8.5~19	sb(utg) B(utg)2.5~3.0m	—
10	40~100	≥30 <30	—	—	2.5	14~30	B(utg)2.0~3.0m B(utg)1.5~2.0m+clm	—

续表

支护类型	Q	条件因素			P /(kN/m²)	跨度 /ESR/m	支护形式	附注
		RQD/J_n	J_r/J_α	跨度 /(ESR/m)				
11	40~100	≥30	—	—	2.5	23~48	B(tg)2~3m	—
		<30	—	—			B(tg)1.5~2.0m+clm	—
12	40~100	≥30	—	—	2.5	40~72	B(tg)2~3m	—
		<30	—	—			B(tg)1.5~2.0m+clm	—
13	10~40	≥10	≥1.5	—	5.0	5~14	sb(utg)	I
		≥10	<1.5	—			B(utg)1.5~2.0m	I
		<10	≥1.5	—			B(utg)1.5~2.0m	I
		<10	<1.5	—			B(utg)1.5~2.0m+ s2~3m	I
14	10~40	≥10	—	≥15	5.0	9~23	B(tg)1.5~2.0m+clm	I、II
		<10	—	≥15			B(tg)1.5~2.0m+ s(mr)	I、II
		—	—	<15			B(utg)1.5~2.0m+clm	I、III
15	10~40	>10	—	—	5.0	15~40	B(tg)1.5~2.0m+clm	I、II、III
		≤10	—	—			B(tg)1.5~2.0m+ s(mr)5~10cm	I、III、IV
16	10~40	>15	—	—	5.0	30~65	B(tg)1.5+2.0m+clm	I、V、VI
		≤15	—	—			B(tg)1.5~2.0m+ s(mr)10~15cm	I、V、VI

表 2.5.7(b)　　　　根据 Q 值的支护类型(质量属"一般"、"较差"的岩体)

支护类型	Q	条件因素			P /(kN/m²)	跨度 /(ESR/m)	支护形式	附注
		RQD/J_n	J_r/J_α	跨度 /(ESR/m)				
17	4~10	>30	—	—	10.0	3.5~9	sb(utg)	
		10~30	—	—			B(utg)1.0~1.5m	
		<10	—	≥6			B(utg)1.0~1.5m+s2~3cm	
		<10	—	<6			s2~3cm	

支护类型	Q	条件因素			P /(kN/m²)	跨度 /(ESR/m)	支护形式	附注
		RQD/J_n	J_r/J_α	跨度 /(ESR/m)				
18	4~10	>5 >5 ≤5 ≤5	— — — —	≥10 <10 ≥10 <10	10	7~15	B(tg)1.0~1.5m+clm B(utg)1.0~1.5m+clm B(tg)1.0~1.5m+s2~3cm B(utg)1.0~1.5m+s2~3cm	
19	4~10	— —	— —	≥20 <20	10	12~29	B(tg)1.0~2.0m+s(mr)10~15cm B(tg)1.0~2.0m+s(mr)5~10cm	
20	4~10	— —	— —	≥35 <35	10	24~52	B(tg)1.0~2.0m+s(mr)20~25cm B(tg)1.0~2.0m+s(mr)10~20cm	
21	1~4	≥12.5 <12.5 —	≤0.75 ≤0.75 >0.75	— — —	15	2.1~6.5	B(utg)1.0m+s2~3cm s2.5~5cm B(utg)1m	
22	1~4	>10 <30 ≤10 <30 ≥30	>1.0 >1.0 ≤1.0 —	— — — —	15	4.5~11.5	B(utg)1.0m+clm s2.5~7.5cm B(utg)1.0m+s(mr)2.5~5.0cm B(utg)1m	
23	1~4	— —	— —	≥15 <15	15	8~24	B(tg)1.0~1.5m+s(mr)10~15cm B(utg)1.0~1.5m+s(mr)5~10cm	
24	1~4	— —	— —	≥30 <30	15	18~46	B(tg)1.0~1.5m+s(mr)15~30cm B(tg)1.0~1.5m+s(mr)10~15cm	

表 2.5.7(c)　　　　　　根据 Q 值的支护类型(质量属"差"的岩体)

支护类型	Q	条件因素			P /(kN/m²)	跨度 /(ESR/m)	支护形式	附注
		RQD/J_n	J_r/J_α	跨度 /(ESR/m)				
25	0.4~1.0	>10 ≤10 —	>0.5 >0.5 ≤0.5	— — —	22.5	1.5~4.2	B(utg)1.0m+mr 或 clm B(utg)1.0m+s(mr)5cm B(tg)1.0m+s(mr)5cm	
26	0.4~1.0	—	—	—	22.5	3.2~7.5	B(tg)1.0m+s(mr)5~7.5cm B(utg)1.0m+s2.5~5cm	

续表

支护类型	Q	条件因素			P /(kN/m²)	跨度 /(ESR/m)	支护形式	附注
		RQD/J_n	J_r/J_a	跨度 /(ESR/m)				
27	0.4~1.0	—	—	≥12	22.5	6~18	B(tg)1.0m+s(mr)7.5~10cm	
		—	—	<12			B(utg)1.0m+s(mr)5~7.5cm	
		—	—	>12			CCA20~40cm+B(tg)1.0m	
		—	—	<12			s(mr)10~20cm+B(tg)1.0m	
28	0.4~1.0	—	—	≥30	22.5	15~38	B(tg)1.0m+s(mr)30~40cm	
		—	—	20~30			B(tg)1.0m+s(mr)20~30cm	
		—	—	<20			B(tg)1.0m+s(mr)15~20cm	
		—	—	—			CCA(sr)30~100cm+B(tg)1.0m	
29	0.1~0.4	>5	>0.25	—	30	1.0~3.1	B(utg)1.0m+s(mr)2~3cm	
		≤5	>0.25	—			B(utg)1.0m+s(mr)5m	
		—	≤0.25	—			B(tg)1.0m+s(mr)5cm	
30	0.1~0.4	≥5	—	—	30	1.0~3.1	B(tg)1.0m+s2.5~5cm	
		<5	—	—			s(mr)5~7.5cm	
		—	—	—			B(tg)1.0m+s(mr)5~7.5cm	
31	0.1~0.4	>4	—	—	30	4~14.5	B(tg)1.0m+s(mr)5~12.5cm	
		1.5~4	—	—			s(mr)7.5~25cm	
		<1.5	—	—			CCA20~40cm+B(tg)1.0m	
		—	—	—			CCA(sr)30~50cm+B(tg)1.0m	
32	0.1~0.4	—	—	≥20	30	11~34	B(tg)1m+s(mr)40~60cm	
		—	—	<20			B(tg)1m+s(mr)20~40cm	
		—	—	—			CCA(sr)40~120cm+B(tg)1.0m	

表 2.5.7(d)　　根据 Q 值的支护类型(质量属"很差"、"十分差"的岩体)

支护类型	Q	条件因素			P /(kN/m²)	跨度 /(ESR/m)	支护形式	附注
		RQD/J_n	J_r/J_a	跨度 /(ESR/m)				
33	0.1~0.01	≥2	—	—	60	1.0~3.9	B(tg)1.0m+s(mr)2.5~5cm	
		<2	—	—			s(mr)5~10cm	
		—	—	—			s(mr)7.5~15cm	

支护类型	Q	条件因素			P /(kN/m²)	跨度 /(ESR/m)	支护形式	附注
		RQD/J_n	J_r/J_a	跨度 /ESR/m				
34	0.1~0.01	≥2	≥0.25	—	60	2.0~11	B(tg)m+s(mr)5~7.5cm	
		<2	≥0.25	—			s(mr)7.5~15cm	
			<0.25	—			s(mr)15~25cm	
		—	—	—			CCA(sr)20~60cm+B(tg)1m	
35	0.1~0.01	—	—	≥15	60	6.5~28	B(tg)1m+s(mr)30~100cm	
		—	—	≥15			CCA(sr)60~200cm+B(tg)1m	
		—	—	<15			B(tg)1m+s(mr)20~75cm	
		—	—	<15			CCA(sr)40~150cm+B(tg)1m	
36	0.01~ 0.001	—	—	—	120	1.0~2.0	s(mr)10~20cm	
							s(mr)10~20cm+B(tg)0.5~1.0m	
37	0.01~ 0.001	—	—	—	120	1.0~6.5	s(mr)20~60cm	
							s(mr)20~60cm+B(tg)0.5~1.0m	
38	0.01~ 0.001	—	—	≥10	120	4.0~20	CCA(sr)100~300cm	
		—	—	≥10			CCA(sr)100+300cm+B(tg)1m	
		—	—	<10			s(mr)70~200cm	
		—	—	<10			s(mr)70~200cm+B(tg)1m	

注：(1)用于1~8类支护的支护形式取决于爆破技术，光面爆破并充分做好撬落悬石工作，可能不需支护，岩石爆破很差，就需喷一层混凝土，特别当开挖高度>25m时。

(2)表中英文符号意义如下：

sb——个别处加锚杆；　　　　　　　　　　　(mr)——钢丝网加固；

B——布置系统锚杆(后面数字为锚杆间距)；　clm——链接钢丝网；

s——喷混凝土(后面数字是厚度)；　　　　　(sr)——钢筋加固；

(utg)——灌浆，不预加张力；　　　　　　　(tg)——预加张力。

CCA——就地灌注混凝土衬砌(后面数字是顶拱厚度)；

表2.5.8　　　　　　　　依据参数 J_r 和 $J_α$ 估算岩体"抗剪强度指标"

（a）节理面接触	J_r	arctan(J_r/$J_α$)				
		$J_α$=0.75	1.0	2	3	4
A 不连续节理	4	79°	76°	63°	53°	45°
B 粗糙起伏的	3	76°	72°	56°	45°	37°
C 平整起伏的	2	69°	63°	45°	34°	27°
D 光滑起伏的	1.5	63°	56°	37°	27°	21°

（a）节理面接触	J_r	arctan(J_r/J_α)				
		$J_\alpha=0.75$	1.0	2	3	4
E 粗糙平面的	1.5	63°	56°	37°	27°	21°
F 平整平面的	1.0	53°	45°	27°	18°	14°
G 光滑平面的	0.5	34°	27°	14°	9.5°	7.1°
（b）剪切后剪裂面接触	J_r	arctan(J_r/J_α)				
		$J_\alpha=4$	6	8	12	
A 不连续节理	4	45°	34°	27°	18°	
B 粗糙起伏的	3	37°	27°	21°	14°	
C 平整起伏的	2	27°	18°	14°	9.5°	
D 光滑起伏的	1.5	21°	14°	11°	7.1°	
E 粗糙平面的	1.5	21°	14°	11°	7.1°	
F 平整平面的	1.0	14°	9.5°	7.1°	4.7°	
G 光滑平面的	0.5	7°	4.7°	3.6°	2.4	
（c）剪切后破裂面不接触	J_r	arctan(J_r/J_α)				
		$J_\alpha=6$	8	12		
破碎或破碎岩块或粘土	1.0	9.5°	7.1°	4.7°		
粉砂或砂质粘土带	1.0	$J_\alpha=5$				
		11°				
厚的粘土不连续带	1.0	$J_\alpha=10$	13	20		
		5.7°	4.4°	2.9°		

根据 Q 值，还可以用下式估算作用在地下结构拱顶上的荷载 P

$$P = 200J_n^{\frac{1}{2}}\left(\frac{Q^{-\frac{1}{3}}}{3J_r}\right) \ (\text{kN/m}^2) \tag{2.5.3}$$

由式(2.5.3)计算得到拱顶岩石压力 P 值后，即可采用荷载结构设计模型进行地下结构的设计计算。

2.6 我国工程岩体分级国家标准及岩体参数建议值

自 20 世纪 70 年代以来，我国一些行业或部门根据各自的工程经验和行业特点，制定了一些适用于本部门、本行业的岩体分类（级）标准和方法，在本行业或本部门推广应用。然而这些分类（级）方法的原则、标准和测试方法都不尽相同，彼此缺乏可比性。因此，1994 年国家颁布了统一的《工程岩体分级标准》（GB50218—94）。该分级标准考虑了岩体结构特征、岩体的完整性、岩石强度、初始地应力及地下水等因素，采用定性和定量相结合的方法，分两步进行岩体分级工作，即第一步先确定岩体基本质量，第二步再结合具体工程的特点确定岩体的级别，是一种多因素组合指标分类方法。

2.6.1 岩体基本质量分级

岩体基本质量由岩石坚硬程度和岩体完整程度两个因素确定。其中岩石坚硬程度的定性划分如表 2.6.1 所示，涉及的岩石风化程度划分如表 2.6.2 所示，岩体完整程度的定性划分如表 2.6.3 所示，涉及的结构面结合程度的划分如表 2.6.4 所示。

表 2.6.1 岩石坚硬程度的定性划分

名　称		定性鉴定	代表性岩石
硬质岩	坚硬岩	锤击声清脆，有回弹，震手，难击碎； 浸水后，大多无吸水反应	未风化～微风化的花岗岩、正长岩、闪长岩、辉绿岩、玄武岩、安山岩、片麻岩、石英片岩、硅质板岩、石英岩、钙质胶结的砾岩、石英砂岩、硅质石灰岩等。
	较坚硬岩	锤击声清脆，有轻微回弹，稍震手，较难击碎； 浸水后，有轻微吸水反应	1. 弱风化的坚硬岩； 2. 未风化～微风化的熔结凝灰岩、大理岩、板岩、白云岩、石灰岩、钙质胶结的砂页岩等。
软质岩	较软岩	锤击声不清脆，无回弹，较易击碎； 浸水后，指甲可刻出印痕	1. 强风化的坚硬岩； 2. 弱风化的较坚硬岩； 3. 未风化～微风化的凝灰岩、千枚岩、砂质泥岩、泥灰岩、泥质砂岩、粉砂岩、页岩等。
	软岩	锤击声哑，无回弹，有凹痕，易击碎； 浸水后，手可掰开	1. 强风化的坚硬岩； 2. 弱风化～强风化的较坚硬岩； 3. 弱风化的较软岩； 4. 未风化的泥岩等。
	极软岩	锤击声哑，无回弹，有较深凹痕，手可捏碎； 浸水后，可捏成团	1. 全风化的各种岩石； 2. 各种半成岩。

表 2.6.2 岩石风化程度的划分

名　称	风化特征
未风化	结构构造未变，岩质新鲜。
微风化	结构构造、矿物色泽基本未变，部分裂隙面有铁锰质渲染。
弱风化	结构构造部分破坏，矿物色泽较明显变化，裂隙面出现风化矿物或风化夹层。
强风化	结构构造大部分破坏，矿物色泽明显变化，长石、云母等多风化成次生矿物。
全风化	结构构造全部破坏，矿物成分除石英外，大部分风化成土状。

表 2.6.3 岩体完整程度的定性划分

名称	结构面发育程度		主要结构面的结合程度	主要结构面类型	相应结构类型
	组数	平均间距/m			
完整	1～2	>1.0	结合好或结合一般	节理、裂隙、层面	整体装或巨厚层结构
较完整	1～2	>1.0	结合差	节理、裂隙、层面	块状或厚层状结构
	2～3	1.0～0.4	结合好或结合一般		块状结构
较破碎	2～3	1.0～0.4	结合差	节理、裂隙、层面、小断层	裂隙块状或中厚层结构
	≥3	0.4～0.2	结合好		镶嵌碎裂结构
			结合一般		中、薄层状结构
破碎	≥3	0.4～0.2	结合差	各种类型结构面	裂隙块状结构
		≤0.2	结合一般或结合差		碎裂状结构
极破碎	无序		结合很差		散体状结构

注：平均间距是指主要结构面(1～2 组)间距的平均值。

表 2.6.4 结构面结合程度的划分

名 称	结 构 面 特 征
结合好	张开度小于 1mm，无充填物。
结合好	张开度 1～3mm，为硅质或铁质胶结；张开度大于 3mm，结构面粗糙，为硅质胶结。
结合一般	张开度 1～3mm，为钙质或泥质胶结；张开度大于 3mm，结构面粗糙，为铁质或钙质胶结。
结合差	张开度 1～3mm，结构面平直，为泥质或泥质和钙质胶结；张开度大于 3mm，多为泥质或岩屑充填。
结合很差	泥质充填或泥夹岩屑充填，充填物厚度大于起伏差。

岩石坚硬程度的定量指标，采用岩石单轴饱和抗压强度 (R_c) 表示。R_c 一般采用实测值，或用实测点荷载强度 $I_{s(50)}$ 按式 (2.6.1) 换算得到

$$R_c = 22.82 I_{s(50)}^{0.75} \qquad (2.6.1)$$

式中：R_c——岩石单轴饱和抗压强度，MPa；

$I_{s(50)}$——两加载点间距修正为 50mm 时的岩石点荷载强度指数，MPa。

岩石单轴饱和抗压强度 (R_c) 与定性划分的岩石坚硬程度的对应关系如表 2.6.5 所示。

表 2.6.5 R_c 与定性划分的岩石坚硬程度的对应关系

R_c/MPa	>60	60～30	30～15	15～5	<5
坚硬程度	坚硬岩	较坚硬岩	较软岩	软岩	极软岩

岩体完整程度的定量指标，采用岩体完整性指数（K_v）表示。K_v 一般采用实测值，即针对不同的工程地质岩组或岩性段，选择有代表性的点、段，测定岩体弹性纵波速度，且应在同一岩体取样测定岩石弹性纵波速度，然后按式（2.6.2）计算 K_v 值

$$K_v = \left(\frac{V_{pm}}{V_{pr}}\right)^2 \tag{2.6.2}$$

式中：K_v——岩体完整性指数；

  V_{pm}——岩体弹性纵波速度，km/s；

  V_{pr}——岩石弹性纵波速度，km/s。

如果没有条件取得岩体及岩块的弹性波速的实测值，可以用岩体体积节理数（J_v），按表 2.6.6 确定对应的 K_v 值，其中岩体体积节理数 J_v 是指单位岩体体积内的节理（结构面）数目，可按式（2.6.3）计算

$$J_v = S_1 + S_2 + \cdots + S_n + S_k \tag{2.6.3}$$

式中：J_v——岩体体积节理数（条/m³）；

  S_i——第 i 组节理每米长测线上的条数（$i=1, 2, \cdots, n$）；

  S_k——每立方米岩体非成组节理条数。

表 2.6.6　　　　　　　　　　　　　J_v 与 K_v 对照表

J_v/（条/m³）	< 3	3 ~ 10	10 ~ 20	20 ~ 35	>35
K_v	>0.75	0.75 ~ 0.55	0.55 ~ 0.35	0.35 ~ 0.15	< 0.15

K_v 值与定性划分的岩体完整程度的对应关系如表 2.6.7 所示。

表 2.6.7　　　　　　　　K_v 值与定性划分的岩体完整程度的对应关系

K_v	>0.75	0.55 ~ 0.75	0.35 ~ 0.55	0.15 ~ 0.35	<0.15
完整程度	完整	较完整	较破碎	破碎	极破碎

岩体基本质量指标 BQ 通过岩石单轴饱和抗压强度 R_c 和岩体完整性指数 K_v 按式（2.6.4）计算得到

$$BQ = 90 + 3R_c + 250K_v \tag{2.6.4}$$

当 $R_c > 90K_v + 30$ 时，以 $R_c = 90K_v + 30$ 和 K_v 代入式（2.6.4）中计算 BQ。

当 $K_v > 0.04R_c + 0.4$ 时，以 $K_v = 0.04R_c + 0.4$ 和 R_c 代入式（2.6.4）中计算 BQ。

式中：BQ——岩体基本质量指标；

  R_c——岩石单轴饱和抗压强度，MPa；

  K_v——岩体完整性指数。

结合岩体基本质量的定性特征和岩体基本质量指标 BQ，即可进行岩体基本质量分级，如表 2.6.8 所示。

表 2.6.8 岩体基本质量分级

基本质量级别	岩体基本质量的定性特征	岩体基本质量指标 BQ
I	岩硬岩，岩体完整。	>550
II	坚硬岩，岩体较完整；较坚硬岩，岩体完整。	550~451
III	坚硬岩，岩体有破碎；较坚硬岩或软硬岩互层，岩体较完整；较软岩，岩体完整。	450~351
IV	坚硬岩，岩体破碎；软坚硬岩，岩体较破碎~破碎；较软岩或软、硬岩互层，且以软岩为主，岩体较完整~较破碎；软岩，岩体完整~较完整。	350~251
V	较软岩，岩体破碎；软岩，岩体较破碎~破碎；全部极软岩及全部极破碎岩。	≤250

2.6.2　工程岩体分级

进行工程岩体分级时，应在岩体基本质量分级的基础上，结合不同类型工程的特点，考虑地下水状态、初始应力状态、工程轴线或走向线的方位与主要软弱结构面产状的组合关系等必要的修正因素，其中某些情况下（如边坡岩体），还应考虑地表水的影响。

在地下工程中，得到岩体的基本质量指标后，考虑地下水影响、主要软弱结构面与地下工程轴线的组合关系和初始地应力状态对 BQ 指标进行修正，修正后的岩体基本质量指标［BQ］值为

$$[BQ] = BQ - 100(K_1 + K_2 + K_3) \qquad (2.6.5)$$

式中：［BQ］——岩体基本质量指标修正值，也称岩体工程质量指标；

　　　BQ——岩体基本质量指标；

　　　K_1——地下水影响修正系数，按表 2.6.9 取值；

　　　K_2——主要软弱结构面产状影响修正系数，按表 2.6.10 取值；

　　　K_3——初始应力状态影响修正系数，按表 2.6.11 取值，其中高初始应力地区岩体在开挖过程中出现的主要现象如表 2.6.12 所示。

表 2.6.9 地下水影响修正系数 K_1

K_1　　　　　　　　　　　BQ　　　　　　　地下水状况	>450	351~450	251~350	<250
潮湿或点滴状出水	0	0.1	0.2~0.3	0.4~0.6
淋雨状或涌流状出水，水压<0.1MPa 或单位出水量<10（L/min·m）	0.1	0.2~0.3	0.4~0.6	0.7~0.9
淋雨状或涌流状出水水压>0.1MPa 或单位出水量>10（L/min·m）	0.2	0.4~0.6	0.7~0.9	1.0

表 2.6.10 　　　　　　　　　　　**主要结构面产状影响修正系数 K_2**

结构面产状及其与洞轴线的组合关系	结构面走向与洞轴线夹角<30°，结构面倾角 30°~75°	结构面走向与洞轴线夹角>60°，结构面倾角>75°	其他组合
K_2	0.4~0.6	0~0.2	0.2~0.4

表 2.6.11 　　　　　　　　　　　**初始应力状态影响修正系数 K_3**

K_3　　　　　BQ　　　地应力状况	>550	451~550	351~450	251~350	<250
极高应力区	1.0	1.0	1.0~1.5	1.0~1.5	1.0
高应力区	0.5	0.5	0.5	0.5~1.0	0.5~1.0

表 2.6.12 　　　　　　　**高初始应力地区岩体在开挖过程中出现的主要现象**

应力情况	主　要　现　象	$\dfrac{R_c}{\sigma_{max}}$
极高应力	1. 硬质岩：开挖过程中时有岩爆发生，有岩块弹出，洞壁岩体发生剥离，新生裂缝多，成洞性差；基坑有剥离现象，成形性差。 2. 软质岩：岩芯常有饼化现象，开挖过程中洞壁岩体有剥离，位移极为显著，甚至发生大位移，持续时间长，不易成洞；基坑发生显著隆起或剥离，不易成形。	<4
高应力	1. 硬质岩：开挖过程中可能出现岩爆，洞壁岩体有剥离和掉块现象，新生裂缝较多，成洞性较差；基坑时有剥离现象，成形性一般尚好。 2. 软质岩：岩芯时有饼化现象，开挖过程中洞壁岩体位移显著，持续时间较长，成洞性差；基坑有隆起现象，成形性较差。	4~7

注：σ_{max} 为垂直洞轴线方向的最大初始应力。

　　取得岩体工程质量指标（即修正的基本质量指标）[BQ]后，即可根据表2.6.8对岩体进行工程分级。

　　值得注意的是国家岩体分级标准作为通用的基础标准，难以将所有影响因素都考虑进去，更难以全面照顾各行业的特殊需要。因此，在实行本岩体分级标准时，往往结合相关行业的分级标准，采用几种分级方法进行对比，综合分析，确定合适的岩体级别，并结合各自行业的特点和所积累的经验，进行地下结构的工程类比设计。

2.6.3 各级岩体物理力学参数建议取值

　　《工程岩体分级标准》（GB50218—94）中给出了各级岩体物理力学参数建议取值和地下工程岩体自稳能力的描述，如表2.6.13所示。

表 2.6.13 各级岩体物理力学参数和围岩自稳能力表

级别	密度 ρ /(g/cm³)	抗剪强度		变形模量 /(GPa)	泊松比	围岩自稳能力
		φ/(°)	c/(MPa)			
I	>2.65	>60	>2.1	>33	0.2	跨度 ≤ 20m，可长期稳定，偶有掉块，无塌方。
II	>2.65	50 ~ 60	1.5 ~ 2.1	20 ~ 33	0.2 ~ 0.25	跨度 10 ~ 20m，可基本稳定，局部可掉块或小塌方； 跨度 < 10m，可长期稳定，偶有掉块。
III	2.45 ~ 2.65	39 ~ 50	0.7 ~ 1.5	6 ~ 20	0.25 ~ 0.3	跨度 10 ~ 20m，可稳定数日至 1 个月，可发生小至中塌方； 跨度 5 ~ 10m，可稳定数月，可发生局部块体移动及小至中塌方； 跨度 < 5m，可基本稳定。
IV	2.25 ~ 2.45	27 ~ 39	0.2 ~ 0.7	1.3 ~ 6	0.3 ~ 0.35	跨度 >5m，一般无自稳能力，数日至数月内可发生松动、小塌方，进而发展为中至大塌方，埋深小时，以拱部松动为主，埋深大时，有明显塑性流动和挤压破坏； 跨度 ≤ 5m 时，可稳定数日至 1 月。
V	< 2.25	< 27	< 0.2	< 1.3	>0.35	无自稳能力。

注：小塌方：塌方高 < 3m，或塌方体积 < 30m³；中塌方：塌方高度 3 ~ 6m，或塌方体积 30 ~ 100m³；大塌方：塌方高度 >6m，或塌方体积 >100m³。

2.7 我国锚喷支护岩体分级及经验设计

2.7.1 围岩分级

我国国家规范《锚杆喷射混凝土技术规范》（GB50086—2001）中提出的适用于锚喷支护经验类比设计的围岩分类法，是一种多因素定性和定量指标相结合的分类方法。该分类方法除了考虑岩体结构特征（定性）和岩体力学特征（定量）外，还将岩体声波速度指标作为定量指标之一。该技术规范是国内进行锚喷支护经验类比设计的重要依据，适用于矿山、井巷、交通隧道、水工隧洞和各类洞室等地下工程锚喷支护的设计和施工。表 2.7.1 为《锚杆喷射混凝土技术规范》（GB50086—2001）中提出的围岩分级，在分级方法上吸收了国家标准《工程岩体分级标准》GB50218—94 的有关内容，但在定量方面并没有采用基本质量指标 BQ 作为分级依据，而是直接给出岩石单轴饱和抗压强度和岩体完整性指数的范围值，同时增加了岩体声波指标的范围值。

表 2.7.1 《锚杆喷射混凝土技术规范》围岩分级

围岩类别	主要工程地质特点						毛洞稳定情况
	岩体结构	构造影响程度、结构发育情况和组合状态	岩石强度指标		岩体声波指标		岩体强度应力比
			单轴饱和抗压强度/MPa	点荷载强度/MPa	岩体纵皮速度/km/s	岩体完整性指标	
I	整体状及层间结合良好的厚层状结构	构造影响轻微,偶尔有小断层。结构面不发育,仅有两到三组,平均间距>0.8m。以原生和构造节理为主,多数闭合,无泥质充填,不贯通。层间结合良好,一般不出现不稳定现象。	>60	>2.5	>5	>0.75	—	毛洞跨度5~10m时长期稳定,无碎块掉落。
II	同 I 级围岩结构	同 I 级围岩特征。	30~60	1.25~2.5	3.7~5.2	>0.75	—	毛洞跨度为5~10m时,围岩能较长时间(数月至数年)维持稳定,仅出现局部小块掉落。
	块状结构和层间结合较好地中厚层或厚层状结构	构造影响较重,有少量断层。结构面较发育,一般为三组,平均间距0.4~0.8m。以原生和构造节理为主,多数闭合,偶有泥质充填,贯通性较差,有少量软弱结构面。层间结合较好,偶有层间错动和层面张开现象。	>60	>2.5	3.7~5.2	>0.5	—	
III	同 I 级围岩结构	同 I 级围岩特征。	20~30	0.85~1.25	3.0~4.5	>0.75	>2	
	同 II 级围岩块状结构和层间结合较好的中厚层或厚层状结构	同 II 级围岩块状结构和层间结合较好的中厚层或厚层状结构特征。	30~60	1.25~2.5	3.0~4.5	0.5~0.75	>2	

围岩类别	主要工程地质特点							毛洞稳定情况
	岩体结构	构造影响程度、结构发育情况和组合状态	岩石强度指标		岩体声波指标		岩体强度应力比	
			单轴饱和抗压强度/MPa	点荷载强度/MPa	岩体纵皮速度/km/s	岩体完整性指标		
III	层间结合良好的薄层或软硬岩互层状结构	构造影响较重。结构面发育,一般为三组,平均间距0.2~0.4m,以构造节理为主,节理面多数闭合,少有泥质充填。岩层为薄层或以硬岩为主的软硬岩互层,层间结合良好,少见软弱夹层、层间错动或层面张开现象。	>60(软岩>20)	>2.5	3.0~4.5	0.3~0.5	>2	毛洞跨度为5~10m时围岩能维持一个月以上稳定,主要出现局部掉块、塌落。
	破裂镶嵌结构	构造影响较重,结构面发育,一般为三组以上,平均间距0.2~0.4m,以构造节理为主,节理面多数闭合,少数有泥质充填,块体间牢固咬合。	>60	>2.5	3.0~4.5	0.3~0.5	>2	
IV	同II级围岩,块状结构和层间结合较好的中厚层或厚层状结构	同II级围岩块状结构和层间结合较好的中厚层或厚层状结构特征。	10~30	0.42~1.25	2.0~3.5	0.5~0.75	>1	毛洞跨度为5m时,围岩能维持数日到一个月的稳定,主要失稳形式为冒落或片帮。
	散块状结构	构造影响严重,一般为风化卸荷带。结构面发育,一般为三组,平均间距0.4~0.8m,以构造节理、卸荷、风化裂隙为主,贯通性好,多数张开。夹泥,夹泥厚度一般大于结构面的起伏高度,咬合力弱,构成较多的不稳定块体。	>30	>1.25	>2.0	>0.15	>1	

围岩类别	主要工程地质特点							毛洞稳定情况
	岩体结构	构造影响程度、结构发育情况和组合状态	岩石强度指标		岩体声波指标		岩体强度应力比	
			单轴饱和抗压强度/MPa	点荷载强度/MPa	岩体纵波速度km/s	岩体完整性指标		
IV	层间结合不良的薄层、中厚层和软硬岩互层结构。	构造影响严重。结构面发育,一般为三组以上,平均间距0.2～0.4m,以构造、风化节理为主,大部分微张(0.5～1.0mm),部分张开(>1.0mm),有泥质充填。层间结合不良,多数夹泥,层间错动明显。	>30(软岩>10)	>1.25	2.0～3.5	0.2～0.4	>1	毛洞跨度为5m时,围岩能维持数日到一个月的稳定,主要失稳形式为冒落或片帮。
	碎裂状结构	构造影响严重,多数为断层影响带或强风化带。结构面发育,一般为三组以上,平均间距0.2～0.4m,大部分微张(0.5～1.0mm),部分张开(>1.0mm),有泥质充填,形成许多碎块体。	>30	>1.25	2.0～3.5	0.2～0.4	>1	
V	散体状结构	结构影响很严重,多数为破碎带、全强风化带、破碎带交汇部位。构造及风化节理密集,节理面及其组合杂乱,形成大量碎块体。块体间多数为泥质充填,甚至呈石类土状或土夹石状。	—	—	<2.0	—	—	毛洞跨度为5m时,围岩稳定时间很短,约数小时到数日。

注: 1. 围岩按定性分级与定量指标分级有差别时,一般应以低者为准。

2. 本表声波指标以孔测法测试值为准。如果用其他方法测试时,可通过对比试验,进行换算。

3. 层状岩体按单层厚度可划分为:厚层:大于0.5m;中厚层:0.1～0.5m;薄层:小于0.1m。

4. 一般条件下,确定围岩级别时,应以岩石单轴饱和抗压强度为准;当洞跨小于5m,服务年限小于10年的工程,确定围岩级别时,可采用点荷载强度指标代替岩石单轴饱和抗压强度指标,可不做岩体声波指标测试。

5. 测定岩石强度,做单轴抗压强度测定后,可不作点荷载强度测定。

2.7.2　喷锚支护经验设计

表 2.7.2 和表 2.7.3 为《锚杆喷射混凝土技术规范》(GB50086—2001)中给出的各级围岩锚喷支护结构的经验设计参数。

表 2.7.2　　　　　　　　隧道和斜井锚喷支护类型及经验设计参数

围岩级别	毛洞跨度 B/m				
	$B \leq 5$	$5 < B \leq 10$	$10 < B \leq 15$	$15 < B \leq 20$	$20 < B \leq 25$
I	不支护。	50mm 厚喷混凝土。	1.80 ~ 100mm 厚喷混凝土；2.50mm 厚喷混凝土，设置 2.0 ~ 2.5m 长的锚杆。	100 ~ 150mm 厚钢筋网喷混凝土，设置 2.5 ~ 3.0m 长的锚杆，必要时，配置钢筋网。	120 ~ 150mm 厚钢筋网喷混凝土，设置 3.0 ~ 4.0m 长的锚杆。
II	50mm 厚喷混凝土。	1.80 ~ 100mm 厚喷混凝土；2.50mm 厚喷混凝土，设置 1.5 ~ 2.0m 长的锚杆。	1.120 ~ 150mm 厚的喷混凝土，必要时配置钢筋网；2.80 ~ 120mm 厚喷混凝土，设置 2.0 ~ 3.0m 长的锚杆，必要时配置钢筋网。	120 ~ 150mm 厚钢筋网喷混凝土，设置 3.0 ~ 4.0m 长的锚杆。	150 ~ 200mm 厚的钢筋网喷混凝土，设置 5.0 ~ 6.0m 长的锚杆，必要时，设置长度大于 6.0m 的预应力或非预应力锚杆。
III	1.80 ~ 100mm 厚喷混凝土。2.50mm 厚喷混凝土，设置 1.5 ~ 2.0m 长的锚杆。	1.120 ~ 150mm 厚的喷混凝土，必要时配置钢筋网；2.80 ~ 100mm 厚的喷混凝土，设置 2.0 ~ 3.0m 长的锚杆，必要时配置钢筋网。	100 ~ 150mm 厚钢筋网喷混凝土，设置 3.0 ~ 4.0m 长的锚杆。	150 ~ 200mm 厚钢筋网喷混凝土，设置 4.0 ~ 5.0m 长的锚杆，必要时，设置长度大于 5.0m 的预应力或非预应力锚杆。	—
IV	80 ~ 100mm 厚喷混凝土，设置 1.5 ~ 2.0m 长的锚杆。	100 ~ 150mm 厚钢筋网喷混凝土，设置 2.0 ~ 2.5m 长的锚杆，必要时采用仰拱。	150 ~ 200mm 厚钢筋网喷混凝土，设置 3.0 ~ 4.0m 长的锚杆，必要时采用仰拱并设置长度大于 4.0m 的锚杆。	—	—

围岩级别	毛洞跨度 B/m				
	$B\leqslant5$	$5<B\leqslant10$	$10<B\leqslant15$	$15<B\leqslant20$	$20<B\leqslant25$
V	120~150mm 厚的钢筋网喷混凝土，设置 1.5~2.0m 长的锚杆，必要时采用仰拱。	150~200mm 厚钢筋网喷混凝土，设置 2.0~3.0m 长的锚杆，采用仰拱，必要时，加设钢架。	—	—	—

注：1. 表中的支护类型和参数，是指隧洞和倾角小于 30°的斜井的永久支护，包括初期支护和后期支护的参数。

2. 服务年限小于 10 年及洞跨小于 3.5m 的隧洞和斜井，表中的支护参数，可根据工程具体情况，适当减小。

3. 复合衬砌的隧洞和斜井，初期支护采用表中的参数时，应根据工程的具体情况，予以减小。

4. 陡倾斜岩层中的隧洞或斜井易失稳的一侧边墙和缓倾斜岩层中的隧洞或斜井顶部，应采用表中第 2 种支护类型和参数，其他情况下，两种支护类型和参数均可采用。

5. 对高度大于 15m 的侧边墙，应进行稳定性验算，并根据验算结果，确定锚喷支护参数。

表 2.7.3   竖井锚喷支护类型及经验设计参数

围岩类别	竖井毛直径 D/m	
	$D<5$	$5\leqslant D<7$
I	100mm 厚喷混凝土，必要时，局部设置 1.5~2.0m 长的锚杆。	100mm 厚喷混凝土，设置 1.5~2.5m 长的锚杆；或150mm 厚喷混凝土。
II	100~150mm 厚钢筋网喷混凝土，设置 1.5~2.0m 长的锚杆。	100~150mm 厚钢筋网喷混凝土，设置 2.0~2.5m 长的锚杆，必要时，加设混凝土圈梁。
III	150~200mm 厚钢筋网喷混凝土，设置 1.5~2.0m 长的锚杆，必要时，加设混凝土圈梁。	150~200mm 厚钢筋网喷混凝土，设置 2.0~3.0m 长的锚杆；必要时，加设混凝土圈梁。

注：1. 井壁采用锚喷做初期支护时，支护设计参数可适当减小。

2. III 级围岩中井筒深度超过 500m 时，支护设计参数应予以增大。

2.8　我国铁路隧道围岩分级及经验设计

2.8.1　围岩分级

我国铁路系统根据本行业的工程特点,也提出了适用于铁路隧道工程的围岩分级方法及其相应的衬砌支护设计参数。过去的《铁路隧道设计规范》(TB10003)中的围岩分级与国家标准《工程岩体分级标准》(GB50218—94)有很大不同,如围岩质量的级别,两个规范的排序互为倒序,而且在《铁路隧道设计规范》(TB10003)中缺少相应的定量指标。最新的《铁路隧道设计规范》(TB10003—2005)中的围岩分级基本与国家标准《工程岩体分级标准》(GB50218—94)一致,围岩分级的排序采用了与国家标准一致的分级顺序,并将地应力的影响、地下水的修正等因素也纳入隧道围岩分级之中,是一种多因素定性与定量指标相结合的分类方法。

《铁路隧道设计规范》(TB10003—2005)中的围岩分级因素及其确定方法与国标《工程岩体分级标准》(GB50218—94)基本相同,为:

(1)围岩基本分级由岩石坚硬程度和岩体完整程度两个基本因素确定;

(2)岩石坚硬程度和岩体完整程度,采用定性划分和定量指标两种方法综合确定。

岩石坚硬程度的划分、岩体完整程度的划分及围岩基本分级的确定分别按表2.8.1、表2.8.2和表2.8.3执行。

表 2.8.1　　　　　　　　　　　岩石坚硬程度的划分

岩石类别		单轴饱和抗压强度/MPa	代表性岩石
硬质岩	极硬岩	$R_c > 60$	未风化或微风化的花岗岩、片麻岩、闪长岩、石英岩、硅质灰岩、钙质胶结的砂岩或砾岩等。
	硬岩	$30 < R_c \leqslant 60$	弱风化的极硬岩;未风化或微风化的熔结凝灰岩、大理岩、板岩、白云岩、灰岩、钙质胶结的砂岩、结晶颗粒较粗的岩浆岩等。
软质岩	较软岩	$15 < R_c \leqslant 30$	强风化的极硬岩;弱风化的硬岩;未风化或微风化的云母片岩、千枚岩、砂质泥岩、钙泥质胶结的粉砂岩和砾岩、泥灰岩、泥岩、凝灰岩等。
	软岩	$5 < R_c \leqslant 15$	强风化的极硬岩;弱风化至强风化的硬岩;弱风化的较软岩和未风化或微风化泥质岩类;泥岩、煤、泥质胶结的砂岩和砾岩等。
	极软岩	$R_c \leqslant 5$	全风化的各类岩石和成岩作用差的岩石。

表 2.8.2 岩体完整程度的划分

完整程度	结构面特征	结构类型	岩体完整性指数
完整	结构面 1～2 组，以构造型节理或层面为主，密闭型。	巨块状整体结构	$K_v > 0.75$
较完整	结构面 2～3 组，以构造型节理、层面为主，裂隙多呈密闭型，部分为微张型，少有充填物。	块状结构	$0.75 \geqslant K_v > 0.55$
较破碎	结构面一般为 3 组，以节理及风化裂隙为主，在断层附近受构造影响较大，裂隙以微张型和张开型为主，多有充填物。	层状结构，块石、碎石状结构	$0.55 \geqslant K_v > 0.35$
破碎	结构面大于 3 组，多以风化型裂隙为主，在断层附近受构造作用影响大，裂隙宽度以张开型为主，多有充填物。	碎石角砾状结构	$0.35 \geqslant K_v > 0.15$
极破碎	结构面杂乱无序，在断层附近受断层作用影响大，宽张裂隙全为泥质或泥样岩屑充填，充填物厚度大。	散体状结构	$K_v \leqslant 0.15$

表 2.8.3 围岩基本分级

级别	岩体特征	土体特征	围岩弹性纵波速度/(km/s)
I	极硬岩，岩体完整	—	>4.5
II	极硬岩，岩体较完整 硬岩，岩体完整	—	3.5～4.5
III	极硬岩，岩体较破碎 硬岩或软硬岩互层，岩体较完整 较软岩，岩体完整	—	2.5～4.0
IV	极硬岩，岩体破碎 硬岩，岩体较破碎或破碎 较软岩或软硬岩互层，且以软岩为主，岩体较完整或较破碎 软岩，岩体完整或较完整	具压密或成岩作用的黏性土、粉土及砂类土，一般钙质、铁质胶结的粗角砾土、粗圆砾土、碎石土、卵石土、大块石土，黄土(Q_1，Q_2)。	1.5～3.0
V	软岩，岩体破碎至极破碎 全部极软岩及全部极破碎岩（包括受改造影响严重的破碎带）	一般第四系坚硬、硬塑黏性土，稍密及以上、稍湿、潮湿的碎（卵）石土、粗圆砾土、细圆砾土、粗角砾土、细角砾土、粉土及黄土(Q_1，Q_2)。	1.0～2.0
VI	受构造影响很严重呈碎石、角砾及粉末、泥土状的断层带	软塑状黏性土、饱和的粉土、砂类土等。	< 1.0 （饱和状态的土 < 1.5）

与国家标准类似，在围岩基本分级的基础上，应结合铁路隧道工程的特点，考虑地下水状态、初始地应力状态等因素对围岩级别进行修正。其中地下水对围岩级别的修正按表2.8.4进行；初始地应力状态评估按表2.8.5进行，初始地应力对围岩级别的修正按表2.8.6确定。最终的铁路隧道围岩分级如表2.8.7所示。

表 2.8.4　地下水对围岩级别的修正

围岩基本分级			I	II	III	IV	V	VI
地下水状态分级	I	干燥或湿润，渗水量 < 10 L/（min·10m）	I	II	III	IV	V	—
	II	偶有渗水，渗水量 10~25 L/（min·10m）	I	II	IV	V	VI	—
	III	经常渗水，渗水量 25~125 L/（min·10m）	II	III	IV	V	VI	—

表 2.8.5　初始地应力场评估基准

初始地应力状态	主 要 现 象	评估基准（R_c/σ_{max}）
极高应力	1. 硬质岩：开挖过程中时有岩爆发生，有岩块弹出，洞壁岩体发生剥离，新生裂纹多，成洞性差。	< 4
	2. 软质岩：岩芯常有饼化现象，开挖过程中，洞壁岩体有剥离，位移极为显著，甚至发生大位移，持续时间长，不易成洞。	
高应力	1. 硬质岩：开挖过程中可能出现岩爆，洞壁岩体有剥离和掉块现象，新生裂纹较多，成洞性较差。	4~7
	2. 软质岩：岩芯时有饼化现象，开挖过程中洞壁岩体位移显著，持续时间长，成洞性差。	

注：R_c 为岩石单轴饱和抗压强度（MPa）；σ_{max} 为最大地应力值（MPa）。

表 2.8.6　初始地应力对围岩级别的修正

围岩基本分级		I	II	III	IV	V
初始地应力状态	极高应力	I	II	III 或 IV[①]	V	VI
	高应力	I	II	III	IV 或 V[②]	VI

注：1. 围岩岩体为较破碎的极硬岩、较完整的硬岩时定为 III 级；围岩岩体为完整的较软岩、较完整的软硬互层时定为 IV 级。

2. 围岩岩体为破碎的极硬岩、较破碎及破碎的硬岩时定为 IV 级；围岩岩体为完整及较完整的软岩、较完整及较破碎的较软岩时定为 V 级。

表2.8.7   铁路隧道围岩分级

围岩级别	围岩主要工程地质条件		围岩开挖后的稳定状态(单线)	围岩弹性纵波速度/(km/s)
	主要工程地质特征	结构特征和完整状态		
I	极硬岩(单轴饱和抗压强度 $R_c > 60MPa$):受地质构造影响轻微,节理不发育,无软弱面(或夹层);层状岩层为巨厚层或厚层,层间结合良好,岩体完整。	呈巨块状整体结构	围岩稳定、无坍塌,可能产生岩爆。	>4.5
II	硬质岩($R_c > 30MPa$):受地质构造影响较重,节理较发育,有少量软弱面(或夹层)和贯通微张节理,但其产状及组合关系不致产生滑动;层状岩层为中厚层或厚层,层间结合一般,很少有分离现象,或为硬质岩石偶夹软质岩石。	呈巨块或大块状结构	暴露时间长,可能会出现局部小坍塌;侧壁稳定;层间结合差的平缓岩层,顶板易坍落。	3.5~4.5
III	硬质岩($R_c > 30MPa$):受地质构造影响严重,节理发育,有层状软弱面(或夹层),但其产状及组合关系尚不致产生滑动;层状岩层为薄层或中层,层间结合差,多有分离现象;硬、软质岩石互层。	呈块(石)碎(石)状镶嵌结构	拱部无支护时可产生小坍塌,侧壁基本稳定,爆破震动过大易坍塌。	2.5~4.0
	较软岩($R_c = 15~30MPa$):受地质构造影响较重,节理较发育;层状岩层为薄层、中厚层或厚层,层间结合一般。	呈大块状结构		
IV	硬质岩($R_c > 30MPa$):受地质构造影响极严重,节理很发育,层状软弱面(或夹层)已基本破坏。	呈碎石状压碎结构	拱部无支护时可产生较大的坍塌,侧壁有时失去稳定。	1.5~3.0
	软质岩($R_c = 5~30MPa$):受地质构造影响严重,节理发育。	呈块(石)碎(石)状镶嵌结构		
	土体:①具压密或成岩作用的黏性土、粉土及砂类土;② 黄土(Q_1、Q_2);③ 一般钙质、铁质胶结的碎石土、卵石土、大块石土。	①和②大块状压密结构,③呈巨块状整体结构		

续表

围岩级别	围岩主要工程地质条件		围岩开挖后的稳定状态(单线)	围岩弹性纵波速度/(km/s)
	主要工程地质特征	结构特征和完整状态		
V	岩体：软岩，岩体破碎至极破碎；全部极软岩及全部极破碎岩(包括受构造影响严重的破碎带)。	呈角砾碎石状松散结构	围岩易坍塌，处理不当会出现大坍塌，侧壁经常小坍塌；浅埋时易出现地表下沉(陷)或塌至地表。	1.0~2.0
	土体：一般第四系的坚硬、硬塑黏性土、稍密及以上、稍湿或潮湿的碎石土、卵石土、圆砾土、角砾土、粉土及黄土(Q_3、Q_4)。	非粘性土呈松散结构；粘性土及黄土呈松软结构		
VI	岩体：受构造影响严重呈碎石、角砾及粉末、泥土状的断层带	黏性土呈易蠕动的松软结构，砂性土呈潮湿松散结构。	围岩极易坍塌变形，有水时土砂常与水一齐涌出；浅埋时易塌至地表。	< 1.0(饱和状态的土< 1.5)
	土体：软塑状黏性土、饱和的粉土、砂类土等			

注：1. 表中"围岩级别"和"围岩主要工程地质条件"栏不包括膨胀性围岩、多年冻土等特殊岩土；

2. 关于隧道围岩分级的基本因素和围岩基本分级及其修正，可按表 2.8.1~表 2.8.6 确定；

3. 层状岩层的层厚划分：

巨厚层：厚度大于 1.0m；

厚　层：厚度大于 0.5m，且小于或等于 1.0m；

中厚层：厚度大于 0.1m，且小于或等于 0.5m；

薄　层：厚度小于或等于 0.1m。

2.8.2　衬砌结构经验设计

《铁路隧道设计规范》(TB10003—2005)中规定隧道衬砌应优先采用复合衬砌，其中的初期支护及二次衬砌采用工程类比法进行设计，并通过理论分析进行验算，设计参数可以参照表 2.8.8、表 2.8.9 选用。地下水不发育的 I、II 级围岩的短隧道，可以采用喷锚支护衬砌，设计参数可以参照表 2.9.10 选用。

表 2.8.8　　　　　　　　单线铁路隧道复合式衬砌的设计参数

围岩级别	初期支护						二次衬砌		
	喷射混凝土厚度/cm		锚杆			钢筋网	钢架	拱、墙	仰拱
	拱、墙	仰拱	位置	长度/m	间距/m				
II	5	—	—	—	—	—	—	25	—
III	7	—	局部设置	2.0	1.2~1.5	—	—	25	—

围岩级别	初期支护						二次衬砌		
	喷射混凝土厚度/cm		锚杆			钢筋网	钢架	拱、墙	仰拱
	拱、墙	仰拱	位置	长度/m	间距/m				
IV	10	—	拱、墙	2.0~2.5	1.0~1.2	必要时设置@25×25	—	30	40
V	15~22	15~22	拱、墙	2.5~3.0	0.8~1.0	拱、墙、仰拱@20×20	必要时设置	35	40
VI	通过试验确定								

表 2.8.9 　　　　　　　　　双线铁路隧道复合式衬砌的设计参数

围岩级别	初期支护						二次衬砌		
	喷射混凝土厚度/cm		锚杆			钢筋网	钢架	拱、墙	仰拱
	拱、墙	仰拱	位置	长度/m	间距/m				
II	5~8	—	局部设置	2.0~2.5	1.5	—	—	30	—
III	8~10	—	拱、墙	2.0~2.5	1.2~1.5	必要时设置@25×25	—	35	45
IV	15~22	15~22	拱、墙	2.5~3.0	1.0~1.2	拱、墙、仰拱@25×25	必要时设置	40	45
V	20~25	15~22	拱、墙	3.0~~3.5	0.8~1.0	拱、墙、仰拱@20×20	拱、墙、仰拱	45	45
VI	通过试验确定								

注：1. 采用钢架时，应选用格栅钢架，钢架设置间距一般为 0.5~1.5m；

2. 对于 IV、V 级围岩，可视情况采用钢筋束支护，喷射混凝土厚度可取小值；

3. 钢架与围岩之间的喷射混凝土保护层厚度不应小于 4cm；临空一侧的混凝土保护层厚度不应小于 3cm。

表 2.8.10　　　　　　　　　　　铁路隧道喷锚支护衬砌的设计参数

围岩级别	单线隧道	双线隧道
I	喷射混凝土厚度 5cm	喷射混凝土厚度 8cm，必要时设置锚杆，锚杆长 1.5~2.0m，间距 1.2~1.5m。
II	喷射混凝土厚度 8cm，必要时设置锚杆，锚杆长 1.5~2.0m，间距 1.2~1.5m	喷射混凝土厚度 10cm，锚杆长 2.0~2.5m，间距 1.0~1.2m，必要时设置局部钢筋网。

注：1. 边墙喷射混凝土厚度可略低于表列数值，当边墙围岩稳定，可不设置锚杆和钢筋网；
　　2. 钢筋网的网格间距宜为 15~30cm，钢筋网保护层厚度不小于 3cm。

2.8.3　围岩压力计算

《铁路隧道设计规范》（TB10003—2005）中还给出了隧道围岩压力的计算公式，作为支护结构验算的依据。

若采用概率极限状态法进行隧道结构设计时，围岩压力按松散压力考虑，单线深埋隧道衬砌所受垂直均布压力标准值为

$$q = \gamma h$$
$$h = 0.41 \times 1.79^s \tag{2.8.1}$$

式中：q——围岩垂直均布压力（kN/m^2）；

　　　γ——围岩容重（kN/m^3）；

　　　h——围岩压力计算高度（m）；

　　　S——围岩级别，例如 IV 级围岩，则 $S=4$。

若采用破损阶段法或容许应力法进行隧道结构设计时，围岩压力按松散压力考虑，深埋隧道所受垂直均布压力为

$$q = \gamma h$$
$$h = 0.45 \times 2^{s-1} w \tag{2.8.2}$$

式中：w——跨度影响系数，$w = 1 + i(l_m - 5)$；

　　　l_m——毛洞跨度（m）；

　　　i——是以 $l_m = 5m$ 的围岩垂直均布压力为准，l_m 每增减 1m，围岩压力随 l_m 的变化率。当 $l_m < 5m$ 时，取 $i = 0.2$；$l_m > 5m$ 时，可取 $i = 0.1$。

其余符号意义同式（2.8.1）。

围岩的水平均布压力 e 可以按表 2.8.11 确定。

表 2.8.11　　　　　　　　　　　　　围岩水平均布压力 e

围岩级别	I~II	III	IV	V	VI
水平均布压力	0	0.15q	(0.15~0.30)q	(0.30~0.50)q	(0.50~1.00)q

式（2.8.1）、式（2.8.2）及表 2.8.11 适用于采用钻爆法施工的深埋隧道，且 $H_m/l_m <$ 1.7（H_m 为毛洞开挖高度（m）），不产生显著偏压力及膨胀压力的情况。

计算得到围岩压力后，可以利用荷载结构设计模型进行隧道衬砌结构设计计算。

2.9　我国公路隧道围岩分级及经验设计

2.9.1　围岩分级

我国现行的《公路隧道设计规范》(JTG D70—2004)中围岩分级按照国家标准《工程岩体分级标准》(GB50218—94)中的规定,将原规范中的"围岩分类"改为围岩分级,分级方法与国家标准一致,采用《工程岩体分级标准》(GB50218—94)中规定的方法、级别和顺序,即岩石隧道围岩稳定性等级由好至坏分为Ⅰ级、Ⅱ级、Ⅲ级、Ⅳ级和Ⅴ级。考虑到土体中隧道的围岩分级,将松软的土体围岩定为Ⅵ级。

具体的围岩分级方法及过程见2.6节。根据调查、勘探、试验等资料,岩石隧道的围岩定性特征,围岩基本质量指标 BQ 或修正的围岩质量指标[BQ]值,土体隧道中的土体类型、密实状态等定性特征,按表2.9.1确定围岩级别。

表 2.9.1　　　　　　　　　　公路隧道围岩分级

围岩级别	围岩或土体主要定性特征	围岩基本质量指标 BQ 或修正的围岩基本质量指标[BQ]
Ⅰ	坚硬岩,岩体完整,巨整体状或巨厚层状结构	>550
Ⅱ	坚硬岩,岩体较完整,块状或厚层状结构; 较坚硬岩,岩体完整,块状整体结构	451～550
Ⅲ	坚硬岩,岩体较破碎,巨块(石)碎(石)状镶嵌结构; 较坚硬岩或较软硬岩层,岩体较完整,块状或中厚层结构;	351～450
Ⅳ	坚硬岩,岩体破碎,碎裂结构; 较坚硬岩,岩体较破碎～破碎,镶嵌碎裂结构; 较软岩或软硬岩互层,且以软岩为主,岩体较完整～较破碎,中薄层状结构	251～350
	土体:1. 压密或成岩作用的黏性土及砂性土; 　　　2. 黄土(Q_1、Q_2); 　　　3. 一般钙质、铁质胶结的碎石土、卵石土、大块石土	
Ⅴ	较软岩,岩体破碎; 软岩,岩体较破碎～破碎; 极破碎各类岩体,碎、裂状,松散结构	≤250
	一般第四系的半干硬至硬塑的黏性土及稍湿至潮湿的碎石土、卵石土、圆砾、角砾土及黄土(Q_3、Q_4)。非黏性土呈松散结构,黏性土及黄土呈松软结构	
Ⅵ	软塑状黏性土及潮湿、饱和粉细砂层、软土等	

注:本表不适用于特殊条件的围岩分级,如膨胀性围岩、多年冻土等。

2.9.2　衬砌结构经验设计

《公路隧道设计规范》(JTG D70—2004)中规定，公路隧道的衬砌可以根据隧道围岩的地质条件、施工条件和使用要求分别采用喷锚支护衬砌、整体式衬砌、复合式衬砌等。高速公路、一级公路、二级公路的隧道应采用复合式衬砌；三级及三级以下公路隧道，在 I、II、III 级围岩条件下，隧道洞口段应采用复合式衬砌或整体式衬砌，其他段可以采用喷锚支护衬砌。

公路隧道复合式衬砌采用工程类比法进行设计，通过理论分析进行验算。表 2.9.2 和表 2.9.3 分别为两车道和三车道公路隧道复合式衬砌的经验设计参数。设计过程中，隧道初期支护和二次衬砌的支护参数可以参照两表选用；施工过程中，根据现场围岩监控量测信息对设计支护参数进行必要的调整。

表 2.9.2　　　　　　　　　　两车道隧道复合式衬砌的设计参数

围岩级别	初期支护							二次衬砌厚度/cm	
	喷射混凝土厚度/cm		锚杆/m			钢筋网	钢架	拱、墙混凝土	仰拱混凝土
	拱部、边墙	仰拱	位置	长度	间距				
I	5	—	局部	2.0	—	—	—	30	—
II	5~8	—	局部	2.0~2.5	—	—	—	30	—
III	8~12	—	拱、墙	2.0~3.0	1.0~1.5	局部 @25×25	—	35	—
IV	12~15	—	拱、墙	2.5~3.0	1.0~1.2	拱、墙 @25×25	拱、墙	35	35
V	15~25	—	拱、墙	3.0~4.0	0.8~1.2	拱、墙 @25×25	拱、墙、仰拱	45	45
VI	通过实验、计算确定								

表 2.9.3　　　　　　　　　　三车道隧道复合式衬砌的设计参数

围岩级别	初期支护							二次衬砌厚度/cm	
	喷射混凝土厚度/cm		锚杆/m			钢筋网	钢架	拱、墙混凝土	仰拱混凝土
	拱部、边墙	仰拱	位置	长度	间距				
I	8	—	局部	2.5	—	局部	—	35	—
II	8~10	—	局部	2.5~3.5	—	局部	—	40	—
III	10~15	—	拱、墙	3.0~3.5	1.0~1.5	拱、墙 @25×25	拱、墙	45	45

围岩级别	初期支护							二次衬砌厚度/cm	
	喷射混凝土厚度/cm		锚杆/m			钢筋网	钢架	拱、墙混凝土	仰拱混凝土
	拱部、边墙	仰拱	位置	长度	间距				
IV	15～20	—	拱、墙	3.0～4.0	0.8～1.0	拱、墙@20×20	拱、墙、仰拱	50,钢筋混凝土	50
V	20～30	—	拱、墙	3.5～5.0	0.5～1.0	拱、墙（双层）@20×20	拱、墙、仰拱	60,钢筋混凝土	60,钢筋混凝土
VI	通过实验、计算确定								

注：有地下水时，可取大值；无地下水时，可取小值。采用钢架时，尽量选用格栅钢架。

2.9.3　围压压力

《公路隧道设计规范》(JTG D70—2004)中认为，I～IV级围岩中的深埋隧道，围岩压力主要为形变压力，其值按释放荷载计算，常由数值计算方法确定。对于IV～VI级围岩中的深埋隧道，围岩压力为松散压力时，其垂直均布压力及水平均布压力按2.8节中式(2.8.2)和表2.8.11确定。

计算得到围岩压力后，可以利用荷载结构设计模型进行隧道衬砌结构设计计算。

2.10　国防坑道工程围岩分级及经验设计

为了满足国防工程建设需要，我国国防部门也根据各自的需求制定了相应的地下工程设计、施工等技术规范，如总参工程兵制定的《防护工程防核武器结构设计规范》(GJBz204193—1998)、总后基建营房部制定的《军用物资洞库锚喷支护技术规定》等，其中分别提出了各自的围岩分级及经验设计方法。本节将简要介绍《防护工程防核武器结构设计规范》(GJBz20419.3—1998)中的围岩分级及经验设计方法。

2.10.1　围岩分级

《防护工程防核武器结构设计规范》(GJBz20419.3—1998)中的围岩分级与国家标准《工程岩体分级标准》(GB50218—94)一致，将围岩分为I～V级，也引用了岩体基本质量指标BQ作为定量评价指标之一。不同的是，通过引入两个新的定量指标（坑道岩体质量指标 R_m 和声波参数岩体质量指标 R_s ），直接将地下水状况、高初始应力现象以及软弱结构面影响等作为一个分级的量化指标加以考虑；另外，在五级分级的基础上，还进一步划分出亚级。该围岩分级方法适用于埋深小于300m的一般岩石坑道，对于有较大构造地应力、偏压大、区域不稳定和山体不稳定的坑道不适用。对于有特殊变形破坏特性的岩石和土质坑道，必须通过试验按其他有关规定确定围岩级别。

详细的围岩分级如表 2.10.1 ~ 表 2.10.6 所示，表中的坑道岩体质量指标 R_m、声波参数岩体质量指标 R_s 和准围岩强度与地应力比 S 分别为

$$R_m = R_c K_v K_w K_j \tag{2.10.1}$$

$$R_s = 1.53 V_{pm}^{2.26} K_w K_j \tag{2.10.2}$$

$$S = \frac{R_m}{\sigma_{max}} \text{ 或 } S = \frac{R_s}{\sigma_{max}} \tag{2.10.3}$$

式中：R_m——坑道岩体质量指标；

R_s——声波参数岩体质量指标；

S——准围岩强度与地应力比；

R_c——完整岩石饱和单轴抗压强度，MPa；R_c 取值不能超过表 2.10.2 规定的最大值；

K_v——岩体完整性指数，计算式见式（2.6.2）；

K_w——地下水状态影响修正系数，取值同表 2.6.9 中的 K_1；

K_j——主要软弱结构面产状与洞轴线组合关系影响修正系数，取值同表 2.6.10 中的 K_2；

V_{pm}——岩体弹性纵波速度，km/s；

σ_{max}——最大地应力值，MPa。

表 2.10.1   **坑道工程围岩定量分级标准**

围岩级别	坑道岩体质量指标 R_m 或声波参数岩体质量指标 R_s	准围岩强度与应力比
I	>60	>4
II	30 ~ 60	>4
III	15 ~ 30	>2
IV	5 ~ 15	>1
V	< 5	—

表 2.10.2   **完整性指数不同的岩体计算 R_m 时允许取的最大 R_c 值**

岩体完整性指数 K_v	>0.45	0.25 ~ 0.45	0.10 ~ 0.25	< 0.10
计算 R_m 用允许最大 R_c 值/（MPa）	100	80	60	40

表 2.10.3　　　　　　　　　　　坑道工程初步围岩分级

岩质类型	岩体结构特征		围岩分级	
			级别范围	分级说明
A 硬质岩 ($R_c > 30MPa$)	整体状结构		Ⅰ ~ Ⅱ	坚硬岩定Ⅰ级，中硬岩定Ⅱ级。
	块状结构		Ⅱ ~ Ⅲ	坚硬岩定Ⅱ级，中硬岩定Ⅲ级。
	层状结构	单一层状结构	Ⅱ ~ Ⅲ	一般坚硬岩定Ⅱ级，中硬岩定Ⅲ级；陡倾岩层，且岩层走向与洞轴线平行可定Ⅲ级。
		互层或薄层状结构	Ⅲ ~ Ⅳ	一般定Ⅲ级；陡倾岩层，且岩层走向与洞轴线近于平行时定Ⅳ级。
	碎裂结构	镶嵌碎裂结构	Ⅲ ~ Ⅳ	一般定Ⅲ级；推测夹泥裂隙较多或有地下水时定Ⅳ级。
		层状及夹泥碎裂结构	Ⅳ ~ Ⅴ	推测无地下水时定Ⅳ级，有地下水时定Ⅴ级。
	散体结构	散块状结构	Ⅳ ~ Ⅴ	一般定Ⅳ级；推测夹泥裂隙较多或有地下水时定Ⅴ级。
		散体状结构	Ⅴ	推测有地下水时应作为特殊岩级。
B 软质岩 ($R_c = 5 ~ 30MPa$)	整体状结构		Ⅲ ~ Ⅳ	较软岩一般定Ⅲ级，推测有地下水时定Ⅳ级；软岩一般定Ⅳ级，推测有地下水时定Ⅴ级。
	块状结构		Ⅳ ~ Ⅴ	一般定Ⅳ级，推测有地下水时定Ⅴ级。
	层状结构		Ⅳ ~ Ⅴ	以较软岩为主时一般定Ⅳ级；以软岩为主，无地下水时可定Ⅳ级，推测有地下水时定Ⅴ级。
	碎裂结构		Ⅳ ~ Ⅴ	一般定Ⅴ级；推测无地下水的较软岩可定Ⅳ级。
	散体状结构		Ⅴ	推测有地下水时应作为特殊岩级。
C 特殊岩级和土	特软岩 $R_c < 5MPa$	无意义	V_c	Ⅴ类中的特软岩级。
	其他特殊岩级和土	无意义	—	通过试验确定。

表 2.10.4 坑道工程详细围岩分级表(硬质岩)

岩质类型		岩体结构类型		岩体基本质量指标 BQ	坑道岩体质量指标 R_m 或 R_s 值	准围岩强度地应力比 S 值	毛洞围岩稳定性	围岩分级			介质类型
定性鉴定	R_c 值 /MPa	定性鉴定	K_v 值					级	亚级	备注	
A 硬质岩	>30	整体状结构	>0.76	>550	>60	>4	稳定,一般无不稳定块体、无塌方、无塑性挤出变形和岩爆。	I	I	—	均匀、连续、弹性介质(S<2 时按弹塑性介质)
				451~550	30~60	>4	基本稳定,局部可能有不稳定块体,无塑性挤出变形和岩爆。	II	II_A^1	—	
				<450	<30	>2	基本稳定,局部可能有不稳定块体,应力集中部位可能发生岩爆或塑性挤出变形。	III	III_A^1	—	
		块状结构	0.46~0.75	451~550	30~60	>4	基本稳定,局部可能有不稳定块体,无塑性挤出变形和岩爆。	II	II_A^2	—	均匀弹性或块裂介质
				351~450	15~30	>2	稳定性一般,局部可有不稳定岩体,应力集中部位可能发生岩爆或塑性挤出变形。	III	III_A^2	R_m 或 R_s<15 时降为 IV 级	
		层状结构	0.23~0.75	451~550	30~60	>4	同 II_A^2 但不稳定块体主要受夹泥层面或软弱夹层控制。	II	II_A^2	—	碎裂或松散介质
				351~450	15~30	>2	同 III_A^2 但不稳定块体主要受夹泥层面或软弱夹层控制。	III	III_A^2	—	
				251~350	<15	>1	稳定性差,可能有较大不稳定岩体,可发生塑性挤出变形。	IV	IV_A^3	R_m 或 R_s<5 时降为 V 级	

岩质类型		岩体结构类型		岩体基本质量指标 BQ	坑道岩体质量指标 R_m 或 R_s 值	准围岩强度地应力比 S 值	毛洞围岩稳定性	围岩分级			介质类型
定性鉴定	R_c 值 /MPa	定性鉴定	K_v 值					级	亚级	备注	
A 硬质岩	>30	碎裂结构	镶嵌结构	0.23 ~ 0.45	>350	>15	>2	同 III_A^2，破坏形式及规模有随机性。	III	III_A^4	—	碎裂或松散介质
			层状碎裂或夹泥碎裂	0.11 ~ 0.22	>250	>5	>1	稳定性差，不及时支护可能发生整体塌落破坏，应力集中部位可由较大塑性挤出变形和松弛范围。	IV			
					<250	<5	不限	不稳定，不支护无自稳能力或自稳时间很差(一般几小时到几天)，破坏形式以拱顶、侧墙整体塌落为主，一般无塑性挤出变形。	V	V_A^4	有承压水时应作为特殊岩级	
		散体结构	散块状结构	0.15 ~ 0.45	>300	>10	>1	不稳定，不知胡很短时间即可失稳，破坏形式以拱顶大块体塌落或侧墙、掌子面滑移为主，一般无塑性挤出变形。	IV	IV_A^5	—	块裂介质
					<300	<10	不限		V	V_A^5	—	
			散体状结构	<0.15	<250	<5	不限	很不稳定，不支护无自稳能力，小跨度也能自稳几天或几小时，破坏形式以拱、墙整体塌落为主，及时支护会有较大塑性挤出变形。	V	V_A^5	有地下水时应作为特殊岩级	松散介质

表 2.10.5　　　　　　　　　　坑道工程详细围岩分级表（软质岩和特殊岩级）

岩质类型		岩体结构类型		岩体基本质量指标 BQ	坑道岩体质量指标 R_m或R_s值	准围岩强度地应力比 S值	毛洞围岩稳定性	围岩分级			介质类型
定性鉴定	R_c值/MPa	定性鉴定	K_v值					级	亚级	备注	
B 软质岩	5~30	整体状结构	>0.75	>350	>15	≥2	基本稳定或一般，应力集中部位可能发生塑性变形。	III	III_B^1	S<2 时降为 IV级	弹性或弹塑性介质
		块状结构	0.45~0.75	<350	<15	≥1	稳定性差，应力集中部位可发生大塑性变形。	IV	IV_B^1	S<1 时降为 V级	
				>250	>5	≥1	稳定性差，局部有不稳定岩体，应力集中部位可发生塑性挤出变形。	IV	IV_B^2		块裂介质或弹塑性介质
				<250	<5	不限	不稳定，不及时支护围岩短时间可能塌方或有较大塑性变形，并有明显流变特性。	III	III_A^2	—	
		层状结构		>250	>5	≥1	同IV_B^2	IV	IV_B^3	S<1 时降为 V级	
				<250	<5	不限	同V_B^2	V	V_B^3		
		碎裂结构	0.20~0.45	>250	>5	≥1	不稳定，不及时支护围岩很快松弛，失稳，破坏形式以拱顶、侧墙整体坍落为主，侧墙亦往往有较大塑性挤出变形。	IV	IV_B^3	S<1 时降为 V级	松散介质或粘弹塑性介质
		碎裂结构	0.20~0.45	<250	<5	不限	不稳定，不支护自稳时间仅数小时或更短，破坏形式除整体坍落外，侧墙挤出、底鼓均可发生。有时显流变特性，变形值大，持续时间长。	V	V_B^4 V_B^5	有地下水时应作为特殊岩类处理	松散介质或粘弹塑性介质
		散体状结构	<0.20								
C 特殊岩级和土	特殊岩	<5	无意义	<250	<5	不限	稳定性同上。变形往往以粘塑性为主。变形值很大（可达几十厘米），持续时间长。	V	V_C	—	粘弹塑性介质
	其他特殊岩级和土		无意义				通过试验确定				

表2.10.4和表2.10.5中的岩体基本质量指标BQ按式(2.6.4)计算。

对于非层状岩体和无地下水时也可用岩体声波速度作为分级的定量指标,分级标准如表2.10.6所示。

表 2.10.6　　　　　　　　　　　岩体声波速度围岩分级定量指标

围岩级别		I	II	III	IV	V	
岩体声波纵波速度 /(10^3m/s)	硬质岩	>5.10	3.75~5.10	2.75~3.75	1.70~2.75	<1.70	
	软质岩	—	—	2.50~3.50	1.50~2.50	<1.50	

2.10.2　经验设计

《防护工程防核武器结构设计规范》(GJBz20419.3—1998)中对工程类比法进行了比较深入系统的研究,在常规工程类比法的基础上,又提出了典型类比分析法的概念,并引入到规范中。典型类比分析法是坑道工程锚喷支护信息化设计的综合集成,该方法应用开放的复杂巨系统理论,结合坑道工程具体条件,将多种理论方法(岩石力学、工程地质力学、系统科学、人工智能等)、专家群体经验(新奥法坑道工程经验、围岩分级技术、坑道工程专家知识表达方式等)、真实的数据资料(已有的典型工程原位测试资料、工程统计数据等)与计算机技术综合集成,组成坑道工程技术人员都能掌握和应用的智能化系统。因此,典型类比分析法是工程类比法的补充和发展,由于引入专家系统分析,所以类比的准确度更高。将地下工程根据使用性质及防护要求分为重要工程和普通工程,相应的喷锚支护设计参数分别如表2.10.7和表2.10.8所示。

表 2.10.7　　　　　　　　　　　重要工程锚喷支护参数表

围岩级别	毛洞跨度 /m	初期支护参数						后期支护			整体被覆厚度/mm
		喷射混凝土 /mm	锚杆			钢筋网		喷射混凝土 /mm	钢筋网		
			直径 /mm	长度 /m	间距 /m	直径 /mm	间距 /mm		直径 /mm	间距 /mm	
I	<4	50	—	—	—	—	—	—	—	—	—
	4~8	50~80	—	—	—	—	—	—	—	—	—
	8~12	80~120	—	—	—	—	—	—	—	—	—
	12~16	100~140	16	1.6~2.0	1.5	—	—	—	—	—	—
	16~20	140~180	18	2.0~2.4	1.5	—	—	—	—	—	—
	20~24	160~200	20	2.4~2.8	1.5	6~8	300	—	—	—	—

续表

围岩级别	毛洞跨度/m	初期支护参数 喷射混凝土 mm	锚杆 直径 /m	锚杆 长度 /m	锚杆 间距 /m	钢筋网 直径 /mm	钢筋网 间距 /mm	后期支护 喷射混凝土 /mm	钢筋网 直径 /mm	钢筋网 间距 mm	整体被覆厚度/mm
II	<4	50~80	—	—	—	—	—	—	—	—	—
	4~8	60~100	16	1.2~1.6	1.2	—	—	—	—	—	—
	8~12	100~140	18	1.6~2.0	1.2	—	—	—	—	—	—
	12~16	120~160	18	2.0~2.4	1.2	6~8	300	—	—	—	—
	16~20	160~200	20	2.4~2.8	1.2	8~10	250	—	—	—	—
	20~24	200~240	22	2.8~3.2	1.2	10~12	200	—	—	—	—
III	<4	60~100	16	1.2~1.6	1.0	—	—	—	—	—	—
	4~8	100~140	18	1.6~2.0	1.0	—	—	—	—	—	—
	8~12	80~120	18	2.6~3.6	1.0	—	—	50~70	6~8	300	—
	12~16	120~160	20	3.2~3.6	1.0	—	—	50~70	8~10	250	—
	16~20	160~200	22	3.6~4.0	1.0	—	—	50~70	10~12	200	—
IV	<4	80~120	16	2.0~2.5	0.8	6~8	200	—	—	—	—
	4~8	80~120	18	2.5~3.0	0.8	—	—	50~70	8~10	250	—
								—	—	—	200(混凝土)
	8~12	100~140	20	3.0~3.6	0.8	10~12	200	70~100	10~12	200	—
								—	—	—	300(混凝土)
	12~16	140~180	22	3.6~4.0	0.8	12~14	200	70~100	12~14	200	—
								—	—	—	300(钢筋混凝土)
V	<4	80~120	18	2.5~3.0	0.75	—	—	50~70	8~10	200	—
								—	—	—	200(钢筋混凝土)
	4~8	120~160	20	3.0~3.5	0.75	10~12	200	70~100	10~12	200	—
								—	—	—	300(钢筋混凝土)
	8~12	160~200	22	3.5~4.0	0.75	12~14	200	—	—	—	400(钢筋混凝土)

注：1. 粗框内的参数即为永久支护参数，其余部分永久支护参数应为初期支护与后期支护参数之和。

2. 后期支护参数中，锚喷或整体被覆视围岩等条件选一种即可。

表 2.10.8　　　　　　　　　　　普通工程锚喷支护参数表

围岩级别	毛洞跨度 /m	初期支护参数							后期支护		
		喷射混凝土 mm	锚杆			钢筋网		喷射混凝土 /mm	钢筋网		
			直径 /m	长度 /m	间距 /m	直径 /mm	间距 /mm		直径 /mm	间距 /mm	
I	<2.0	20~30(砂浆)									
	2.0~3.5	20~30(砂浆)									
	3.5~5.0	20~30(砂浆)									
	5.0~8.0	50~70									
	8.0~12.0	70~100									
II	<2.0	20~30(砂浆)									
	2.0~3.5	50									
	3.5~5.0	50~70									
	5.0~8.0	70~100									
		50~70	14	1.2~1.4	1.2						
	8.0~12.0	100~120									
		70~100	16	1.4~1.8	1.2						
III	<2.0	50									
	2.0~3.5	50~70									
	3.5~5.0	70~100									
		50~70	14	1.4~1.8	1.0						
	5.0~8.0	700~100	16	1.8~2.6	1.0						
	8.0~12.0	100~150	16	2.6~3.6	1.0	6	300				
IV	<2.0	50~70				6	300				
	2.0~3.5	70~100				6	300				
	3.5~5.0	70~100	16	1.8~2.2	1.0	6	300				
	5.0~8.0	50~70	18	2.2~2.8	1.0			50	6	200	
	8.0~12.0	70~100	20	2.8~3.6	1.0			50~100	8	200	
V	<2.0	70~100				6	300				
	2.0~3.5	50~70	16	1.8~2.2	1.0			50	6	300	
	3.5~5.0	70~100	18	2.2~2.8	1.0			50	6	200	
	5.0~8.0	70~100	20	2.8~3.2	0.8			50~100	8	200	
	8.0~12.0	100~150	22	3.2~3.6	0.8			50~100	10	200	

注：粗框内的参数即为永久支护参数，其余部分永久支护参数应为初期支护与后期支护参数之和。

2.11　工　程　实　例

某隧道长 4.8km，直径 3.66m，设计初期和永久支护体系。隧道埋深 6.10m 到 61.0m。钻孔显示隧道将穿过安山岩、凝灰岩和砾岩。45% ~95% 的节理和裂面充填方解石、白云石和粘土。部分张开裂隙宽度 1 ~5mm，节理间距为 1.30m，节理表面坚硬且较粗糙。各种岩石的 RQD 平均值、容重、强度和泊松比列于表 2.11.1，4 组主要节理列于表 2.11.2。

表 2.11.1　　　　　　　　　　　　　岩体的基本性能

岩石种类	RQD	容重 γ/(kN/m³)	单轴抗压强度 R_c/MPa	泊松比	弹性模量 E/GPa
安山岩	80 ~100	25.6	100	0.21	41.38
凝灰岩	75 ~90	19.7	30	0.15	27.58
砾　岩	60 ~80	25.6	60	0.20	13.78

表 2.11.2　　　　　　　　　　　　　岩体的节理参数

节　理　组	走　向	倾　角
A	N14°W	85°E
B	N43°E	86°NW
C	N82°W	58°S
D	N25°W	13°SW

岩体走向和倾角对于隧道施工是不利的。根据渗透性试验得到各类岩体的渗透系数为：

安山岩：0 ~6.03×10⁻¹m/d；凝灰岩：0 ~1.25×10⁻²m/d；砾岩：0 ~8.36×10⁻³m/d。

预计施工期间，在每 10m 的隧道内的涌水量为 13.2 ~13.9L/min。岩相测试表明在开挖过程中，部分隧道地段将遇到 55% 膨胀率的蒙脱石土。在个别地段隧道顶部位于地下水位线以下 4.6m 处。

由于隧道比较长，所以必须针对隧道穿过的不同地段设计多种方案。如果针对地质条件最差的地段进行设计，并将其用于整座隧道，这是一种保守的做法，虽然安全，但不经济。通常根据地质条件将隧道分成若干段，在每一段隧道长度内，以地质条件最差的断面来设计支护结构进行支护，这样既保证了安全，也较经济。

本例中，应针对安山岩、凝灰岩和砾岩地段分别拟定一个或多个隧道支护设计方案。为节省篇幅，本节仅针对岩性最差的凝灰岩地段拟定一个方案，目的是介绍采用经验类比设计模型进行隧道支护结构设计的过程，其他岩类和地段的隧道支护结构设计从略。

2.11.1　岩体地质力学分类及经验设计

根据宾尼奥斯基岩体地质力学分类法（RMR），该工程凝灰岩段岩体质量评分列于

表2.11.3。

表 2.11.3 凝灰岩段岩体工程分类 RMR 指标

分类参数	取值范围	评　分
单轴抗压强度	30MPa	4
RQD	75 ~ 90	17
节理间距	1.3m	15
节理状况	张开，缝宽<5mm	10
地下水流量	13.2 ~ 13.9L/min	7
节理走向和倾角	不利	−10
总计（RMR）		43

计算所得岩体工程质量指标 RMR＝43，因此属质量等级一般的岩体（Ⅲ类）。在隧道跨度3m时，平均自稳时间（即不支护时间）约为1周。由于隧道净跨3.66m，因此需要设置初期支护。根据宾尼奥斯基围岩分类级经验设计法（见表2.4.4），初期支护体系可以采用以下三种方案：（1）主要采用间距为 1.0 ~ 1.5m 的岩石锚杆加金属网，需要时拱顶喷30mm 厚混凝土；（2）拱顶喷100mm 厚混凝土、边墙喷50mm 厚混凝土，必要时局部加钢筋网和锚杆；（3）轻型支架，间距 1.5 ~ 2.0m。这三种支护设计方案，可以根据现场条件，施工技术和经验选用其中的一种实施。

2.11.2　Q 系统分类和经验设计

根据巴顿的 Q 系统指标法对该工程进行岩体工程分类，岩体相关参数如表2.11.4所示。

表 2.11.4　　　　　　　　Q 系统岩体分类的有关参数值表

岩体地质条件	参数	取值
质量指标	RQD	82.5*
4 组节理	J_n	15
粗糙节理面	J_r	3
蒙脱石充填	J_α	8
中等渗入水	J_w	0.66
稀疏张节理	SRF	5.0

*75 ~ 90 的平均值。

对于永久开挖的隧道，查阅表2.5.5可得开挖支护比 ESR＝1.6，因此当量尺寸 H＝3.66/1.6＝2.288。

根据表 2.11.4 所列参数，可计算得 Q 值

$$Q = \frac{\text{RQD}}{J_n} \cdot \frac{J_r}{J_x} \cdot \frac{J_w}{SRF} = \frac{82.5}{15} \times \frac{3}{8} \times \frac{0.66}{5.0} = 0.272$$

由上述 $H = 2.288$，$Q = 0.272$，查阅图 2.5.1，可得所需支护为第 29 类初期支护，再由 RQD/J_n>5.0，J_r/J_α>0.25，H/ESR = 1.0 ~ 3.1，查表 2.5.7 可得支护方案为：间距 1m 的非预应力灌浆锚杆系统加 25mm 厚喷混凝土的支护体系。

根据以上讨论，最终推荐该隧道工程初期支护结构为：间距为 1m，长 3m，直径 25mm 非预应力全长灌浆锚杆加 25mm 厚喷混凝土，形成支护体系。

第3章 地下结构荷载结构设计模型(一)
——岩石地下结构设计

荷载结构设计模型是一种最基本的、传统的地下结构设计模型。实际上，其他地下结构设计模型一般应该(有时还必须)与荷载结构设计模型相结合才能更好地进行地下结构的设计。如第2章中介绍的经验类比设计模型多数情况下是通过围岩分类来确定作用于地下结构上的荷载，衬砌结构的最终设计仍然采用荷载结构模型法；本教材第5章和第6章中介绍的另外两种设计模型也与荷载结构设计模型密切相关。

本章和第4章将介绍地下结构的荷载结构设计模型，其中本章介绍岩石地下结构的荷载结构设计原理和方法。

岩石地下结构，是指在岩体中人工开挖的地下洞室或利用天然溶洞所修建的地下工厂、电站、储库、掩蔽部等工业与民用建筑结构。

修建岩石地下结构时，首先应按照使用要求在地层中开挖洞室，然后沿洞室周边修建永久性支护结构——衬砌。为满足生产使用要求，在衬砌内部尚需修建必要的梁、板、柱、墙体等内部结构。因此岩石地下建筑结构包括衬砌结构和内部结构两部分，其中衬砌结构是岩石地下建筑结构研究的主要对象，衬砌结构主要起承重和围护两方面的作用；而内部结构与地面结构基本相同。本章主要介绍岩石地下建筑衬砌结构设计的荷载结构设计模型。

3.1 地下结构的荷载

荷载结构设计模型法的首要问题是确定荷载。地下结构与地面结构的不同之处，主要就在于二者所承受的荷载不同。地下结构所承受的荷载一般可以分为：

(1)主要荷载：长期、经常作用的荷载，包括结构自重、地层压力、弹性抗力、地下水静水压力及使用荷载等。其中地层压力一般是衬砌结构所承受的主要静荷载。弹性抗力则是一种被动荷载，它因结构本身特性和地层特性而定。使用荷载是地下结构在运行中可能形成的作用于结构上的荷载形式。在地下结构设计中，通常使用荷载所占的比重都比较小。

(2)附加荷载：指非经常作用的荷载，包括灌浆压力、局部落石荷载或施工荷载。由温度变化或混凝土收缩引起的温度应力或收缩应力也属于附加荷载。

(3)特殊荷载：偶然发生的荷载，包括地震荷载、爆炸荷载等。

以上荷载中，地层压力是地下结构所承受的主要荷载。土层中的地下结构所承受的地层压力称为土压力，而岩层中的地下结构所承受的地层压力通常称为山岩压力或围岩压力等，它是由于洞室围岩的变形或破坏而作用在支护结构或衬砌上的压力。

　　地下结构在外荷载作用下发生变形，同时受到周围地层的约束。地下结构的变形导致地层发生与之协调的变形时，地层就对地下结构产生了反作用力，这一反作用力称为弹性抗力，其大小与地层特性有关，一般假设弹性抗力与地层变形成线性关系。地层弹性抗力的存在是地下结构区别于地面结构的显著特点之一。

　　地下建筑结构承受的荷载是比较复杂的，到目前为止，其计算方法和理论还不十分完善，有待进一步研究。本节所讨论的荷载以作用在衬砌结构上的静荷载为主。

3.1.1　结构自重计算

　　由于地下结构相对于地面结构来说，其结构尺寸较大，因此计算结构的静荷载时，必须考虑结构的自重。等直杆件，如墙、板、柱等的自重，计算简单，此处从略。这里，重点介绍衬砌结构拱圈自重的计算方法。由于拱圈结构形式比较复杂，除拱的形状多种多样外，其截面也是变化的，因此要精确计算其自重是比较复杂的，实际上也没有必要，一般进行简化计算。

　　1. 简化为垂直均布荷载

　　当拱圈为等截面或虽为变截面，但截面变化不大、且拱圈自重荷载所占比重较小时，一般将拱圈自重简化为垂直均布荷载，如图 3.1.1 所示，其值为

$$q = \gamma d_0 \quad 或 \quad q = \frac{1}{2}\gamma(d_0 + d_n) \tag{3.1.1}$$

式中：q——垂直均布的拱圈自重荷载($\mathrm{kN/m^2}$)；

　　　　γ——拱圈材料容重($\mathrm{kN/m^3}$)；

　　　　d_0——拱顶截面厚度(m)；

　　　　d_n——拱脚截面厚度(m)。

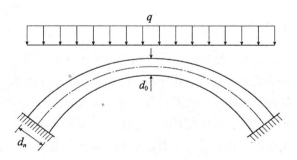

图 3.1.1　拱圈自重简化为均布荷载示意图

　　2. 简化为垂直均布荷载和三角形荷载

　　对于拱脚厚度 d_n 远大于拱顶厚度 d_0 的变截面拱或矢高较大的等截面拱，可以将拱圈自重分为两部分的和，如图 3.1.2 所示。一部分按均布荷载计算，即 $q = \gamma d_0$，另一部分近似地按对称分布的三角形荷载计算，即

$$\Delta q = \gamma\left(\frac{d_n}{\cos\varphi_n} - d_0\right) \quad 或 \quad \Delta q = \gamma(d_n - d_0) \tag{3.1.2}$$

式中：Δq——三角形荷载边缘处最大荷载强度($\mathrm{kN/m^2}$)；

φ_n——拱脚截面与竖直(轴)线之间的夹角。

需要指出的是，式(3.1.2)中前一表达式对于半圆拱不适用，因为当 $\varphi_n = \pi/2$ 时，$\cos\varphi_n = 0$，则 Δq 趋于无穷大。

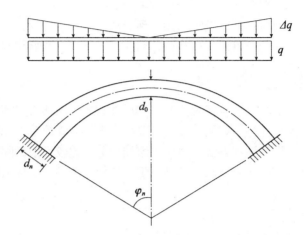

图 3.1.2　拱圈自重简化为均布荷载和三角形荷载示意图

3. 将拱圈分成足够数量的小块

将衬砌结构沿轴线分成足够数量的小块，并用折线连接，求每一小块的自重，然后用近似积分法求出拱圈内力。该方法可用于结构自重在总荷载中所占比例较大且精度要求较高的情况下，但该方法计算较复杂。

上述三种方法都是近似的计算方法，实际使用中若无特殊要求，一般多采用第一种方法计算。

3.1.2　地层压力计算

地下洞室开挖之前，地层中的岩体处于原始应力平衡状态。洞室开挖之后，围岩中的原始应力的平衡状态遭到破坏，应力重新分布，从而使围岩产生变形。当变形发展到岩体极限变形时，岩体就会发生破坏。若在围岩发生变形时及时进行支护或衬砌，阻止围岩继续变形，防止围岩塌落，则围岩对衬砌就要产生压力，即围岩压力。所以，围岩压力是指地下结构周围变了形或破坏了的岩层，作用在衬砌或支撑上的压力，这种压力是作用在地下结构上的主要荷载。

影响围岩压力的因素很多，主要与岩体的结构、岩石的强度、地下水的作用、洞室的尺寸与形状、支护的类型和刚度、施工方法、洞室的埋置深度和支护时间等因素有关。

一般来说，确定围岩压力的方法可以分为三种：一种方法是实测，这是比较切合实际的方法，也是一个发展方向，但受测量设备和技术水平的限制较大；第二种方法是围岩压力的理论计算，该方法至今还不十分完善，有待进一步研究；第三种方法是在大量实测资料和一定理论分析的情况下，按围岩分类提出经验公式，作为确定围岩压力的依据，此即第 2 章中介绍的工程经验类比设计模型 的方法。目前我国多采用第三种方法并辅以第一、二两种方法进行验算。对于特别重要的工程，必须创造条件进行围岩压力的实测。

1. 水平洞室围岩压力的确定

除第 2 章中介绍的几种根据围岩类别确定围岩压力的经验方法外,本小节将介绍两种理论计算方法。

(1)普氏地压理论

前苏联学者 M. M. 普罗托吉雅柯诺夫创立的压力拱理论(简称普氏地压理论)在我国地下工程的设计中有着广泛的影响。普氏地压理论是根据矿山坑道的观测及在松散介质中的模型试验得出的,该理论有两个基本假定:

第一个假定认为,由于地层中有许多节理、裂隙以及各种夹层等软弱结构面,破坏了地层的整体性。因此整个岩体在一定程度上可以视为松散体。在坚硬岩层中,岩体颗粒间实际上存在着粘结力,为了考虑这种粘结力的影响,普氏建议加大颗粒间的摩擦系数,此加大后的摩擦系数称为"似摩擦系数"。因此普氏把所有的地层(包括坚硬的、塑性的和松散的地层)都视为具有"似摩擦系数"f_j 的松散体介质。而 f_j 也称为地层坚固系数(或普氏系数),其表达式为

$$f_j = \frac{\sigma \tan\varphi + c}{\sigma} = \tan\varphi + \frac{c}{\sigma} \tag{3.1.3}$$

式中:f_j——岩石坚固系数(似摩擦系数);

　　　$f = \tan\phi$——岩石内摩擦系数;

　　　ϕ——岩石内摩擦角;

　　　c——岩石颗粒间的粘结力;

　　　σ——剪切面上的法向应力;

　　　$\tau = \sigma\tan\phi + c$——有粘结力的岩石抗剪强度。

公式(3.1.4)是根据具有内摩擦系数 $f = \tan\phi$ 和粘结力 c 的岩石堆积体,当某点上部岩体处于极限平衡状态时 $\tau = \sigma\tan\phi + c$ 的关系而得出的。

普氏建议:松散土及粘性土

$$f_j \approx \tan\phi \tag{3.1.4a}$$

岩石

$$f_j \approx \frac{R}{10} \tag{3.1.4b}$$

式中:R——岩石单轴极限抗压强度(MPa)。

普式理论的第二个假定认为,洞室开挖后,由于围岩应力重分布,在洞室上方形成抛物线形状的压力拱,拱内土石的重量就是作用在衬砌或支撑上的围岩压力。普氏认为该围岩垂直压力与压力拱的曲线几何特征、跨度和拱高有关。

根据松散体理论,洞室开挖后,岩层将产生如图 3.1.3 所示的破裂面。在毛洞顶部形成半跨为 a_1 和高度为 h_1 的拱形破裂面,而侧面岩体的破裂面与毛洞竖直侧面的夹角为 $\left(45° - \dfrac{\phi}{2}\right)$,其中 ϕ 为岩石内摩擦角。普氏用数学方法推演得出压力拱为抛物线形状,并求得在压力拱稳定性安全系数为 2 时,压力拱高度为

$$h_1 = \frac{a_1}{f_j} \tag{3.1.5}$$

$$a_1 = a + h\tan\left(45° - \frac{\phi}{2}\right) \tag{3.1.6}$$

式中：a——毛洞半跨(m)；

h—— 毛洞高度(m)；

a_1——压力拱半跨(m)；

ϕ——岩石内摩擦角。

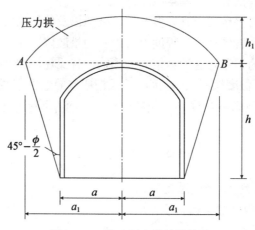

图 3.1.3 普式压力拱计算简图

按普式理论的第二个假定，作用在衬砌上的围岩垂直压力就是压力拱下面岩石的重量，即作用在衬砌上的垂直均布压力为(简化)

$$q = \gamma h_1 \tag{3.1.7}$$

式中：q——围岩垂直压力(kN/m^2)；

γ—— 围岩容重(kN/m^3)；

h_1——压力拱高(m)。

作用在衬砌上的水平围岩压力为

$$\begin{cases} e_1 = \gamma h_1 \tan^2\left(45° - \dfrac{\phi}{2}\right) \\ e_2 = \gamma(h_1 + h)\tan^2\left(45° - \dfrac{\phi}{2}\right) \end{cases} \tag{3.1.8}$$

式中：e_1、e_2——洞室拱顶和底部的围岩水平压力(kN/m^2)；

其他符号意义同前。

普氏公式适用于深埋洞室。浅埋或明挖洞室上方岩层不能形成压力拱，不能应用普氏公式。此外，凡不能形成压力拱的松软地层，即当 $f_j < 0.3$ 时，如流沙、淤泥及饱和松软粘土层也不能应用普氏公式。

(2)泰沙基理论

泰沙基(K. Terzaghi)于1946年提出了岩石分类，并给出了相应的围岩压力值，见第2章中相关内容。除此之外，泰沙基还根据如图3.1.4所示的计算简图推导了地层压力的理论计算公式。

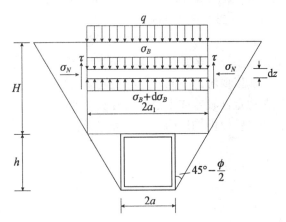

图 3.1.4　破坏岩体中的应力状态(泰沙基理论)

　　泰沙基理论也是把地层看做松散体,但考虑的方法与普氏理论不同。泰沙基理论是从应力传递概念出发,考虑了洞室尺寸、埋深、岩石粘结力和内摩擦角对岩体稳定性的影响,根据微分单元体的平衡和试验结果,推导出作用在衬砌上的垂直压力公式为

$$\sigma_B = \frac{a_1\left(\gamma - \dfrac{c}{a_1}\right)}{K\tan\phi}(1 - e^{-K\tan\phi \cdot n}) + q^{-K\tan\phi \cdot n} \tag{3.1.9}$$

式中:c——岩石的粘聚力(kPa);

　　　　a_1——洞顶塌落宽度之半(m);

　　　　γ—— 岩石容重(kN/m^3)

　　　　ϕ——岩石内摩擦角;

　　　　K——岩石中水平应力 σ_N 与垂直应力 σ_B 之比,即 $K = \dfrac{\sigma_N}{\sigma_B}$;

　　　　n——相对埋深系数,$n = \dfrac{H}{a_1}$;

　　　　H——洞室埋深(m);

　　　　a——洞室宽度之半(m);

　　　　$e = 2.718$;

　　　　q——地面附加荷载(kN/m^2)。

当岩层为完全松散体且地面没有附加荷载,即当 $c=0$,$q=0$ 时,式(3.1.9)简化为

$$\sigma_B = \frac{a_1\gamma}{K\tan\phi}(1 - e^{-K\tan\phi \cdot n}) \tag{3.1.10}$$

如果洞室埋深很深,可以认为 $n \rightarrow \infty$,则公式(3.1.10)进一步简化为

$$\sigma_B = \frac{a_1\gamma}{K\tan\phi} \tag{3.1.11}$$

　　一般认为泰沙基理论适用于埋深较浅的地层;对于构造风化作用严重的类似松散介质的岩层较为合理。对于埋深很深的松散地层,当取 $K = 1.0$ 时,泰沙基理论结果(式

(3.1.11））与普氏地压理论结果（式（3.1.7））是一致的。

2. 竖井、斜井及空间洞室围岩压力的确定

（1）竖井围岩压力计算

竖井属于垂直洞室，其主要荷载是围岩水平压力，围岩水平压力是径向均匀分布的。开挖竖井有时深度很大，所以要考虑不同岩层物理性质的变化对围岩水平压力的影响。竖井围岩水平压力一般仅在稳定性较差或不稳定的岩层中考虑，对稳定的或基本稳定的岩层可以不考虑水平压力，竖井壁厚由构造确定。当考虑围岩水平压力时，在地下水位以上的围岩水平压力为：

第 n 层上界点围岩水平压力

$$e_n = (\gamma_1 h_1 + \gamma_2 h_2 + \cdots + \gamma_{n-1} h_{n-1}) A_n \tag{3.1.12}$$

第 n 层下界点围岩水平压力

$$e'_n = (\gamma_1 h_1 + \gamma_2 h_2 + \cdots + \gamma_n h_n) A_n \tag{3.1.13}$$

式中：A_n——水平压力系数，$A_n = \tan^2\left(45° - \dfrac{\phi}{2}\right)$ 或参照表 3.1.1 采用；

h_1，h_2，$\cdots$，h_n——不同岩层的厚度（m）；

γ_1，γ_2，$\cdots$，γ_n——不同岩层的容重（kN/m³）；

ϕ——相应岩层的内摩擦角。

沿竖井分布的围岩水平压力如图 3.1.5 所示。

表 3.1.1　围岩水平压力系数 A_n 数值表

岩层类别	A_n
流动沙、稀释土	0.757
砾石、碎石、卵石	0.526
冲积层、固结土壤、塑性黏土	0.387
石膏、粘质页层、褐煤、不坚硬煤层	0.164

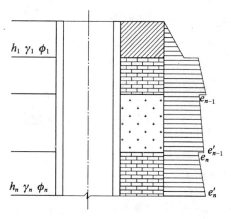

图 3.1.5　竖井围岩水平压力分布图

（2）斜井围岩压力计算

斜井（0<α<90°）是介于水平洞室（α=0）和垂直洞室（α=90°）之间的洞室。斜井的围岩压力与水平洞室并无原则的区别，只是由于倾角 α 的不同而具有其本身的一些特点，这些特点在计算斜井围岩压力时必须考虑。

作用于斜井顶部的垂直荷载 P 可以分为两部分，如图 3.1.6 所示，即与洞轴线垂直的分力 N 和与洞轴线平行的分力 T，其值为

$$\begin{cases} N = P\cos\alpha \\ T = P\sin\alpha \end{cases} \tag{3.1.14}$$

对于斜井衬砌来说，所受到的围岩压力是 N 而不是 P，而 T 只起着使斜井衬砌向下滑动的作用。因此岩施工中采用临时支架来支护斜井，支架必须和洞室截面成一个小角度($5° \sim 15°$)。

在实际设计中，一般当 $\alpha \leqslant 45°$ 时，斜井正截面内的围岩压力取为相应的水平洞室的围岩垂直压力乘以 $\cos\alpha$，边墙的水平压力与相应的水平洞室相同。而当 $\alpha > 45°$ 时，为相应的竖井水平压力乘以 $\sin\alpha$。

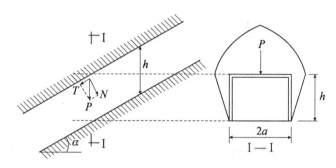

图 3.1.6　斜井围岩压力示意图

(3)空间洞室围岩压力计算

圆形或矩形空间洞室的围岩压力，目前一般皆按平面洞室的围岩压力乘以考虑空间作用的降低系数。其计算跨度取圆形的直径或矩形的短边。

关于空间洞室的围岩压力降低系数 β 值，目前国内各个单位采用值不尽相同。对平面为正方形的拱顶或圆形穹顶取 $\beta = 0.828$，对矩形拱顶可以参照下式计算：

$$\beta = \frac{1 - \dfrac{2}{3}\xi}{1 - \dfrac{1}{2}\xi} \tag{3.1.15}$$

式中　　　　　　　　　　　　　$\xi = \dfrac{宽度}{长度}$。

3.1.3　弹性抗力及其他荷载计算

1. 弹性抗力

前述的围岩压力，结构自重等，均属主动荷载。地下结构除承受主动荷载外，还承受一种被动荷载，即地层的弹性抗力。结构在主动荷载作用下要产生变形，如图 3.1.7 所示的曲墙拱形结构，在主动荷载(垂直荷载大于水平荷载)作用下，产生的变形如虚线所示。在拱顶，其变形背向地层，在此区域内围岩对结构不产生约束作用，因此称为"脱离区"。而在靠近拱脚和边墙部位，结构产生压向地层的变形，由于结构与围岩紧密接触，围岩将阻止结构的变形，从而产生了对结构的反作用力，对这个反作用力习惯上称为弹性抗力。因此地层的弹性抗力，是在主动荷载作用下，衬砌向地层方向变形而引起的地层被动力。弹性抗力就其作用性质来说是被动的，但对结构来说，它也可以被看做是一种荷载。弹性抗力的作用范围称为"抗力区"。

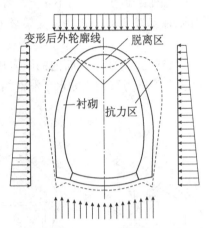

图 3.1.7　衬砌在外力作用下变形规律示意图

地层弹性抗力的存在是地下结构区别于地面结构的显著特点之一。因为，地面结构在外力作用下，可以自由变形不受介质约束，而地下结构在外力作用下，其变形要受到地层的约束。所以地下结构设计必须考虑结构与地层之间的相互作用，这就带来了地下结构设计与计算的复杂性，但这只是问题的一个方面。另一方面，由于地层弹性抗力的存在，限制了结构的变形，以致结构的受力条件得以改善，使其变形减小而承载能力有所增加。

既然弹性抗力是由于结构与地层的相互作用产生的，所以弹性抗力的大小和分布规律不仅决定于结构的变形，还与地层的物理力学性质有着密切的关系。如何确定弹性抗力的大小及其作用范围(抗力区)，一般有两种理论。一种是局部变形理论，认为弹性地基(围岩)某点上施加的外力只会引起该点的沉陷；另一种理论是共同变形理论，认为弹性地基上的一点上施加的外力，不仅引起该点发生沉陷，而且还会引起附近一定范围的地基发生沉陷。后一种理论较为合理，但由于局部变形理论计算较为简单，且一般能满足工程精度要求，所以一般多采用局部变形理论计算弹性抗力。

在局部变形理论中，以文克尔(E. Winkler)假设为基础，认为地层的弹性抗力与结构变位成正比，即

$$\sigma = k\delta \tag{3.1.16}$$

式中：σ——弹性抗力(kN/m^2)；

k——围岩弹性抗力系数(kN/m^3)，可以通过试验确定或根据经验取值；

δ——衬砌朝围岩方向的变位值(m)。

对于各种衬砌结构，如何具体确定弹性抗力的大小和作用范围，视具体结构形式而定。

2. 其他荷载

除了上述介绍的结构自重、围岩压力及弹性抗力等主要荷载外，地下建筑结构设计中还可能遇到一些其他荷载，如灌浆压力、地下水压力、混凝土收缩应力及温差应力，武器动荷载，地震力等，这些荷载有的属于主要荷载，有的属于附加荷载或特殊荷载。

(1)灌浆压力

灌浆是指用高压(通常可高达1MPa)向岩层中压入水泥砂浆。地下工程设计中衬砌背

部的超挖用石块回填以后，为了提高回填质量，有时需在局部区段进行灌浆。灌注水泥砂浆一般要进行二次到三次。在采取灌浆措施的局部区段，衬砌结构应考虑灌浆压力的作用。作用在衬砌上的灌浆压力大小和分布规律，目前还不十分清楚。在设计中可以取压力表读数的$1/3 \sim 1$倍的数值作为有效压力，按均匀径向分布作用在衬砌上。

　　此外，开挖隧道或地下洞室时，若遇到局部地质区段的围岩裂隙发育，地下水量较大，可以采取灌浆措施加固该段围岩，但这种灌浆工作完成于衬砌浇注之前，故设计时无需考虑灌浆压力对衬砌的作用。

　　(2)地下水静水压力

　　地下结构一般都建在干燥少水的岩层中，且都设有排水设施，通常不考虑地下水的静水压力。但地下结构一旦处于含水岩层时，就必须考虑地下水对衬砌的静水压力。在没有垂直渗流的情况下，衬砌上任一点的静水压力与该点位于地下水位以下的深度成正比，即

$$p_w = \gamma_w h_w \tag{3.1.17}$$

式中：γ_w——水的容重(kN/m^3)；

　　　　h_w——地下水位到衬砌任一点的距离(m)；

　　　　p_w——衬砌上任一点的静水压力(kN/m^2)。

　　静水压力的作用方向垂直于衬砌表面，如图3.1.8所示。实际上，由于岩层节理裂隙和回填情况的差异，一般并不是衬砌所有部位都承受地下静水压力的作用。因此在设计实践中，常以作用面积系数来修正地下水的数值，即计算所得到的p_w值乘以小于1的作用面积系数，并认为数值降低后的荷载满布于整个衬砌周边。地下水的作用面积系数一般为$0.2 \sim 1.0$，常用$0.4 \sim 0.5$。

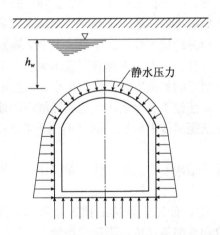
静水压力

图3.1.8　直墙拱形衬砌上的静水压力示意图

　　(3)武器动荷载

　　武器动荷载主要是指由于炮弹、炸弹的冲击和爆炸时对地下结构产生的压力，以及核武器爆炸时产生的冲击波荷载。武器动荷载的计算根据地下建筑物的防护等级按相关防护标准进行。

　　(4)温差应力

采用现浇混凝土衬砌时,混凝土在硬化过程中产生较高的温度,硬化后温度降低,由于混凝土热胀冷缩时,受到衬砌外部围岩的阻碍,因此在混凝土内部就将产生温差应力。升温时产生压应力,降温时产生拉应力,混凝土是抗压性能良好,抗拉性能较差的材料,所以常能抵抗升温时产生的压应力,而不能抵抗降温时产生的拉应力。如果降温时衬砌完全被围岩所束缚,则混凝土内部产生的拉应力,可以按下式计算

$$\sigma = E\alpha\Delta t \tag{3.1.18}$$

式中:σ——混凝土衬砌完全不能伸长的情况下,当降温 Δt(摄氏度)时,在其内部产生的拉应力(MPa);

α——混凝土的线膨胀系数,即温度每降温1℃,每米长的混凝土材料缩短的米数,一般 $\alpha = 1.0\times10^{-5}$;

E——混凝土降温时的弹性模量(MPa)。

从式(3.1.18)可知,洞室纵轴线每降温1℃,其长度就缩短十万分之一,混凝土可以承受的极限变形限度为万分之一到万分之一点五。

此外地下建筑由于在地层内部开挖,破坏了地层中原有的稳定温度场,使附近地层温度低于原有地层温度,也引起相应的温度应力,如果对于这种由于温差而产生的应力不加以重视,衬砌往往会产生纵横裂缝,破坏衬砌的整体性,并形成渗水通道。

一般在地下建筑设计中,对于现浇拱形结构,多数采用施工措施和构造措施来减少混凝土的收缩裂缝,而在计算中不考虑温差应力的影响。

(5)地震荷载

发生地震时,地下建筑物将受到地震力的作用,是作用在地下衬砌结构上的特殊荷载。地震对地下建筑是不利的,有时会引起建筑物的破坏,并造成严重事故。我国是一个地震区较多的国家,所以在地震区修建地下工程时,必须采取适当的防震措施。但地下建筑与地面建筑相比较,具有较好的抗震性能。这是因为地下建筑埋设在地壳内,与周围的岩层或多或少地紧密相贴,并且,一般地下建筑高度不大,多采用拱形结构,因此地震时震幅比地面建筑小,受地震引起的加速度和惯性力也小,所受的地震力亦小。随深度的增加地震力更小。一般来说,即使位于发生破坏性地震区域内的地下建筑,其遭受破坏程度也比地面建筑轻。若地下建筑距离震中较远,而又不位于断层带内,即使遭到强烈地震,也不会遭到严重破坏。

基于上述情况,一般地下结构不作抗震计算,而仅作一些构造上的考虑和加强。具体原则如下:

1)重视工程地质勘察工作。首先应该从工程选址和总体规划方面考虑,避开山崩、地裂、断层错动、滑坡地段和地陷等对抗震不利的场地。

2)一般地震烈度不超过8度时,可以不考虑地震力的影响。

3)地震烈度在8~9度时,宜采用喷锚结构或贴壁式衬砌。衬砌材料最好采用钢筋混凝土,不宜采用砖石衬砌,并应考虑抗震结构措施。例如,一般在结构断面变化处,出入口部位设置沉降缝,或在这些部位适当加强。对于穿越不同地质条件或岩层有变化处应设置沉降缝(抗震缝)。

4)精心施工,保证质量。施工质量的好坏,对抗震性能有很大影响。如混凝土工程要浇注密实,施工缝要处理好,及时回填等。

必须进行抗震计算的地下结构,可以参照结构抗震规范和相关规定执行。

3.2　离壁式地下结构设计

3.2.1　概述

离壁式地下结构系指拱圈、边墙与岩壁脱离,其间空隙不做回填,仅拱脚处扩大延伸(即水平支撑)与岩壁顶紧的地下结构,如图 3.2.1 所示。

离壁式地下结构由于拱圈和边墙均与岩壁脱开,因此,一般要求建造在围岩比较坚硬、稳定、且不易风化的岩层中。

离壁式地下结构一般用于静荷载区段,对于动荷载(如炮弹、炸弹及冲击波引起的动荷载)区段,以及地震烈度为 8 ~ 9 度的地震区,为防止围岩大规模塌方,不宜采用离壁式地下结构。

离壁式地下结构的主要优点有:

(1)对于防止渗水、保证地下建筑物内部干燥比较有效。因洞内的地下水和裂隙水可以通过边墙外的排水明沟(如图 3.2.1 所示)流经引洞(指洞口段)地坪下的排水暗沟排至洞外。拱圈和边墙外表可以铺设防潮层。边墙和岩壁之间形成自然排风通道。

(2)减少了回填工作量,边墙可以采用预制砌块砌筑等,有利于加快施工进度。

(3)使用中若出现塌方和漏水,检修方便。

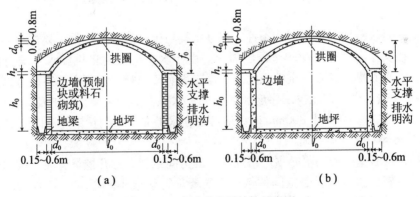

图 3.2.1　离壁式地下结构示意图

因此,对一些防潮要求较高的地下工程(如粮库、车间及医院等),当地质条件较好(即属于稳定和基本稳定的围岩)时,可以采用离壁式地下结构形式,此时地下结构一般不承受围岩压力,仅承受拱圈自重及围岩可能出现的落石荷载。拱脚处的水平推力直接经水平支撑传递给围岩。边墙仅承受拱脚传递来的垂直压力及边墙自重。由于这种地下结构承受的荷载不大,拱圈和水平支撑常用现浇混凝土结构,边墙则可以用与拱圈同标号的混凝土预制块或料石砌筑。

当离壁式地下结构穿过较差地质地段时,拱圈、边墙和水平支撑可以采用混凝土或钢筋混凝土浇注成整体结构。此时,地下结构可以承受围岩垂直压力及回填荷载。

3.2.2 离壁式地下结构的构造

1. 拱圈

一般采用割圆拱。由于承受荷载不大，结构厚度较小，拱圈一般用素混凝土做成等截面拱。根据实践经验，当洞室跨度为 6～14m，高度在 8m 以内时，拱圈厚度为 200～350mm（不包括该种地下结构位于地质条件较差地段的情况）。

拱圈矢高 f 一般根据洞顶围岩的稳定状况、拱圈受力状态、建筑使用净空的要求以及施工条件（主要是指混凝土的浇筑和养护）等因素综合确定。在满足建筑净空使用要求的条件下，当矢跨比 f/l 大时，虽对洞顶围岩的稳定有利，拱脚的水平推力也较小，但开挖工程量大，混凝土浇筑和养护较困难；当矢跨比小时，则相反。根据工程实践经验，拱圈矢跨比一般取 $f = (1/4～1/6)l$，常用 $f = l/4$。

2. 边墙

边墙一般采用与拱圈同标号的混凝土预制块（或料石）砌筑。不仅要满足强度要求，而且要满足极限高厚比的要求，以保证边墙的刚度和稳定性。极限高厚比的极限值以《砌体结构设计规范》（GBJ3—88）为准。为了加强边墙的稳定性，可以根据边墙高度，拱圈跨度和拱圈上荷载的大小，沿边墙长度方向增设墙垛，使之与岩壁顶紧，根据一般经验，墙垛间距可以取 5～10m。

为了增加边墙的整体性，通常在边墙底部设置现浇混凝土地梁（如图 3.2.1 所示）。地梁断面为矩形，宽度与边墙厚度一致，高度视边墙材料而定。一般当边墙为混凝土预制块砌筑时，地梁高度为 300～400mm；当边墙为料石砌筑时，地梁高度 700～800mm。

3. 水平支撑

水平支撑是改善地下结构工作条件，保证结构稳定性的重要构件，要求与拱圈整体连接，并且直接支撑在没有松动的坚硬围岩上。由于水平支撑要将拱脚水平推力传递给围岩，因此，水平支撑应具有一定的强度。根据工程实践经验，水平支撑厚度可以取拱圈厚度的 1.5～2.4 倍，也可以取拱圈厚度加 100mm。水平支撑宽度应视超挖及外留空隙而定，一般为 600mm 左右。当大于 800mm 时，应考虑在水平支撑中配置钢筋予以加强。

4. 地下结构与岩壁间的间距

地下结构与岩壁间的间距必须严格控制，因为间距越大，开挖量越大，结构处理也越困难。在满足施工和检修所需空间的情况下，要尽可能减小间距，一般为 500～600mm，不考虑进人时其间距为 150mm。拱圈部分一般不大于 800mm。

3.2.3 作用在离壁式地下结构上的荷载

由于离壁式地下结构一般用于静载荷区段，因此，作用在离壁式地下结构上的荷载，除了结构的自重外，一般仅需考虑可能的落石荷载、回填荷载、围岩压力和使用荷载等。具体荷载应根据离壁式地下结构所处围岩类别进行综合考虑。

（1）在稳定围岩中，仅考虑地下结构的自重、使用荷载和施工、检修荷载。施工、检修荷载可以采用 1.5～2.0kN/m²。设计实践证明，在这类围岩中，当跨度在 8～12m 时、拱圈截面采用最小厚度 200mm，其承载能力可以满足使用要求，一般可以不进行地下结构内力计算（使用荷载较大时除外）。

（2）在基本稳定围岩中，除须考虑以上稳定围岩中所述荷载外，尚须考虑可能的落石荷载（如毛洞开挖后，已采用喷混凝土支护，则此项荷载可以不考虑）。落石荷载，是一种可能出现的荷载，很难定值，一般按照经验公式计算。

（3）当地下结构位于地质条件较差地段（即除稳定或基本稳定以外的围岩）时，顶拱上部的超挖部分一般要进行回填。此时，除考虑结构自重、使用荷载外，要计入围岩压力和回填荷载。围岩压力通常也按经验公式计算。

3.2.4　离壁式地下结构的内力计算

1. 计算简图

对于如图 3.2.1 所示的地下结构，若边墙为预制块或料石砌筑，此时由于拱圈搁置在边墙上，拱脚在边墙上可发生微小转动，考虑围岩情况及计算上的简便，将拱圈计算简图取为如图 3.2.2 所示。图 3.2.2（a）将拱圈视为两端不动铰的两铰拱，当围岩坚硬时，采用该计算简图。图 3.2.2（b）将拱圈视为两端具有水平弹性链杆支撑的两铰拱，当考虑拱脚两端围岩有侧向变形时，采用该计算简图（当边墙下端固定时，边墙对围岩在拱脚处的侧向变形有约束作用，略去不计）。

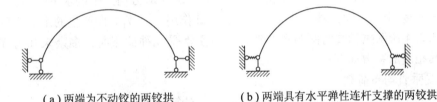

（a）两端为不动铰的两铰拱　　　　　　（b）两端具有水平弹性连杆支撑的两铰拱

图 3.2.2　拱圈计算简图

边墙则根据其下端与岩基的连接情况，视为两端铰接或上端铰接下端固定的轴心受压或偏心受压杆计算，计算简图如图 3.2.11 和图 3.2.12 所示。

若拱圈、边墙及水平支撑均为混凝土或钢筋混凝土整体浇筑的结构，由于这种结构多用于除稳定或基本稳定之外的围岩中，计算时要考虑拱脚两端围岩的侧向变形，计算简图如图 3.2.3 所示。

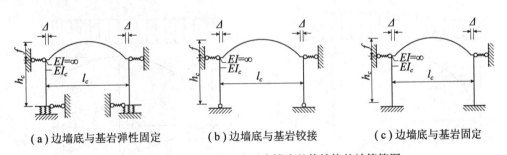

（a）边墙底与基岩弹性固定　　　　（b）边墙底与基岩铰接　　　　（c）边墙底与基岩固定

图 3.2.3　拱圈、边墙和水平支撑为整体结构的计算简图

图 3.2.3（a）为边墙底与岩基弹性固定时的计算简图。对一般地下结构来说，边墙下端与岩基的连接都应属于这种情况。但在实际设计中，为了计算上的简便，常将这种结构

的计算简化为图 3.2.3(b)或图 3.2.3(c)所示的计算简图进行计算。

如图 3.2.3(b)所示为边墙下端与岩基铰接时的计算简图。当边墙直接置于岩基上或边墙埋入岩基较浅时，均可采用该计算简图。

如图 3.2.3(c)所示为边墙与岩基固定连接时的计算简图。当边墙下端埋入岩基较深并用混凝土回填密实时，可以采用该计算简图。

在图 3.2.3 中，Δ 表示拱脚截面中心至边墙顶端截面中心的水平偏心距离。

2. 边墙为砌块、拱圈和水平支撑为整体结构的内力计算

（1）拱圈内力计算

1）两端为不动铰的两铰割圆拱的计算

如前所述，当围岩地质条件较好，且岩石坚硬时，可以将拱圈视为两端不动铰的两铰拱计算。两端不动铰的两铰拱的计算，在结构力学中，已有详细叙述，此处不再赘述。计算简图如图 3.2.2(a)所示，为一次超静定，基本结构如图 3.2.4 所示。

设多余未知力为 X_1，则

$$X_1 = -\frac{\Delta_{1p}}{\delta_{11}} \tag{3.2.1}$$

式中：δ_{11}——单位变位，即在基本结构中，$X_1 = 1$ 时，沿 X_1 方向产生的水平位移；

Δ_{1p}——载变位，即在基本结构中，由于荷载作用，沿 X_1 方向产生的水平位移。

如图 3.2.4 所示拱轴线为割圆的两铰拱，分别承受几种荷载时，多余未知力 X_1 的计算公式及其相应的系数如下：

① 承受垂直均布荷载

如图 3.2.5 所示，图中所示 X_1 的方向为正。其计算公式为

$$X_1 = m_1 q l \tag{3.2.2}$$

式中：m_1——系数，由下式计算

$$m_1 = \frac{4\sin^3\varphi_n + 3\varphi_n\cos\varphi_n - 6\varphi_n\cos\varphi_n\sin^2\varphi_n - 3\cos^2\varphi_n\sin\varphi_n}{12\varphi_n\sin\varphi_n + 24\varphi_n\cos^2\varphi_n\sin\varphi_n - 36\cos\varphi_n\sin^2\varphi_n} \tag{3.2.3}$$

m_1 亦可以根据不同矢跨比 $\frac{f}{l}$，由表 3.2.1 查得。

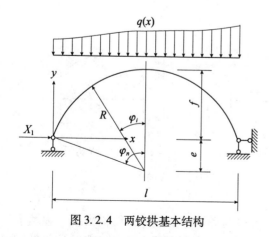

图 3.2.4 两铰拱基本结构

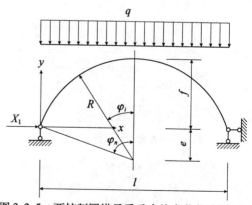

图 3.2.5 两铰割圆拱承受垂直均布荷载计算简图

② 承受沿拱轴垂直均布荷载(如拱自重)

如图 3.2.6 所示,多余未知力 X_1 的计算公式为

$$X_1 = m_2 G \tag{3.2.4}$$

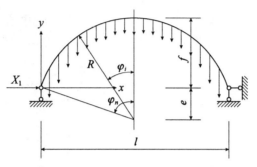

图 3.2.6 两铰割圆拱在自重作用下

式中: G——拱圈自重的一半,即 $G = R\varphi_n d\gamma$(d 及 γ 为拱圈厚度及拱圈材料容重);

m_2——系数,由下式计算

$$m_2 = \frac{4\varphi_n \sin^2\varphi_n - 3\varphi_n - 4\varphi_n^2 \cos\varphi_n \sin\varphi_n + 9\cos\varphi_n \sin\varphi_n - 6\varphi_n \cos^2\varphi_n}{2\varphi_n^2 + 4\varphi_n^2 \cos^2\varphi_n - 6\varphi_n \cos\varphi_n \sin\varphi_n} \tag{3.2.5}$$

m_2 亦可以根据不同矢跨比 $\dfrac{f}{l}$,由表 3.2.1 查得。

③承受集中荷载

如图 3.2.7 所示,当集中荷载 P 在 m 位置时,多余未知力 X_1 的计算公式为

$$X_1 = \alpha P \tag{3.2.6}$$

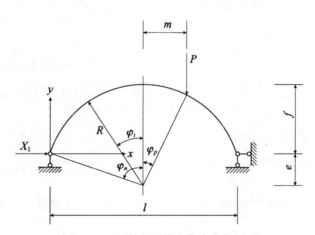

图 3.2.7 两铰割圆拱在集中力作用下

式中系数

$$\alpha = \frac{0.5(\sin^2\varphi_n - \sin^2\varphi_p) - \varphi_n \sin\varphi_n \cos\varphi_n + \varphi_p \cos\varphi_n \sin\varphi_p - \cos^2\varphi_n + \cos\varphi_n \cos\varphi_p}{\varphi_n + 2\varphi_n \cos^2\varphi_n - 3\sin\varphi_n \cos\varphi_n}$$

$$\tag{3.2.7}$$

其中
$$\sin\varphi_p = \frac{m}{R}, \qquad \cos\varphi_p = \frac{\sqrt{R^2-m^2}}{R}$$

无论集中荷载 P 作用在左半拱或作用在右半拱，公式(3.2.6)均适用。在计算系数 α 时，m、φ_n 及 φ_p 均取正值。

当集中荷载作用在拱顶，即 $m=0$ 时(如图 3.2.8 所示)，由公式(3.2.6)得多余未知力 X_1 为

$$X_1 = m_3 P \qquad\qquad (3.2.8)$$

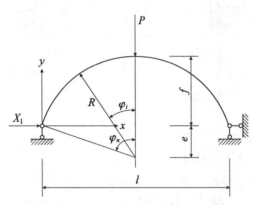

图 3.2.8　两铰割圆拱在拱顶承受集中荷载

当集中荷载作用在拱跨 $\frac{3}{4}$ 处，即 $m=\frac{l}{4}$ 时，由公式(3.2.6)得多余未知力 X_1 为

$$X_1 = m_4 P \qquad\qquad (3.2.9)$$

式(3.2.8)和式(3.2.9)中，系数 m_3，m_4 可以根据式(3.2.7)计算，也可以根据不同矢跨比 $\frac{f}{l}$，由表 3.2.1 查得。

将 $m=0$，即 $\sin\varphi_p = 0$，$\cos\varphi_p = 1$ 代入公式(3.2.7)，得 m_3 的计算公式为

$$m_3 = \frac{0.5\sin^2\varphi_n - \varphi_n\sin\varphi_n\cos\varphi_n - \cos^2\varphi_n + \cos\varphi_n}{\varphi_n + 2\varphi_n\cos^2\varphi_n - 3\sin\varphi_n\cos\varphi_n} \qquad (3.2.10)$$

将 $m=\frac{l}{4}$，$\sin\varphi_p = \frac{l}{4R} = \frac{1}{2}\sin\varphi_n$，$\cos\varphi_p = \sqrt{1 - \frac{1}{4}\sin^2\varphi_n}$ 代入式(3.2.7)，可得 m_4 的计算公式(此处从略，读者可以自己推导，然后与表 3.2.1 中数相比较)。

表 3.2.1　　　　　　两铰割圆拱拱脚水平推力系数 m 及单位变位 δ_{11} 系数 n

系数　$\dfrac{f}{l}$	$\dfrac{1}{2}$	0.4	$\dfrac{1}{3}$	0.3	$\dfrac{1}{4}$	$\dfrac{1}{5}$	$\dfrac{1}{6}$
n	0.19635	0.11570	0.07292	0.05712	0.03781	0.02314	0.01621
m_1	0.2122	0.2827	0.3504	0.3946	0.4819	0.6105	0.7380
m_2	0.3183	0.4721	0.6186	0.7134	0.8981	1.1671	1.4302
m_3	0.3183	0.4280	0.5345	0.6041	0.7419	0.9444	1.1057
m_4	0.2387	0.3179	0.3933	0.4426	0.5398	0.6852	0.7946

2) 两端具有水平弹性链杆支撑的两铰割圆拱的计算

两端具有水平弹性链杆支撑的两铰拱,计算简图如图 3.2.2(b)所示。这种结构仍为一次超静定。与两端不动铰的两铰拱(如图 3.2.2(a))所不同者,只是这种拱在荷载作用下拱脚处要产生水平位移,该位移的大小,不仅与荷载、拱轴线几何形状有关,还与围岩的性质有关。

下面以两端具有水平弹性链杆支撑的两铰割圆拱为例,说明计算过程。

基本结构如图 3.2.9 所示。设多余未知力为 H,以图中所示方向为正。根据支座 A 处的水平位移等于围岩侧向压缩变形的条件,得下列基本方程式

$$\delta_{11}H + \Delta_{1p} = -\frac{2}{kh_z b}H \tag{3.2.11}$$

解得

$$H = \frac{-\Delta_{1p}}{\delta_{11} + \dfrac{2}{kh_z b}} \tag{3.2.12a}$$

又可以写为

$$H = -\frac{\Delta_{1p}}{\delta_{11}} \frac{\delta_{11}}{\delta_{11} + \dfrac{2}{kh_z b}} \tag{3.2.12b}$$

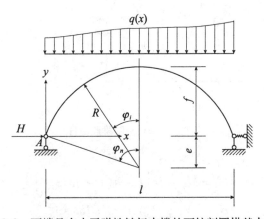

图 3.2.9 两端具有水平弹性链杆支撑的两铰割圆拱基本结构

式 (3.2.12b) 中的 $-\dfrac{\Delta_{1p}}{\delta_{11}}$ 为本节已介绍过的不动铰两铰割圆拱的水平推力 X_1,故得

$$H = X_1 \frac{\delta_{11}}{\delta_{11} + \dfrac{2}{kh_z b}} \tag{3.2.12c}$$

式中:k ——围岩弹性抗力系数;

h_z ——水平支撑厚度(如图 3.2.1 所示);

b ——拱的纵向计算宽度,在长条形的地下结构中一般取 b 等于单位长度;

δ_{11}——单位变位，按下式计算

$$\delta_{11} = \frac{n}{EI} l^3 \tag{3.2.13}$$

$$n = \frac{1}{8\sin^2\varphi_n}\varphi_n + \frac{\cos^2\varphi_n}{4\sin^3\varphi_n}\varphi_n - \frac{3\cos\varphi_n}{8\sin^2\varphi_n} \tag{3.2.14}$$

系数 n 亦可以根据不同矢跨比 $\dfrac{f}{l}$，由表 3.2.1 查得。

由公式(3.2.12)可以看出，$\dfrac{\delta_{11}}{\delta_{11}+\dfrac{2}{kh_z b}}$ 恒小于 1，即具有水平弹性链杆支撑的两铰拱的

水平推力 H，比不动铰两铰拱的水平推力 X_1 要小。

不动铰两铰割圆拱的水平推力 X_1 和两端具有水平弹性链杆支撑的两铰割圆拱的水平推力 H 求出后，拱圈中任意截面的内力可由图 3.2.10 根据静力平衡条件求得，为

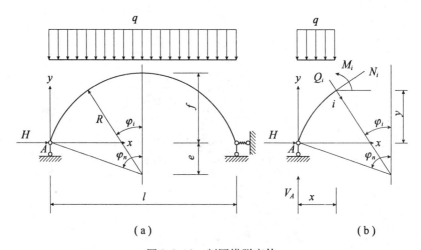

（a） （b）

图 3.2.10 割圆拱脱离体

$$\begin{cases} M_i = M_{ip} - H\left[f - R(1 - \cos\varphi_i)\right] \\ N_i = (V_A - P_{ip})\sin\varphi_i + H\cos\varphi_i \\ Q_i = (V_A - P_{ip})\cos\varphi_i + H\sin\varphi_i \end{cases} \tag{3.2.15}$$

式中：M_i、N_i 及 Q_i——所求截面 i 的弯矩、轴力及剪力；

M_{ip}、P_{ip}——外荷载对拱圈基本结构所求截面的弯矩及垂直作用力；

V_A——支坐 A 的垂直反力。

（2）边墙内力的计算

由于这种形式的地下结构，边墙只承受拱脚传递来的垂直压力及边墙自重，根据拱脚支座传递给边墙垂直压力作用线与边墙轴线是否重合(如图 3.2.11、图 3.2.12 所示)，边墙可以分为轴心受压和偏心受压两种情况。

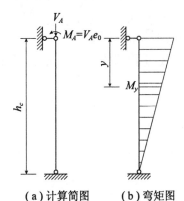

（a）计算简图　　（b）弯矩图　　　　　　　（a）计算简图　（b）基本结构　（c）弯矩图

图 3.2.11　边墙两端铰接计算简图　　　　图 3.2.12　边墙上端铰接下端固定计算简图

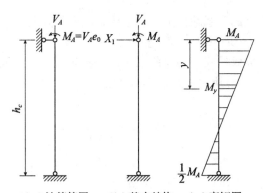

若拱脚支座垂直压力 V_A 的作用线与边墙轴线重合，即边墙轴心受压，此时，无论边墙下端与岩基是固定连接还是铰接，边墙中只产生轴力。距墙顶任意截面 y 处的轴力为

$$N_y = V_A + \gamma d_c y \tag{3.2.16}$$

式中：γ——边墙材料容重；

　　　d_c——边墙厚度；

　　　y——边墙顶到所求截面的距离。

若拱脚支座垂直压力 V_A 的作用线与边墙轴线不重合，而有一偏心距 e_0，即边墙偏心受压，此时，墙顶截面除垂直压力 V_A 外，还有一偏心弯矩 $M_A = V_A e_0$ 的作用。边墙截面内力计算要考虑两种情况，如图 3.2.11 所示。

1）当边墙上下两端铰接，即按图 3.2.11 计算时，距墙顶 y 处的截面内力为

$$\begin{cases} M_y = \left(1 - \dfrac{y}{h_c}\right) M_A \\ N_y = V_A + \gamma d_c y \end{cases} \tag{3.2.17}$$

2）当边墙上端为铰接下端为固定时，则属于一次超静定结构。计算简图如图 3.2.12（a）所示，基本结构如图 3.2.12（b）所示，用力法求得边墙上端水平链杆反力 $X_1 = \dfrac{3}{2h_c} M_A$。距墙顶 y 处的截面内力为

$$\begin{cases} M_y = \left(1 - \dfrac{3y}{2h_c}\right) M_A \\ N_y = V_A + \gamma d_c y \end{cases} \tag{3.2.18}$$

在上述内力计算中，当边墙下端固定时，未计入由于围岩压缩引起边墙顶移动而在边墙中产生的内力。

（3）水平支撑的内力计算

拱脚的水平推力 H（或 X_1），全部由水平支撑传递给围岩，故水平支撑的内力即为

$$N = H（或 X_1） \tag{3.2.19}$$

当水平支撑厚度 $h_z > d$（d 为拱圈厚度时），一般不需要核算其截面强度。当拱脚水平位移较大时，可以加大 h_z 以减小拱脚水平位移，同时亦可以减小拱内的弯矩。

3. 边墙、拱圈和水平支撑为整体结构的内力计算

这种形式的地下结构，主要用于侧向围岩较稳定，拱顶围岩有可能塌落的情况，故作

用于其上的荷载除自重外，主要是围岩垂直压力。计算简图如图 3.2.3 所示。

(1) 边墙下端为铰支座时的计算

下面仅研究结构及荷载对称，侧向围岩弹性抗力系数 k 相同的情形。此时计算简图如图 3.2.3(b) 所示，基本结构如图 3.2.13 所示。

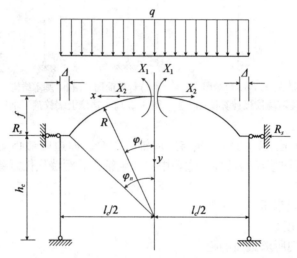

图 3.2.13　边墙下端为铰支座时整体结构内力计算基本结构图

根据拱顶切口处相对转角和相对水平位移为零的两个条件，可以列出基本方程式为

$$\begin{cases} \delta_{11}^* X_1 + \delta_{12}^* X_2 + \Delta_{1p}^* + \beta_0 = 0 \\ \delta_{21}^* X_1 + \delta_{22}^* X_2 + \Delta_{2p}^* + u_0 = 0 \end{cases} \qquad (3.2.20)$$

式中：δ_{ik}^*、Δ_{ip}^*——单位变位及载变位；

β_0、u_0——由于水平弹性链杆的弹性变形引起的拱顶切口处的相对转角和相对水平位移。

单位变位及载变位 δ_{ik}^*、Δ_{ip}^* 计算公式为

$$\begin{cases} \delta_{11}^* = 2\delta_{11} + \dfrac{2h_c}{3EI_c} \\[2mm] \delta_{12}^* = \delta_{21}^* = 2\delta_{12} + \dfrac{2fh_c}{3EI_c} \\[2mm] \delta_{22}^* = 2\delta_{22} + \dfrac{2f^2 h_c}{3EI_c} \\[2mm] \Delta_{1p}^* = 2\Delta_{1p} - \dfrac{l_c^2 h_c q}{12EI_c} \\[2mm] \Delta_{2p}^* = 2\Delta_{2p} - \dfrac{l_c^2 f h_c q}{12EI_c} \end{cases} \qquad (3.2.21)$$

式中：h_c——边墙计算高度；

f——拱轴线矢高；

l_c——边墙轴线间距离；

I_c——边墙截面惯性矩；

δ_{ik}——拱脚固定的拱圈单位变位值，与结构形状及尺寸有关，可以根据结构力学公式计算或查表；

Δ_{ip}——拱脚固定的拱圈载变位值，与结构形状及尺寸有关，可以根据结构力学公式计算或查表。

由于水平弹性链杆的弹性变形引起的拱顶切口处的相对转角和相对水平位移 β_0、u_0 可以根据基本结构的力矩平衡求得。如图 3.2.13 所示，对边墙底取矩，得弹性链杆的反力 R_s 为

$$R_s = \frac{1}{h_c}X_1 + \frac{f+h_c}{h_c}X_2 + R_p \tag{3.2.22}$$

按文克尔假定，得弹性链杆的压缩变形 Δ_s 为

$$\Delta_s = \frac{R_s}{kh_z} = \frac{1}{kh_z}\left(\frac{1}{h_c}X_1 + \frac{f+h_c}{h_c}X_2 + R_p\right) \tag{3.2.23}$$

式中：R_p——为荷载引起水平弹性链杆的反力，与图 3.2.13 中 R_s 方向相同者为正，当拱顶作用垂直均布荷载时，$R_p = -\dfrac{ql_2^c}{8h_c}$；

k——围岩弹性抗力系数。

由几何条件得

$$\beta_0 = \frac{2\Delta_s}{h_c} = \frac{2}{kh_ch_z}\left(\frac{1}{h_c}X_1 + \frac{f+h_c}{h_c}X_2 + R_p\right) \tag{3.2.24}$$

$$u_0 = \beta_0(f+h_c) = \frac{2(f+h_c)}{kh_ch_z}\left(\frac{1}{h_c}X_1 + \frac{f+h_c}{h_c}X_2 + R_p\right) \tag{3.2.25}$$

将 β_0、u_0 的表达式代入式(3.2.20)，化简后得

$$\begin{cases} \left(\delta_{11}^* + \dfrac{2}{kh_c^2h_z}\right)X_1 + \left[\delta_{12}^* + \dfrac{2(f+h_c)}{kh_c^2h_z}\right]X_2 + \Delta_{1p}^* + \dfrac{2R_p}{kh_ch_z} = 0 \\[4mm] \left[\delta_{21}^* + \dfrac{2(f+h_c)}{kh_c^2h_z}\right]X_1 + \left[\delta_{22}^* + \dfrac{2(f+h_c)^2}{kh_c^2h_z}\right]X_2 + \Delta_{2p}^* + \dfrac{2(f+h_c)R_p}{kh_ch_z} = 0 \end{cases}$$

$$\tag{3.2.26}$$

令

$$\begin{cases} a_{11} = \delta_{11}^* + \dfrac{2}{kh_c^2h_z} \\[4mm] a_{12} = a_{21} = \delta_{12}^* + \dfrac{2(f+h_c)}{kh_c^2h_z} \\[4mm] a_{22} = \delta_{22}^* + \dfrac{2(f+h_c)^2}{kh_c^2h_z} \\[4mm] A_{1p} = \Delta_{1p}^* + \dfrac{2R_p}{kh_ch_z} \\[4mm] A_{2p} = \Delta_{2p}^* + \dfrac{2(f+h_c)R_p}{kh_ch_z} \end{cases} \tag{3.2.27}$$

则式(3.2.26)化简为

$$\begin{cases} a_{11}X_1 + a_{12}X_2 + A_{1p} = 0 \\ a_{21}X_1 + a_{22}X_2 + A_{2p} = 0 \end{cases} \tag{3.2.28}$$

求解式(3.2.28)得

$$\begin{cases} X_1 = \dfrac{a_{22}A_{1p} - a_{12}A_{2p}}{a_{12}^2 - a_{11}a_{22}} \\ X_2 = \dfrac{a_{11}A_{2p} - a_{21}A_{1p}}{a_{12}^2 - a_{11}a_{22}} \end{cases} \tag{3.2.29}$$

多余未知力 X_1 和 X_2 求得后，即可求得结构各截面的内力。对于拱圈，有

$$\begin{cases} M_i = X_1 + X_2 y + M_{ip} \\ N_i = X_2 \cos\varphi_i + N_{ip} \end{cases} \tag{3.2.30}$$

对于边墙，有

$$\begin{cases} M_i = X_1 + X_2 y + M_{ip} - R_s(y - f) \\ N_i = N_{ip} + G_i \end{cases} \tag{3.2.31}$$

式中：M_{ip}、N_{ip}——基本结构(见图3.2.13)在荷载作用下对计算截面 i 所产生的弯矩和轴力；

G_i——边墙在计算截面 i 以上的自重；

φ_i——拱圈计算截面 i 与垂直坐标轴之间的夹角(见图3.2.13)。

(2)边墙下端为固定支座时的计算

同样，仅研究结构及荷载均对称，侧向围岩弹性抗力系数 k 相同的情形。计算简图如图3.2.3(c)所示。基本结构如图3.2.14所示。

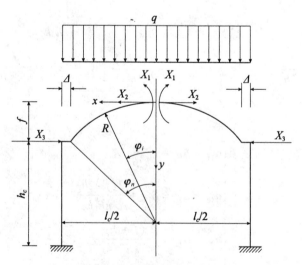

图3.2.14 边墙下端为固定支座时整体结构内力计算基本结构图

根据拱顶切口处的相对转角为零、相对水平位移为零以及拱脚处的水平位移等于围岩侧向压缩变形三个条件，可得下列基本方程式

$$\begin{cases} \delta_{11}^{*} X_{1} + \delta_{12}^{*} X_{2} + \delta_{13}^{*} X_{3} + \Delta_{1p}^{*} = 0 \\ \delta_{21}^{*} X_{1} + \delta_{22}^{*} X_{2} + \delta_{23}^{*} X_{3} + \Delta_{2p}^{*} = 0 \\ \delta_{31}^{*} X_{1} + \delta_{32}^{*} X_{2} + \left(\delta_{33}^{*} + \dfrac{2}{kh_{z}}\right) X_{3} + \Delta_{3p}^{*} = 0 \end{cases} \tag{3.2.32}$$

式中各变位计算公式为

$$\begin{cases} \delta_{11}^{*} = 2\delta_{11} + \dfrac{2h_{c}}{EI_{c}} \\[2mm] \delta_{12}^{*} = \delta_{21}^{*} = 2\delta_{12} + \dfrac{2}{EI_{c}}\left(fh_{c} + \dfrac{h_{c}^{2}}{2}\right) \\[2mm] \delta_{22}^{*} = 2\delta_{22} + \dfrac{2}{EI_{c}}\left(f^{2}h_{c} + fh_{c}^{2} + \dfrac{h_{c}^{3}}{3}\right) \\[2mm] \delta_{13}^{*} = \delta_{31}^{*} = -\dfrac{h_{c}^{2}}{EI_{c}} \\[2mm] \delta_{23}^{*} = \delta_{32}^{*} = -\dfrac{2}{EI_{c}}\left(\dfrac{fh_{c}^{2}}{2} + \dfrac{h_{c}^{3}}{3}\right) \\[2mm] \delta_{33}^{*} = \dfrac{2h_{c}^{3}}{3EI_{c}} \\[2mm] \Delta_{1p}^{*} = 2\Delta_{1p} - \dfrac{l_{c}^{2}h_{c}q}{4EI_{c}} \\[2mm] \Delta_{2p}^{*} = 2\Delta_{2p} - \dfrac{l_{c}^{2}q}{4EI_{c}}\left(fh_{c} + \dfrac{h_{c}^{2}}{2}\right) \\[2mm] \Delta_{3p}^{*} = \dfrac{l_{c}^{2}h_{c}^{2}q}{8EI_{c}} \end{cases} \tag{3.2.33}$$

式(3.2.32)和式(3.2.33)中所采用的各符号意义同式(3.2.20)和式(3.2.21)。

3.2.5 例题

如图 3.2.15 所示为拱顶满回填离壁式地下结构,拱圈为变截面割圆拱,拱顶厚度 $d_{0} = 0.7\text{m}$,拱脚厚度 $d_{n} = 1.0\text{m}$,其他各部尺寸示于图中。承受围岩均布压力 $q = 100\text{kN/m}^{2}$。试计算其内力,并绘制出弯矩及轴力图。围岩弹性抗力系数 $k = 0.5 \times 10^{6}\text{kN/m}^{3}$。混凝土标号:C20,弹性模量 $E = 25.5\text{GPa}$,容重 $\gamma = 25\text{kN/m}^{3}$。计算简图及基本结构如图 3.2.16 所示。

1. 几何尺寸计算

取净矢跨比 $f_{0}/l_{0} = 1/5$,计算得:

拱圈净矢高	$f_{0} = 3\text{m}$	
拱圈内圆半径	$R_{0} = 10.8750\text{m}$	
拱圈轴线矢高	$f = 2.9762\text{m}$	
拱圈轴线半径	$R = 11.7934\text{m}$	

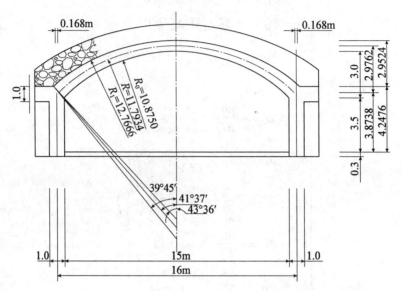

图 3.2.15 拱顶满回填离壁式地下结构几何尺寸图

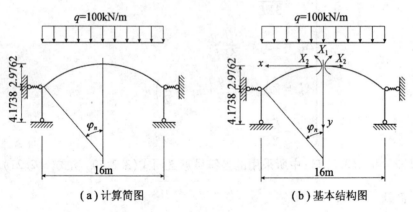

（a）计算简图　　　　　　　　（b）基本结构图

图 3.2.16 计算简图及基本结构图

$$\varphi_n = 41°37', \quad \cos\varphi_n = 0.7476, \quad \sin\varphi_n = 0.6641$$

边墙计算高度　　　$h_c = h_0 + \dfrac{1}{2}d_n\cos\varphi_n + 0.3 = 4.1738\text{m}$

拱顶截面　　　　　$I_0 = \dfrac{1.0×0.7^3}{12} = 0.02858\text{m}^4$

$$A_0 = 1.0×0.70 = 0.7\text{m}^2$$

$$EI_0 = 25.5×10^6×0.02858 = 0.72879×10^6$$

$$EA_0 = 25.5×10^6×0.70 = 17.85×10^6$$

拱脚及边墙截面　　$I_n = I_c = \dfrac{1.0×1.0^3}{12} = 0.08333\text{m}^4$

$$EI_c = 25.5 \times 10^6 \times 0.08333 = 2.1249 \times 10^6$$

$$m = 1 - \frac{0.02858}{0.08333} = 1 - 0.3430 = 0.6570$$

$$n = 1 - \frac{0.7}{1.0} = 1 - 0.7 = 0.3$$

$$q = 100 \text{kN/m}^2$$

2. 变位计算

(1)拱脚固定的拱圈单位变位及载变位计算

基本结构如图3.2.17所示，根据结构力学中曲梁的变位公式，当拱圈矢跨比 $\frac{f}{l} \leq \frac{1}{4}$ 时

$$\delta_{ik} = \int \frac{M_i M_k}{EI} \mathrm{d}s + \int \frac{N_i N_k}{EA} \mathrm{d}s \qquad (3.2.34)$$

当拱圈矢跨比 $\frac{f}{l} > \frac{1}{4}$ 时

$$\delta_{ik} = \int \frac{M_i M_k}{EI} \mathrm{d}s \qquad (3.2.35)$$

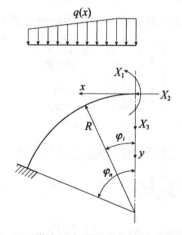

图 3.2.17　拱脚固定拱圈变位计算基本结构图

式中，EI、EA 分别为拱圈截面的抗弯和抗压刚度。当拱顶截面作用有 $X_1 = 1$，$X_2 = 1$，$X_3 = 1$，结构上有荷载 q 时，在拱圈任意截面将产生弯矩和轴力 M_i、N_i。当以上单位力及荷载单独作用时，所产生的弯矩和轴力为

$$M_1 = 1，N_1 = 0；M_2 = y，N_2 = \cos\varphi；M_3 = -x，N_3 = \sin\varphi；M_p，N_p$$

代入式(3.2.34)，得单位变位及载变位的一般公式为

$$\begin{cases} \delta_{11} = \int_0^{s/2} \frac{M_1^2}{EI}\mathrm{d}s + \int_0^{s/2} \frac{N_1^2}{EA}\mathrm{d}s = \int_0^{s/2} \frac{1}{EI}\mathrm{d}s \\[2mm] \delta_{12} = \delta_{21} = \int_0^{s/2} \frac{M_1 M_2}{EI}\mathrm{d}s + \int_0^{s/2} \frac{N_1 N_2}{EA}\mathrm{d}s = \int_0^{s/2} \frac{y}{EI}\mathrm{d}s \\[2mm] \delta_{22} = \int_0^{s/2} \frac{M_2^2}{EI}\mathrm{d}s + \int_0^{s/2} \frac{N_2^2}{EA}\mathrm{d}s = \int_0^{s/2} \frac{y^2}{EI}\mathrm{d}s + \int_0^{s/2} \frac{\cos^2\varphi}{EA}\mathrm{d}s \\[2mm] \delta_{33} = \int_0^{s/2} \frac{M_3^2}{EI}\mathrm{d}s + \int_0^{s/2} \frac{N_3^2}{EA}\mathrm{d}s = \int_0^{s/2} \frac{x^2}{EI}\mathrm{d}s + \int_0^{s/2} \frac{\sin^2\varphi}{EA}\mathrm{d}s \\[2mm] \Delta_{1p} = \int_0^{s/2} \frac{M_1 M_p}{EI}\mathrm{d}s + \int_0^{s/2} \frac{N_1 N_p}{EA}\mathrm{d}s = \int_0^{s/2} \frac{M_p}{EI}\mathrm{d}s \\[2mm] \Delta_{2p} = \int_0^{s/2} \frac{M_2 M_p}{EI}\mathrm{d}s + \int_0^{s/2} \frac{N_2 N_p}{EA}\mathrm{d}s = \int_0^{s/2} \frac{y M_p}{EI}\mathrm{d}s + \int_0^{s/2} \frac{N_p \cos\varphi}{EA}\mathrm{d}s \\[2mm] \Delta_{3p} = \int_0^{s/2} \frac{M_3 M_p}{EI}\mathrm{d}s + \int_0^{s/2} \frac{N_3 N_p}{EA}\mathrm{d}s = -\int_0^{s/2} \frac{x M_p}{EI}\mathrm{d}s + \int_0^{s/2} \frac{N_p \sin\varphi}{EA}\mathrm{d}s \end{cases} \tag{3.2.36}$$

当矢跨比 $\frac{f}{l} > \frac{1}{4}$ 时，可以忽略轴力的影响，在上述公式中舍去轴力项。

在使用式(3.2.36)计算 δ_{ik} 和 Δ_{ip} 时，必须将拱轴线，截面及荷载变化规律，用数学形式表达出来。对于难以表达，或表达十分复杂的情况，一般采用分段求和的近似积分法。本节例题采用变截面割圆拱，拱圈截面积和惯性矩的变化规律近似计算公式为

$$\begin{cases} \frac{1}{A} = \frac{1}{A_0}\left(1 - n\frac{\sin^2\varphi}{\sin^2\varphi_n}\right) \\[2mm] \frac{1}{I} = \frac{1}{I_0}\left(1 - m\frac{\sin\varphi}{\sin\varphi_n}\right) \end{cases} \tag{3.2.37}$$

1)单位变位 δ_{ik} 计算

将式(3.2.37)代入式(3.2.36)得单位变位 δ_{ik} 计算公式

$$\begin{cases} \delta_{11} = \frac{R}{EI_0}(\varphi_n - mB_0) \\[2mm] \delta_{12} = \delta_{21} = \frac{R^2}{EI_0}(b_1 - mB_1) \\[2mm] \delta_{22} = \frac{R^3}{EI_0}(b_2 - mB_2) + \frac{R}{EA_0}(b_2' - nB_2') \\[2mm] \delta_{33} = \frac{R^3}{EI_0}(b_3 - mB_3) + \frac{R}{EA}(b_3' - nB_3') \end{cases} \tag{3.2.38}$$

式中，系数 $b_1 \sim b_3'$、$B_0 \sim B_3'$ 可以根据矢跨比或 φ_n 查表(参阅相关文献)，其计算公式为

$$
\begin{cases}
B_0 = \dfrac{1 - \cos\varphi_n}{\sin\varphi_n} \\[2mm]
b_1 = \varphi_n - \sin\varphi_n \\[2mm]
B_1 = \dfrac{(1 - \cos\varphi_n)^2}{2\sin\varphi_n} \\[2mm]
b_2 = \dfrac{3\varphi_n}{2} - 2\sin\varphi_n + \dfrac{\sin\varphi_n \cos\varphi_n}{2} \\[2mm]
B_2 = \dfrac{(1 - \cos\varphi_n)^3}{3\sin\varphi_n} \\[2mm]
b'_2 = \dfrac{1}{2}(\varphi_n + \sin\varphi_n \cos\varphi_n) \\[2mm]
B'_2 = \dfrac{1}{8\sin^2\varphi_n}(\varphi_n - \sin\varphi_n \cos\varphi_n + 2\cos\varphi_n \sin^3\varphi_n) \\[2mm]
b_3 = \dfrac{1}{2}(\varphi_n - \sin\varphi_n \cos\varphi_n) \\[2mm]
B_3 = \dfrac{1}{3\sin\varphi_n}(2 - 3\cos\varphi_n + \cos^3\varphi_n) \\[2mm]
b'_3 = b_3 \\[2mm]
B'_3 = \dfrac{1}{32\sin^2\varphi_n}(12\varphi_n - 16\sin\varphi_n \cos\varphi_n + \sin4\varphi_n)
\end{cases}
\tag{3.2.39}
$$

将 $\varphi_n = 41°37' = 0.8311\mathrm{rad}$, $\sin\varphi_n = 0.6641$, $\cos\varphi_n = 0.7476$ 代入式(3.2.39)得

$$
\begin{array}{ll}
b_1 = 0.0622 & B_0 = 0.3800 \\
b_2 = 0.0095 & B_1 = 0.0479 \\
b'_2 = 0.6114 & B_2 = 0.0081 \\
b_3 = 0.1149 & B'_2 = 0.1893 \\
b'_3 = 0.1149 & B_3 = 0.0878 \\
 & B'_3 = 0.0713
\end{array}
$$

代入式(3.2.38)得

$$
\begin{array}{ll}
\delta_{11} = 7.7129 \times 10^{-6} & \delta_{12} = \delta_{21} = 5.8566 \times 10^{-6} \\
\delta_{22} = 9.7958 \times 10^{-6} & \delta_{33} = 1.2877 \times 10^{-4} \text{。}
\end{array}
$$

2) 载变位 Δ_{ip} 计算

载变位的计算与荷载种类有关，也就是说荷载在基本结构(图3.2.17)任意截面产生的弯矩 M_p、轴力 N_p 与作用的荷载种类有关。此处根据本例的均布垂直荷载进行相应的计算，其他种类荷载的计算可以参阅相关文献。

将式(3.2.37)以及均布垂直荷载下基本结构任意截面内力 $M_p = -\dfrac{1}{2}qx^2$，$N_p = qx\sin\varphi$

代入式(3.2.36)得载变位 Δ_{ip} 计算公式

$$
\begin{cases}
\Delta_{1p} = -\dfrac{R^3}{EI_0}(a_1 - mA_1)q \\[2mm]
\Delta_{2p} = -\dfrac{R^4}{EI_0}(a_2 - mA_2)q + \dfrac{R^2}{EA_0}(a_2' - nA_2')q \\[2mm]
\Delta_{3p} = \dfrac{R^4}{EI_0}(a_3 - mA_3)q + \dfrac{R^2}{EA_0}(a_3' - nA_3')q
\end{cases}
\tag{3.2.40}
$$

式中，系数 $a_1 \sim a_3'$、$A_1 \sim A_3'$ 的计算公式为

$$
\begin{cases}
a_1 = \dfrac{1}{4}(\varphi_n - \sin\varphi_n\cos\varphi_n) \\[2mm]
A_1 = \dfrac{1}{6\sin\varphi_n}(2 - 3\cos\varphi_n + \cos^3\varphi_n) \\[2mm]
a_2 = a_1 - \dfrac{1}{6}\sin^3\varphi_n \\[2mm]
A_2 = A_1 - \dfrac{1}{8}\sin^3\varphi_n \\[2mm]
a_2' = \dfrac{1}{3}\sin^3\varphi_n \\[2mm]
A_2' = \dfrac{1}{5}\sin^3\varphi_n \\[2mm]
a_3 = A_1\sin\varphi_n \\[2mm]
A_3 = \dfrac{1}{8\sin\varphi_n}\left(\dfrac{3}{2}\varphi_n - \sin2\varphi_n + \dfrac{\sin4\varphi_n}{8}\right) \\[2mm]
a_3' = 2A_1\sin\varphi_n = 2a_3 \\[2mm]
A_3' = \dfrac{1}{240\sin^2\varphi_n}(128 - 150\cos\varphi_n + 25\cos3\varphi_n - 3\cos5\varphi_n)
\end{cases}
\tag{3.2.41}
$$

将 $\varphi_n = 41°37' = 0.8311\text{rad}$，$\sin\varphi_n = 0.6641$，$\cos\varphi_n = 0.7476$ 代入式(3.2.41)得

$$a_1 = 0.0574 \qquad\qquad A_1 = 0.0439$$
$$a_2 = 0.0086 \qquad\qquad A_2 = 0.0073$$
$$a_2' = 0.0976 \qquad\qquad A_2' = 0.0586$$
$$a_3 = 0.0292 \qquad\qquad A_3 = 0.0237$$
$$a_3' = 0.0583 \qquad\qquad A_3' = 0.0399$$

代入式(3.2.40)得

$$\Delta_{1p} = -6.4354q\times10^{-5} \qquad \Delta_{2p} = -1.0109q\times10^{-4} \qquad \Delta_{3p} = 3.6187q\times10^{-4}$$

将本例 $q = 100\text{kN/m}^2$ 代入得

$$\Delta_{1p} = -6.4354\times10^{-3} \qquad \Delta_{2p} = -1.0109\times10^{-2} \qquad \Delta_{3p} = 3.6187\times10^{-2}。$$

(2)基本结构单位变位及载变位 δ_{ik}^*、Δ_{ip}^* 计算

将上面计算的 δ_{ik} 及 Δ_{ip} 代入式(3.2.21)得图3.2.16(b)所示基本结构单位变位及载变位 δ_{ik}^*、Δ_{ip}^* 分别为

$$\delta_{11}^* = 1.6735\times10^{-5} \qquad \delta_{12}^* = \delta_{21}^* = 1.5610\times10^{-5} \qquad \delta_{22}^* = 3.1191\times10^{-5}$$

$$\Delta_{1p}^* = -0.0171 \qquad \Delta_{2p}^* = -0.0327$$

3. 求多余未知力 X_1 和 X_2

如图 3.2.16(b)所示基本结构作用有垂直均布荷载时，由荷载引起的弹性链杆支座反力 R_p 为

$$R_p = -\frac{ql_c^2}{8h_c} = \frac{100 \times 16^2}{8 \times 4.1738} = 766.6874\text{kN} \tag{3.2.42}$$

将 δ_{ik}^*、Δ_{ip}^* 及 R_p 等代入式(3.2.27)得

$$a_{11} = 1.6965 \times 10^{-5} \quad a_{12} = a_{21} = 1.7252 \times 10^{-5} \quad a_{22} = 4.2929 \times 10^{-5}$$

$$A_{1p} = -0.0178 \quad A_{2p} = -0.0379$$

代入方程(3.2.28)并解方程得多余未知力 X_1 和 X_2 分别为

$$X_1 = 253.9362\text{kN} \cdot \text{m}$$

$$X_2 = 781.8134\text{kN}。$$

4. 计算拱圈与边墙各截面的内力

拱圈内力计算公式

$$M_i = X_1 + X_2 y - \frac{qx^2}{2}$$

$$N_i = X_2 \cos\varphi_i + qx\sin\varphi_i$$

边墙内力计算公式

$$M_i = X_1 + X_2 y - \frac{ql_c^2}{8} - R_s(y - f)$$

$$N_i = \frac{ql_c}{2} + \gamma d_c(y - f)$$

式中

$$R_s = \frac{1}{h_c}\left[X_1 + X_2(f + h_c) - \frac{ql_c^2}{8}\right] = 633.4520\text{kN}$$

拱圈和边墙内力计算结果如表 3.2.2 所示。

表 3.2.2　　　　　　　　　　　　拱圈和边墙内力计算结果

截面	φ_i/rad	φ_i/(°)	x_i/m	y_i/m	M_i/(kN·m)	N_i/kN
拱顶	0.0000	0.0000	0.0000	0.0000	253.9362	781.8134
1	0.0726	4.1614	0.8558	0.0311	241.6246	785.9625
2	0.1453	8.3228	1.7071	0.1242	205.3330	798.2897
3	0.2179	12.4842	2.5494	0.2788	146.9752	818.4379
4	0.2905	16.6456	3.3782	0.4942	69.6896	845.8210
5	0.3631	20.8070	4.1893	0.7691	-22.2372	879.6366
6	0.4358	24.9684	4.9782	1.1022	-123.4749	918.8847
7	0.5084	29.1297	5.7409	1.4916	-227.7793	962.3899
8	0.5810	33.2911	6.4733	1.9354	-328.1457	1008.8282

截面	φ_i/rad	φ_i/(°)	x_i/m	y_i/m	M_i/(kN·m)	N_i/kN
9	0.6537	37.4525	7.1716	2.4311	−416.9817	1056.7570
拱脚	0.7263	41.6139	7.8321	2.9762	−486.2962	1104.6478
边墙顶			8.0000	2.9762	−619.2307	800.0000
边墙底			8.0000	7.1500	0.0000	904.3450

根据表 3.2.2 的计算结果可以绘制出弯矩及轴力图，如图 3.2.18 所示。

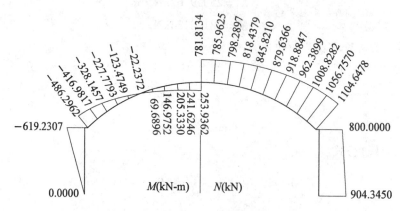

图 3.2.18　拱圈和边墙弯矩及轴力图

3.3　贴壁式地下结构设计

贴壁式地下结构是指地下结构背部紧贴围岩，或者地下结构与围岩之间的超挖，按相关要求进行密实回填的地下结构。根据地质条件不同，贴壁式地下结构可以做成厚拱薄墙结构或半衬砌结构、直墙拱形结构、曲墙拱形结构和封闭式结构（直墙或曲墙带仰拱的结构）等。本节主要介绍厚拱薄墙结构或半衬砌结构、直墙拱形结构两种贴壁式地下结构的设计计算方法，简要介绍曲墙拱形结构的设计计算方法。

3.3.1　半衬砌结构或厚拱薄墙结构构造

厚拱薄墙结构是指拱脚直接置于岩层上，与起围护作用的薄墙基本上互不联系的地下结构（如图 3.3.1 左部所示）。当侧壁围岩完全稳定无掉块且不做边墙时，即为半衬砌结构（如图 3.3.1 右部所示），此时为防止侧壁围岩风化，一般喷一层不小于 20mm 厚的水泥砂浆护面。

半衬砌结构及厚拱薄墙结构，一般用于无水平压力但稳定性较差的岩层中。对于稳定或基本稳定岩层中的大跨度、高边墙洞室，若采用喷锚结构施工存在困难，或喷锚结构防水达不到要求时，也可以考虑采用。这种结构形式具有结构简单、节省材料、施工方便和

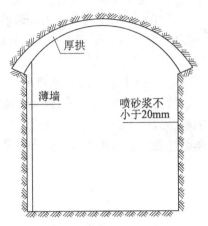

图 3.3.1　厚拱薄墙和半衬砌地下结构示意图

工期短的优点，在岩石地下建筑工程中得到了较广泛的应用，如地下飞机库、地下水电站等。我国已成功建成跨度在 40m 以上的低边墙和跨度在 30m 以上的高边墙半衬砌或厚拱薄墙地下结构。

拱圈是半衬砌及厚拱薄墙地下结构的承重结构，一般为现浇混凝土或钢筋混凝土等截面或变截面拱，其构造特点为：

1)拱圈一般采用割圆拱，其矢跨比、拱顶厚度、拱脚厚度可参照表 3.3.1 确定。

表 3.3.1　　　　　　　　割圆拱的矢跨比、拱顶厚度、拱脚厚度　　　　　　　　　（单位：m）

矢跨比 f/l	拱顶厚度 d_0	拱脚厚度 d_n	
		$l_0 \geq 15$	$l_0 < 15$
1/6 ~ 1/4（跨度大者取低值）	$(1/25 ~ 1/35)l_0$	采用拱脚局部加大的等截面拱（见图 3.3.2）	采用 $d_n = (1.2 ~ 1.7)$ d_0 的变截面拱

注：1. 表中 f、l 为拱轴线矢高和跨度；l_0 为拱的净跨度。

2. 算得的拱顶厚度，必须满足衬砌最小截面厚度要求。

3. 拱脚局部加大等截面拱的静力计算，可以不考虑加大部分的影响，但求拱脚弹性固定系数时，应考虑加大后的拱脚尺寸。

2)拱脚是这种结构的关键部位，除应采用合理的拱座形式外，开挖拱座时，应采用控制爆破法(如光面爆破法)，尽量减少超挖，以保证按设计断面施工和拱座的完整。凡因施工不当，局部地质条件较差等原因不能保证拱座完整时，则应在浇筑混凝土前对拱座进行加固处理。拱脚附近的超挖部分，宜与拱脚用同级混凝土一次浇筑密实。如图 3.3.2 所示。

3)应采用受力明确的拱座形式，拱脚的支乘面应与拱轴线垂直。斜拱座(见图 3.3.3(a))和折线形拱座(见图 3.3.3(b))，因受力明确，施工方便，一般多采用这两种形式。如图 3.3.4 所示的拱座形式，设计时应尽量少用。

为保证拱座的稳定性，拱座的内缘应保留一个台阶，台阶宽度 a（见图 3.3.3）与地质条件、施工方法、洞室尺寸等因素有关。从国内已建工程来看，最小台阶宽度为 0.15m，最大为 1.5m，一般多为 0.30m 以上。参考值：跨度为 8～18m 时，$a=0.3～0.8m$；跨度为 18～24m 时，$a=0.8～1.2m$。

4）薄边墙可以采用喷混凝土、混凝土预制块或现浇混凝土。对于高边墙采用喷锚结构时，应将拱脚以下 1/10～1/5 墙高范围内的锚杆适当加长加密。采用预制混凝土块砌筑的边墙，应沿一定高度设置圈梁，或采用锚杆，或设墙垛，以保证边墙的稳定性。对于侧壁围岩因局部破碎带，或软弱结构面组合形成危岩，需采用局部现浇混凝土或锚杆加固等方法处理。

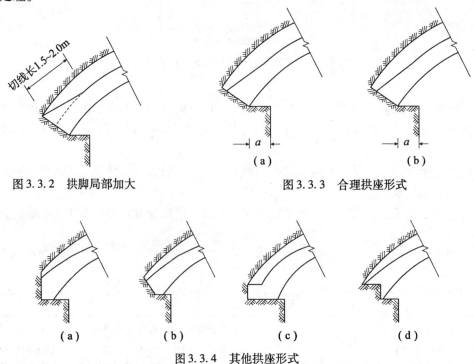

图 3.3.2 拱脚局部加大   图 3.3.3 合理拱座形式

图 3.3.4 其他拱座形式

3.3.2 半衬砌或厚拱薄墙地下结构计算

1. 计算简图

选择计算简图时，必须反映结构的实际工作情况，能使计算结果与实际受力状态足够接近；同时，也要略去某些次要细节，使计算工作得以简化。

（1）忽略拱圈和薄墙的相互影响，将厚拱薄墙结构也视为半衬砌结构进行力学分析。

（2）弹性固定在岩层上的半衬砌及厚拱薄墙地下结构的拱脚，只能产生转动和沿拱轴切线方向的位移。拱脚弹性固定的变形符合文克尔（E. Winkler）的局部变形理论假设。

（3）由于半衬砌或厚拱薄墙地下结构一般修建在无水平压力（或水平压力很小）的围岩中，因此，作用在结构上的主动荷载，仅有围岩垂直压力、结构自重、回填材料重量等。另外，由于这种结构的拱圈矢跨比比较小（$f/l=1/6～1/4$），故在上述各种垂直荷载作用下，拱圈的绝大部分位于脱离区，因而，可以不考虑弹性抗力的影响。这样考虑是偏于安全的。

(4)沿长条形的空间结构纵向截取单位长度，将空间结构简化为平面结构来进行分析。如此处理，既简化了结构体系，也使计算结果偏于安全。

这样，半衬砌或厚拱薄墙地下结构的计算简图，便可简化为如图 3.3.5 所示的弹性固定无铰拱。这种力学模型为三次超静定结构，可以利用结构力学的最基本方法——力法来求解结构内力。但应注意，这里尚需按局部变形理论来考虑拱脚弹性固定在岩层上的变形影响。

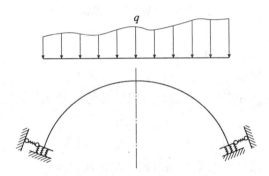

图 3.3.5　半衬砌及厚拱薄墙地下结构计算简图

2. 拱圈内力计算的基本方程式

拱圈为弹性固定无铰拱的力学分析，在拱形结构计算中经常用到。半衬砌及厚拱薄墙地下结构，贴壁式地下结构，离壁式地下结构的力学分析，都可以将其静力计算归纳为弹性固定无铰拱的计算。有关弹性固定无铰拱的力学分析方法很多，但大同小异，这里直接引用结构力学中最基本的方法——力法。

(1)对称问题的解

如图 3.3.6(a)所示计算简图，可以利用图 3.3.6(b)作为基本结构来建立求解拱顶未知力的基本方程式。鉴于结构和荷载均对称，故拱顶截面处，仅有多余未知力 X_1(弯矩)、X_2(轴力)。现规定图 3.3.6 中所示的未知力方向为正，拱脚截面的转角以向外转为正，水平位移以向外为正，反之为负。

在对称问题中，左、右拱脚有对称弹性变位，其中转角为 β_0，水平位移为 u_0，垂直位移为 v_0。v_0 在对称问题中仅使拱圈产生刚体下沉，对内力并无影响，解题时只需考虑 β_0 和 u_0。

根据拱顶截面相对转角和相对水平位移为零的条件，可以建立该处两个变位协调方程式，即

$$\begin{cases} X_1\delta_{11} + X_2\delta_{12} + \Delta_{1p} + \beta_0 = 0 \\ X_1\delta_{21} + X_2\delta_{22} + \Delta_{2p} + u_0 + f\beta_0 = 0 \end{cases} \tag{3.3.1}$$

式中：δ_{ik}——拱顶截面处的单位变位，即基本结构中，拱脚为刚性固定时，悬臂端在 $X_k=1$ 作用下，沿未知力 X_i 方向产生的变位(i、$k=1$、2)，由位移互等定理知 $\delta_{ik}=\delta_{ki}$；

Δ_{ip}——拱顶截面载变位。即基本结构中，拱脚为刚性固定时，在外荷载作用下，

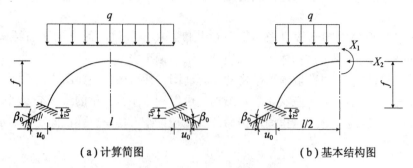

（a）计算简图　　　　　　　　　　　（b）基本结构图

图 3.3.6　计算简图及基本结构图

沿未知力 X_i 方向产生的变位（$i=1$、2）；

β_0、u_0——拱脚截面总弹性转角和总水平位移。

利用图 3.3.7 的关系和变位叠加原理，可以得到 β_0 和 u_0 的表达式为

$$\begin{cases} \beta_0 = X_1\beta_1 + X_2(\beta_2 + f\beta_1) + \beta_p \\ u_0 = X_1u_1 + X_2(u_2 + fu_1) + u_p \end{cases} \tag{3.3.2}$$

式中：$X_1\beta_1$——由拱顶截面弯矩 X_1 所引起的拱脚截面转角；

$X_2(\beta_2+f\beta_1)$——由拱顶截面水平推力 X_2 所引起的拱脚截面转角；

X_1u_1——由拱顶截面弯矩 X_1 所引起的拱脚截面水平位移；

$X_2(u_2+fu_1)$——由拱顶截面水平推力 X_2 所引起的拱脚截面水平位移；

β_p、u_p——外荷载作用下，基本结构拱脚截面的转角及水平位移；

β_1、u_1——拱脚截面处作用有单位弯矩 $M_A=1$ 时，该截面的转角及水平位移；

β_2、u_2——拱脚截面作用有单位水平推力 $H_A=1$ 时，该截面的转角及水平位移。由位移互等定理知 $\beta_2 = u_1$；

f——拱轴线矢高。

β_1、β_2、u_1、u_2、β_p、u_p 都称为拱脚弹性固定系数，其意义如图 3.3.7 所示，计算方法见 3.3.3 节。

将式（3.3.2）代入式（3.3.1），并注意 $\delta_{12}=\delta_{21}$、$\beta_2 = u_1$，经整理得求解多余未知力 X_1、X_2 的方程组

$$\begin{cases} a_{11}X_1 + a_{12}X_2 + a_{10} = 0 \\ a_{21}X_1 + a_{22}X_2 + a_{20} = 0 \end{cases} \tag{3.3.3}$$

式中

$$\begin{cases} a_{11} = \delta_{11} + \beta_1 \\ a_{12} = a_{21} = \delta_{12} + \beta_2 + f\beta_1 = \delta_{21} + u_1 + f\beta_1 \\ a_{22} = \delta_{22} + u_2 + 2f\beta_2 + f^2\beta_1 \\ a_{10} = \Delta_{1p} + \beta_p \\ a_{20} = \Delta_{2p} + f\beta_p + u_p \end{cases} \tag{3.3.4}$$

式（3.3.4）中的系数 $a_{ik}(i$、$k=1$、2）的物理意义是，基本结构取为弹性固定悬臂曲梁

时的单位变位；$a_{i0}(i=1、2)$ 为载变位。由此不难理解，如果令式中的 $\beta_1 \sim \beta_p$、$u_1 \sim u_p$ 为零，则所得结果即为刚性固定时的单位变位和载变位。可见，刚性固定无铰拱，仅是弹性固定无铰拱的一种特例。

必须指出，式(3.3.3)及式(3.3.4)也适用于后面的直墙拱形地下结构的拱圈内力分析，不同之处是求弹性固定系数时，因拱脚支承情况不同而略有差异。

解方程组(3.3.3)，得拱顶截面的多余未知力为

$$
\begin{cases}
X_1 = \dfrac{a_{20}a_{12} - a_{10}a_{22}}{a_{11}a_{22} - a_{12}^2} \\[3mm]
X_2 = \dfrac{a_{10}a_{12} - a_{20}a_{11}}{a_{11}a_{22} - a_{12}^2}
\end{cases}
\tag{3.3.5}
$$

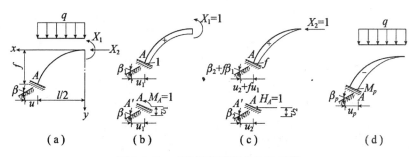

图 3.3.7 对称问题拱脚变位示意图

(2)非对称问题的解

这里的非对称问题是指结构对称而荷载为非对称的情况。图 3.3.8 是非对称问题的计算简图和基本结构。如图 3.3.8 中所示多余力 X_1(弯矩)、X_2(轴力)、X_3(剪力)均为正向。拱脚截面的转角、水平位移，仍以向拱外转和向外移为正，左半拱脚截面的垂直位移以向下为正，右半拱则以向上为正，反之为负。非对称问题应取全拱来分析，并注意 $\delta_{13}=\delta_{31}=\delta_{23}=\delta_{32}=0$。设左拱脚截面总弹性转角、总水平位移、总垂直位移分别为 β_{0L}、u_{0L}、v_{0L}；右拱脚为 β_{0R}、u_{0R}、v_{0R}。

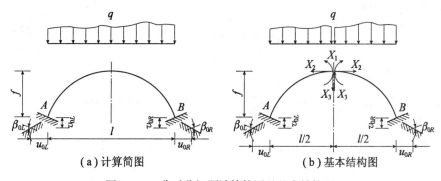

图 3.3.8 非对称问题计算简图及基本结构图

根据拱顶截面处的相对转角、相对水平位移和垂直位移为零的条件，可以建立该处三个变形协调方程式

$$\begin{cases} X_1\delta_{11} + X_2\delta_{12} + \Delta_{1p} + (\beta_{0L} + \beta_{0R}) = 0 \\ X_1\delta_{21} + X_2\delta_{22} + \Delta_{2p} + (u_{0L} + u_{0R}) + f(\beta_{0L} + \beta_{0R}) = 0 \\ X_3\delta_{33} + \Delta_{3p} + (v_{0L} + v_{0R}) + \dfrac{l}{2}(\beta_{0R} - \beta_{0L}) = 0 \end{cases} \tag{3.3.6}$$

式中：δ_{33}——拱顶截面处的单位变位。即基本结构中，拱脚为刚性固定时，悬臂端在 $X_3 = 1$ 作用下，沿未知力 X_3 方向产生的垂直位移；

Δ_{3p}——拱顶截面处的载变位。即基本结构中，拱脚为刚性固定时，在外荷载作用下，沿未知力 X_3 方向产生的垂直位移。

利用变位叠加原理，求得 β_{0L}、u_{0L}、v_{0L} 及 β_{0R}、u_{0R}、v_{0R} 的表达式为

$$\begin{cases} \beta_{0L} = X_1\beta_{1L} + X_2(\beta_{2L} + f\beta_{1L}) + X_3\left(\beta_{3L} - \dfrac{l}{2}\beta_{1L}\right) + \beta_{pL} \\[2mm] \beta_{0R} = X_1\beta_{1R} + X_2(\beta_{2R} + f\beta_{1R}) + X_3\left(\beta_{3R} + \dfrac{l}{2}\beta_{1R}\right) + \beta_{pR} \\[2mm] u_{0L} = X_1u_{1L} + X_2(u_{2L} + fu_{1L}) + X_3\left(u_{3L} - \dfrac{l}{2}u_{1L}\right) + u_{pL} \\[2mm] u_{0R} = X_1u_{1R} + X_2(u_{2R} + fu_{1R}) + X_3\left(u_{3R} + \dfrac{l}{2}u_{1R}\right) + u_{pR} \\[2mm] v_{0L} = X_1v_{1L} + X_2(v_{2L} + fv_{1L}) + X_3\left(v_{3L} - \dfrac{l}{2}v_{1L}\right) + v_{pL} \\[2mm] v_{0R} = X_1v_{1R} + X_2(v_{2R} + fv_{1R}) + X_3\left(v_{3R} + \dfrac{l}{2}v_{1R}\right) + v_{pR} \end{cases} \tag{3.3.7}$$

式中：v_{1L}、v_{2L}、v_{3L}——左拱脚截面处作用有单位弯矩 $M_A = 1$、单位水平力 $H_A = 1$ 和单位垂直力 $V_A = 1$ 时，该截面的垂直位移；

v_{1R}、v_{2R}、v_{3R}——右拱脚截面处作用有单位弯矩 $M_B = 1$、单位水平力 $H_B = 1$ 和单位垂直力 $V_B = 1$ 时，该截面的垂直位移；

v_{pL}、v_{pR}——外荷载作用下，基本结构左右拱脚截面的垂直位移。

其余符号意义同前。

由位移互等定理知

$$\beta_{2L} = u_{1L} \qquad \beta_{2R} = u_{1R}$$
$$\beta_{3L} = v_{1L} \qquad \beta_{3R} = v_{1R}$$
$$u_{3L} = v_{2L} \qquad u_{3R} = v_{2R}$$

式(3.3.7)中，$\beta_{1L} \sim \beta_{pL}$，$u_{1R} \sim u_{pR}$ 等，都称为左、右拱脚的弹性固定系数。

将式(3.3.7)代入式(3.3.6)，并注意上述位移互等关系，经整理后可以得到求解多余未知力 X_1、X_2、X_3 的方程组

$$\begin{cases} a_{11}X_1 + a_{12}X_2 + a_{13}X_3 + a_{10} = 0 \\ a_{21}X_1 + a_{22}X_2 + a_{23}X_3 + a_{20} = 0 \\ a_{31}X_1 + a_{32}X_2 + a_{33}X_3 + a_{30} = 0 \end{cases} \tag{3.3.8}$$

式中

$$
\begin{cases}
a_{11} = \delta_{11} + (\beta_{1L} + \beta_{1R}) \\
a_{12} = a_{21} = \delta_{12} + (\beta_{2L} + \beta_{2R}) + f(\beta_{1L} + \beta_{1R}) \\
a_{13} = a_{31} = (\beta_{3L} + \beta_{3R}) + \dfrac{l}{2}(\beta_{1R} - \beta_{1L}) \\
a_{22} = \delta_{22} + 2f(\beta_{2L} + \beta_{2R}) + f^2(\beta_{1L} + \beta_{1R}) + (u_{2L} + u_{2R}) \\
a_{23} = a_{32} = f(\beta_{3L} + \beta_{3R}) + \dfrac{1}{2}fl(\beta_{1R} - \beta_{1L}) + (u_{3L} + u_{3R}) + \dfrac{l}{2}(\beta_{2R} - \beta_{2L}) \\
a_{33} = \delta_{33} + l(\beta_{3R} - \beta_{3L}) + \dfrac{l^2}{4}(\beta_{1L} + \beta_{1R}) + (v_{3L} + v_{3R}) \\
a_{10} = \Delta_{1p} + (\beta_{pL} + \beta_{pR}) \\
a_{20} = \Delta_{2p} + f(\beta_{pL} + \beta_{pR}) + (u_{pL} + u_{pR}) \\
a_{30} = \Delta_{3p} + \dfrac{l}{2}(\beta_{pR} - \beta_{pL}) + (v_{pL} + v_{pR})
\end{cases}
$$

$$(3.3.9)$$

解方程组(3.3.8),得拱顶截面多余未知力为

$$
X_1 = \frac{\Delta_{x_1}}{\Delta}, \quad X_2 = \frac{\Delta_{x_2}}{\Delta}, \quad X_3 = \frac{\Delta_{x_3}}{\Delta}
$$

$$(3.3.10)$$

其中

$$
\Delta = \begin{vmatrix} a_{11} & a_{12} & a_{13} \\ a_{21} & a_{22} & a_{23} \\ a_{31} & a_{32} & a_{33} \end{vmatrix} \qquad
\Delta_{x_2} = \begin{vmatrix} a_{11} & -a_{10} & a_{13} \\ a_{21} & -a_{20} & a_{23} \\ a_{31} & -a_{30} & a_{33} \end{vmatrix}
$$

$$(3.3.11)$$

$$
\Delta_{x_1} = \begin{vmatrix} -a_{10} & a_{12} & a_{13} \\ -a_{20} & a_{22} & a_{23} \\ -a_{30} & a_{32} & a_{33} \end{vmatrix} \qquad
\Delta_{x_3} = \begin{vmatrix} a_{11} & a_{12} & -a_{10} \\ a_{21} & a_{22} & -a_{20} \\ a_{31} & a_{32} & -a_{30} \end{vmatrix}
$$

3. 拱圈内力计算

拱顶截面多余未知力解出后,需按静力平衡条件算出拱圈任意截面 i 的内力。现规定弯矩 M_i 以截面内缘受拉为正,轴力 N_i 以截面受压为正,剪力 Q_i 以使曲梁顺时针转动为正。如图 3.3.9 所示,拱圈任意截面的内力按下式计算

$$
\begin{cases}
M_i = X_1 + X_2 y_i \mp X_3 x_i + M_{ip}^0 \\
N_i = X_2 \cos\varphi_i \pm X_3 \sin\varphi_i + N_{ip}^0 \\
Q = \mp X_2 \sin\varphi_i + X_3 \cos\varphi_i + Q_{ip}^0
\end{cases}
$$

$$(3.3.12)$$

式(3.3.12)中的 $M_{ip}{}^0$、$N_{ip}{}^0$、$Q_{ip}{}^0$ 分别为基本结构在外荷载作用下,截面 i 处产生的弯矩、轴力、剪力。φ_i 为截面 i 与竖直线间的夹角。

式(3.3.12)为非对称问题拱圈任意截面内力计算公式,该式 X_2 及 X_3 前的正负号,上面者为左半拱,下面者为右半拱。当为对称问题时,也可利用该式计算,但此时,应将公式中含 X_3 的项舍去,且只需计算半个拱圈中各截面的内力。

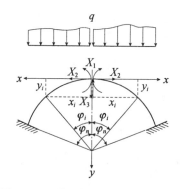

图 3.3.9 拱圈任意截面内力计算图

3.3.3 拱脚弹性固定系数及拱圈变位值计算

1. 拱脚弹性固定系数计算

计算拱脚弹性固定系数时，应遵循两条假定：其一，拱脚与围岩支撑面间的应力与应变关系，符合局部变形理论的假设，支撑面变形后仍为平面；其二，拱脚与围岩支撑面间存在着足够大的摩擦力，从而可以认为不产生沿该支撑面方向的变位。

（1）单位弯矩作用在拱脚围岩支撑面上时（图 3.3.10(a)）

此时，在 $M_A = 1$ 作用下，拱脚围岩支撑面边缘产生的法向应力为 $\sigma = \dfrac{6}{bd_n^2}$，式中，$b$、$d_n$ 为拱脚截面宽度（计算时一般取 b 为单位宽度）及厚度。由局部变形理论知，相应于该应力方向的变位为

$$y = \frac{\sigma}{k_d} = \frac{6}{k_d b d_n^2} \tag{3.3.13}$$

由此，按图 3.3.10(a) 得拱脚支撑面的转角 β_1 为

$$\beta_1 = \frac{y}{\dfrac{1}{2}d_n} = \frac{12}{k_d b d_n^3} = \frac{1}{k_d I_n} \tag{3.3.14}$$

式中

$$I_n = \frac{bd_n^3}{12}$$

在单位弯矩作用下，因 A 点无线位移，故水平位移及垂直位移均为零。从而，在单位弯矩作用下，拱脚各弹性固定系数为

$$\begin{cases} \beta_1 = \dfrac{1}{k_d I_n} \\ u_1 = v_1 = 0 \end{cases} \tag{3.3.15}$$

（2）单位水平力作用在拱脚围岩支撑面上时（图 3.3.10(b)）

可以将作用在支撑面上的单位水平力 $H_A = 1$ 分解为该面上的法向分量和切向分量。按前述假定，切向分量 $\sin\varphi_n$（φ_n 为拱脚截面与竖直线间的夹角）由拱脚与围岩间的摩擦力承受，故无沿拱脚截面方向的切向位移。法向分量 $\cos\varphi_n$，使拱脚支撑面产生均匀法向压应力 $\sigma = \dfrac{\cos\varphi_n}{bd_n}$，其相应法向位移为 $\dfrac{\cos\varphi_n}{k_d b d_n}$，而转角为零。将法向位移再分解为水平位移和

垂直位移，并取 $b=1$，按图 3.3.10(b)得单位水平力作用下，拱脚各弹性固定系数为

$$\begin{cases} \beta_2 = 0 \\ u_2 = \dfrac{\cos^2\varphi_n}{k_d d_n} \\ v_2 = \dfrac{\cos\varphi_n}{k_d d_n}\sin\varphi_n \end{cases} \quad (3.3.16)$$

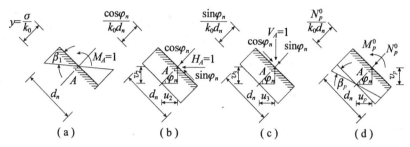

图 3.3.10 拱脚围岩支撑面变位图

(3)单位竖直力作用在拱脚围岩支撑面上时(见图 3.3.10(c))

可以按照与上述相同的方法，导出单位竖直力 $V_A = 1$ 作用下，拱脚各弹性固定系数为

$$\begin{cases} \beta_3 = 0 \\ u_3 = \dfrac{\sin\varphi_n}{k_d d_n}\cos\varphi_n \\ v_3 = \dfrac{\sin^2\varphi_n}{k_d d_n} \end{cases} \quad (3.3.17)$$

由上述推导可知

$$\begin{cases} \beta_2 = u_1 = 0 \\ \beta_3 = v_1 = 0 \\ u_3 = v_2 = \dfrac{\cos\varphi_n}{k_d d_n}\sin\varphi_n \end{cases} \quad (3.3.18)$$

满足位移互等定理。

(4)由外荷载产生的弯矩和轴力作用在拱脚围岩支撑面上时(图 3.3.10(d))

外荷载作用下，基本结构的拱脚处产生弯矩 M_p^0 和轴力 N_p^0，使拱脚支撑面产生变位，利用前述结果叠加后，得拱脚各弹性固定系数为

$$\begin{cases} \beta_p = M_p^0\beta_1 = \dfrac{M_p^0}{k_d I_n} \\ u_p = M_p^0 u_1 + \dfrac{N_p^0\cos\varphi_n}{k_d d_n} = \dfrac{N_p^0\cos\varphi_n}{k_d d_n} \\ v_p = M_p^0 v_1 + \dfrac{N_p^0\sin\varphi_n}{k_d d_n} = \dfrac{N_p^0\sin\varphi_n}{k_d d_n} \end{cases} \quad (3.3.19)$$

以上所导出的全部弹性固定系数公式如表3.3.2所示。

表3.3.2   拱脚弹性固定系数

作用力 ＼ 变位	支撑面转角	支撑面水平位移	支撑面竖直位移
$M_A = 1$	$\beta_1 = \dfrac{1}{k_d I_n}$	$u_1 = 0$	$v_1 = 0$
$H_A = 1$	$\beta_2 = 0$	$u_2 = \dfrac{\cos^2\varphi_n}{k_d d_n}$	$v_2 = \dfrac{\cos\varphi_n}{k_d d_n}\sin\varphi_n$
$V_A = 1$	$\beta_3 = 0$	$u_3 = \dfrac{\sin\varphi_n}{k_d d_n}\cos\varphi_n$	$v_3 = \dfrac{\sin^2\varphi_n}{k_d d_n}$
M_P^0、N_P^0	$\beta_p = \dfrac{M_P^0}{k_d I_n}$	$u_p = \dfrac{N_P^0\cos\varphi_n}{k_d d_n}$	$v_p = \dfrac{N_P^0\sin\varphi_n}{k_d d_n}$

2. 拱圈变位值计算

地下建筑结构中，拱圈变位值的计算是一项相当细致而繁琐的工作，其计算结果对拱圈内力计算值的结果影响很大。计算简图如3.2节中图3.2.17所示，变截面割圆拱的单位变位计算公式见式(3.2.34)~式(3.2.39)，均匀分布垂直荷载 q 作用下的载变位计算公式见式(3.2.40)~式(3.2.41)，此处将给出均匀分布水平荷载 e 作用下及垂直分布三角形荷载 Δq 作用下的载变位计算公式。根据这些公式，可以编制数表供查用或编制计算程序供调用。

(1)均匀分布水平荷载 e 作用下的载变位

计算简图如图3.3.11所示，此时由于荷载作用在拱圈任一截面产生的弯矩和轴力为

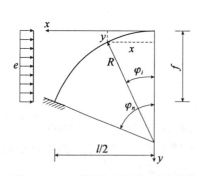

图3.3.11   水平均布荷载 e 作用图

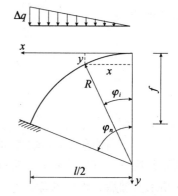

图3.3.12   垂直三角形荷载 Δq 作用图

$$\begin{cases} M_p = -\dfrac{1}{2}ey^2 \\ N_p = ey\cos\varphi \end{cases} \qquad (3.3.20)$$

代入式(3.2.36)得

$$\begin{cases} \Delta_{1p} = -\dfrac{R^3}{EI_0}(a_4 - mA_4)e \\[3mm] \Delta_{2p} = -\dfrac{R^4}{EI_0}(a_5 - mA_5)e + \dfrac{R^2}{EA_0}(a_5' - nA_5')e \\[3mm] \Delta_{3p} \doteq \dfrac{R^4}{EI_0}(a_6 - mA_6)e + \dfrac{R^2}{EA_0}(a_6' - nA_6')e \end{cases} \tag{3.3.21}$$

式中

$$\begin{cases} a_4 = \dfrac{1}{4}(3\varphi_n - 4\sin\varphi_n + \sin\varphi_n\cos\varphi_n) \\[3mm] A_4 = \dfrac{1}{6\sin\varphi_n}(1 - \cos\varphi_n)^3 \\[3mm] a_5 = \dfrac{1}{12}(15\varphi_n - 24\sin\varphi_n + 9\sin\varphi_n\cos\varphi_n + 2\sin^3\varphi_n) \\[3mm] A_5 = \dfrac{1}{8\sin\varphi_n}(1 - \cos\varphi_n)^4 = \dfrac{3}{4}A_4(1 - \cos\varphi_n) \\[3mm] a_5' = -\dfrac{1}{2}(\varphi_n + \sin\varphi_n\cos\varphi_n) + \sin\varphi_n - \dfrac{1}{3}\sin^3\varphi_n \\[3mm] \quad = -b_2' + \sin\varphi_n - \dfrac{1}{3}\sin^3\varphi_n \\[3mm] A_5' = -\dfrac{1}{8\sin^2\varphi_n}(\varphi_n - \sin\varphi_n\cos\varphi_n + 2\cos\varphi_n\sin^3\varphi_n) + \dfrac{\sin\varphi_n}{3} - \dfrac{\sin^3\varphi_n}{5} \\[3mm] \quad = -B_2' + \dfrac{\sin\varphi_n}{3} - \dfrac{\sin^3\varphi_n}{5} \\[3mm] a_6 = \dfrac{1}{6}(1 - \cos\varphi_n)^3 = A_4\sin\varphi_n \\[3mm] A_6 = \dfrac{1}{2\sin\varphi_n}\left(\dfrac{5}{8}\varphi_n - \dfrac{1}{2}\sin\varphi_n\cos\varphi_n - \dfrac{2}{3}\sin^3\varphi_n - \dfrac{\sin 4\varphi_n}{32}\right) \\[3mm] a_6' = \dfrac{1}{6}(3\cos^2\varphi_n - 2\cos^3\varphi_n - 1) \\[3mm] A_6' = \dfrac{1}{\sin^2\varphi_n}\left(\dfrac{2}{15} - \dfrac{1}{8}\cos\varphi_n - \dfrac{1}{48}\cos 3\varphi_n + \dfrac{1}{80}\cos 5\varphi_n - \dfrac{1}{4}\sin^4\varphi_n\right) \end{cases} \tag{3.3.22}$$

(2)垂直分布三角形荷载 Δq 作用下的载变位

如图 3.3.12 所示,此时由于荷载作用在拱圈任一截面产生的弯矩和轴力为

$$\begin{cases} M_p = -\dfrac{1}{3l}\Delta q x^3 \\[3mm] N_p = \dfrac{\Delta q}{l}x^2\sin\varphi \end{cases} \tag{3.3.23}$$

代入式(3.2.36)得

$$
\begin{cases}
\Delta_{1p} = -\dfrac{R^3}{EI_0}(a_7 - mA_7)\Delta q \\[2mm]
\Delta_{2p} = -\dfrac{R^4}{EI_0}(a_8 - mA_8)\Delta q + \dfrac{R^2}{EA_0}(a_8' - nA_8')\Delta q \\[2mm]
\Delta_{3p} = \dfrac{R^4}{EI_0}(a_9 - mA_9)\Delta q + \dfrac{R^2}{EA_0}(a_9' - nA_9')\Delta q
\end{cases}
\tag{3.3.24}
$$

式中

$$
\begin{cases}
a_7 = \dfrac{1}{3}A_1 \\[2mm]
A_7 = \dfrac{1}{3\sin\varphi_n}A_3 \\[2mm]
a_8 = \dfrac{1}{3}A_2 \\[2mm]
A_8 = A_7 - \dfrac{\sin^3\varphi_n}{30} \\[2mm]
a_8' = \dfrac{1}{8}\sin^3\varphi_n \\[2mm]
A_8' = \dfrac{1}{12_n}\sin^3\varphi_n \\[2mm]
a_9 = \dfrac{1}{3}A_3 \\[2mm]
A_9 = \dfrac{1}{6}A_3' \\[2mm]
a_9' = A_3 \\[2mm]
A_9' = \dfrac{1}{128\sin^3\varphi_n}\left(20\varphi_n - 15\sin2\varphi_n + 3\sin4\varphi_n - \dfrac{\sin6\varphi_n}{3}\right)
\end{cases}
\tag{3.3.25}
$$

(3)变位积分的近似计算

变位值的计算，归根结底是求定积分，但当截面和拱轴线以及荷载的变化规律所用的数学表达式比较复杂时，将使积分十分困难，因此在实际工作中，若遇上述情况，通常采用数值积分法来计算，如在拱的变位计算中，常采用辛普森公式。具体内容可以参阅相关文献，此处不做介绍。

3.3.4 贴壁式直墙拱形衬砌的构造

贴壁整体式直墙拱形地下结构，根据地质条件、使用要求、洞室大小、施工条件、材料供应等情况，可以做成现浇整体式混凝土或钢筋混凝土结构，装配整体式钢筋混凝土结构及砌体结构。一般采用现浇整体式结构，这种结构具有较好的整体性及防水性能。其一般构造要求如下。

1. 结构拱圈矢跨比

直墙拱形地下结构拱圈可以采用割圆拱、三心尖圆拱和抛物线拱等。三心尖圆拱宜用在垂直荷载大、水平荷载较小的情况。在岩石地下建筑中，一般采用拱形简单、便于施工的割圆拱,目前常用矢跨比为 1/5 ~ 1/3。确定矢跨比,应考虑地质条件、使用要求和衬砌跨度,在地质条件较差、垂直荷载较大,或跨度较小时,矢跨比可以大一些,甚至达1/2。在地质条件较好及水平成层的围岩,或跨度较大时(如 10m 跨度以上),矢跨比可以小一些,常用 1/5 ~ 1/4,甚至小于 1/6。应注意,在确定拱形及矢跨比时,类型要尽量少,以便拱架、模板及设备的通用,对于同一跨度的拱内轮廓应相同,一般以调整拱的厚度和局部加筋等措施来适应不同的地质条件。

2. 结构厚度

直墙拱形地下结构厚度主要受围岩压力、使用要求等控制。围岩压力主要受地质条件及洞室大小的影响,使用要求则与地下结构净空尺寸、材料选择以及有无使用荷载等相关。所以,直墙拱形地下结构厚度的选择,往往要经过多次计算和比较,才能获得满意结果。根据实践经验,在初选直墙拱形地下结构厚度时,可以参照以下经验取值,各厚度符号如图 3.3.13 所示。

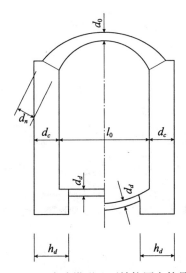

图 3.3.13 直墙拱形地下结构厚度符号图

拱顶厚度(钢筋混凝土衬砌可以适当减少)

$f_j = 2 \sim 3$ $\qquad$ $d_0 = (1/15 \sim 1/8) l_0$

$f_j = 4 \sim 6$ $\qquad$ $d_0 = (1/30 \sim 1/15) l_0$

$f_j \geqslant 8$ $\qquad$ $d_0 = (1/45 \sim 1/25) l_0$

拱脚厚度 $\qquad$ $d_n = (1.0 \sim 1.5) d_0$

边墙厚度 $\qquad$ $d_c = (1.0 \sim 1.6) d_0$

底板或仰拱厚度 $\qquad$ $d_d = (0.6 \sim 0.8) d_0$

墙底扩基宽度 $\qquad$ $h_d = (1.0 \sim 1.8) d_0$

$\qquad\qquad\qquad$ $h_d = (1.0 \sim 1.2) d_c$

上式中 f_j 为地层坚固系数;l_0 为拱圈净跨;"低值"系数用于稳定性较好的岩层,"高值"系数用于稳定性较差的岩层。实践表明,大跨度地下结构 $d_n = d_c = (1.4 \sim 1.6) d_0$ 时较经济。墙底扩基一般用于地质条件较差时，其扩基高度应满足以下要求：混凝土墙基台阶的坡度线与竖直线的夹角（称为刚性角），不应大于45°；石砌墙基不应大于35°。当地质条件特别差时，才考虑设置仰拱，仰拱的矢跨比可以考虑为 $1/13 \sim 1/7$。

岩石地下结构的底板，一般为 $100 \sim 200mm$ 厚的素混凝土板，一般不需计算。

3. 墙基埋深

一般应使墙底低于垫层底部 $0 \sim 500mm$。地质条件较差时，边墙埋置深度还应加大；在粘土地层中，靠近口部的墙底应设置在冰冻线以下。

4. 结构背部的回填

贴壁式地下结构背部的回填质量必须符合设计要求，且应满足回填的一般要求。墙底无扩基的直墙拱形单层单跨地下结构，在垂直均布荷载作用下，当按局部变形理论计算弹性抗力时，抗力区范围大致如表3.3.3所示。因此，在计算中考虑弹性抗力时，应对该区的回填提出确保质量的要求。

表3.3.3 墙底无扩基的直墙拱形地下结构抗力区范围概值

结构部位	拱圈，矢跨比为						边墙，换算高度为			
	$\dfrac{1}{2}$	$\dfrac{1}{3}$	$\dfrac{1}{3.5}$	$\dfrac{1}{4}$	$\dfrac{1}{4.5}$	$\dfrac{1}{5}$	<2.8	$2.8 \sim 4.0$	$4.0 \sim 8.5$	≥ 8.5
抗力区终点	$0.50\varphi_n$	$0.32\varphi_n$	$0.27\varphi_n$	$0.24\varphi_n$	$0.21\varphi_n$		$(1 \sim 0.70)h_c$	$(0.70 \sim 0.35)h_c$	$(0.35 \sim 0.20)h_c$	$\leq 0.20 h_c$

注：1. 拱圈中抗力区范围的角度从拱脚算起，边墙从墙顶往下算起，表中抗力区终点也按此确定。

2. 表中 φ_n 为拱轴线中心角的一半，h_c 为边墙的计算高度。

3. 边墙换算高度，是指将边墙按弹性地基梁局部变形理论考虑时，墙的换算高度，按有关公式计算。

5. 拱圈截面变化规律

设计拱形结构时，一般用变截面拱圈，以适应拱内的应力状态。例如无铰拱，因拱脚截面弯矩常常较拱顶以及其他截面的弯矩大，所以截面厚度往往从拱顶开始向拱脚逐渐增大。但在拱跨较小、内力不大时，常用等截面拱圈。在超静定拱中，不同的截面变化规律，不仅获得不同的计算结果，而且计算繁简程度也有差异。因此，要得到既结构分析简单，又完全符合拱圈内力变化规律的拱截面厚度计算公式比较困难。实际工程中常取近似程度高、结构分析相对比较简单的拱截面变化规律，尽量简化计算。常用的拱截面近似变化规律有：抛物线拱、三心圆尖拱、割圆拱等。

6. 衬砌的配筋构造要求

衬砌的配筋构造要求基本同钢筋混凝土结构配筋要求，此处从略。

3.3.5 整体式直墙拱形衬砌的内力计算

1. 计算简图

在岩石地下建筑中，贴壁式直墙拱形衬砌的主要受力构件是拱圈和边墙，二者之间整体联接,互为弹性固定,而墙底则支承在岩基上。另外,拱圈与边墙均紧贴岩壁,结构在向围岩变形时,围岩会阻止这种变形产生,设计时一般将这种作用以弹性抗力作用在结构上进行计算。因此,在拟订计算简图时,除了考虑拟订地面结构计算简图的一般原则外,还必须考虑两者的相互作用。常用的计算简图,一般在纵向取单位长度按平面问题考虑,大致有以下几种:

1)拱圈与边墙整体联接,拱圈抗力大小、分布范围及分布规律,由地下结构实际变位确定,边墙墙脚假定为不动铰支座,用局部变形理论计算弹性抗力值。采用这种计算简图时,计算工作量非常大,类似于连续介质模型方法,一般采用数值方法计算。

2)拱圈与边墙整体联接,拱圈抗力区假定为二次抛物线规律变化或不考虑(不能确保回填密实时),边墙按弹性地基梁计算,弹性抗力用局部变形理论确定。假定墙底与岩基间具有较大的摩擦力,不能水平移动,视为绝对刚性的弹性地基梁。由于底板与边墙一般分别浇筑,计算中不考虑底板作用。如图 3.3.14 所示。

本节将主要介绍该计算简图的内力计算。计算简图尺寸采用结构轴线尺寸,图3.3.14 中拱脚、墙顶处的偏心"Δ"表示拱脚轴线与墙顶轴线的水平距离。

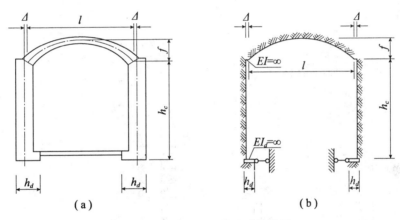

图 3.3.14 弹性地基梁法计算简图

3)将地下结构视为具有弹性支承的连续折线形结构(链杆法)。用内接多边形代替结构轴线,将作用在结构上的各种荷载,以作用在多边形各顶点的集中节点荷载代替,弹性抗力仍用局部变形理论确定。这种简图可以用于任意形状的地下结构,但计算工作量大,通常采用数值方法计算,在直墙拱形地下结构中,一般很少采用该计算简图。

4)拱圈与边墙整体联接,不考虑拱部弹性抗力,边墙及墙底的弹性抗力按共同变形弹性地基梁理论确定,各用五根链杆表示。由于这种简图采用的计算方法本身比较复杂,而地下结构计算中还有许多与此有关的问题没有很好解决,故实际应用中很少采用该计算简图。

5)拱圈与边墙整体联接,假定抗力区范围及变化规律。这种计算简图,仅在个别情况采用。

6)当衬砌背部的回填质量差,除拱脚、墙顶外,其他部位都不密实,不能提供弹性抗力时,则采用离壁式地下结构计算简图进行计算。

综上所述，贴壁式直墙拱形地下结构各种计算简图的主要差异，是如何考虑弹性抗力。这说明在怎样考虑地下结构的弹性抗力，特别是拱圈的弹性抗力方面，还没有确定的方法，尚需进一步研究。一般认为，图 3.3.14 所示计算简图基本符合实际情况。其最大优点是物理概念明确，计算简便，便于检查；不足之处是竖直边墙的工作状况与水平弹性地基梁存在一定的差异，拱圈的抗力区及分布规律仍属假定。此外，边墙出现脱离区时与弹性抗力定义不吻合，会对墙脚附近的内力造成一定的影响。

2. 基本结构及基本方程式

由于地下结构一般为超静定结构，常用力法进行地下结构的静力计算。采用力法计算贴壁式直墙拱形地下结构内力时，一般从拱顶切开，去掉三个方向的多余联系，而以三对多余未知力 X_1（弯矩）、X_2（轴力）、X_3（剪力）来代替。

在结构与荷载对称时，反对称的剪力 $X_3 = 0$，这时，基本结构为一对弹性固定在边墙（弹性地基梁）上的悬臂曲梁，其左半部如图 3.3.15 所示，右半部与左半部对称，计算时可以按半个结构进行。

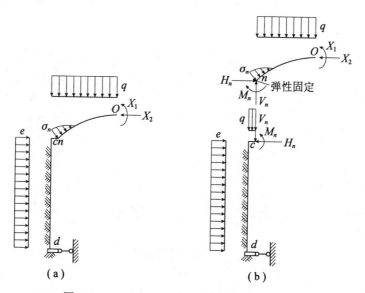

图 3.3.15　对称问题基本结构的左半部示意图

图 3.3.15(a) 和图 3.3.15(b) 是相当的，因此拱顶多余未知力，可以按半衬砌结构的计算公式(3.3.5)计算。但计算时要注意两点：其一，拱脚的弹性固定系数取决于边墙顶端变位，即角变位 β_1、β_2、β_p 及水平变位 u_1、u_2、u_p 应由边墙算得；其二，考虑拱圈两侧的弹性抗力时，载变位中除含主动荷载产生的载变位外，还应加上该弹性抗力产生的载变位 $\Delta_{i\sigma}$，在 β_p 及 u_p 中也要加上该弹性抗力产生的变位。其他变位系数与半衬砌结构相同。

此处就对称问题，仅介绍与半衬砌结构不同的变位计算方法。这时，计算可以按半个结构（左半部分）进行。

(1)拱圈弹性抗力 σ 及其变位 $\Delta_{i\sigma}$ 的计算

如图 3.3.16 所示，割圆拱圈的弹性抗力，一般近似地假定为按二次抛物线规律分布，即

$$\sigma = \sigma_n \frac{\cos^2\varphi_b - \cos^2\varphi}{\cos^2\varphi_b - \cos^2\varphi_n} \tag{3.3.26}$$

式中：σ_n——拱脚处的弹性抗力值；

　　　σ——抗力区 $\overline{nb}$ 上任一点的弹性抗力值，沿拱轴法线方向作用。

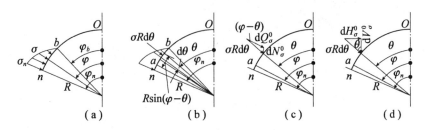

图 3.3.16　拱圈弹性抗力图

抗力零点 b 处的 φ_b 通常取为 45°，则式(3.3.26)可以简化为

$$\sigma = \sigma_n \frac{1 - 2\cos^2\varphi}{1 - 2\cos^2\varphi_n} \tag{3.3.27}$$

弹性抗力引起的摩擦力，对结构内力影响很小，计算中一般忽略不计。

式(3.3.27)中的 σ_n 值按文克尔假定确定，即

$$\sigma_n = ku_n\sin\varphi_n \tag{3.3.28}$$

$$u_n = u_1 X_1 + (u_2 + fu_1)X_2 + u_p \tag{3.3.29}$$

式中：k ——围岩弹性抗力系数；

　　　u_n——拱脚的最终水平位移。

由于 u_n 是未知的，则 σ_n 也是未知的。计算时先将 σ_n 视为已知，求 X_1、X_2 及 u_p（显然，它们与 σ_n 均呈线性关系），再根据式(3.3.28)计算 σ_n 值，最后将求得的 σ_n 代入 X_1 及 X_2 得最终值。

弹性抗力引起基本结构拱圈抗力区任一截面 a 的竖向力 $V_\sigma^0(\varphi)$、水平力 $H_\sigma^0(\varphi)$，或轴力 $N_\sigma^0(\varphi)$、剪力 $Q_\sigma^0(\varphi)$，以及弯矩 $M_\sigma^0(\varphi)$ 为（见图 3.3.16）

$$\begin{cases} V_\sigma^0(\varphi) = \int_{\varphi_b}^{\varphi} \mathrm{d}V_\sigma^0 = R\int_{\varphi_b}^{\varphi} \sigma\cos\theta\mathrm{d}\theta \\[2mm] H_\sigma^0(\varphi) = \int_{\varphi_b}^{\varphi} \mathrm{d}H_\sigma^0 = -R\int_{\varphi_b}^{\varphi} \sigma\sin\theta\mathrm{d}\theta \\[2mm] N_\sigma^0(\varphi) = \int_{\varphi_b}^{\varphi} \mathrm{d}N_\sigma^0 = R\int_{\varphi_b}^{\varphi} \sigma\sin(\varphi-\theta)\mathrm{d}\theta \\[2mm] Q_\sigma^0(\varphi) = \int_{\varphi_b}^{\varphi} \mathrm{d}Q_\sigma^0 = R\int_{\varphi_b}^{\varphi} \sigma\cos(\varphi-\theta)\mathrm{d}\theta \\[2mm] M_\sigma^0(\varphi) = \int_{\varphi_b}^{\varphi} \mathrm{d}M_\sigma^0 = -R^2\int_{\varphi_b}^{\varphi} \sigma\sin(\varphi-\theta)\mathrm{d}\theta \end{cases} \tag{3.3.30}$$

当取 $\varphi_b = 45°$ 并将相应的 σ 值，即式(3.3.27)代入后得（$Q_\sigma^0(\varphi)$ 少用不必计算）

$$\begin{cases} V_\sigma^0(\varphi) = \dfrac{R\sigma_n}{1 - 2\cos^2\varphi_n} \cdot n_1 \\[3mm] H_\sigma^0(\varphi) = -\dfrac{R\sigma_n}{1 - 2\cos^2\varphi_n} \cdot n_2 \\[3mm] N_\sigma^0(\varphi) = \dfrac{R\sigma_n}{1 - 2\cos^2\varphi_n} \cdot n_3 \\[3mm] M_\sigma^0(\varphi) = -\dfrac{R^2\sigma_n}{1 - 2\cos^2\varphi_n} \cdot n_3 \end{cases} \qquad (45° \leqslant \varphi \leqslant \varphi_n) \qquad (3.3.31)$$

式中，系数 n_1，n_2，n_3 的计算公式为

$$\begin{cases} n_1 = \dfrac{\sqrt{2}}{3} - \sin\varphi + \dfrac{2}{3}\sin^3\varphi \\[3mm] n_2 = \dfrac{\sqrt{2}}{3} - \cos\varphi + \dfrac{2}{3}\cos^3\varphi \\[3mm] n_3 = \dfrac{1}{3}\left[\cos2\varphi - 2\cos\left(\varphi + \dfrac{\pi}{4}\right)\right] \end{cases} \qquad (3.3.32)$$

如图 3.3.15 所示基本结构，当拱脚刚性固定时，拱圈弹性抗力 σ 引起拱顶切开处的变位 $\Delta_{1\sigma}$ 及 $\Delta_{2\sigma}$ 的计算公式为

$$\begin{cases} \Delta_{1\sigma} = \displaystyle\int_s \dfrac{M_1 M_\sigma^0}{EI} \mathrm{d}s = \int_s \dfrac{M_\sigma^0}{EI} \mathrm{d}s \\[3mm] \Delta_{2\sigma} = \displaystyle\int_s \dfrac{M_2 M_\sigma^0}{EI} \mathrm{d}s = \int_s \dfrac{y M_\sigma^0}{EI} \mathrm{d}s \end{cases} \qquad (3.3.33)$$

对于对称问题，按半拱进行计算。将式(3.3-31)中的 $M_\sigma^0(\varphi)$ 及 $1/I$ 的计算公式代入上式，并按拱圈一半积分后，得割圆拱对称问题半个拱圈的 $\Delta_{1\sigma}$ 及 $\Delta_{2\sigma}$ 为

$$\begin{cases} \Delta_{1\sigma} = -\dfrac{R^3\sigma_n}{EI_0(1 - 2\cos^2\varphi_n)}(k_1 - mK_1) \\[3mm] \Delta_{2\sigma} = -\dfrac{R^4\sigma_n}{EI_0(1 - 2\cos^2\varphi_n)}(k_2 - mK_2) \end{cases} \qquad (3.3.34)$$

式中，系数 k_1、k_2、K_1 及 K_2 的计算公式为

$$\begin{cases} k_1 = \dfrac{1}{2} - \dfrac{2}{3}\cos\left(\varphi_n - \dfrac{\pi}{4}\right) + \dfrac{\sin\varphi_n\cos\varphi_n}{3} \\[3mm] K_1 = \dfrac{1}{3\sin\varphi_n}\left[\sqrt{2}\left(\dfrac{1}{6} - \dfrac{\pi}{8} + \dfrac{\varphi_n}{2}\right) + \cos\varphi_n - \sin\varphi_n\cos\left(\varphi_n - \dfrac{\pi}{4}\right) - \dfrac{2}{3}\cos^3\varphi_n\right] \\[3mm] k_2 = \dfrac{1}{3}\left\{\dfrac{3}{2} + \sqrt{2}\left(\dfrac{1}{3} - \dfrac{\pi}{8} + \dfrac{\varphi_n}{2}\right) + \sin\varphi_n\left[\cos\varphi_n - 1 + \cos\left(\varphi_n + \dfrac{\pi}{4}\right)\right]\right. \\[3mm] \qquad\left. - 2\cos\left(\varphi_n - \dfrac{\pi}{4}\right) + \dfrac{2}{3}\sin^3\varphi_n\right\} \\[3mm] K_2 = \dfrac{1}{3\sin\varphi_n}\left\{\dfrac{11}{24} + \sqrt{2}\left(\dfrac{1}{6} - \dfrac{\pi}{8} + \dfrac{\varphi_n}{2}\right) + \cos\varphi_n - \dfrac{1 + \sqrt{2}}{2}\sin^2\varphi_n\right. \\[3mm] \qquad\left. - \dfrac{\sqrt{2}}{2}\sin\varphi_n\cos\varphi_n - \dfrac{\sqrt{2}}{3}\sin^3\varphi_n - \dfrac{2 + \sqrt{2}}{3}\cos^3\varphi_n + \dfrac{1}{2}\sin^4\varphi_n\right\} \end{cases}$$

$$(3.3.35)$$

其余符号意义同前。

当拱脚截面与竖直线夹角 φ_n 接近 90° 时，在式(3.3.27)及式(3.3.28)中可以近似地取 $\varphi_n \approx 90°$。这时，式(3.3.27)、式(3.3.28)、式(3.3.31)及式(3.3.34)变为

$$\sigma = \sigma_n(1 - 2\cos^2\varphi) = -\sigma_n\cos2\varphi \tag{3.3.27a}$$

$$\sigma_n = ku_n \tag{3.3.28a}$$

$$\begin{cases} V_\sigma^0(\varphi) = R\sigma_n \cdot n_1 \\ H_\sigma^0(\varphi) = -R\sigma_n \cdot n_2 \\ N_\sigma^0(\varphi) = R\sigma_n \cdot n_3 \\ M_\sigma^0(\varphi) = -R\sigma_n \cdot n_3 \end{cases} \tag{3.3.31a}$$

$$\begin{cases} \Delta_{1\sigma} = -\dfrac{R^3\sigma_n}{EI_0}(k_1 - mK_1) \\ \Delta_{2\sigma} = -\dfrac{R^4\sigma_n}{EI_0}(k_2 - mK_2) \end{cases} \tag{3.3.34a}$$

(2)拱脚弹性固定系数

前已述及，拱圈是弹性固定在边墙顶端的，因此，拱脚弹性固定系数要通过边墙顶端的变位来表示。

直墙拱形衬砌的边墙可以按弹性地基梁计算。因属对称问题，仅研究左边墙。作用于墙上的荷载可能有：围岩垂直压力、水平压力，内部结构传来的荷载，自重(按等截面直杆件计算，略去扩基重量)及墙顶处由拱圈传来的作用力等。如图 3.3.17(a)所示。

当略去直接作用于墙顶的垂直压力 q 时，墙顶中心 c 处的作用力为(如图 3.3.15，图 3.3.17(c)所示)

$$\begin{cases} V_c = V_p^0 \\ M_c = M_p^0 + X_1 + fX_2 - V_p^0\Delta \\ Q_c = H_p^0 + X_2 \end{cases} \tag{3.3.36}$$

式中：V_p^0、M_p^0、H_p^0——基本结构(如图 3.3.15 所示)在外荷载作用下(包括拱圈弹性抗力)，拱脚中心处的竖向力、弯矩及水平力分别为

$$\begin{cases} V_p^0 = V_z^0 + V_\sigma^0 \\ M_p^0 = M_z^0 + M_\sigma^0 \\ H_p^0 = H_z^0 + H_\sigma^0 \end{cases} \tag{3.3.37}$$

式中：V_z^0、M_z^0、H_z^0——主动荷载(围岩压力、自重、使用荷载等)在基本结构拱脚中心处引起的竖向力、弯矩及水平力；

V_σ^0、M_σ^0、H_σ^0——拱圈弹性抗力在基本结构拱脚中心处引起的竖向力、弯矩及水平力，按公式(3.3.31)计算；

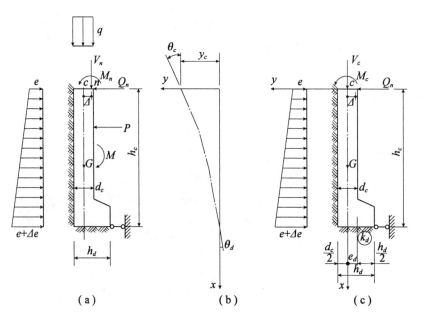

图 3.3.17　边墙计算简图

X_1、X_2——拱顶切开处的多余未知力；

f、Δ——拱轴线矢高及拱脚中心对墙顶中心的偏心距。

边墙与岩壁间的摩擦力，一般略去不计。边墙的计算简图如图 3.3.17(a)、(c)所示，图 3.3.17(b)为边墙轴线变位情况及正值方向。为了计算简便，考虑无内部结构作用于边墙上的情形(即以图 3.3.17(c)为研究对象)。

另外，由于拱脚中心对墙顶中心的偏心距 Δ 很小，可以认为两处的变位相同，并忽略作用于边墙上的竖向力 V_c 及自重 G 对变位的纵向弯曲影响。这样，可以应用有关结果来求拱脚中心(或墙顶中心)的弹性固定系数等变位值。

1)边墙属弹性地基短梁时(简称弹性墙)

短梁是弹性地基梁的一般形式，对任意换算高度($\lambda = \alpha h_c$)的边墙均适用。不过在边墙换算高度 $\lambda \leqslant 1$ 及 $\lambda \geqslant 2.75$ 时，计算公式可以进一步简化，所以一般弹性地基短梁用于 $1 < \lambda < 2.75$ 的情形。

按纵向单位长度进行计算，取 $b = 1$。边墙的变位计算涉及弹性地基梁的一些知识，限于篇幅，此处不作介绍，读者可以参阅相关文献资料，这里仅给出变位计算公式。如图 3.3.17(c)所示边墙的变位计算公式为

$$
\begin{cases}
\beta_1 = \dfrac{4\alpha^3}{\zeta}(\tilde{\varphi}_{11} + \xi\tilde{\varphi}_{12}) \\[2mm]
\beta_2 = u_1 = \dfrac{2\alpha^2}{\zeta}(\tilde{\varphi}_{13} + \xi\tilde{\varphi}_{11}) \\[2mm]
u_2 = \dfrac{2\alpha}{\zeta}(\tilde{\varphi}_{10} + \xi\tilde{\varphi}_{13}) \\[2mm]
\beta_3 = \dfrac{2\alpha^3 e_d}{\zeta}\tilde{\varphi}_1 \\[2mm]
u_3 = \dfrac{\alpha^2 e_d}{\zeta}\tilde{\varphi}_2 \\[2mm]
\beta_e = -\dfrac{\alpha e}{\zeta}(\tilde{\varphi}_4 + \xi\tilde{\varphi}_3) \\[2mm]
u_e = -\dfrac{e}{\zeta}(\tilde{\varphi}_{14} + \xi\tilde{\varphi}_{15}) \\[2mm]
\beta_{\Delta e} = -\dfrac{\alpha\Delta e}{\zeta}\Big[\tilde{\varphi}_{14} - \dfrac{\tilde{\varphi}_{14}}{\lambda} + \xi\Big(\tilde{\varphi}_3 - \dfrac{\tilde{\varphi}_{10}}{\lambda}\Big)\Big] \\[2mm]
u_{\Delta e} = -\dfrac{\Delta e}{\zeta}\Big(\dfrac{1}{2\lambda}\tilde{\varphi}_2 - \tilde{\varphi}_1 + \dfrac{\xi}{2}\tilde{\varphi}_4\Big)
\end{cases}
\tag{3.3.38}
$$

式中

$$
\begin{cases}
\xi = \dfrac{k}{2\alpha^3}\beta_d = \dfrac{6}{\eta h_d^3\alpha^3} & \eta = \dfrac{k_\alpha}{k} \\[2mm]
\zeta = k(\tilde{\varphi}_9 + \xi\tilde{\varphi}_{10}) & \lambda = \alpha h_c
\end{cases}
\tag{3.3.39}
$$

$$
\begin{cases}
\varphi_1 = \mathrm{ch}\alpha x\cos\alpha x \qquad \varphi_3 = \mathrm{sh}\alpha x\sin\alpha x \\[2mm]
\varphi_2 = \mathrm{ch}\alpha x\sin\alpha x + \mathrm{sh}\alpha x\cos\alpha x \\[2mm]
\varphi_4 = \mathrm{ch}\alpha x\sin\alpha x - \mathrm{sh}\alpha x\cos\alpha x \\[2mm]
\varphi_9 = \varphi_1^2 + \dfrac{1}{2}\varphi_2\varphi_4 = \dfrac{1}{2}(\mathrm{ch}^2\alpha x + \cos^2\alpha x) \\[2mm]
\varphi_{10} = \dfrac{1}{2}(\varphi_2\varphi_3 - \varphi_1\varphi_4) = \dfrac{1}{2}(\mathrm{sh}\alpha x\mathrm{ch}\alpha x - \sin\alpha x\cos\alpha x) \\[2mm]
\varphi_{11} = \dfrac{1}{2}(\varphi_1\varphi_2 + \varphi_3\varphi_4) = \dfrac{1}{2}(\mathrm{sh}\alpha x\mathrm{ch}\alpha x + \sin\alpha x\cos\alpha x) \\[2mm]
\varphi_{12} = \dfrac{1}{2}(\varphi_1^2 + \varphi_3^2) = \dfrac{1}{2}(\mathrm{ch}^2\alpha x - \sin^2\alpha x) \\[2mm]
\varphi_{13} = \dfrac{1}{2}(\varphi_2^2 + \varphi_4^2) = \dfrac{1}{2}(\mathrm{ch}^2\alpha x + \sin^2\alpha x) \\[2mm]
\varphi_{14} = \varphi_1^2 - \varphi_1 + \dfrac{1}{2}\varphi_2\varphi_4 = \dfrac{1}{2}(\mathrm{ch}\alpha x - \cos\alpha x)^2 \\[2mm]
\varphi_{15} = \dfrac{1}{2}(\varphi_2\varphi_3 - \varphi_1\varphi_4) + \dfrac{1}{2}\varphi_4 = \dfrac{1}{2}(\mathrm{sh}\alpha x + \sin\alpha x)(\mathrm{ch}\alpha x - \cos\alpha x)
\end{cases}
\tag{3.3.40}
$$

$\tilde{\varphi}_1 \sim \tilde{\varphi}_4$、$\tilde{\varphi}_9 \sim \tilde{\varphi}_{15}$ 为 $x = h_c$ 时 $\varphi_1 \sim \varphi_4$、$\varphi_9 \sim \varphi_{15}$ 的函数值,可以查阅相关数表。

2)边墙属弹性地基刚性梁时（简称刚性墙）

当边墙换算高度 $\lambda = \alpha h_c \leqslant 1$，属弹性地基刚性梁，为弹性地基短梁的特殊情况。此时，可以不计边墙的弹性变形，只考虑刚体位移。在式(3.3.38)中取 $\alpha \rightarrow 0$ 做极限运算，得边墙的变位计算公式为

$$\begin{cases} \beta_1 = \dfrac{\beta_2}{h_c} = \dfrac{\beta_3}{e_d} = -\dfrac{2\beta_e}{eh_c^2} = -\dfrac{6\beta_{\Delta e}}{\Delta e h_c^2} = \dfrac{\beta_d}{1 + \dfrac{4h_c^3}{\eta h_d^3}} \\[4mm] \dfrac{u_1}{\beta_1} = \dfrac{u_2}{\beta_2} = \dfrac{u_3}{\beta_3} = \dfrac{u_e}{\beta_e} = \dfrac{u_{\Delta e}}{\beta_{\Delta e}} = h_c \end{cases} \qquad (3.3.41)$$

3)边墙属弹性地基长梁时（简称柔性墙）

当边墙换算高度 $\lambda = \alpha h_c \geqslant 2.75$，属弹性地基长梁，也为弹性地基短梁的特殊情况。在公式(3.3.38)中取 $\lambda \rightarrow \infty$ 做极限运算，得边墙的变位计算公式为

$$\begin{cases} \dfrac{\beta_1}{2\alpha^2} = \dfrac{\beta_2}{\alpha} = \dfrac{u_1}{\alpha} = u_2 = \dfrac{2\alpha}{k} \qquad u_e = -\dfrac{e}{k} \\[4mm] \beta_{\Delta e} = \dfrac{\Delta e}{k h_c} \qquad \beta_3 = \beta_e = u_3 = u_{\Delta e} = 0 \end{cases} \qquad (3.3.42)$$

3. 结构内力计算

结构拱顶切开处的多余未知力 X_1 及 X_2 求出后，便可以采用结构力学的一般方法计算结构任一截面的内力，并绘制内力图。限于篇幅，具体推导过程略，此处仅给出其计算公式，有兴趣的读者可以参阅相关文献进行推导。

（1）拱圈内力

$$\begin{cases} N = X_1 \cos\varphi + N_z^0(\varphi) + N_\sigma^0(\varphi) \\ M = X_1 + X_2 y + M_z^0(\varphi) + M_\sigma^0(\varphi) \end{cases} \qquad (3.3.43)$$

式中：$N_z^0(\varphi)$、$M_z^0(\varphi)$ ——作用在拱圈上的主动荷载，使基本结构拱圈内任一截面产生的轴力及弯矩；

$N_\sigma^0(\varphi)$、$M_\sigma^0(\varphi)$ ——拱圈弹性抗力使基本结构拱圈内任一截面产生的轴力及弯矩，仅 $\varphi \geqslant 45°$ 才存在。

（2）边墙内力

1)边墙属弹性地基短梁时

$$\begin{cases} y_x = y_c \varphi_1 - \theta_c \dfrac{1}{2\alpha} \varphi_2 + M_c \dfrac{2\alpha^2}{k} \varphi_3 + Q_c \dfrac{\alpha}{k} \varphi_4 - \dfrac{e}{k}(1 - \varphi_1) - \dfrac{\Delta e}{k h_c}\left(x - \dfrac{1}{2\alpha}\varphi_2\right) \\[4mm] \theta_x = y_c \alpha \varphi_4 + \theta_c \varphi_1 - M_c \dfrac{2\alpha^3}{k} \varphi_2 - Q_c \dfrac{2\alpha^2}{k} \varphi_3 + \dfrac{\alpha e}{k} \varphi_4 + \dfrac{\Delta e}{k h_c}(1 - \varphi_1) \\[4mm] M_x = -y_c \dfrac{k}{2\alpha^2} \varphi_3 + \theta_c \dfrac{k}{4\alpha^3} \varphi_4 + M_c \varphi_1 + Q_c \dfrac{1}{2\alpha} \varphi_2 - \dfrac{e}{2\alpha^2} \varphi_3 - \dfrac{\Delta e}{4\alpha^3 h_c} \varphi_4 \\[4mm] Q_x = -y_c \dfrac{k}{2\alpha} \varphi_2 + \theta_c \dfrac{k}{4\alpha^2} \varphi_3 - M_c \alpha \varphi_4 + Q_c \varphi_1 - \dfrac{e}{2\alpha} \varphi_2 - \dfrac{\Delta e}{4\alpha^2 h_c} \varphi_3 \end{cases}$$

$$(3.3.44)$$

式中，y_x 及 θ_x 分别为边墙的水平位移和转角，M_x、Q_x 分别为边墙的弯矩和剪力，边墙的轴力用截面法直接求解，故此处未列出。y_c、θ_c、M_c、Q_c 分别为边墙顶部中心点的水平位移、转角、弯矩和剪力。如图 3.3.17 所示。

2) 边墙为弹性地基刚性梁时

$$
\begin{cases}
y_x = y_c - \theta_c x \\
\theta_x = \theta_c \\
M_x = -y_c \dfrac{kx^2}{2} + \theta_c \dfrac{kx^3}{6} + M_c + Q_c x - \dfrac{ex^2}{2} - \dfrac{\Delta e x^3}{6h_c} \\
Q_x = -y_c kx + \theta_c \dfrac{kx^2}{2} + Q_c - ex - \dfrac{\Delta e}{2h_c} x^2
\end{cases}
\tag{3.3.45}
$$

3) 边墙属弹性地基长梁时

边墙属弹性地基长梁时应考虑两种情况。一种情况是墙底有扩基，墙底轴力 V_d 会使墙底联接处产生弯矩 M_d 及剪力 Q_d，此时边墙任一截面变位及内力为

$$
\begin{cases}
y_x = \dfrac{2\alpha^2}{k}(M_c\varphi_5 + M_d\varphi_{5\,(h_c-x)}) + \dfrac{2\alpha}{k}(Q_c\varphi_6 + Q_d\varphi_{6(h_c-x)}) - \dfrac{e}{k} - \dfrac{\Delta e}{kh_c}x \\
\theta_x = \dfrac{4\alpha^3}{k}(M_c\varphi_6 - M_d\varphi_{6(h_c-x)}) + \dfrac{2\alpha^2}{k}(Q_c\varphi_7 - Q_d\varphi_{7(h_c-x)}) + \dfrac{\Delta e}{kh_c} \\
M_x = M_c\varphi_7 + M_d\varphi_{7(h_c-x)} + \dfrac{1}{\alpha}(Q_c\varphi_8 + Q_d\varphi_{8(h_c-x)}) \\
Q_x = -2\alpha(M_c\varphi_8 - M_d\varphi_{8(h_c-x)}) + Q_c\varphi_5 - Q_d\varphi_{5(h_c-x)}
\end{cases}
\tag{3.3.46}
$$

另一种情况为墙底无扩基，计算公式与有扩基时相同，但取 $e_d=0$，这时的 M_d 及 Q_d 很小，可以略去其影响。

4. 计算结果校核

由于地下结构内力计算工作量较大，计算过程复杂，因此为保证计算结果正确，有必要对计算过程和计算结果进行校核。

(1) 拱圈顶部变位校核

$$
\begin{cases}
\delta_{11} + 2\delta_{12} + \delta_{22} = \displaystyle\int_0^{s/2} \dfrac{(1+\gamma)^2}{EI}\mathrm{d}s + \int_0^{s/2} \dfrac{\cos^2\varphi}{EA}\mathrm{d}s \\
\Delta_{1p} + \Delta_{2p} = \displaystyle\int_0^{s/2} \dfrac{(1+\gamma)M_P^0}{EI}\mathrm{d}s + \int_0^{s/2} \dfrac{N_P^0\cos\varphi}{EA}\mathrm{d}s
\end{cases}
\tag{3.3.47}
$$

(2) 拱圈内力校核

$$
\begin{cases}
\displaystyle\int_0^{s/2} \dfrac{M}{EI}\mathrm{d}s + \beta_n = 0 \\
\displaystyle\int_0^{s/2} \dfrac{\gamma M}{EI}\mathrm{d}s + \int_0^{s/2} \dfrac{N\cos\varphi}{EA}\mathrm{d}s + f\beta_n + u_n = 0
\end{cases}
\tag{3.3.48}
$$

(3) 边墙底部水平位移校核

根据式(3.3.44)、式(3.3.45)及式(3.3.46)计算所得边墙底部水平位移应等于零。

3.3.6 贴壁式直墙拱形地下结构的设计步骤及例题

1. 设计步骤

(1)计算地下结构尺寸;

(2)计算主动荷载:包括围岩压力、超挖回填荷载、结构自重、使用荷载等;

(3)计算基本结构拱脚固定时拱圈的单位变位 δ_{ik};

(4)计算基本结构拱脚固定时拱圈的载变位 Δ_{ip}:由主动荷载和拱圈弹性抗力两部分组成;

(5)校核拱圈单位变位及载变位;

(6)计算边墙弹性特征值 $\alpha = \sqrt[4]{\dfrac{k}{4E_cI_c}}$ 及换算高度 $\lambda = \alpha h_c$,并判别边墙类型;

(7)计算拱脚弹性固定系数等变位值 β_1、$\beta_2 = u_1$、u_2、β_3、u_3、β_p 及 u_p;

(8)计算基本结构的单位变位及载变位 a_{11}、a_{12}、a_{22} 及载变位 a_{10}、a_{20};

(9)求多余未知力;

(10)计算拱脚最终水平位移 u_n 及弹性抗力值 σ_n;

(11)计算拱圈内力;

(12)计算作用于墙顶中心的弯矩 M_c,水平力 Q_c 及竖向力 V_c;

(13)计算边墙内力及位移;

(14)验算结构截面强度及基底强度;

(15)结构轮廓修正;

(16)绘制施工图。

2. 例题

【例 3.3.1】如图 3.3.18 所示贴壁式直墙割圆拱形地下结构,拱顶厚度 $d_0 = 0.30\text{m}$,拱脚及边墙厚度 $d_n = d_c = 0.45\text{m}$,净跨 $l_0 = 5\text{m}$,拱圈净矢跨比 $f_0/l_0 = 1/4$,结构净高 $H_0 = 4.8\text{m}$。围岩为片状砂岩,设计时取围岩容重 $\gamma = 26\text{kN/m}^3$,围岩弹性抗力系数 $k = 0.8 \times 10^6 \text{kN/m}^3$。根据相关经验公式计算得围岩垂直均布荷载(含结构自重)为 51.51kN/m^2,水平均布荷载为 $3.991\ \text{kN/m}^2$。结构材料由 C20 混凝土浇筑,混凝土容重 $\gamma_h = 24\text{kN/m}^3$,弹性模量 $E = 25.5 \times 10^6 \text{kPa}$。求结构内力并校核强度。

解(1)几何尺寸计算

$$f_0 = \frac{f_0}{l_0} \times l_0 = \frac{1}{4} \times 5 = 1.25\text{m}$$

$$R_0 = \frac{l_0^2}{8f_0} + \frac{f_0}{2} = \frac{5^2}{8 \times 1.25} + \frac{1.25}{2} = 3.125\text{m}$$

$$\Delta d = d_n - d_0 = 0.45 - 0.30 = 0.15\text{m}$$

$$m_1 = \frac{\Delta d(R_0 - 0.25\Delta d)}{2(f_0 - 0.5\Delta d)} = \frac{0.15(3.125 - 0.25 \times 0.15)}{2(1.25 - 0.5 \times 0.15)} = 0.1970744\text{m}$$

$$m_2 = \frac{\Delta d(R_0 - 0.5\Delta d)}{f_0 - \Delta d} = \frac{0.15(3.125 - 0.5 \times 0.15)}{1.25 - 0.15} = 0.4159091\text{m}$$

$$R = R_0 + 0.5d_0 + m_1 = 3.125 + 0.5 \times 0.30 + 0.1970744 = 3.4720744\text{m}$$

$$R_1 = R_0 + d_0 + m_2 = 3.125 + 0.30 + 0.4159091 = 3.8409091 \text{m}$$

$$\sin\varphi_n = \frac{0.5l_0}{R - 0.5d_n} = \frac{0.5 \times 5}{3.4720744 - 0.5 \times 0.45} = 0.7699238$$

$$\cos\varphi_n = \frac{R_0 - f_0 + m_1}{R - 0.5d_n} = \frac{3.125 - 1.25 + 0.1970744}{3.4720744 - 0.5 \times 0.45} = 0.6381358$$

$$\varphi_n = 50°20'49'' = 50.3470467° = 0.8787217 \text{rad}$$

$$f = R(1 - \cos\varphi_n) = 3.4720744(1 - 0.6381358) = 1.256419 \text{m}$$

$$l = l_0 + d_n \sin\varphi_n = 5 + 0.45 \times 0.7699238 = 5.346466 \text{m}$$

$$\Delta = \frac{1}{2}(d_c - d_n \sin\varphi_n) = \frac{1}{2}(0.45 - 0.45 \times 0.7699238) = 0.05176715 \text{m}$$

$$h_c = H_0 + \frac{1}{2}d_0 - f = 4.8 + \frac{0.30}{2} - 1.256419 = 3.693581 \text{m}$$

$$\frac{f}{l} = \frac{1.256419}{5.346466} = \frac{1}{4.25531} < \frac{1}{4}$$

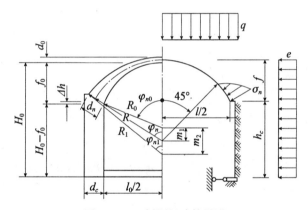

图 3.3.18　例题尺寸符号图

(2)主动荷载

垂直均布荷载和水平均布荷载分别为

$$q = q_1 + q_2 + q_3 = 39.91 + 2.6 + 9.0 = 51.51 \text{kN/m}^2$$

$$e = 3.991 \text{kN/m}^2。$$

(3)结构内力分析

1)基本结构的单位变位

① 基本结构拱脚刚性固定时拱圈的单位变位

$$I_0 = \frac{1 \times 0.30^3}{12} = 0.00225 \text{m}^4, \qquad I_n = \frac{1 \times 0.45^3}{12} = 0.00759375 \text{m}^4$$

$$\frac{1}{EI_0} = \frac{1}{25.5 \times 10^6 \times 0.00225} = 1.742919 \times 10^{-5}$$

$$m = \frac{I_n - I_0}{I_n} = \frac{0.00759375 - 0.00225}{0.00759375} = 0.7037037$$

$$n = \frac{A_n - A_0}{A_n} = \frac{0.45 - 0.30}{0.45} = \frac{1}{3}$$

$$\frac{I_0}{A_0} = \frac{0.00225}{0.30} = 0.0075$$

计算所得系数 $\varphi_n \sim B_2'$ 分别为

$$\varphi_n = 0.8787217 \qquad B_0 = 0.4700000$$
$$b_1 = 0.1087979 \qquad B_1 = 0.08503806$$
$$b_2 = 0.02389298 \qquad B_2 = 0.02051482$$
$$b_2' = 0.6850188 \qquad B_2' = 0.2045212$$

拱圈单位变位为

$$\delta_{11} = 3.3161321 \times 10^{-5}, \qquad \delta_{12} = \delta_{21} = 1.0286417 \times 10^{-5}, \qquad \delta_{22} = 0.7178876 \times 10^{-5}。$$

② 墙顶单位变位(拱脚弹性固定系数)

取纵向计算宽度 $b = 1\mathrm{m}$,则

$$\alpha = \sqrt[4]{\frac{k}{4E_c I_c}} = 1.0081111$$

$$\lambda = \alpha h_c = 3.7235399 > 2.75$$

墙顶单位变位按弹性地基长梁计算,为

$$\beta_1 = 5.1226554 \times 10^{-6} \qquad u_1 = 2.5407198 \times 10^{-6}$$
$$\beta_2 = 2.5407198 \times 10^{-6} \qquad u_2 = 2.5202777 \times 10^{-6}$$
$$\beta_3 = 0 \qquad u_3 = 0$$
$$\beta_e = 0 \qquad u_e = -4.9887500 \times 10^{-6}。$$

③ 基本结构的单位变位

$$a_{11} = \delta_{11} + \beta_1 = 3.8283976 \times 10^{-5}$$
$$a_{12} = a_{21} = \delta_{12} + f\beta_1 + u_1 = 1.9263338 \times 10^{-5}$$
$$a_{22} = \delta_{22} + u_2 + 2f\beta_2 + f^2\beta_1 = 2.4170137 \times 10^{-5}$$

2) 主动荷载作用下基本结构载变位

① 基本结构拱脚刚性固定时拱圈的载变位,系数 $a_1 \sim A_5'$ 分别为

$$a_1 = 0.09685143 \qquad A_1 = 0.07478066$$
$$a_2 = 0.02078519 \qquad A_2 = 0.01773098$$
$$a_2' = 0.1521325 \qquad A_5' = 0.09127949$$
$$a_4 = 0.01194649 \qquad A_4 = 0.01025741$$
$$a_5 = 0.003107786 \qquad A_5 = 0.00278384$$
$$a_5' = -0.06722754 \qquad A_5' = -0.0391594$$

代入载变位计算公式得

$$\Delta_{1q} = -1.6620087 \times 10^{-3} \qquad \Delta_{1e} = -1.3766776 \times 10^{-5}$$
$$\Delta_{2q} = -1.0740802 \times 10^{-3} \qquad \Delta_{2e} = -1.1953981 \times 10^{-5}$$

主动荷载载变位为

$$\Delta_{1z} = -1.6757755 \times 10^{-3}$$

$$\Delta_{2z} = -1.0860341 \times 10^{-3}$$

② 墙顶载变位

作用于边墙上的荷载,有水平均布荷载 e 及拱圈传来的弯矩、竖向力和水平力,后者为

$$M_z^0 = -\frac{ql^2}{8} - \frac{ef^2}{2} = -\frac{5.346753^2 \times 51.51}{8} - \frac{1.256419^2 \times 3.991}{2} = -187.1998\text{kN} \cdot \text{m}$$

$$V_z^0 = \frac{ql}{2} = \frac{51.51 \times 5.346753}{2} = 137.6982\text{kN}$$

$$H_z^0 = -fe = -1.256419 \times 3.991 = -5.0144\text{kN}$$

$$M_z^0 - V_z^0 \Delta = -194.3280\text{kN}$$

基本结构墙顶的载变位,为

$$u_z = u_1(M_z^0 - V_z^0 \Delta) + u_2 H_z^0 + u_3 V_z^0 + u_e = -5.1135946 \times 10^{-4}$$

$$\beta_z = \beta_1(M_z^0 - V_z^0 \Delta) + \beta_2 H_z^0 + \beta_3 V_z^0 + \beta_e = -1.0082157 \times 10^{-3}$$

③ 主动荷载作用下基本结构载变位

$$a_{10}^z = \Delta_{1z} + \beta_z = -2.6839912 \times 10^{-3}$$

$$a_{20}^z = \Delta_{2z} + f\beta_z + u_z = -2.8641350 \times 10^{-3}。$$

3) 主动荷载作用下多余未知力计算

由多余未知力计算公式,得主动荷载作用下多余未知力为

$$X_{1z} = \frac{a_{20}^z a_{12} - a_{10}^z a_{22}}{a_{11}a_{22} - a_{12}^2} = 17.5003794\text{kN} \cdot \text{m}$$

$$X_{2z} = \frac{a_{10}^z a_{12} - a_{20}^z a_{11}}{a_{11}a_{22} - a_{12}^2} = 104.5513036\text{kN}。$$

4) 弹性抗力 $\sigma_n = 1$ 作用下基本结构的载变位

① 基本结构拱脚刚性固定时拱圈载变位,按式(3.3.43)计算,其中系数 $k_1 \sim K_2$ 分别为

$$k_1 = 6.3117976 \times 10^{-6} \qquad K_1 = 6.2123013 \times 10^{-6}$$

$$k_2 = 2.1944612 \times 10^{-6} \qquad K_2 = 2.1608124 \times 10^{-6}$$

代入式(3.3.43)得弹性抗力 $\sigma_n = 1$ 作用下基本结构拱脚刚性固定时拱圈载变位为

$$\Delta_{1\sigma} = -7.6276248 \times 10^{-9} \qquad \Delta_{2\sigma} = -9.1986788 \times 10^{-9}$$

② 墙顶载变位,此时墙顶的载变位,仅由拱圈弹性抗力传来的弯矩、竖向力及水平力引起,按式(3.3.31)计算,其中系数 $n_1 \sim n_3$ 分别为

$$n_1 = 5.7457012 \times 10^{-3}, \quad n_2 = 6.5086679 \times 10^{-3}, \quad n_3 = 2.7033763 \times 10^{-4}$$

代入公式(3.3.31)得弹性抗力 $\sigma_n = 1$ 作用下墙顶荷载为

$$V_\sigma^0 = \frac{R}{1 - 2\cos^2\varphi_n} \cdot n_1 = 0.1075067$$

$$H_\sigma^0 = \frac{R}{1 - 2\cos^2\varphi_n} \cdot n_2 = -0.1217824$$

$$M_\sigma^0 = \frac{R^2}{1 - 2\cos^2\varphi_n} \cdot n_3 = -0.01756256$$

$$M_\sigma^0 - V_\sigma^0\Delta = -0.0231279$$

拱圈弹性抗力 $\sigma_n = 1$ 作用下，基本结构墙顶的载变位为

$$u_\sigma = u_1(M_\sigma^0 - V_\sigma^0\Delta) + u_2 H_\sigma^0 + u_3 V_\sigma^0 = -3.6568688 \times 10^{-7}$$

$$\beta_\sigma = \beta_1(M_\sigma^0 - V_z^0\Delta) + \beta_2 H_\sigma^0 + \beta_3 V_\sigma^0 = -4.2789106 \times 10^{-7}。$$

③ 弹性抗力 $\sigma_n = 1$ 作用下，基本结构载变位

$$a_{10}^\sigma = \Delta_{1\sigma} + \beta_\sigma = -4.3551869 \times 10^{-7}$$

$$a_{20}^\sigma = \Delta_{2\sigma} + f\beta_\sigma + u_\sigma = -9.1249602 \times 10^{-7}。$$

5) 弹性抗力 $\sigma_n = 1$ 作用下多余未知力计算

由多余未知力计算公式，得弹性抗力 $\sigma_n = 1$ 作用下多余未知力为

$$X_{1\sigma} = \frac{a_{20}^\sigma a_{12} - a_{10}^\sigma a_{22}}{a_{11}a_{22} - a_{12}^2} = -0.01272195$$

$$X_{2\sigma} = \frac{a_{10}^\sigma a_{12} - a_{20}^\sigma a_{11}}{a_{11}a_{22} - a_{12}^2} = 0.04789229。$$

6) 计算弹性抗力 σ_n

拱脚弹性抗力计算公式为

$$\sigma_n = ku_n\sin\varphi_n$$

$$u_n = u_1 X_1 + (u_2 + fu_1)X_2 + u_p$$

$$X_1 = X_{1z} + X_{1\sigma}\sigma_n$$

$$X_2 = X_{2z} + X_{2\sigma}\sigma_n$$

$$u_p = u_z + u_\sigma\sigma_n$$

联立上述公式，得拱脚弹性抗力 σ_n 为

$$t_z = [u_1 X_{1z} + (u_2 + fu_1)X_{2z} + u_z]k\sin\varphi_n = 80.2888720$$

$$t_\sigma = [u_1 X_{1\sigma} + (u_2 + fu_1)X_{2\sigma} + u_\sigma]k\sin\varphi_n = -0.07663867$$

$$\sigma_n = \frac{t_z}{1 - t_\sigma} = 74.5736\text{kN/m}^2。$$

7) 计算总的多余未知力

$$X_1 = X_{1z} + X_{1\sigma}\sigma_n = 16.55\text{kN} \cdot \text{m}$$

$$X_2 = X_{2z} + X_{2\sigma}\sigma_n = 108.12\text{kN}。$$

8) 计算拱圈截面内力

将拱圈分成 10 等分，采用式(3.3.43)计算各截面内力，计算结果如表 3.3.4 所示。

表 3.3.4　　　　　　　　　　　拱圈内力计算结果

截面	φ_i/rad	φ_i/(°)	x_i/m	y_i/m	M_i/(kN·m)	N_i/kN
拱顶	0.00000000	0.00000000	0.00000000	0.000000	16.55	108.12
1	0.08787217	5.03470456	0.30470623	0.013396	15.61	109.03
2	0.17574434	10.06940913	0.60706117	0.053482	12.84	111.71
3	0.26361651	15.10411369	0.90473170	0.119947	8.41	116.07
4	0.35148868	20.13881825	1.19542081	0.212278	2.61	121.92
5	0.43936085	25.17352282	1.47688541	0.329765	−4.19	129.02
6	0.52723302	30.20822738	1.74695354	0.471499	−11.51	137.09
7	0.61510519	35.24293194	2.00354121	0.636387	−18.83	145.78
8	0.70297736	40.27763651	2.24466846	0.823157	−25.57	154.73
9	0.79084953	45.31234107	2.46847461	1.030367	−31.10	163.54
拱脚	0.87872170	50.34704563	2.67323264	1.256419	−36.11	172.19

9)计算边墙截面内力

将边墙分为 10 等分,采用式(3.3.46)计算各截面内力及变形,计算结果如表 3.3.5 所示。

表 3.3.5　　　　　　　　　　　边墙内力计算结果

截面	x_i/m	M_i/(kN·m)	N_i/kN	Q/kN	y_x/mm	θ_x/(×10⁻⁴rad)
墙顶	0.0000000	−43.68	145.72	94.04	0.1210	0.1544
1	0.3693581	−15.59	150.54	58.91	0.1036	0.6990
2	0.7387162	0.74	154.36	31.01	0.0745	0.8243
3	1.1080743	8.41	158.68	11.92	0.0454	0.7218
4	1.4774324	10.52	163.00	0.67	0.0219	0.5387
5	1.8467905	9.63	167.32	−4.71	0.0057	0.3434
6	2.2161486	7.51	171.64	−6.31	−0.0038	0.1791
7	2.5855067	5.21	175.97	−5.91	−0.0081	0.0581
8	2.9548648	3.22	180.29	−4.84	−0.0086	−0.0217
9	3.3242229	1.61	184.61	−3.98	−0.0069	−0.0672
墙底	3.6935810	0.19	188.93	−3.83	−0.0040	−0.0843

10)绘制内力图

根据表 3.3.4 及表 3.3.5 的计算结果可以绘制出弯矩及轴力图,如图 3.3.19 所示。

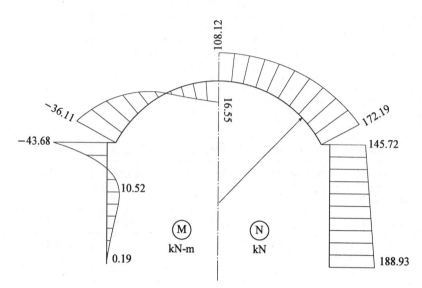

图 3.3.19　例 3.3.1 拱圈和边墙弯矩及轴力图

3.3.7　整体式曲墙拱形结构内力计算方法简介

整体式曲墙拱形衬砌通常用于地质条件较差的围岩中修建的地下结构，此时地下结构承受较大的竖向和水平向围岩压力，有时还可能承受底部向上的隆起压力。因此，这类地下结构通常通过施作仰拱而形成封闭式结构。一般情况下，仰拱的施作晚于拱圈和边墙，是在拱圈和边墙受力后才修建的，因此在计算中不考虑仰拱的作用，将拱圈和边墙作为一个整体，将其看成是支撑在弹性地基上的拱形结构进行计算，计算简图如图 3.3.20 所示，墙脚弹性固定在岩基上，但不能水平移动。

图 3.3.20 中曲墙拱形结构拱圈部分的弹性抗力分布同直墙拱形结构，即假定在拱圈 bh 段上作用的弹性抗力按二次抛物线规律分布，该段上任意截面的弹性抗力为

$$\sigma_i = \sigma_h \frac{\cos^2\varphi_b - \cos^2\varphi_i}{\cos^2\varphi_b - \cos^2\varphi_h} \qquad (3.3.49)$$

式中：σ_i——拱圈抗力区任意截面的弹性抗力值；

　　　σ_h——拱脚截面弹性抗力值；

　　　φ_i——σ_i 作用截面与竖直轴的夹角；

　　　φ_b——拱圈弹性抗力起始截面与竖直轴的夹角；

　　　φ_h——拱圈拱脚截面与竖直轴的夹角。

由于曲墙拱形结构的边墙为曲墙，因此不能按照直墙拱形结构那样将其作为弹性地基梁进行计算，而是将其与拱圈作为一个整体进行计算。假定边墙部分的弹性抗力分布于整个边墙上，分布规律服从二次抛物线规律，最大值位于墙顶（拱脚）处，即边墙 ah 上任意截面的弹性抗力为

$$\sigma_i = \sigma_h \left[1 - \left(\frac{y_i'}{y_h'} \right)^2 \right] \qquad (3.3.50)$$

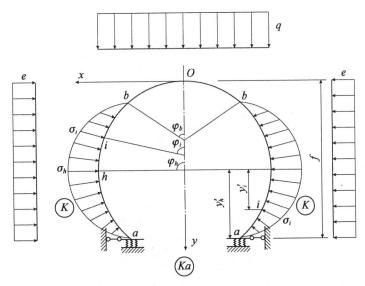

图 3.3.20　整体式曲墙拱形结构计算简图

式中：σ_i——曲边墙上任意截面的弹性抗力值；

σ_h——曲墙顶(拱脚)的弹性抗力值；

y_i'——σ_i作用截面与墙顶的垂直距离；

y_h'——曲墙的垂直高度。

同样，考虑弹性抗力引起的摩擦力对结构内力影响很小，计算中可以忽略不计。

通过上述假定，无论是拱圈，还是曲边墙，任意截面的弹性抗力都是拱脚(墙顶)弹性抗力值 σ_h 的函数，只要知道 σ_h 的值，就可以确定其他任意截面的弹性抗力值。计算中，假定 σ_h 服从文克尔(Winkler)局部变形理论，即与拱脚(墙顶)的径向变形成正比。

考虑结构和荷载对称的情况，可以从拱顶处切开，切口处的多余未知力为 X_1 和 X_2，剪力 $X_3 = 0$。以一半结构——悬臂曲梁作为基本结构，如图3.3.21所示，根据拱顶切口处相对转角和相对水平位移为零的条件，可以得到两个基本方程

$$\begin{cases} X_1\delta_{11} + X_2\delta_{12} + \Delta_{1p} + \beta_0 = 0 \\ X_1\delta_{21} + X_2\delta_{22} + \Delta_{2p} + f\beta_0 = 0 \end{cases} \tag{3.3.51}$$

式中：δ_{ik}——拱顶截面处的单位变位，即基本结构中，拱脚为刚性固定时，悬臂端在 $X_k = 1$ 作用下，沿未知力 X_i 方向产生的变位(i、$k = 1$、2)，由位移互等定理知 $\delta_{ik} = \delta_{ki}$；

Δ_{ip}——拱顶截面载变位。即基本结构中，拱脚为刚性固定时，在外荷载及弹性抗力作用下，沿未知力 X_i 方向产生的变位($i = 1$、2)；

β_0——墙脚截面总弹性转角。

利用变位叠加原理，可以得到 β_0 的表达式为

$$\beta_0 = X_1\beta_1 + X_2(\beta_2 + f\beta_1) + \beta_p \tag{3.3.52}$$

式中：$X_1\beta_1$——由拱顶截面弯矩 X_1 所引起的墙脚截面转角；

$X_2(\beta_2 + f\beta_1)$——由拱顶截面水平推力 X_2 所引起的墙脚截面转角；

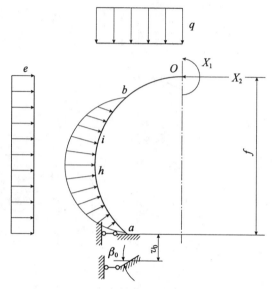

图 3.3.21　整体式曲墙拱形结构的基本结构图

β_p——外荷载及弹性抗力作用下，基本结构墙脚截面的转角；

β_1——墙脚截面处作用有单位弯矩 $M_A = 1$ 时，该截面的转角；

β_2——墙脚截面作用有单位水平推力 $H_A = 1$ 时，该截面的转角。

f——基本结构垂直高度。

β_1、β_2、β_p 的意义及计算方法见 3.3.3 节。显然，有 $\beta_2 = 0$。

将式(3.3.52)代入式(3.3.51)并整理后得

$$\begin{cases} a_{11}X_1 + a_{12}X_2 + a_{10} = 0 \\ a_{21}X_1 + a_{22}X_2 + a_{20} = 0 \end{cases} \tag{3.3.53}$$

式中

$$\begin{cases} a_{11} = \delta_{11} + \beta_1 \\ a_{12} = a_{21} = \delta_{12} + f\beta_1 = \delta_{21} + f\beta_1 \\ a_{22} = \delta_{22} + f^2\beta_1 \\ a_{10} = \Delta_{1p} + \beta_p \\ a_{20} = \Delta_{2p} + f\beta_p \end{cases} \tag{3.3.54}$$

式(3.3.53)中还含有未知数 σ_h，所以还需要利用拱脚(墙顶)截面的变形协调条件来增加 1 个方程才能求解。由于 σ_h 由拱脚(墙顶)截面的变形确定，而拱脚(墙顶)截面的变形又与 σ_h 相关，因此难以直接列方程求解。与直墙拱形结构的求解方法相似，可以利用叠加原理来求解。首先设拱脚(墙顶)截面的径向变形为 δ_h，则根据文克尔(Winkler)的局部变形理论，有

$$\sigma_h = K\delta_h \tag{3.3.55}$$

式中：K——结构弹性抗力区围岩的弹性抗力系数。

其次，设在主动荷载作用下，拱脚(墙顶)截面的径向变形为 δ_{hz}，在 $\sigma_h = 1$ 的弹性抗力作用下拱脚(墙顶)截面的径向变形为 $\delta_{h\sigma}$，则根据变位叠加原理，有

$$\delta_h = \delta_{hz} + \sigma_h \delta_{h\sigma} \tag{3.3.56}$$

将式(3.3.56)代入式(3.3.55)并整理后得

$$\sigma_h = \frac{\delta_{hz}}{\dfrac{1}{K} - \delta_{h\sigma}} \tag{3.3.57}$$

上述求解过程与直墙拱形结构的求解过程基本类似，所不同的是，此处的曲边墙不是作为弹性地基梁来求解，而是作为与拱圈为一整体的承受弹性抗力的曲梁进行求解。虽然没有了求解弹性地基梁的复杂计算，但问题求解并没有得到简化，原因是涉及该问题求解的基本结构的单位变位和载变位的求解要复杂得多。

一方面，由于整体式曲墙拱形结构中拱圈和曲边墙为一整体，因此在求解单位变位和载变位时，必须沿整个结构进行积分，此时必须知道整个结构曲线的数学表达式，这个表达式往往是分段的，十分复杂；另一方面，整体式曲墙拱形结构也并非等截面，其截面面积及截面惯性矩的变化规律的数学表达式也十分复杂。因此在求解基本结构的单位变位和载变位时，积分非常复杂，通常采用数值积分来近似计算。

此外，由于计算机的普及及计算机技术的进步，对于整体式曲墙拱形地下结构的计算，常常采用链杆法进行数值求解。链杆法的基本思想是将曲墙拱形地下结构轴线简化为近似的连续折线形，将作用在结构上的各种主动荷载以作用在连续折线形结构各顶点的等效节点力代替，在抗力区的顶点上以只能承受压力的弹性支承代替围岩的约束(弹性抗力)作用，弹性抗力仍采用局部变形理论确定。该计算方法可以用于任意形状的地下结构，计算时可以先在全部顶点设置弹性支承，通过试算逐步取消脱离区顶点上的弹性支承。

如果整体式曲墙拱形结构的仰拱是在修建曲边墙之前施作的，则计算式应将仰拱、曲边墙和拱圈作为一个整体封闭式结构进行计算。此时可以采用链杆法进行数值求解，或者直接采用连续介质的方法进行求解。

第4章 地下结构荷载结构设计模型(二)

——土层地下结构设计

4.1 浅埋式地下结构

4.1.1 概述

土层中的地下结构,按其埋置深度可以划分为浅埋式地下结构和深埋式地下结构两大类。所谓浅埋式地下结构,是指覆盖土层较薄,不满足压力拱成拱条件($H<(2\sim2.5)h$,h 为压力拱高),或者软土地层中覆盖层厚度小于结构尺寸的地下结构。地下结构决定采用浅埋式还是深埋式的因素很多,包括地下结构的使用要求、防护等级、地质条件、环境条件及施工能力等。

一般浅埋式地下结构采用明挖法施工。根据我国的工程实践经验,明挖法在进行浅埋式地下结构施工时是经济合理的,且易于保证工程质量。当然,有时受环境条件限制,浅埋式地下结构也可以采用暗挖法施工,称为浅埋暗挖式地下结构,如城市交通繁忙路段的过街通道工程等,但暗挖法施工的浅埋式地下结构造价明显高于明挖法施工的浅埋式地下结构。

本节主要介绍明挖法施工的浅埋式地下结构。

浅埋式地下结构的型式很多,大体可以归纳为三类:即直墙拱形、矩形闭合框架和梁板式地下结构。

1. 直墙拱形结构

浅埋式直墙拱形结构在小型地下通道以及早期的人防工程中比较普遍,一般多用于跨度 1.5~4.0m 的地下结构中,墙体部分通常采用砖或块石砌筑,拱体部分视其跨度大小,可以采用砖石拱、预制钢筋混凝土拱或现浇钢筋混凝土拱。前两种多用于跨度较小的地下结构中,后一种则用于跨度较大的地下结构中。

从结构受力分析看,拱形结构主要承受轴向压力,弯距和剪力都较小。所以这类结构能充分发挥砖、石或混凝土等抗压性能良好而抗拉性能较差的材料的优点。图 4.1.1 为几种常见的直墙拱形地下结构。

2. 矩形闭合框架结构

矩形闭合框架结构在地下建筑中应用非常广泛,如城市过街通道、地铁隧道、地铁车站等。对于明挖法施工的浅埋式地下结构,结构断面为矩形时,挖掘断面最经济,且易于施工。此外在地铁隧道中矩形闭合框架结构内部空间与车辆形状相似,可以充分利用内部空间。

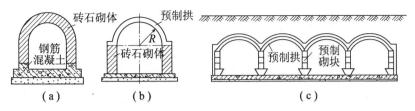

图 4.1.1　几种常见的直墙拱形地下结构

矩形闭合框架的顶板、底板为水平构件，其中弯矩比拱形结构的弯矩大，故一般采用钢筋混凝土结构。根据使用要求，矩形闭合框架可以做成单跨和多跨结构，如城市过街通道一般为单跨闭合框架；地铁工程中，根据使用要求及荷载和跨度大小，常用单跨、双跨或是多跨闭合框架。图 4.1.2 为闭合矩形框架示意图。当结构跨度较小时(一般小于 6m)，可以采用单跨矩形闭合框架结构(见图 4.1.2(a))，如地铁站或大型人防工程的出入口通道、过街地道等；当结构跨度较大或为满足使用和工艺要求时，可以采用双跨或多跨矩形闭合框架结构(见图 4.1.2(c))。有时为了改善通风条件和节约材料，中间隔墙可以开设小孔(见图 4.1.2(b))或者中间隔墙用梁柱代替(见图 4.1.2(d))。

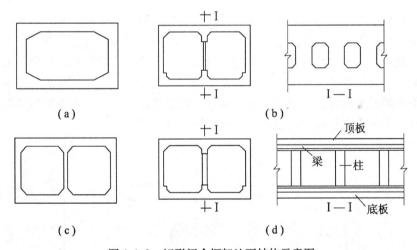

图 4.1.2　矩形闭合框架地下结构示意图

3. 梁板式结构

浅埋式地下结构中，梁板式结构的应用也很普通，如地下医院、教室、旅馆、指挥所等。对于地下水位较低的地区，或防护等级要求较低的地下结构，顶板、底板一般采用现浇混凝土梁板式结构，而围墙和隔墙则为砖墙。对于地下水位较高的地区，或防护等级要求较高的地下结构，一般除内部隔墙采用砖砌外，顶板、底板和围护结构采用箱形闭合框架钢筋混凝土结构。见图 4.1.3 所示为某地下教室的平面布置图。

除上述三种结构型式外，对于一些浅埋大跨度的建筑物，如地下礼堂、地下库房等，也可以采用壳体结构、折板结构等结构形式，这里不再赘述，读者可以参阅相关文献。

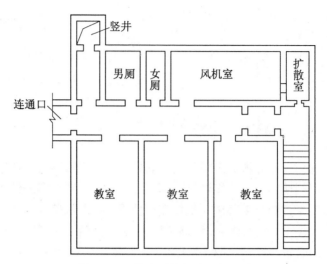

图 4.1.3　某地下教室平面布置图

4.1.2　矩形闭合框架计算

矩形闭合框架地下结构的计算通常包括三方面的内容，即荷载计算，内力计算和截面设计。对于明挖法施工的浅埋式矩形闭合框架地下结构，其设计计算除荷载计算以外，与地面钢筋混凝土结构的设计计算基本相同。故本节主要介绍荷载计算，简要介绍内力计算方法。因矩形闭合框架地下结构一般为长条形结构，因此计算时一般纵向取 1m 为计算单元，作为平面问题进行计算，如图 4.1.4 所示。如果双跨框架或多跨框架的分隔为等间距的柱，则计算单元纵向长度的选取应以柱的间距为准。

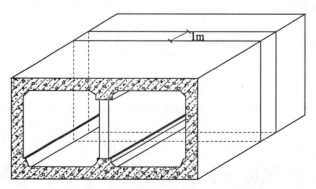

图 4.1.4　长条形矩形闭合框架地下结构计算单元示意图

1. 荷载计算

矩形闭合框架地下结构承受的荷载主要有垂直压力、侧向压力、车辆荷载等，如图 4.1.5 所示。按照荷载作用历时分，这些荷载可以分为静荷载、活荷载和特殊荷载三类。静荷载是指长期作用在结构上的不变荷载，如结构自重、土压力及地下水压力等；活荷载是指结构使用期间或施工期间可能存在的变动荷载,如人群、车辆、施工设备以及施工期间堆放的材料、机器等;特殊荷载是指常规武器作用或核武器爆炸形成的荷载。处于地震区的地下结构,还需考虑地震荷载的作用。关于特殊荷载的大小是根据地下结构不同的防护等级采用的,在人防工程的防护规范中有明确的规定。地震荷载则按照抗震规范的要求和规定执行。

(1)顶板上的荷载

作用于矩形闭合框架地下结构顶板上的荷载,包括顶板以上的覆土压力、水压力、顶板自重、地面超载以及特殊荷载等。

1)覆土压力

对于浅埋式地下结构,作用在顶板上的覆土压力,等于结构范围内顶板以上各土层的重力之和,即

$$q_{\pm} = \sum_i \gamma_i h_i \tag{4.1.1}$$

式中:$q_{\pm}$——作用在顶板上的覆土压力(kN/m^2);

γ_i——上覆第i层土的容重,若该土层处于地下水中,则取该土层浮容重(kN/m^3);

h_i——上覆第i层土的厚度(m)。

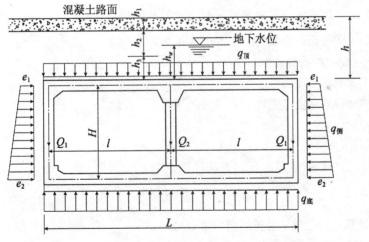

图4.1.5　矩形闭合框架地下结构承受的荷载示意图

2)水压力

计算水压力时,可以用下式

$$q_{水} = \gamma_w h_w \tag{4.1.2}$$

式中:γ_w——地下水的容重,一般取 $\gamma_w \approx 10(kN/m^3)$;

h_w——地下结构顶板表面以上地下水的深度(m)。

3)顶板自重

$$q = \gamma d \tag{4.1.3}$$

式中:γ——顶板材料(一般为钢筋混凝土)容重(kN/m^3);

d ——顶板厚度(m)。

4)地面超载

由于是浅埋地下结构,地面超载 q_c 直接作用于地下结构顶板。

5)特殊荷载

在必须考虑特殊荷载时, $q_{顶}^t$ 的值直接按相关规定取值。

将上述各种荷载计算结果相加,即得到浅埋式矩形闭合框架地下结构顶板上所受的荷载为

$$q_{顶} = q_{土} + q_{水} + q + q_c + q_{顶}^t \tag{4.1.4}$$

即

$$q_{顶} = \sum_i \gamma_i h_i + \gamma_w h_w + \gamma d + q_c + q_{顶}^t \tag{4.1.5}$$

(2)底板上的荷载

矩形闭合框架地下结构底板上的荷载是指承托结构的地基对结构作用的反力,该反力是由作用在结构上的所有垂直荷载,通过底板传递给结构底面上的地基,而地基由此产生向上的反力,反作用于地下结构底板上形成的荷载。一般情况下地下结构刚度较大,而地基相对来说较松软,所以假定反力为直线分布。作用于底板上的荷载可以按下式计算

$$q_{底} = q_{顶} + \frac{\sum Q}{L} + q_{底}^t \tag{4.1.6}$$

式中: $\sum Q$ ——结构顶板以下底板以上的边墙及中隔墙(中间柱)等自重之和(kN);

L ——结构横断面的宽度(m),如图 4.1.5 所示;

$q_{底}^t$ ——底板上的特殊荷载(kN/m²)。

(3)侧墙上的荷载

矩形闭合框架地下结构侧墙上所受的荷载主要有地层侧向压力、水压力及特殊荷载等。

1)地层侧向压力

地层侧向压力可以按主动土压力方法计算,为

$$e = \left(\sum_i \gamma_i h_i \right) \tan^2 \left(45° - \frac{\phi}{2} \right) \tag{4.1.7}$$

式中: h_i ——计算点以上第 i 层土层的厚度(m);

γ_i ——计算点以上第 i 层土层的容重(kN/m³);

ϕ ——计算点处土层的内摩擦角(°)。

2)侧向水压力

$$e_w = \psi \gamma_w h_w' \tag{4.1.8}$$

式中: ψ ——折减系数,其值根据土层的透水性确定,对于砂土: $\psi = 1$,对于粘土: $\psi = 0.7$;

h_w' ——从地下水面到计算点的距离(m)。

所以,作用于侧墙上的荷载为

$$q_{侧} = e + e_w + q_{侧}^t = \left(\sum_i \gamma_i h_i \right) \tan^2 \left(45° - \frac{\phi}{2} \right) + \psi \gamma_w h_w' + q_{侧}^t \tag{4.1.9}$$

式中：$q_{侧}^t$──作用于侧墙上的特殊荷载(kN/m^2)。

除上述荷载外，由于温度变化、沉降不均匀、材料收缩等因素也会使结构产生内力，但这些因素产生的结构内力很难定量计算，通常通过构造措施来进行考虑，例如加配一些构造钢筋，设置伸缩缝和沉降缝等。

如果地下结构处于地震区，需要考虑地震荷载时，还应根据相关规范中的规定计算地震荷载。

2. 内力计算

矩形闭合框架结构的内力包括轴力、弯距和剪力。内力计算时，首先要选择合理的计算简图，并初步假设截面尺寸，具体如下。

(1)计算简图

前已述及，矩形闭合框架地下结构一般为长条形结构，计算时纵向取 1m 为计算单元，作为平面应变问题进行计算。为简便起见，将杆件作为等截面(不考虑支托的影响)。

一般情况下，框架的顶板、底板的厚度要比中隔墙(中隔柱)大得多，所以中隔墙的刚度相对较小，当侧向力不大时，将中隔墙看做只受轴力的二力杆，如图 4.1.6 所示，误差可以接受。

(2)截面选择

由结构力学知识可知，计算超静定结构的内力，必须事先知道各杆件截面尺寸，或相对比值，否则无法进行内力计算。通常的方法是先根据经验或近似方法假定各个杆件的截面尺寸，经内力计算后，再来计算假定截面尺寸是否合适。如果不合适，修改截面尺寸，重新进行内力计算并验算截面，直至所假定的截面合适为止。

(3)计算方法

矩形闭合框架地下结构内力计算一般采用位移法，当不考虑线位移影响时，则可以采用更为简便的力矩分配法。具体计算时，上述计算求得的荷载可能上下方向不平衡，此时为使结构平衡，可以在底板的各节点上加上相等的集中力，如图 4.1.6 所示。此后结构内力计算与一般钢筋混凝土结构的内力计算基本相同，此处不再赘述。

(4)设计内力

考虑到矩形闭合框架地下结构的断面尺寸一般比地面结构大，因此在取设计内力值时应进行相应的折减。

1)设计弯距

用位移法或力矩分配法求解超静定结构时，直接求得的是节点处的内力(即构件轴线相交处的内力)，然后利用平衡条件可以求得各杆件任意截面处的内力。由图 4.1.7 可见，节点弯矩(即计算弯矩)虽然比附近截面的弯矩为大，但其对应的截面高度是侧墙的高度，所以，实际不利的截面是侧墙边缘处的截面，对应这个截面的弯矩称为设计弯矩。根据隔离体平衡条件，可得设计弯矩为

$$M_i = M_p - Q_p \times \frac{b}{2} + \frac{q}{2}\left(\frac{b}{2}\right)^2 \tag{4.1.10}$$

式中：M_i──设计弯矩($\text{kN}\cdot\text{m}$)；

　　　M_p──计算弯矩($\text{kN}\cdot\text{m}$)；

　　　Q_p──计算剪力(kN)；

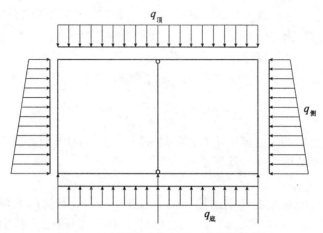

图 4.1.6　矩形闭合框架地下结构计算简图

b——支座宽度(m);

q——作用于杆件上的均布荷载(kN/m²)。

设计中为了简便起见，可以近似采用

$$M_i = M_p - \frac{1}{3}Q_p \times b \tag{4.1.11}$$

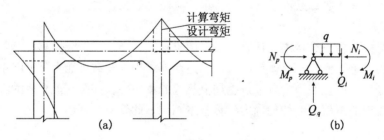

图 4.1.7　设计弯矩计算示意图

2)设计剪力

对于剪力，不利截面仍然位于支座边缘处，如图 4.1.8 所示。根据隔离体平衡条件，可得设计剪力为

$$Q_i = Q_p - \frac{q}{2} \times b \tag{4.1.12}$$

3)设计轴力

由静载引起的设计轴力为

$$N_i = N_p \tag{4.1.13}$$

式中：N_p——由静载引起的计算轴力。

由特载引起的设计轴力为

$$N_i^t = N_p^t \times \xi \tag{4.1.14}$$

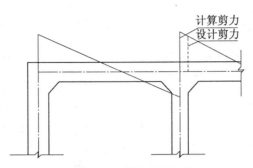

图 4.1.8　设计剪力计算示意图

式中：N_p^t——由特载引起的设计轴力；

　　　ξ——折减系数，对于顶板取 0.3，对于底板和侧墙取 0.6。

将上述两种情形求得的设计轴力加起来即得各杆件的最后设计轴力。

3. 截面计算

矩形闭合框架地下结构的构件(顶板、侧墙、底板)均按偏心受压构件进行截面验算。其截面选择、配筋计算等，除特殊要求外，一般以现行的混凝土结构设计规范为准。

在设有支托的框架结构中，进行构件截面验算时，杆件两端的截面计算高度采用 $h + \dfrac{S}{3}$，h 为构件截面高度，S 为平行于构件轴线方向的支托长度。同时 $h + \dfrac{S}{3}$ 的值不得超过杆端截面高度 h_1，即 $h + \dfrac{S}{3} \leqq h_1$，如图 4.1.9 所示。

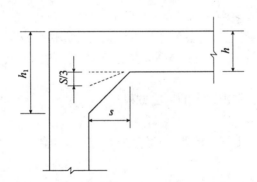

图 4.1.9　有支托的框架结构构件端截面计算高度取值图

4. 抗浮计算

为了保证浅埋式地下结构不致因为地下水的浮力作用而浮起，在设计完成后，尚需进行抗浮计算。计算式为

$$K = \frac{Q_重}{Q_浮} \geq 1.05 \sim 1. \tag{4.1.15}$$

式中：K——抗浮安全系数；

　　　$Q_重$——结构自重、设备重力及上部覆土重力之和(kN)；

$Q_浮$——地下水对结构的浮力(kN)。

当地下结构施工完毕，但未安装设备和回填覆土时，计算 $Q_重$ 时只应考虑结构自重。

4.1.3 弹性地基上的框架计算

在静荷载作用下的矩形闭合框架地下结构，可以将地基视为弹性半无限平面，将矩形闭合框架地下结构视为弹性地基上的框架进行计算。计算时，沿地下结构纵向取 1m 作为计算单元，作为平面应变问题进行计算，对地基也取相同的宽度并将其视为一个弹性半无限平面。弹性地基上矩形闭合框架的计算简图如图 4.1.10 所示，与一般平面框架的区别在于底板承受未知的地基弹性反力，使得内力分析更加复杂。

本节主要介绍弹性地基上矩形闭合框架的计算方法，并给出单层单跨及单层双跨对称框架的计算示例。

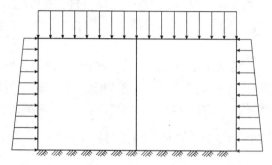

图 4.1.10　弹性地基上矩形闭合框架计算简图

1. 弹性地基上单层单跨框架的计算

图 4.1.11 为弹性地基上的单层单跨对称框架，计算这个框架的内力时可以采用如图 4.1.11(b)所示的基本结构，即将上部框架与底板相连接的刚节点替换为铰结，使上部框架成为两铰框架。

根据变形连续条件，列出以下的力法方程

$$\delta_{11}X_1 + \Delta_{1p} = 0 \tag{4.1.16}$$

由于基本结构对称，上式中的 δ_{11} 和 Δ_{1p} 按下述方法计算。

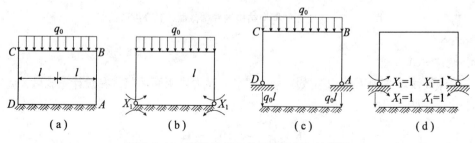

图 4.1.11　弹性地基上单层单跨框架计算图

在图 4.1.11(c)中，首先求出两铰框架 A 处的角变位，然后再求出基础梁(底板) A 端的角变位，这两种角变位的代数和即为 Δ_{1p}。基础梁承受两个对称集中荷载时，其角变位可从弹性地基梁计算表格中查出，两铰框架铰 A 处的角变位可以查表 4.1.1 计算。

在图 4.1.11(d)中，首先求出两铰框架 A 处的角变位(查表 4.1.1)。然后再求出基础梁(底板) A 端的角变位，这两种角变位的代数和即为 δ_{11}。基础梁承受两个对称力矩时，它们的角变位可以从相应弹性地基梁计算表格中查得。

将以上求得的 δ_{11}、Δ_{1p} 代入力法方程式(4.1.16)中，可以得出未知力 X_1，然后可以分别求两铰框架与基础梁的内力。对两铰框架用力矩分配法，对基础梁(底板)则可以采用弹性地基梁法求解，可分别得出它们的内力，据此进行截面验算。

2. 弹性地基上单层双跨对称框架的计算

图 4.1.12(a)为弹性地基上的单层双跨对称框架。求这个框架的内力时，可以采用如图 4.1.12(b)所示的基本结构。即 A 和 D 两个刚节点替换为铰结，并将中央的竖杆在 F 点割断，使上部框架变为两铰框架。中央竖杆由于对称关系只承受轴力而不承受弯矩和剪力，故只有轴向未知力 X_2。根据 A、D 和 F 各截面的变形连续条件，并注意对称关系，可以写出以下的力法方程

$$\begin{cases} \delta_{11}X_1 + \delta_{12}X_2 + \Delta_{1p} = 0 \\ \delta_{21}X_1 + \delta_{22}X_2 + \Delta_{2p} = 0 \end{cases} \tag{4.1.17}$$

式中：Δ_{1p}——图 4.1.12(c)中，两铰框架 A 处的角变位与基础梁 A 端角变位的代数和。

Δ_{2p}——图 4.1.12(c)中，两铰框架 F 点的竖向位移与基础梁中点的竖向位移的代数和除以 2，即为 Δ_{2p}(因为未知力 X_2 在对称轴上，凡与它相应的位移均需除以 2)。

δ_{11}——图 4.1.12(d)中，两铰框架 A 处的角变位与基础梁 A 端角变位的代数和。

δ_{22}——图 4.1.12(e)中，两铰框架 F 点的竖向位移与基础梁中点的竖向位移的代数和再除以 2。

δ_{12}——图 4.1.12(e)中，两铰框架 A 处的角变位与基础梁 A 端角变位的代数和。

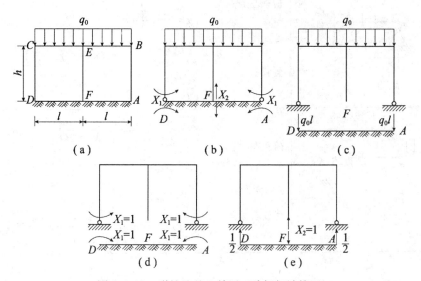

图 4.1.12　弹性地基上单层双跨框架计算图

δ_{21} ——图 4. 1. 12(d)中，两铰框架 F 点的竖向位移与基础梁中点的竖向位移的代数和再除以 2。

根据位移互等定理，有

$$\delta_{12} = \delta_{21} \tag{4.1.18}$$

计算以上各系数与自由项时，对于框架可以查表 4. 1. 1，对于基础梁可以查弹性地基梁计算表。

表 4.1.1　　　　　　　　　　　　两铰框架的角变位和位移的计算公式

情形	简　图	位移及角变位的计算公式
(1) 对称	C　K_2　B K_1　　K_1 D　　　A	$\theta_A = \dfrac{M_{BA}^F + M_{BC}^F - \left(2 + \dfrac{K_2}{K_1}\right) M_{AB}^F}{6EK_1 + 4EK_2}$
(2) 反对称	$P\,C$　K_2　B h　K_1　K_1 M　　M D　　　A	$\theta_A = \left[\left(\dfrac{3K_2}{2K_1} + \dfrac{1}{2}\right) hP - M_{BC}^F + \left(\dfrac{6K_2}{K_1} + 1\right) M\right] \dfrac{1}{6EK_2}$
(3)	q_0　x l　y	$\theta = \dfrac{q_0}{24EJ}(l^3 - 6lx^2 + 4x^3)$ $y = \dfrac{q_0}{24EJ}(l^3 x - 2lx^3 + x^4)$
(4)	P a　b　x l　y	荷载左段： $\theta = \dfrac{P}{EJ}\left(\dfrac{b}{6l}(l^2 - b^2) - \dfrac{bx^2}{2l}\right)$ $y = \dfrac{P}{EJ}\left(\dfrac{bx}{6l}(l^2 - b^2) - \dfrac{bx^3}{6l}\right)$ 荷载右段： $\theta = \dfrac{P}{EJ}\left(\dfrac{(x-a)^2}{2} + \dfrac{b}{6l}(l^2 - b^2) - \dfrac{bx^2}{2l}\right)$ $y = \dfrac{P}{EJ}\left(\dfrac{(x-a)^3}{6} + \dfrac{bx}{6l}(l^2 - b^2) - \dfrac{bx^3}{6l}\right)$
(5)	m　x l　y	荷载左段： $\theta = \dfrac{m}{EJ}\left(\dfrac{x^2}{2l} - a + \dfrac{l}{3} + \dfrac{a^2}{2l}\right)$ $y = \dfrac{m}{EJ}\left(\dfrac{x^3}{6l} - ax + \dfrac{lx}{3} + \dfrac{a^2 x}{2l}\right)$ 荷载右段： $\theta = \dfrac{m}{EJ}\left(\dfrac{x^2}{2l} - x + \dfrac{l}{3} + \dfrac{a^2}{2l}\right)$ $y = \dfrac{m}{EJ}\left(\dfrac{x^3}{6l} - \dfrac{x^2}{2} + \dfrac{lx}{3} + \dfrac{a^2 x}{2l} - \dfrac{a^2}{2}\right)$

情形	简　图	位移及角变位的计算公式
(6)		$\theta = \dfrac{m}{EJ}\left(\dfrac{x^2}{2l} - x + \dfrac{l}{3}\right)$ $y = \dfrac{m}{EJ}\left(\dfrac{x^3}{6l} - \dfrac{x^2}{2} + \dfrac{lx}{3}\right)$
(7)		$\theta = \dfrac{m}{EJ}\left(\dfrac{l}{6} - \dfrac{x^2}{2l}\right)$ $y = \dfrac{m}{6EJ}\left(lx - \dfrac{x^3}{l}\right)$

4.2　盾构法装配式圆形地下结构设计

4.2.1　概述

盾构(shield)是一种钢制的圆形活动防护装置或活动支撑,是通过软弱含水层,特别是河底、海底以及城市居民区修建隧道(长条形地下结构)时使用的一种施工机械。在盾构的防护下,头部可以安全地开挖地层,一次掘进相当于装配式衬砌结构一环的宽度。尾部可以装配预制管片或砌块,迅速地拼装成永久的隧道衬砌,并将衬砌与土层之间的空隙用水泥浆压灌密实,防止周围地层的继续变形和地层压力的增长。采用盾构法施工形成的地下结构称为盾构法装配式地下结构,简称盾构衬砌。

用盾构法修建隧道始于 1818 年,至今已有近 200 年的历史,其发明者为法国工程师 M. I. Brunel。1865 年 P. W. Barlow 首次采用圆形盾构,并采用铸铁管片作为隧道衬砌结构。1869 年 P. W. Barlow 和 J. H. Greathead 成功地应用压气式圆形盾构修建了泰晤士河下外径为 2.21m 的水底隧道,使得盾构法得到隧道工程界的普遍认可。1874 年,为解决伦敦地铁南线隧道穿越粘土和含水砂砾土层的问题, J. H. Greathead 综合了以往所有盾构法施工技术的特点,提出了压气式盾构法的整套施工工艺,并且首创了在盾尾管片衬砌后进行注浆的施工方法,为现代盾构法奠定了基础。

19 世纪末至 20 世纪中叶盾构法相继传入美国、法国、德国、日本、苏联及我国,并得到了大力发展。这一时期盾构法有诸多的技术改进,但主要特点是在世界各国得以推广普及,仅在美国纽约就采用压气式盾构法建成了 19 条水底隧道。在此期间,盾构法施工的隧道有公路隧道、地铁隧道、上下水道以及其他城市市政公用设施管道等。

20 世纪 60 年代中期至 80 年代盾构法得到了继续发展,尤其在日本发展迅速。这一时期,发展了泥水平衡盾构、土压平衡盾构、砾石泥水平衡盾构、加压式土压平衡盾构等,统称为闭胸式盾构。期间,除采用闭胸式盾构修建了大量的城市地铁隧道外,还将闭胸式盾构广泛应用于城市下水道等市政工程建设中。目前,泥水平衡盾构和土压平衡盾构已经成为盾构机的主流机型。

目前英法之间的英吉利海峡隧道则是采用盾构法修建的最长隧道，隧道全长约 50km，其中海底段 37.5km，最大埋深为地面以下 100m，管片衬砌承受的最大水压力达到 1.0MPa。

我国于 1957 年在北京的下水道工程中首次使用了 2.6m 直径的小盾构。1963 年在上海正式进行网格式挤压盾构法施工的全面试验，并于 1969 年采用盾构法成功建成第一条黄浦江水底公路隧道(打浦路过江隧道，直径 10.22m)。目前在我国城市地铁建设(如上海、广州、南京、武汉等)以及过江隧道工程(如武汉、南京、上海等)中均大量采用盾构法施工，其中万里长江第一隧——武汉长江隧道的外径为 11.37m，于 2004 年 11 月开工，2008 年 12 月建成通车；南京长江隧道开挖直径达 14.96m，于 2005 年 9 月开工，2010 年 5 月建成通车；上海长江隧道位于上海东北部长江口南港，是我国长江口特大型交通基础设施项目的一部分，也是上海至西安高速公路的重要组成部分。隧道长约 8.95km，盾构直径达 15.2m，是截至目前世界上直径最大的盾构机，也就是说上海长江隧道是目前世界上直径最大的盾构隧道。工程于 1993 年起开展研究，2004 年 12 月 28 日正式启动，2009 年 10 月 31 日建成通车。

虽然我国目前正在大量建设盾构隧道，但是我国盾构设备的制造技术还比较落后，盾构机多从盾构制造技术比较先进的国家引进，这种状况还有待科技工作者去努力改变。

盾构法施工的隧道断面可以为不同的形状，但以圆形断面最常用，施工最方便。本节主要介绍盾构法施工的装配式圆形地下结构的设计和构造。

4.2.2　盾构法隧道衬砌的形式和构造

盾构法是在地面以下暗挖隧道的一种施工方法。特别在饱和含水软土层中，常选用盾构法修建地下隧道。采用该方法修建隧道，其埋设深度可以很深而不受地面建筑物和地面交通的影响，对地层的适应性也较好。目前在地下工程施工中盾构法应用得十分普遍，因此装配式圆形衬砌在一些城市地铁、市政管道等方面的应用也较为广泛。

1. 衬砌结构的作用

(1)在施工阶段，作为施工临时支撑结构，并承受盾构千斤顶顶力以及其他施工荷载。

(2)竣工后，作为隧道永久性支撑结构，支撑地下结构周围的水、土压力以及使用荷载和某些特殊荷载。

(3)防止泥、水渗入隧道，满足隧道结构的预期使用要求。

(4)在外层装配式衬砌结构内现浇混凝土或钢筋混凝土内衬，这对于隧道防水、防锈蚀、修正隧道施工误差以及用做隧道内部装饰发挥进一步作用。如果在两层衬砌之间的连接结构措施得到满足，则两层衬砌可以视为整体性结构以共同抵抗外荷载。

2. 衬砌的分类及其比较

(1)按材料及形式分类

1)钢筋混凝土管片

① 箱形管片：一般用于直径较大的隧道。单块管片重量较轻，管片本身强度不如平板形管片，如图 4.2.1 所示。

② 平板形管片：用于直径较小的隧道。单块管片重量较重，对盾构千斤顶具有较大

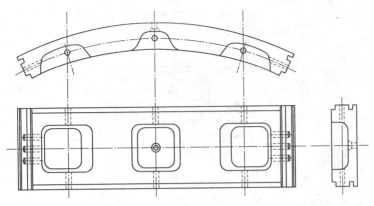

图 4.2.1　钢筋混凝土箱形管片

的抵抗能力,正常营运对隧道通风阻力较小,如图 4.2.2 所示。

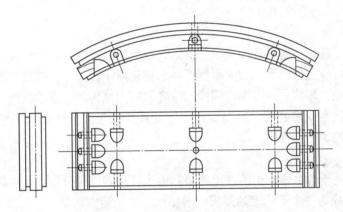

图 4.2.2　钢筋混凝土平板形管片

2)铸铁管片

铸铁管片多用于饱和含水不稳定地层,最初采用的材料为灰口铸铁,第二次世界大战后逐步改用球墨铸铁,其延性和强度接近于钢材。这类管片重量较轻、耐锈蚀性好、机械加工精度高、抗渗性好。其缺点是金属消耗量大、机械加工量大、价格昂贵。近年来已逐步被钢筋混凝土管片所取代。由于铸铁管片具有脆性破坏的特点,不宜作承受冲击荷载的隧道衬砌结构。如图 4.2.3 所示。

3)钢管片

钢管片的优点是重量轻、强度高。其缺点是刚度小、耐锈蚀性差。需进行机械加工、成本昂贵、金属消耗量大。一般在使用钢管片的同时,在其内部再浇筑混凝土或钢筋混凝土内衬。

4)复合管片

复合管片的外壳采用钢板制成,在钢壳内浇筑钢筋混凝土,组成复合结构。这样管片的重量比钢筋混凝土管片轻,刚度比钢管片大,金属消耗量比钢管片小。其缺点是钢板耐

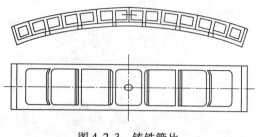

图 4.2.3　铸铁管片

锈蚀性差，加工复杂。

（2）按结构型式分类

隧道外层装配式钢筋混凝土结构根据不同使用要求分成箱形管片、平板形管片等几种结构形式。钢筋混凝土管片四侧都设有螺栓与相邻管片连接起来。平板形管片在特殊条件下可以不设螺栓，此时称为砌块。砌块四周设有不同形状的接缝槽口，以使砌块间和环间相互衔接起来。

1）管片

管片适用于不稳定地层内各种直径的隧道，接缝间通过螺栓予以连接。错缝拼装的钢筋混凝土衬砌环可以近似视为一匀质刚度圆环，接缝由于设置了一排或二排螺栓，可以承受较大的正负弯矩。环缝上设置纵向螺栓，使隧道衬砌结构具有抵抗纵向变形的能力。由于管片上设置了数量众多的环、纵向螺栓，使管片拼装进度大为降低，增加工人劳动强度，也相应的增加了工程费用。

2）砌块

砌块一般适用于含水量较少的稳定地层。由于隧道砌块要分块，使由砌块拼成的圆环（超过 3 块以上）成为一个不稳定的多铰圆形结构。砌块结构在发生变形后（变形量必须予以限制），地层介质对衬砌环的约束才使圆环得以稳定。砌块间以及相邻环间接缝防水、防泥必须得到满意的解决，否则会引起圆环变形量的急剧增加而导致圆环丧失稳定，造成工程事故。由于砌块在连接上不设螺栓，施工拼装进度就可以加快，隧道的施工和衬砌费用也随之降低。

（3）按构造型式分类

盾构隧道衬砌按构造型式可以分为单层衬砌、双层衬砌及挤压混凝土整体式衬砌 3 种形式。

1）单层衬砌

隧道装配式管片或砌块既是施工时的临时支撑结构，又是使用阶段的永久支护结构。

2）双层衬砌

修建在饱和含水软土层内的隧道，由于装配式衬砌的防水（特别是接缝防水）性能还有待提高，混凝土的耐腐蚀性还有待加强，影响了装配式衬砌的使用，此时可以选择双层衬砌结构，即外层是装配式衬砌结构，内层是内衬混凝土或钢筋混凝土层。根据需要可以在装配式衬砌与内衬之间铺设防水隔离层。由于采用了双层衬砌，会导致隧道开挖断面增大，出土量增加，施工程序更复杂，工期延长，建设成本增加。近年来，由于装配式衬砌防水性能的不断提高，加上混凝土耐腐蚀性的增强，采用双层衬砌的必要性已大为减少。另外，在隧道防水要求较高的情况下，可以考虑把外层衬砌视为临时支撑结构，这样可以降低对外层衬砌的要求。在内层现浇衬砌施工之前，对外层衬砌进行清理、堵漏、作必要的结构处理，然后再浇筑内衬层，并使内层衬砌与外层衬砌连成整体结构(或近似整体结构)，以共同抵抗外部荷载。

目前，世界上大多数国家的盾构隧道基本上很少采用双层衬砌，但仍有一些国家如日本等坚持使用双层衬砌。

3)挤压混凝土整体式衬砌

近年来，国外发展有在盾尾后现浇混凝土的挤压式衬砌工艺，即在盾尾采用衬砌施工设备浇筑混凝土或钢筋混凝土整体式衬砌，将刚浇筑尚未硬化的混凝土作为盾尾推进的后座，承受盾构千斤顶推力的挤压作用，使混凝土与周围土层之间挤压密实，充填建筑空隙，形成整体式衬砌。

挤压式衬砌施工方法的特点是：①自动化程度高，施工速度快；②整体式衬砌可以达到理想的受力、防水要求，建成的隧道具有满意的使用效果；③采用钢纤维混凝土可以提高薄壁混凝土的抗裂性能；④在渗透性大的砂砾层中要达到防水要求尚存在困难。目前，德国豪赫帝夫国际建筑工程公司研制的掺钢纤维挤压混凝土衬砌已成功应用于汉堡、罗马和里昂等地的地铁工程中，日本也在不少软土隧道的施工中成功采用了这种施工方法。

4.2.3 衬砌圆环内力计算

装配式圆形衬砌结构，应根据管片或砌块之间连接构造的不同，以及所采用的施工方法，来确定相应的计算方法。当组成衬砌结构的管片或砌块在环向采用如图4.2.4所示的连接构造，且接头能传递全部内力时，可以按整体圆环计算；当管片或砌块采用如图4.2.5或图4.2.6所示的连接构造。接头不能传递全部内力时，应按多铰圆环计算，以下分述之。

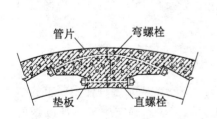

图 4.2.4 管片之间螺栓连接

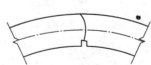

图 4.2.5 管片之间弧形连接

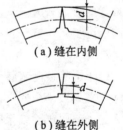

图 4.2.6 砌块之间拼缝连接

1. 结构计算方法的选择

目前装配式圆形隧道衬砌结构的计算方法主要有匀质圆环法、多铰圆环法和梁-弹簧模型法三种。

(1)匀质圆环法

匀质圆环法把装配式圆形隧道衬砌结构当做自由变形的匀质(等刚度)圆环进行计算，

即将管片接头截面视为与管片截面具有同样的抗弯刚度，而实际上管片接缝截面刚度不可能与管片截面相同，肯定低于管片截面刚度，这种刚度的不足往往采用衬砌环的错缝拼装予以弥补。实际应用中，往往将圆环的刚度进行折减，即整体圆环的刚度等于管片截面的刚度乘以一个折减系数。这种匀质(等刚度)圆环计算方法在饱和含水地层中的隧道衬砌结构计算中用得比较普通。

(2)多铰圆环法

由于实际的装配式圆形隧道衬砌结构管片接缝截面的刚度远远小于管片截面的刚度(要做到匀质等刚度几乎是不可能的)，尤其是当管片之间弧形连接及砌块之间拼缝连接时，因此可以将管片接头简化成理想的"铰"来处理，整个圆环变成一个多铰圆环。在不稳定地层中，多铰圆环结构(铰的数量大于3个)处于结构不稳定状态，圆环外围土层介质给圆环结构提供了附加约束，这种约束常随着多铰圆环的变形而提供了相应的地层抗力，于是多铰圆环就处于稳定状态。采用多铰圆环法进行计算，得出的管片衬砌截面弯矩相当小，故采用该法进行设计是比较经济的。但是，当采用多铰圆环法进行计算时，必须要求隧道周围地层比较好，能够提供足够的抗力。因此，多铰圆环法适用于通缝拼装的衬砌结构和地层条件良好的情况，在英国和前苏联(俄罗斯)等欧洲国家使用较多。

(3)梁—弹簧模型(弹簧铰模型)法

在前述的两种计算方法中，无论是将管片接头截面刚度视为与管片截面刚度相等，还是将其视为无刚度的"铰"，都与实际情况存在一定的差距。实际上，上述两种情况是两个极端，真实的管片接头的刚度应介于二者之间，即管片接头的刚度既不为零，也不会有管片截面刚度那么大。因此，要真实地计算衬砌结构的内力，就必须模拟符合实际的管片接头刚度，从而诞生了梁—弹簧模型方法。该方法具体地考虑衬砌结构环向接头的位置和接头的刚度，用曲梁单元模拟管片的实际情况，用接头抗弯刚度 k_θ 来体现环向接头的实际抗弯刚度。更进一步地，可以采用空间结构进行计算，并用圆环径向抗剪刚度 k_r 和切向抗剪刚度 k_s 来体现纵向接头的环间传力效果。显然，该方法更加符合实际，但是需要知道接头刚度的值，且计算非常复杂。目前对于接头的刚度一般根据经验取值，计算结果受人为因素的影响较大。随着对接头刚度取值研究的不断深入，以及数值计算方法和现场试验方法的进步，该方法将得到广泛应用。

2. 结构计算的内容

由于影响装配式隧道衬砌结构设计的因素较多且不十分明确，因此目前对衬砌结构的设计大多先按使用要求进行验算，提出衬砌结构设计方案，进行能满足各种使用要求的结构试验，参照试验结果对原设计方案进行必要的修改和加强，最后确定施工设计以指导施工。

通常钢筋混凝土管片衬砌的验算内容包括：

(1)按照强度、变形、裂缝限制等要求分别进行验算。

(2)确定衬砌结构的几个工作阶段——施工荷载阶段、基本使用荷载阶段和特殊荷载阶段，提出各个工作阶段的荷载和安全质量指标要求(衬砌裂缝宽度、接缝变形和直径变形的允许量、隧道抗渗防漏指标、结构安全度、衬砌内表面平整度要求等)进行各个工作阶段和组合工作阶段的结构验算。

3. 荷载的确定

(1)基本使用阶段(衬砌环宽度按 1m 考虑)

荷载简图如图 4.2.7 所示。

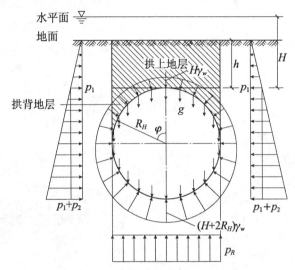

图 4.2.7　圆形盾构隧道衬砌荷载分布图

1)自重

$$g = \delta\gamma_h \tag{4.2.1}$$

式中：δ——管片厚度(m)，当采用箱形管片时，可以考虑用折算厚度。

γ_h——钢筋混凝土容重(kN/m³)，一般取 $\gamma_h = 25 \sim 26$ kN/m³。

2)竖向地层压力

竖向地层压力分为拱上部和拱背部两部分。对于拱上部，有

$$q_1 = \sum_{i=1}^{n} \gamma_i h_i b \tag{4.2.2}$$

式中：γ_i、h_i——分别为第 i 层土的容重(kN/m³)和厚度(m)；

b——衬砌环环宽(m)(单位宽 $b = 1$m)。

对于拱背部，近似地化成均布荷载，为

$$q_2 = \frac{G}{2R_H} \tag{4.2.3}$$

式中：G——拱背部总地层压力，为

$$G = 2\left(1 - \frac{\pi}{4}\right)\gamma_b R_H^2 b = 0.43\gamma_b R_H^2 b \tag{4.2.4}$$

式中：R_H——圆环计算半径(m)；

γ_b——拱背部土的容重(kN/m³)。

竖向地层压力为

$$q = q_1 + q_2 \tag{4.2.5}$$

3)地面超载

当隧道埋深较浅时，必须考虑地面荷载的影响，一般取 $q_0 = 10 \sim 25 \mathrm{kN/m^2}$。这项荷载可以累加到竖向地层压力中去。

4）水平地层压力

按朗肯主动土压力理论计算，可以分为均匀分布和三角形分布分别计算。

侧向均匀主动土压力

$$p_1 = q_1 \tan^2\left(45° - \frac{\phi}{2}\right) - 2c\tan\left(45° - \frac{\phi}{2}\right) \tag{4.2.6}$$

侧向三角形主动土压力

$$p_2 = 2R_H\gamma \tan^2\left(45° - \frac{\phi}{2}\right) \tag{4.2.7}$$

式中：q_1——拱上部竖向地层压力（$\mathrm{kN/m^2}$）；

γ、ϕ、c——分别为衬砌圆环侧向地层土的容重、内摩擦角和粘聚力的加权平均值。

5）侧向地层抗力

按文克尔局部变形理论计算。抗力图形呈一等腰三角形，抗力范围按与水平直径上下呈45°考虑。水平直径处的弹性抗力为

$$p_k = k \cdot \delta \tag{4.2.8}$$

式中：k——衬砌环侧向地层弹性抗力系数（$\mathrm{kN/m^3}$）；

δ——衬砌环在水平直径处的变形量（m）。

$$\delta = \frac{(2q - p_1 - p_2 + \pi g)R_H^4}{24(\eta EI + 0.0454kR_H^4)} \tag{4.2.9}$$

式中：EI——衬砌环圆抗弯刚度（$\mathrm{kN \cdot m^2}$）；

η——衬砌圆环抗弯刚度折减系数，一般 $\eta = 0.25 \sim 0.8$。

表4.2.1为地层弹性压缩系数表。

表4.2.1   地层弹性压缩系数表

土的种类	$k/(\mathrm{kN/m^3})$
固结密实粘性土及极坚实砂质土	$(3 \sim 5) \times 10^4$
密实砂质土及硬粘性土	$(1 \sim 3) \times 10^4$
中等粘性土	$(0.5 \sim 1.0) \times 10^4$
松散砂质土	$(0 \sim 1.0) \times 10^4$
软弱粘性土	$(0 \sim 0.5) \times 10^4$
非常软粘性土	0

6）水压力

按静水压力考虑，即衬砌圆环上任意一点的水压力大小等于该点的水头乘以水的容重，水压力的方向垂直指向圆环外表面。

$$p_w = \left[H + (1 - \cos\varphi)R_H\right]\gamma_w \tag{4.2.10}$$

式中：H——地下水位至圆环顶点的距离(m)；

φ——圆环上计算点径向与垂直向之间的夹角。

7)拱底反力

$$p_R = q_1 + \pi g + 0.215 R_H \gamma - \frac{\pi}{2} R_H \gamma_w \qquad (4.2.11)$$

需要说明的是，此处采用土力学理论和公式来计算盾构隧道衬砌所承受的土压力，尚需根据具体的水文地质条件、隧道施工方法、衬砌的刚度等进行具体分析。

首先，在计算衬砌结构承受的竖向地层压力时，按照隧道顶部全部土柱的重力来考虑，这种计算方法在软粘土情况下较为合适，国内外的一些观测资料都说明了这一点。但是，当隧道位于本身具有较大的抗剪强度的地层内(如砂土层中)，且隧道埋深又较大(大于隧道衬砌外径)时，衬砌结构承受的竖向地层压力就小于隧道顶部全部土柱的重力，此时可以按照所谓的"松动高度"理论进行计算，使用较为普遍的有普氏理论和泰沙基理论公式(参见第3章3.1节中的介绍，此处因为是圆形结构，关键是合理确定松动带宽度a_1，具体方法是破裂线与结构相切)，监测结果表明在洪积砂层中泰沙基理论公式计算结果更接近于实际。

其次，在计算侧向土压力时大多按照朗肯主动土压力公式进行计算，而实际上盾构隧道衬砌承受的侧向土压力常常受地层条件、施工方法和衬砌刚度的影响，有时会出现很大的差异。例如，在采用挤压盾构法施工时，刚开始时侧压很大，而顶压小于侧压，隧道出现"竖鸭蛋"现象。这种现象在国内外的工程实践中都出现过。采用进土量较多的盾构施工时就不会出现这种现象。

再次，在计算含水地层的侧向压力时，如果地层为砂土层，往往采用水土分离原则计算；而如果地层为粘土层，则按照水土合算原则计算。实际上，地层侧压力系数的取值大小，对盾构隧道衬砌结构内力计算影响很大，必须谨慎对待。在日本，盾构隧道衬砌结构设计时对地层侧压力系数的取值范围大致在0.3~0.8，也有不超过0.7的做法。

最后，地层的侧向弹性抗力取值大小和分布，对盾构隧道衬砌结构内力的计算结构影响甚大，因此在考虑确定地层侧向弹性抗力(主要是地层弹性抗力系数)时，必须谨慎、合理。国外的某些工程在设计时常结合主动侧压力系数的取值来选取地层弹性抗力值，其目的在于使衬砌结构具有一定的抗弯能力，保证结构具有一定的安全度。

(2)施工阶段

盾构隧道衬砌结构在到达基本使用阶段前，已经经历了一系列的施工荷载的考验，如盾构推进过程。衬砌结构在施工阶段有可能遇到比基本使用阶段更为不利的工作条件，产生极为不利的内力状态，导致衬砌结构出现开裂、破碎、变形、沉陷和漏水等情况。因此，必须进行现场观测和相应的附加验算，并提出改进措施。

1)管片拼装

钢筋混凝土管片拼装成环时，对纵向接缝拧紧螺栓，由于管片制作精度不高，环面接触不平，往往在拧紧螺栓时，使管片局部出现较大的集中应力，导致管片开裂和存在局部内应力。

2)盾构推进

由于制作和拼装的误差，管片的环缝面往往是参差不平的。若盾构千斤顶施加在环缝面上，特别是千斤顶顶力存在偏心状态情况下，极易使管片开裂和顶碎，目前这种现象往往作为衬砌结构设计的一个重要的控制因素。由于管片在环缝上的支撑条件不够明确，在承受盾构千斤顶顶力时，衬砌环的受力难以确切计算。一般采用盾构总的推力除以衬砌环环缝面积计算，即

$$\sigma = \frac{P}{F} \leqslant \frac{[\sigma]}{K} \tag{4.2.12}$$

式中：P——盾构总推力(kN)；

$\quad\quad F$——环缝面积(m^2)；

$\quad\quad [\sigma]$——混凝土抗压强度设计值(kPa)；

$\quad\quad K$——安全系数，一般取 $K \geqslant 3$。

3) 衬砌背后压力注浆

为了改善衬砌结构的工作条件和防止地面出现大量沉降，施工时应在衬砌背后的建筑空隙内注以水泥浆或水泥砂浆等材料。在软土地层中注浆材料常常不是均匀分布在衬砌四周，而是局部聚集在注浆孔周围的一定范围内。过高的注浆压力常引起圆环变形和出现局部的集中应力，封顶楔型块管片也会向内滑动。为了控制这种不利工作条件的出现，必须对注浆压力进行一定的控制。

4) 衬砌环刚出盾尾的初期的验算

衬砌顶部土压力迅速作用到衬砌上，而侧压却因某种原因未能及时作用。这时衬砌可能处于比基本使用阶段更为不利的工作条件。

衬砌结构在施工阶段引起的不利工作条件的因素很多，难以事先估计。目前一般处理方法是除了加强工程观测，及时提出相应的改进措施外，通常采用一个笼统的附加安全系数，以保证衬砌结构具有足够的安全度。

(3) 特殊荷载阶段

盾构隧道衬砌结构除对上述两个工作阶段进行结构验算外，根据使用需要还应进行特殊荷载阶段的验算。一般特殊荷载属于瞬时性荷载，且荷载作用时间很短，但这个工作阶段的验算往往是控制衬砌结构设计的关键。在此阶段进行结构验算时，可以妥善合理选择结构的附加安全系数和适当提高建筑材料的物理力学性质指标。

4. 衬砌的内力计算

(1) 自由变形匀质圆环内力计算

在饱和含水软土地层中，由于工程中的防水要求，装配式衬砌圆环的接缝必须具有一定的刚度，以减少接缝的变形量。由于相邻环间按错缝拼装，并设置一定数量的纵向螺栓或在环缝上设有凹凸槽，使纵缝刚度有了一定的提高。因此，圆环可以近似作为一匀质刚度圆环。由于荷载的对称性，整个圆环为二次超静定结构，可以按结构力学中的弹性中心法求解各截面上的内力值，即切开顶部，在顶部切口处和圆心(弹性中心)之间安上刚臂，并在圆心(弹性中心)处加上多余未知力，得到匀质圆环内力计算的基本结构，如图4.2.8 所示。

圆环内力计算结果详见表4.2.2，其中所示圆环内力均以纵向1m 为单位，若环宽 b 不等于1m(一般 $b = 0.5 \sim 1.0m$)，则表 4.2.2 中内力 M、N 值尚应乘以环宽 b。

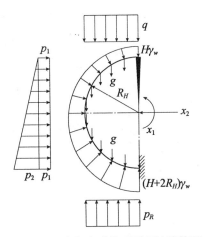

图 4.2.8　自由变形均质圆环计算简图

荷载	截面位置	与竖直轴呈(φ)角的截面中内力		p_R
		$M_\varphi/(\text{kN} \cdot \text{m})$	N_φ/kN	
自重	$0 \sim \pi$	$gR_H^2(1 - 0.5\cos\varphi - \varphi\sin\varphi)$	$gR_H(\varphi\sin\varphi - 0.5\cos\varphi)$	πg
竖向地层压力	$0 \sim \pi/2$	$qR_H^2(0.193 + 0.106\cos\varphi - 0.5\sin^2\varphi)$	$qR_H(\sin^2\varphi - 0.106\cos\varphi)$	q
	$\pi/2 \sim \pi$	$qR_H^2(0.693 + 0.106\cos\varphi - \sin\varphi)$	$qR_H(\sin\varphi - 0.106\cos\varphi)$	
均布侧压	$0 \sim \pi$	$p_1R_H^2(0.25 - 0.5\cos^2\varphi)$	$p_1R_H\cos^2\varphi$	
三角形侧压	$0 \sim \pi$	$p_2R_H^2(0.25\sin^2\varphi + 0.083\cos^2\varphi - 0.063\cos\varphi - 0.125)$	$p_2R_H\cos\varphi(0.063 + 0.5\cos\varphi - 0.25\cos^2\varphi)$	
水压力	$0 \sim \pi$	$-\gamma_wR_H^3(0.5 - 0.25\cos\varphi - 0.52\sin\varphi)$	$\gamma_wR_H^2(1 - 0.25\cos\varphi - 0.52\sin\varphi) + \gamma_wHR_H$	$-\dfrac{\pi}{2}\gamma_wR_H$
底部反力	$0 \sim \pi/2$	$p_RR_H^2(0.057 - 0.106\cos\varphi)$	$0.106p_RR_H\cos\varphi$	
	$\pi/2 \sim \pi$	$p_RR_H^2(-0.443 + \sin\varphi - 0.106\cos\varphi - 0.5\sin^2\varphi)$	$p_RR_H(\sin^2\varphi - \sin\varphi + 0.106\cos\varphi)$	

表 4.2.2　　　　　　　　　　　截面内力计算表

注：R_H 为圆形衬砌的计算半径；弯距 M_φ 以内缘受拉为正，外缘受拉为负。轴力 N_φ 以受压为正，受拉为负。

(2)考虑地层弹性抗力的匀质圆环内力计算

考虑地层弹性抗力的匀质圆环内力计算，有以下两种计算方法。

1）日本惯用的方法

荷载分布如图4.2.9所示，即除了前述的各种主动荷载外，仅考虑等腰三角形分布的地层侧向弹性抗力。地层抗力图分布在水平直径上下各45°范围内，其值为

$$p_k = k\delta(1 - \sqrt{2}|\cos\varphi|) \tag{4.2.13}$$

式中，δ 为圆环受荷载后在水平直径处实际的半径变形值，计算见式(4.2.9)。

由弹性抗力引起的圆环上与竖直轴呈 φ 角的截面内力 M_φ、N_φ、Q_φ 列于表4.2.3。将弹性抗力引起的圆环内力和其他荷载引起的圆环内力叠加，即得到最终的圆环内力。

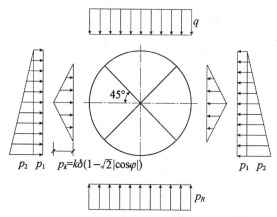

图4.2.9 日本假定的圆环衬砌弹性抗力计算简图

表4.2.3 弹性抗力引起的圆环内力表

内力	$0 \sim \pi/4$	$\pi/4 \sim \pi/2$
M_φ	$p_k R_H^2(0.2346 - 0.3536\cos\varphi)$	$p_k R_H^2(-0.3487 + 0.05\sin^2\varphi + 0.2357\cos^3\varphi)$
N_φ	$0.3536 p_k R_H \cos\varphi$	$p_k R_H(-0.707\cos\varphi + \cos^2\varphi + 0.707\sin^2\varphi\cos\varphi)$
Q_φ	$0.3536 p_k R_H \sin\varphi$	$p_k R_H(\sin\varphi\cos\varphi - 0.707\cos^2\varphi\sin\varphi)$

2）前苏联布加耶娃法

如果盾构隧道位于比较坚硬的地层中，计算时可以采用前苏联惯用的布加耶娃法来考虑匀质圆环的弹性抗力。布加耶娃法假定匀质圆环受到竖向荷载作用后，顶部正中部分为脱离区，以下为抗力区，地层对整个圆环产生的弹性抗力呈一新月形，如图4.2.10所示。假定顶部脱离区范围为 $2\varphi_0 = \dfrac{\pi}{2}$，在水平直径处产生的变形为 δ_a、在圆环底部产生的变形为 δ_b，则在圆环下部 $\dfrac{3\pi}{2}$ 范围内弹性抗力图形的分段方程为

$$\varphi = \frac{\pi}{4} \sim \frac{\pi}{2}, \qquad p_k = -k\delta_a \cos 2\varphi$$

$$\varphi = \frac{\pi}{2} \sim \pi, \qquad p_k = k\delta_a \sin^2\varphi + k\delta_b \cos^2\varphi$$

$$(4.2.14)$$

式中：φ——圆形衬砌上任意点的弹性抗力作用线与竖直轴之间的夹角($°$)；

$\quad\quad$ p_k——各点的弹性抗力(kN/m^2)；

$\quad\quad$ k_a、$k\delta_b$——分别为圆环水平直径与垂直直径方向(底部)的弹性抗力(kN/m^2)；

$\quad\quad$ k——地层的弹性抗力系数(kN/m^3)。

采用布加耶娃法求解匀质圆环内力时，同样采用弹性中心法，所不同的是，此时未知数除了 2 个多余未知力 x_1、x_2 外，还有 2 个变位值 δ_a、δ_b，共 4 个未知数，可以利用下面 4 个联立方程来求解

$$\begin{cases} x_1\delta_{11} + \Delta_{1q} + \Delta_{1pk} = 0 \\ x_2\delta_{22} + \Delta_{2q} + \Delta_{2pk} = 0 \\ \delta_a = \delta_{aq} + \delta_{apk} + x_1\delta_{a1} + x_2\delta_{a2} \\ \sum F_y = 0 \end{cases}$$

$$(4.2.15)$$

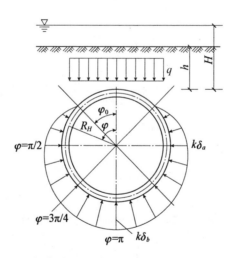

图 4.2.10　前苏联布加耶娃法匀质圆环弹性抗力计算简图

式中：δ_{11}、δ_{22}——与基本未知力 x_1、x_2 相应的基本结构的单位变位；

$\quad\quad$ Δ_{1q}、Δ_{2q}——主动荷载作用在基本结构上沿 x_1、x_2 方向产生的载变位；

$\quad\quad$ Δ_{1pk}、Δ_{2pk}——弹性抗力作用在基本结构上沿 x_1、x_2 方向产生的载变位；

$\quad\quad$ δ_{aq}、δ_{apk}——分别为主动荷载和弹性抗力作用在基本结构上沿 δ_a 方向产生的变位；

$\quad\quad$ δ_{a1}、δ_{a2}——分别为 $x_1 = 1$、$x_2 = 1$ 作用在基本结构上沿 δ_a 方向产生的变位；

$\quad\quad$ $\sum F_y$——垂直方向(y 方向)的合力。

求出 4 个未知数后，即可求出各个截面上的弯矩 M、轴力 N 值，为

$$
\begin{cases}
M_\varphi = M_q + M_{p_k} + x_1 - x_2 R_H \cos\varphi \\
N_\varphi = N_q + N_{p_k} + x_2 \cos\varphi
\end{cases}
\tag{4.2.16}
$$

式中：M_q、M_{p_k}——分别为主动荷载和弹性抗力在基本结构计算截面产生的弯矩；

N_q、N_{p_k}——分别为主动荷载和弹性抗力在基本结构计算截面产生的轴力。

利用上述公式，已将由竖向荷载 q、自重 g、静水压力等三种荷载引起的圆环各截面的内力计算及其结果列成表格，可供查询。

①由竖向荷载 q 引起的圆环各截面内力

$$
M_\varphi = q R_H R_0 b [A\beta + B + Cn(1 + \beta)]
$$
$$
N_\varphi = q R_0 b [D\beta + F + Qn(1 + \beta)]
\tag{4.2.17}
$$

式中：q——竖向荷载(kN/m^2)；

R_H——圆环计算半径(m)；

R_0——圆环外半径(m)；

b——圆环一环的宽度(m)。

$$
\beta = 2 - \frac{R_0}{R_H}
$$

$$
n = \frac{1}{m + 0.06416}
\tag{4.2.18}
$$

$$
m = \frac{EI}{R_H^3 R_0 k b}
$$

式中：EI——圆环断面抗弯刚度($kN \cdot m^2$)；

k——地层弹性抗力系数(kN/m^3)。

系数 A、B、C、D、F、Q 计算结果列于表 4.2.4。

表 4.2.4 由竖向荷载 q 引起的圆环内力计算系数

截面位置	系 数					
φ	A	B	C	D	F	Q
0°	0.1628	0.0872	−0.007	0.2122	−0.2122	0.021
45°	−0.025	0.025	−0.00084	0.15	0.35	0.01485
90°	−0.125	−0.125	0.00825	0	1	0.00575
135°	0.025	−0.025	0.00022	−0.15	0.9	0.0138
180°	0.0872	0.1628	−0.00837	−0.2122	−0.7122	0.0224

② 由自重 g 引起的圆环各截面内力

$$M_\varphi = gR_H^2b(A_1 + B_1n)$$
$$N_\varphi = gR_Hb(C_1 + D_1n)$$

$(4.2.19)$

系数 A_1、B_1、C_1、D_1 计算结果列于表4.2.5。

表4.2.5　　　　　　　　由自重 g 引起的圆环内力系数

截面位置 φ	系　数			
	A_1	B_1	C_1	D_1
0°	0.3447	−0.02198	−0.1667	0.06592
45°	0.0334	−0.00267	0.3375	0.04661
90°	−0.3928	0.02589	1.5708	0.01804
135°	−0.0335	0.00067	1.9186	0.0422
180°	0.4405	−0.0267	1.7375	0.0701

③ 由静水压力引起的圆环各截面内力

$$M_\varphi = -\gamma_wR_0^2R_Hb(A_2 + B_2n)$$
$$N_\varphi = -\gamma_wR_0^2b(C_2 + D_2n) + \gamma_wR_0Hb$$

$(4.2.20)$

式中：H——圆环顶部静水压力水头(m)；

γ_w——水的容重(kN/m^3)。

系数 A_1、B_1、C_1、D_1 计算结果列于表4.2.6。

表4.2.6　　　　　　　　由静水压力引起的圆环内力系数

截面位置 φ	系　数			
	A_2	B_2	C_2	D_2
0°	0.1724	−0.01097	−0.58385	0.03294
45°	0.01673	−0.00132	−0.42771	0.02329
90°	−0.19638	0.01294	−0.2146	0.00903
135°	−0.01679	0.00036	−0.39413	0.02161
180°	0.22027	−0.01312	−0.63125	0.03509

(3)多铰圆环内力计算

对于管片之间连接较弱、刚度较低，且在衬砌外围地层介质能明确地提供地层弹性抗力的条件下，盾构隧道的装配式衬砌圆环可以按多铰圆环进行计算。按多铰圆环计算的方法有多种，本节主要介绍日本的山本法，简要介绍前苏联采用的方法。

1)日本山本法多铰圆环内力计算

　　山本法的计算原理在于多铰圆环衬砌在主动土压力和被动土压力作用下产生变形，圆环由一不稳定结构逐渐转变成稳定结构。圆环变形过程中，铰不发生突变。这样多铰圆环在地层中就不会发生破坏，能发挥稳定结构的机能。山本法计算中的几个假定：

　　① 适用于圆形结构。

　　② 衬砌环在转动时，管片或衬砌块视为刚体处理。

　　③ 衬砌环外围土层弹性抗力按均匀变形分布，地层弹性抗力的计算要满足衬砌环稳定性要求，地层抗力作用方向全部朝向圆心。

　　④ 计算中不计圆环与地层之间的摩擦力，这对于满足稳定性是偏于安全的。

　　⑤ 地层弹性抗力和变位之间的关系符合文克尔假定。

　　现将山本多铰圆环内力计算方法简述如下：设具有 n 个衬砌块（管片）组成的多铰圆环结构计算如图 4.2.11 所示，其中 $n-1$ 个铰受地层约束，而剩下一个铰成为非约束铰，其位置通常在主动土压力一侧，整个结构可以按静定结构来求解。

　　衬砌各截面处地层弹性抗力表达式为

$$q_{\alpha i} = q_{i-1} + \frac{(q_i - q_{i-1})\alpha_i}{\theta_i - \theta_{i-1}} \tag{4.2.21}$$

式中：q_{i-1} ——$i-1$ 铰处的地层弹性抗力（kN/m^3）；

　　　　q_i ——i 铰处的地层弹性抗力（kN/m^3）；

　　　　α_i ——以 q_{i-1} 为基轴的截面位置；

　　　　θ_i ——i 铰与垂直轴的夹角；

　　　　θ_{i-1} ——$i-1$ 铰与垂直轴的夹角。

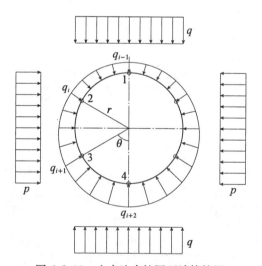

图 4.2.11　山本法多铰圆环计算简图

　　假定衬砌圆环由 6 块管片拼装而成，6 个铰节点上下左右对称布置，且圆环顶部铰为非约束铰。因为结构对称，荷载对称，所以可以取整个圆环的一半进行计算，即取 3 块管片进行计算，如图 4.2.11 所示的左半圆环，离散后 3 块管片如图 4.2.12 ~ 图 4.2.14 所示。因为圆环顶部铰为非约束铰（地层弹性抗力为零），所以，4 个铰节点地层弹性抗力只有三个为未知，即 q_2、q_3、q_4。同样，因为对称，上、下两个铰节点的竖向作用力为零（反对称），因此，4 个铰节点相互作用力只有 6 个为未知，即 H_1、H_2、H_3、H_4、V_2、V_3。根据离散后 3 块管片的水平力、竖向力及弯矩平衡条件，可得 9 个平衡方程，可以求解上述 9 个未知数。

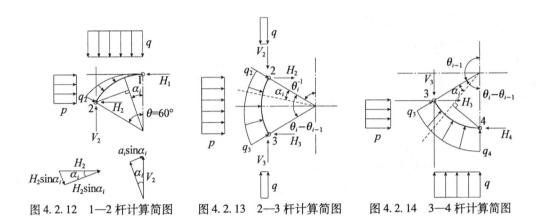

图 4.2.12　1—2 杆计算简图　　　图 4.2.13　2—3 杆计算简图　　　图 4.2.14　3—4 杆计算简图

求解 1—2 杆(图 4.2.12)，此时 $\theta_{i-1}=0$，$\theta_i=60°$。由 $\sum X=0$，$\sum Y=0$，$\sum M_2=0$，得

$$H_1 = H_2 + 0.5pr + 0.327q_2r \tag{4.2.22}$$

$$V_2 = 0.866qr + 0.388q_2r \tag{4.2.23}$$

$$H_1 = (0.75q + 0.25p + 0.346q_2)r \tag{4.2.24}$$

求解 2—3 杆(图 4.2.13)，此时 $\theta_{i-1}=60°$，$\theta_i=120°$。由 $\sum X=0$，$\sum Y=0$，$\sum M_3=0$，得

$$H_2 + H_3 = pr + \frac{r}{2}(q_2 + q_3) \tag{4.2.25}$$

$$V_2 = V_3 + 0.089(q_3 - q_2) \tag{4.2.26}$$

$$H_2 = \left(\frac{p}{2} + 0.173q_3 + 0.327q_2\right)r \tag{4.2.27}$$

求解 3—4 杆(图 4.2.14)，此时 $\theta_{i-1}=120°$，$\theta_i=180°$。由 $\sum X=0$，$\sum Y=0$，$\sum M_4=0$，得

$$H_4 = H_3 + 0.5pr + 0.327q_3r + 0.173q_4r \tag{4.2.28}$$

$$V_3 = 0.866qr + 0.389q_3r + 0.478q_4r \tag{4.2.29}$$

$$0.866V_3 = 0.5H_3 + \frac{pr}{8} + 0.375qr + 0.25p + 0.328q_3r + 0.173q_4r \tag{4.2.30}$$

联立式(4.2.22)～式(4.2.30)解出 9 个未知数 q_2、q_3、q_4、H_1、H_2、H_3、H_4、V_2、V_3，即可求出各管片任意截面上的内力 M、N、Q 值，从而进行管片截面设计。各个约束铰的径向位移 $\delta_i = q_i/k$，k 为地层弹性抗力系数(kN/m^3)。

需要注意的是：

第一，衬砌圆环各个截面上的 q_i 值与侧向或底部作用荷载叠加后的数值必须控制在容许值内；

第二，衬砌圆环除应进行强度验算外，还必须进行变形验算及稳定性验算。

圆环失稳的条件是，以非约束铰为中心的三个铰 $(i-1)$、(i)、$(i+1)$ 的坐标系统排列在一条直线上。

2）前苏联的多铰圆环内力计算

前苏联学者对多铰圆环内力计算方法的研究较多，提出了多种计算方法，此处简要介绍其中较常用的一种。该方法与日本山本法的最大差别在于：前苏联方法认为衬砌圆环与地层之间不产生相对位移，而山本法则认为衬砌圆环与地层之间能完全自由滑动，即忽略了地层弹性抗力的切向分量。其具体体现就是两种计算方法假定的地层弹性抗力分布图形不同，如图 4.2.15 所示，而内力计算方法完全相同。

从内力计算结果来看，两种计算方法的轴力计算结果较为接近，但弯矩计算结果则相差较大，甚至出现不同符号的结果。实际工程实践经验表明，山本法更加符合实际。

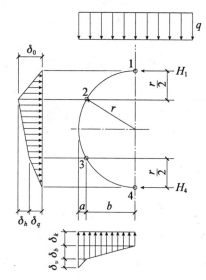

图 4.2.15   前苏联的一种多铰圆环内力计算简图

（4）梁-弹簧模型（弹簧铰模型）内力计算方法简介

梁-弹簧模型（弹簧铰模型）内力计算方法仍然将盾构隧道衬砌看成一多铰圆环，但此时代表圆环管片接头的铰不是自由变形的铰，而是具有一定抗弯刚度的铰，采用一个旋转弹簧来模拟，且假定铰所承担的弯矩 M 与铰所产生的转角 θ 成正比，即

$$M = K\theta \tag{4.2.31}$$

式中：K——旋转弹簧的弹性常数（kN·m/rad），通常根据试验结果或设计经验确定。

实际上，梁-弹簧模型（弹簧铰模型）内力计算方法是介于匀质刚度圆环内力计算方法和多铰圆环内力计算方法之间的一种比较符合实际的方法，匀质刚度圆环内力计算方法和多铰圆环内力计算方法是梁-弹簧模型（弹簧铰模型）内力计算方法的两个特例（极端情况），即当管片接头旋转弹簧的弹性常数为零时，弹簧铰变成自由变形的铰，此时梁-弹簧模型(弹簧铰模型)内力计算方法与多铰圆环内力计算方法相同;而当管片接头旋转弹簧的弹性常数很大,使其抗弯刚度与管片截面的抗弯刚度相当时,则梁-弹簧模型(弹簧铰模型)内力计算方法与匀质刚度圆环内力计算方法相同。

为了更进一步模拟盾构隧道的实际受力情况,还可以采用剪切弹簧来模拟管片环之间接头(环缝)的传力效果,将整个盾构隧道作为空间结构进行计算。此时的计算非常复杂,计算工作量很大,一般采用数值方法进行计算。此外,梁-弹簧模型(弹簧铰模型)内力计算方法尚处于不断发展、完善之中,故此处不做详细介绍,有兴趣的读者可以参阅相关著作和文献。

4.2.4　衬砌断面选择

盾构隧道衬砌结构在各个阶段的内力计算完成后,即可分别或组合几个工作阶段的内力情况进行断面选择。断面选择在各个不同工作阶段具有不同的内容和要求。在基本使用荷载阶段,需进行抗裂或裂缝限制、强度验算和变形验算,而在组合基本荷载阶段和特殊荷载阶段的结构内力时,一般仅进行强度验算。

1. 抗裂及裂缝限制验算

对使用要求较高的隧道工程,必须进行衬砌结构的抗裂及裂缝限制验算,以防止钢筋锈蚀而影响工程使用寿命。

一般隧道衬砌结构通常处于偏心受压状态,衬砌结构受力状态比较复杂,因而结构的承载能力,考虑以大偏心状态下的受拉情况特别是弯矩 M 值作为控制。

盾构隧道衬砌结构的抗裂及裂缝限制验算应按现行混凝土结构设计规范执行。

2. 衬砌结构断面强度验算

衬砌结构根据不同工作阶段的最不利内力,按偏压构件进行强度验算和截面设计。

基本使用荷载阶段盾构隧道衬砌结构的强度验算,可以按现行混凝土结构设计规范执行。基本使用荷载和特殊荷载组合阶段的强度验算应按特殊规定进行。

必须注意,盾构隧道衬砌结构的接缝部位刚度较低,应通过相邻环之间错缝拼装并利用纵向螺栓或环缝面上的凹凸槽来加强接缝刚度。这样处理后,衬砌环接缝部位的部分弯矩就可以传递到相邻衬砌环的管片截面上去。这种衬砌环之间弯矩的纵向传递能力一般通过估算并通过结构试验来确定,根据国外现有的资料,通过上述措施处理的纵向接缝,能够传递 20% ~40% 的接缝弯矩。因此,在进行断面强度验算时,管片断面的弯矩值应乘以传递系数 1.3,而接缝部位的弯矩值应乘以折减系数 0.7。

盾构隧道衬砌结构断面的强度验算应按现行的混凝土结构设计规范执行。

3. 衬砌圆环的直径变形计算

为满足盾构隧道使用上和结构计算的需要,必须对衬砌圆环水平直径变形量进行计算和控制。水平直径变形可以采用一般结构力学的方法计算。由于变形计算与衬砌圆环刚度 EI 值有关,而装配式衬砌组成的圆环 EI 值很难用计算方法表达出来,必须通过衬砌结构整环试验测得。根据相关资料,实测的衬砌圆环刚度 EI 值远小于理论计算的 EI 值,其比例称为圆环刚度有效系数 η。η 值与隧道衬砌直径、断面厚度、接缝构造、位置、数量等具有密切关系,一般 $\eta = 0.25 \sim 0.8$。

表 4.2.7 列出了几种主要荷载作用下衬砌圆环的水平直径变形系数。

表 4.2.7 　　　　　　　　　　　　　圆环水平直径变形系数

编　号	荷载形式	水平直径处(半径方向)	图　　　示
1	竖直均布荷载 q	$\dfrac{qr^4}{12EI}$	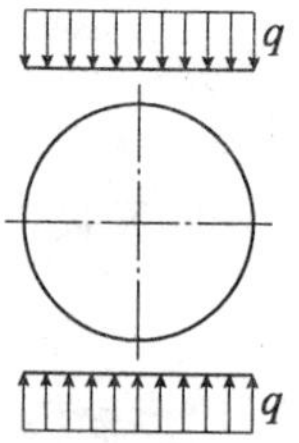
2	水平均布荷载 p	$-\dfrac{pr^4}{24EI}$	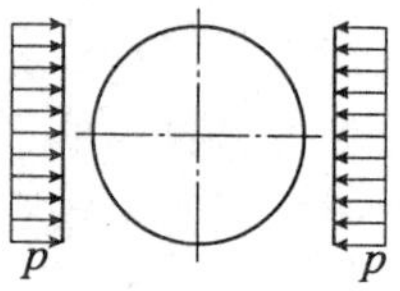
3	等腰三角形分布荷载 p_k	$-0.0454\dfrac{p_k r^4}{EI}$	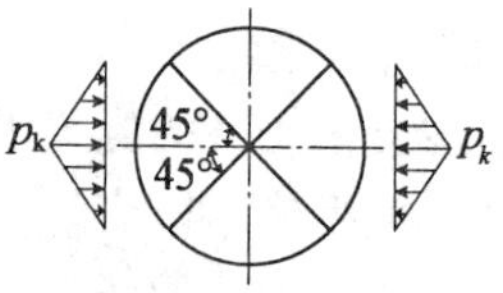
4	自重 g	$\dfrac{\pi g r^4}{24EI}$	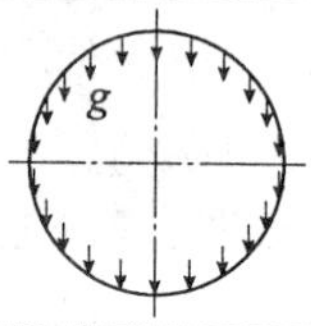

4. 纵向接缝验算

衬砌结构纵向接缝验算在基本使用荷载阶段要分别进行接缝变形及接缝强度的验算。在基本使用荷载和特殊荷载组合阶段要进行接缝强度验算。

(1)接缝张开的验算

首先,管片拼装时将在接缝平面上产生预压应力(螺栓预紧或拼缝挤压),由于偏心作用,在管片的接缝平面上该预压应力呈梯形分布。

然后,在外荷载的作用下,在接缝平面上产生与外荷载对应的应力状态,通常由于偏心的作用,接缝平面上的外荷载产生的应力呈梯形或在截面一侧出现拉应力分布。

将上述两种应力状态叠加,即得到最终的接缝平面应力状态。此时根据受力状态的不同,在接缝平面受拉侧可能产生拉应力,从而产生张开变形。

接缝张开验算要求接缝不张开或接缝虽有一定张开但不影响接缝的防水要求,即在接缝上出现的拉应力小于接缝防水涂料与接缝面的粘结力或其变形量在防水涂料的弹性变形范围内。

(2)纵向接缝强度验算

由装配式衬砌结构组成的盾构隧道衬砌结构,接缝是结构最关键的部位。根据相关试验资料,装配式衬砌结构破坏大多开始于薄弱的接缝处。因此接缝构造设计及计算在整个衬砌结构设计中具有十分重要的地位。而目前大多采用近似方法进行接缝的强度验算,如近似地把螺栓看做受拉钢筋,按钢筋混凝土构件进行截面验算,且验算时需要放大安全系数。实际工程中,接缝承载能力往往还必须通过接头试验和整环试验获得。

(3)环缝的近似验算

盾构在地层中推进,由于施工工艺的复杂多变,其影响和扰动地层的程度在沿隧道纵向长度范围内也有所不同,从而造成隧道纵向变形。由于装配式隧道衬砌存在诸多接缝,其密封质量参差不一,隧道的纵向变形将导致隧道底部漏水漏泥、隧道不均匀沉降和隧道环面的相互错动等。此外,隧道穿越建筑物,隧道的立体交叉等都会引起隧道纵向变形。因此,隧道的环缝构造必须满足上述各种不利因素作用下隧道的安全,其中最重要的是纵向螺栓的选择和验算。

在进行环缝验算时,近似将环缝看成由钢筋混凝土管片和纵向螺栓两部分组成,计算出环缝的纵向合成强度和合成刚度,然后根据受力和变形情况进行相应的验算。

4.3　沉井式地下结构设计

4.3.1　概述

沉井是一个上无盖、下无底的井筒状结构物,常用钢筋混凝土制成。施工时先在建筑地点整平地面,铺设砂垫层,设置承垫木,制作第一节沉井,然后在井壁的围护下从井底挖土,随着土体的不断挖除,沉井因自重作用克服井壁上土的摩阻力逐渐下沉,如图4.3.1所示。当第一节井顶露出地面不多时,停止开挖下沉,接高井筒,待达到规定强度后再挖土下沉。这样交替操作直到井筒下沉至设计标高,然后封底,浇筑钢筋混凝土底板、顶板等,形成地下建筑物,或在井筒内用素混凝土或砂砾石填充,构成深基础。这种利用结构自重作用而下沉入土的井筒状结构物称为"沉井"。因此,所谓沉井,实质上就是将一个在地面筑成的"半成品"沉入地层中,然后在地下完成整个结构物的施工。沉井式

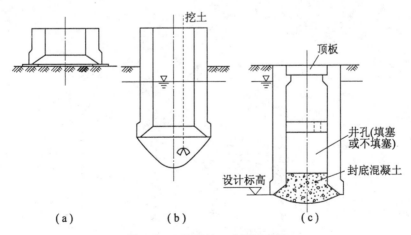

图 4.3.1　沉井施工步骤示意图

结构已逐渐发展成为土层中地下构筑物常用的结构形式之一，沉井与基坑法修筑的地下结构的区别在于，沉井在施工过程中，井壁成为挡土、挡水，防止土体坍塌的围护结构，从而减少了大量的支撑工作量，也减少了土方开挖量。

沉井结构一般用于较坚硬的土层中，以充分利用深部土层的承载能力。沉井结构用途十分广泛，如自来水厂、电厂和化工厂的水泵房、地下沉淀池和水池、地下热电站、地下油库、地下车间和地下仓库、桥梁墩台、大型设备基础、高层或超高层建筑物的基础等。此外，沉井也可以用做地铁、水底隧道等各种设备井、通风井、盾构拼装井、车间和区间段连续沉井等。虽然，随着地下连续墙结构设计和施工方法的发展，采用地下连续墙结构的地下工程已越来越多。但是由于沉井结构具有单体造价低，主体结构混凝土都在地面浇筑，质量容易保证，不存在接头强度和漏水问题，可以采用横向主筋构成较经济的结构体系等优点，因此，在某些情况下，沉井结构是一种不可替代的地下结构形式。

4.3.2　沉井结构的类型和构造

1. 沉井结构的分类

沉井的分类方法较多，一般常用的有以下几种分类：

(1)按沉井制作材料可以分为混凝土、钢筋混凝土、钢、砖、石及组合式沉井等。

(2)按下沉环境可以分为陆地沉井(包括在浅水中筑岛制作的沉井)和浮式沉井(用于深水中)。

(3)按构造形式可以分为连续沉井(多用于隧道工程)和独立沉井。

(4)按平面形状可以分为圆形沉井、矩形沉井、方形沉井和多边形沉井等，也可以分为单孔沉井和多孔沉井。

(5)按井筒下沉方式可以分为自沉式沉井、压沉式沉井。

(6)按开挖取土方式可以分为干挖法(人工挖掘法、无人机械自动挖掘法)、水中挖掘法(水力机械法、钻吸法)沉井。

2. 沉井结构的构造

沉井一般由井壁、刃脚、内隔墙、取土井、凹槽、封底、顶板等部分组成，如图4.3.2所示。

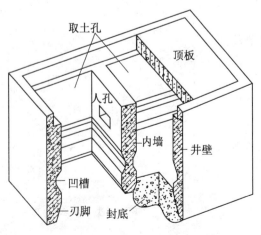

图4.3.2　沉井构造示意图

（1）井壁

井壁是沉井的主要构成部分，应具有足够的强度与厚度。为了承受在下沉过程中各种最不利荷载组合所产生的内力，在钢筋混凝土井壁中应配置两层竖向钢筋及水平钢筋，以承受弯曲应力。同时要具有足够的重量，使沉井能在自重作用下顺利下沉到设计标高。沉井井壁的厚度主要取决于沉井大小、下沉深度以及土层的力学性质。设计时通常先假定井壁厚度，再进行强度验算。井壁厚度一般为 0.4～1.2m，井壁的纵断面形状有上下等厚度直墙型井壁(如图4.3.3(a)所示)和阶梯型井壁两种(如图4.3.3(b)、(c)所示)。

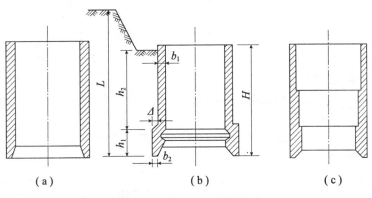

图 4.3.3　沉井井壁断面形式

（2）刃脚

沉井井壁最下端一般都做成刀刃状的"刃脚"。刃脚的主要功用是减少下沉阻力，使之能在自重作用下切土下沉。刃脚应具有一定的强度，以免下沉过程中损坏。刃脚底面的平面称为踏面，其宽度一般为 0.1～0.3m，视所通过的土层的软硬及井壁厚度而定。当沉井重，土质软时，刃脚踏面相应地宽一些；反之，当沉井轻，穿过的土层较硬时，刃脚踏面应窄一些，此时可以采用角钢或槽钢加强。刃脚内侧的倾角一般为 40°～60°。刃脚的高度视封底方式确定，当采用湿封底时，取 1.5m 左右，而采用干封底时，取 0.6m 左右。另外，刃脚的高度还应考虑便于抽拔垫木和挖土。沉井的各种刃脚形式如图4.3.4所示。

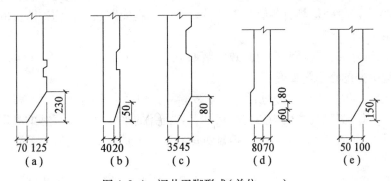

图 4.3.4　沉井刃脚形式(单位：cm)

(3)内隔墙

内隔墙的主要作用是增加沉井下沉过程中的刚度并减少井壁跨径,同时又把整个沉井分隔成多个施工井孔(取土孔),使挖土和下沉较为均衡,也便于沉井偏斜时的纠偏。内隔墙的厚度一般为0.5m,隔墙下部应设过人孔,供施工人员通行。过人孔的尺寸一般为0.8m×1.2m~1.1m×1.2m。考虑到内隔墙既要对刃脚悬臂起支撑作用,又不应妨碍沉井下沉,因此内隔墙的底面一般应高于刃脚底面0.5~1.0m。取土井井孔尺寸除应满足使用要求外,还应保证挖土机具可以在井孔中自由升降,不受阻碍。井孔的布置应力求简单、对称。

(4)封底及顶盖

当沉井下沉到设计标高,经过技术检验并对坑底清理后,即可封底,以防止地下水渗入井内。封底完成,待封底混凝土达到一定的强度后,即可在其上面浇筑钢筋混凝土底板。为了加强封底混凝土与井壁之间的连接,以传递基底反力,常于刃脚上方井壁上预留凹槽,凹槽底面一般距离刃脚底面2.5m以上,槽高约1.0m,与封底混凝土的厚度相近,凹入深度为0.15~0.25m。

当沉井作为地下结构物时,则必须设置顶盖,顶盖通常为钢筋混凝土结构,根据施工和使用期间的顶部荷载进行设计。

(5)底梁和框架

在比较大型的沉井中,若由于使用要求,不能设置内隔墙,则可以在沉井底部增设底梁,并构成框架以增加沉井在施工下沉阶段和使用阶段的整体刚度。有的沉井因高度较大,常于井壁不同高度处设置若干道由纵横大梁组成的水平框架,以减少井壁(于顶板、底板之间)的跨度,使整个沉井结构布置合理、经济。

在松软地层下沉沉井,底梁的设置还可以防止沉井"突沉"和"超沉",便于纠偏和分格封底。但是,纵横梁设置应适当,以免增加工程造价、增大阻力、影响沉井下沉。

4.3.3　沉井结构的设计与计算

沉井结构在施工阶段必须具有足够的强度和刚度,以保证沉井能够稳定可靠地下沉到拟定的设计标高。待沉井沉到设计标高,全部结构浇筑完毕并正式交付使用后,结构的传力体系、荷载和受力状态均与沉井在施工下沉阶段有很大不同。因此,应保证沉井结构在施工和使用两个阶段中均具有足够的安全性。实际工程实践表明,施工阶段的结构计算十分重要,必须认真对待。

沉井结构设计的主要环节可以大致归纳如下:

(1)确定沉井的建筑平面布置。

(2)确定沉井的主要尺寸并进行下沉系数验算,包括以下两个方面:第一,参考已建类似的沉井结构,初拟沉井结构的主要尺寸,如沉井的平面尺寸、沉井的高度、井孔尺寸及井壁厚度等,并估算下沉系数,以控制沉速;第二,估算沉井的抗浮系数,以控制底板的厚度等。

(3)施工阶段强度计算,包括:井壁板的内力计算,刃脚的挠曲计算,底横梁、顶横梁的内力计算,其他方面的验算。

(4)使用阶段的强度计算,包括:①按封闭框架(水平方向的或垂直方向的)或圆池结构计算井壁内力并配筋;②顶板及底板的内力计算及配筋。

现就沉井结构设计与计算的基本内容介绍如下。

1. 沉井下沉系数的计算

确定沉井主体尺寸后,即可以算出沉井自重,并验算沉井在施工过程中是否能在自重作用下,克服井壁四周土壤摩擦力和刃脚下土的正面阻力顺利下沉。设计时可以按"下沉系数"估算

$$K_1 = \frac{G}{R_f + R_T} \geqslant 1.10 \sim 1.25 \tag{4.3.1}$$

式中:K_1——下沉系数;

G——沉井在施工阶段的自重(kN),应包括井壁和上下横梁及隔墙的重力和施工时临时钢封门等重力;

R_T——刃脚底面正面阻力的总和(kN),若沉井有隔墙、底横梁,其正面阻力均应计入。刃脚踏面上每单位面积所受的阻力视土质情况而异。常见土层的阻力取值列于表4.3.1。一般假定土层阻力在刃脚踏面上为均匀分布,在斜面上为三角形分布;

R_f——沉井井壁与土层之间的总摩擦力(kN)

$$R_f = f_0 F_0 \tag{4.3.2}$$

式中:F_0——沉井井壁四周总面积(m^2);

f_0——井壁与土层之间单位面积摩擦力的加权平均值(kN/m^2),可以按下式计算

$$f_0 = \frac{f_1 h_1 + f_2 h_2 + \cdots + f_n h_n}{h_1 + h_2 + \cdots + h_n} \tag{4.3.3}$$

式中:h_i——第 i 层土厚度(m);

f_i——第 i 层土对井壁的单位面积摩擦力(kN/m^2),可以参照已有的实践资料(最好是当地的)估计或参考表4.3.1的数值选用。

表4.3.1　　　　　　　　　　土层对沉井的摩阻力和端阻力经验取值

土层种类	土对井壁单位面积摩擦力 f/(kN/m^2)		刃脚下土层单位面积阻力/(kN/m^2)	
	土层密度小,含水量大	土层密度大,含水量小	土层软弱含水量大	土层坚实含水量小
砂性土	12.0	25.0	100.0~200.0	350.0~500.0
粘性土	12.5~25.0	50.0		
泥浆套	3.0~5.0			

注:泥浆套是一种能促使沉井下沉的材料,如触变泥浆。

在进行沉井设计时,井壁摩擦力的分布形式有许多不同的假定。一种是假定在深度0~5m范围内单位面积摩擦力按三角形分布,5m以下为常数,如图4.3.5(b)所示。这时总的摩擦力为

$$R_f = f_0 F_0 = f_0 U(h_0 - 2.5) \tag{4.3.4}$$

式中:U——沉井周长(m);

h_0——沉井入土深度(m)。

第二种假定是取入土全深范围内为常数的假定，$F_0 = Uh_0(\text{m}^2)$，如图4.3.5(c)所示。

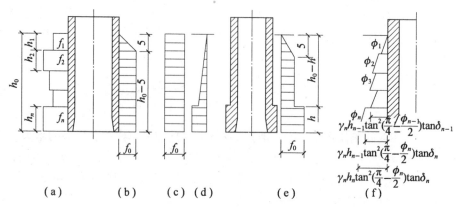

$$\gamma_n h_{n-1} \tan^2\left(\frac{\pi}{4} - \frac{\phi_{n-1}}{2}\right)\tan\delta_{n-1}$$

$$\gamma_n h_{n-1} \tan^2\left(\frac{\pi}{4} - \frac{\phi_n}{2}\right)\tan\delta_n$$

$$\gamma_n h_n \tan^2\left(\frac{\pi}{4} - \frac{\phi_n}{2}\right)\tan\delta_n$$

图4.3.5 沉井井壁摩擦力的分布形式

第三种假定认为摩擦力不仅与土的种类有关，还与土的埋藏深度有关。因此，采用了摩擦力等于朗肯主动土压力与土和井壁之间的摩擦系数之乘积(一般取极限摩擦系数为0.4~0.5)。根据这种假定，侧面摩擦力将是随着深度而增加的梯形分布，或近似于三角形分布，如图4.3.5(d)所示。对于小型薄壁阶梯型井壁的圆形沉井，其侧面摩擦力分布也有多种不同的取法，如上海地区采用如图4.3.5(e)、(f)所示的假定。

实际上侧面单位摩擦力的大小及分布规律是一个复杂问题，在实际工程实施中可以采用直接测量或间接测量摩擦力的方法来研究和确定摩擦力的大小和分布规律。

【例4.3.1】试计算某连续沉井(两端无钢封门)下沉至接近设计标高时的"下沉系数"。已知：

(1)沉井高7.6m，长28.0m，刃脚宽0.7m，其自重计算结果为10545kN；

(2)土层对井壁的平均极限摩擦力为15kN/m^2，刃脚土的极限正面阻力为100 kN/m^2，刃脚侧面及底横梁下的土已掏空。

解(1)下沉阻力计算

根据地质资料，所处地层为灰色淤泥质粘土层，土层对井壁的平均摩擦力为15kN/m^2，则土层对井壁总的侧面摩擦力为

$$2 \times 28.0 \times 7.6 \times 15 = 6384\text{kN}$$

井壁刃脚踏面与土层接触面积为

$$2 \times 28.0 \times 0.7 = 39.2\text{m}^2$$

则总的刃脚土极限阻力为

$$39.2 \times 100 = 3920\text{kN}。$$

(2)下沉系数计算

该沉井下沉至接近设计标高时的下沉系数为

$$K_1 = \frac{10545}{6384 + 3920} = 1.02$$

下沉系数近似等于 1. 0,说明该沉井的设计是比较经济的,在下沉过程中有可能发生困难,可以采用施工上的一些措施,如压重或多挖土,或事先采用泥浆套等。

实际上沉井的沉降系数 K_1 在整个下沉过程中,不会是常数,有时可能大于 1. 0,有时接近于 1. 0,有时会等于 1. 0。如开始下沉时 K_1 必定大于 1. 0,在沉到设计标高时,K_1 应接近于 1. 0,一般保持在 $K_1 = 1. 10 \sim 1. 25$ 之间。

在分节浇筑分节下沉时,应在下节沉井混凝土浇筑完毕而还未开始下沉时,保持 $K_1 < 1$,并具有一定的安全系数。

2. 沉井施工期间的抗浮稳定验算

沉井沉到设计标高后,将进行封底、铺设垫层并浇筑钢筋混凝土底板等工作。由于内部结构和顶盖还未施工,此时整个沉井向下荷载为最小。待到内部结构、设备安装及顶盖施工完毕,可能需要较长一段时间,在此期间底板下的水压力将逐渐增长至静力水头,将对沉井产生最大的浮力作用。因此,验算沉井抗浮稳定性就具有十分重要的意义。沉井的抗浮稳定性一般可以用抗浮系数 K_2 表示

$$K_2 = \frac{G + R_f}{Q} \geqslant 1. 05 \sim 1. 10 \tag{4.3.5}$$

式中:K_2——抗浮系数;

G——井壁底板的重力(不包括底板浇筑后施工的内部结构和顶盖重力)(kN);

R_f——井壁与土层之间的极限摩擦力(kN);

Q——水对沉井的浮力(kN)。

抗浮系数 K_2 的大小可以由底板的厚度来调整,所以一般不希望该值过大,以免造成浪费。

对于浮力的取值,在地下结构设计中历来是有争议的问题之一。实践证明,在江河之中或江河沿岸施工的沉井,或是埋置于渗透性很大的砂土中的沉井,其浮力即等于沉井水下部分同体积水的重力。然而在粘性土中浮力究竟如何取值,尚缺乏较好的验证。同样关于井壁侧面摩擦力在抗浮时能否发挥作用,如何合理取值,也需要进一步研究。

大量的工程实践表明,已建的各种沉井一般都没有上浮现象。这说明:

(1)沉井上浮时土的极限摩擦力很大,而一般设计采用值往往偏小,因此在验算抗浮稳定性时计入井壁摩擦力是合理的。

(2)在粘性土层中,因为渗透系数很小,地下水补给非常缓慢,地下水对沉井的浮力上升也极为缓慢。在达到最大浮力之前,沉井内部结构、设备、顶盖等重力已经发挥作用,故一般不存在浮升问题。因此部分设计施工单位在验算粘性土中沉井抗浮稳定性时,常取静力水头的 80% ~ 90% 进行验算,但因缺乏理论根据和实践检验,对此应持慎重态度。

【例 4. 3. 2】试验算某大型圆形沉井的"抗浮系数"。已知沉井直径 D = 68m,底板浇筑完毕后的沉井自重为 650100kN,井壁与土层间单位面积摩擦力 $f_0 = 20 \text{kN/m}^2$,5m 内按三角形分布。沉井入土深度为 $h_0 = 26.5 \text{m}$,封底时的地下水静水头 H = 24m。

解 井壁侧面摩擦力

$$R_f = f_0 U(h_0 - 2. 5) = 20 \times \pi \times 68 \times (26. 5 - 2. 5) = 102000 \text{kN}$$

浮力

$$Q = \frac{\pi}{4} \times 68^2 \times 24 \times 10 = 872000 \text{kN}$$

施工阶段(底板浇筑后)抗浮稳定性系数为

$$K_2 = \frac{G + R_f}{Q} = \frac{650100 + 102000}{872000} = 0.86 < 1.05$$

显然不满足抗浮要求,可以采取以下措施,以满足抗浮稳定性要求:(1)在施工阶段设置临时反滤层和集水井,抽去地下水,以减小地下水的浮力;(2)在施工场地采取降水措施降低地下水位,如将地下水位降低 3.5m,则浮力为

$$Q = \frac{\pi}{4} \times 68^2 \times (24 - 3.5) \times 10 = 744500 \text{kN}$$

$$K_2 = \frac{G + R_f}{Q} = \frac{650100 + 102000}{744500} = 1.01$$

近似满足抗浮要求。实际工程中,经设计和施工单位共同讨论后决定设置临时反滤层和集水井,保证了该沉井的抗浮稳定性。该沉井竣工后的重力为 914700kN,故竣工后的最终抗浮系数为

$$K_2 = \frac{G + R_f}{Q} = \frac{914700 + 102000}{872000} = 1.17 \approx 1.2$$

基本满足抗浮要求(一般要求使用期间抗浮系数 $K_2 \geqslant 1.20$)。

3. 刃脚计算

井壁刃脚部分在下沉过程中经常切入土中,形成一悬臂作用。因此必须进行刃脚内侧和外侧竖向和水平向的配筋验算。

(1)刃脚向外挠曲计算(配置内侧竖向钢筋)

第一次下沉的沉井,在刚开始下沉时,刃脚下土层的正面阻力和内侧土体沿着刃脚斜面作用的阻力有将刃脚向外推出的作用,这时刃脚入土深度较浅,井壁侧面的土压力几乎还未发挥作用,此时刃脚的受力情况如图 4.3.6 所示。沿井壁周边环向取 1.0m 的截条为计算单元进行计算,计算步骤如下。

1)计算井壁自重 G——沿井壁周长单位宽度上的沉井自重(按全井高度计算,不含刃脚)。不排水挖土时应扣除浸入水中部分浮力。

2)计算刃脚自重 g,按下式计算

$$g = \gamma_h h_k \frac{\lambda + a}{2} \tag{4.3.6}$$

式中:γ_h ——混凝土的容重(kN/m³);

h_k ——刃脚高度(m);

λ ——沉井壁厚度(m);

a ——刃脚底面宽度(m)。

3)计算刃脚外侧的水、土压力 E',可以按朗肯主动土压力理论计算,即

$$E' = \frac{1}{2} h_k \left[\gamma_t h_k \tan^2 \left(45° - \frac{\phi}{2} \right) \right] \tag{4.3.7}$$

式中:ϕ ——土的内摩擦角度

γ_t ——土的容重(kN/m³)。在地下水位以下取土的浮容重 γ_t'。

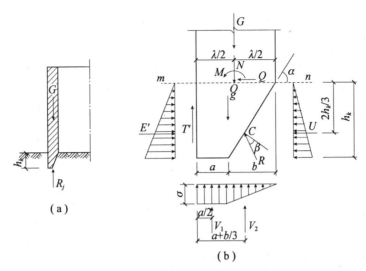

图 4.3.6　刃脚向外挠曲计算简图

在进行刃脚向外挠曲计算时，作用在刃脚外侧的计算土压力和水压力的总和应不超过静水压力的70%，否则就按70%的静水压力计算。

4)计算刃脚外侧土对井壁的摩擦力 T'，可以按下式计算

$$T' = fF' \tag{4.3.8}$$

式中：F'——沉井侧面与土壤接触的单位宽度上的总面积(m^2)；

　　　f——井壁与土层之间的摩擦力(kN/m^2)。

计算中要求 $T' \leqslant 0.5E'$，计算 T' 时取其中较小值，其目的是使刃脚底部反力 R_j 为最大值。

5)计算刃脚下土的反力，即刃脚底部土的反力 V_1 和斜面上土的反力 R。假定 R 的作用方向与斜面法线成 β 角(即摩擦角，一般取 $\beta = 10° \sim 20°$，最大可以取 $30°$)，并将其分解成竖直的和水平的两个分力 V_2 和 U(均假定为三角形分布)。

根据实际工程中的设计经验，在刃脚向外挠曲时，起主要作用的因素是刃脚下土层的正面阻力，即 V_1、V_2 和 U 的大小；而侧面水土压力 E'、侧面摩擦力 T' 和刃脚自重 g 三者在计算中所占的比重很小，刃脚设计时可以忽略不计，其结果则稍偏于安全。

某些国家(如前苏联)和某些专业规范中规定按沉井沉到一半时的情况进行刃脚向外挠曲计算。考虑沉入土中部分井壁的摩擦阻力和减荷作用，并假定刃脚完全切入土中(或切入土中1.0m)，如图4.3.7所示。此时刃脚下的反力为

$$R_j = V_1 + V_2 = G + g - T - T' \approx G - T \tag{4.3.9}$$

式中：T——作用于单位周长井壁上的摩擦力(kN/m)，按 $T = fF$ 或按 $T = 0.5E$ 计算，E 为作用于单位周长井壁上的水土压力，计算时 T 取二者中较小值。

因

$$\frac{V_1}{V_2} = \frac{a\sigma}{\frac{1}{2}b\sigma} = \frac{2a}{b} \tag{4.3.10}$$

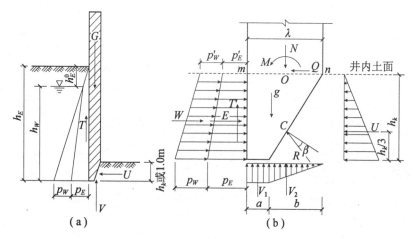

$$图中：p_E = \gamma_t h_E \tan^2\left(45° - \frac{\phi}{2}\right)，\quad p'_E = \gamma_t(h_E - h_k)\tan^2\left(45° - \frac{\phi}{2}\right)，\quad E = \frac{(p_E + p'_E)h_k}{2}$$

图4.3.7 考虑沉井入土部分井壁摩阻力的刃脚向外挠曲计算简图

联立式(4.3.9)和式(4.3.10)并求解，得

$$V_2 = \frac{G - T}{1 + \dfrac{2a}{b}} \tag{4.3.11}$$

从 V_2 在刃脚斜面上的作用点 C，可知 R 和 U 的作用点也在 C 点，即刃脚内侧土体对刃脚的水平挤压力 U 作用于距刃脚底面1/3刃脚高度处。由图4.3.7和图4.3.8可知，刃脚斜面部分土的水平反力，按三角形分布其合力的大小为

$$U = V_2 \tan(\alpha - \beta) \tag{4.3.12}$$

式中：α——刃脚斜面与水平面的夹角；

β——土与刃脚斜面间的摩擦角，为 $10° \sim 30°$。

6)确定刃脚内侧竖向钢筋

根据以上所求得的作用在刃脚上的各个外力的大小、方向和作用点，即可求出刃脚根部 $m—n$ 截面上的轴力 N、剪力 Q 及截面中心 O 点的弯矩 M，然后根据 M、N、Q 计算刃脚内侧的竖向钢筋。配筋率一般不小于 $0.1\% \sim 0.15\%$，悬臂根部以上必须具有足够的锚固长度。

【例4.3.3】设某矩形沉井封底前自重 27786.0kN，井壁周长 $2\times(20+32) = 104$m，井高 8.15m，一次下沉。试根据沉井刚开始下沉时刃脚向外挠曲进行刃脚内侧竖向钢筋计算 (刃脚底面宽 $a = 0.35$m，斜面宽 $b = 0.45$m，刃脚高 $h_k = 0.80$m)。

解 单位周长上沉井自重

$$G = \frac{27786.0}{104} = 267 \text{ kN}$$

沉井刚开始下沉时，$T = 0$。则刃脚斜面下土的竖向反力及刃脚底面土的竖向反力分别为

$$V_2 = \frac{G - T}{1 + \frac{2a}{b}} = \frac{267 - 0}{1 + \frac{2 \times 0.35}{0.45}} = 104 \text{ kN}$$

$$V_1 = G - V_2 = 267 - 104 = 163 \text{kN}$$

作用在刃脚斜面上的水平反力为

$$U = V_2 \tan(\alpha - \beta)$$

其中：$\alpha = \arctan \frac{80}{45} = 60°40'$，$\beta = 12°40'$（地区取值 10 ~ 15°）。计算得

$$U = V_2 \tan(\alpha - \beta) = 104 \times \tan(60°40' - 12°40') = 115 \text{ kN}$$

刃脚根部截面 m—n 中点 O 点的弯矩为

$$M = V_1 \left(\frac{a}{2} + 0.05 \right) - V_2 \left(\frac{b}{3} - 0.05 \right) + U \frac{2}{3} h_k$$

$$= 163 \left(\frac{0.35}{2} + 0.05 \right) - 104 \left(\frac{0.45}{3} - 0.05 \right) + 115 \times \frac{2}{3} \times 0.8$$

$$= 87.3 \text{kN} \cdot \text{m}$$

由于刃脚根部截面中点弯矩很小，根据构造要求配筋即可，选用 HRB335 钢筋 $\phi 20$ @200。

（2）刃脚向内挠曲计算（配置外侧竖向钢筋）

当沉井沉降到设计标高，为利于下沉，刃脚下的土常被掏空或部分掏空，井壁传递的自重由井壁外侧土层摩擦力承担，而此时井壁外侧作用最大的水、土压力，使刃脚产生最大的向内挠曲，如图 4.3.8 所示。一般按此情况计算刃脚外侧竖向配筋。

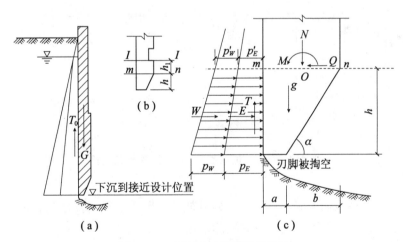

图 4.3.8 刃脚向内挠曲计算简图

刃脚自重 g 和刃脚外侧摩擦力 T' 对 m—n 截面的弯矩值所占比重都很小，可以忽略不计。这样刃脚向内挠曲计算中，起决定性作用的是刃脚外侧的水、土压力 W 及 E。水压力可按下列情况计算：

1）不排水下沉时，井壁外侧水压力值按 100% 计算，内侧水压力值一般按 50% 计算，但也可以按施工中可能出现的水头差计算。

2)排水下沉时，在不透水的土层中，可以按静水压力的 70% 计算；在透水的土层中，可以按静水压力的 100% 计算。

3)水土压力求出后，即可求得刃脚根部 m—n 截面处的弯矩 M、剪力 Q 和轴力 N，如果井壁刃脚附近设有槽口(如图 4.3.8(b)所示)，则当 $h_1 \geqslant 25cm$ 时，验算截面为 m—n 截面，当 $h_1 < 25cm$ 时，验算截面为 I—I 截面。

4. 施工阶段井壁计算

施工阶段井壁计算，应按沉井在施工过程中的传力体系合理确定计算简图，随后配置水平和竖直双向钢筋。由于沉井形状各异，施工的具体技术措施也各不相同，因此应视具体情况作出分析与判断。

(1)沉井在竖直平面内的受弯计算——沉井抽承垫木计算

重型沉井在制作第一节时，多用承垫木支承。当第一节沉井制成后(一般最大高度为 10m 左右)，开始抽拔垫木准备下沉时，刃脚踏面下逐渐脱空，井壁在自重作用下会产生较大的应力，因此需要根据不同的支承情况，对井壁作抗裂和强度验算。沉井施工过程中实际的支承位置十分复杂，一般仅按以下两种最不利的支承情况进行验算。

1)沉井支承在两点"定位垫木"上。最后抽取的垫木，称为"定位垫木"。此时，沉井全部重量均支承在定位垫木上(已回填到刃脚底面以下砂子的支承作用略去不计)。定位垫木的间距根据井壁内正负弯矩相等或接近相等的条件来确定。当沉井平面的边长比 $\geqslant$ 1.5 时，一般可以取 $l_2 = 0.7L$，L 为沉井全长。沉井抽承垫木的计算简图如图 4.3.9 所示。

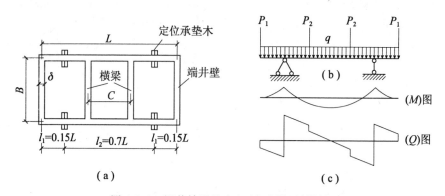

图 4.3.9 沉井抽承垫木(两点支撑)计算简图

应当注意，这种按简支梁的计算是十分近似的，因为井壁的高度与长度相比比较高，按材料力学的理论计算是不能完全反映实际情况的。

2)沉井支承在三支点上。抽垫木的顺序多数是：先抽四角，再抽跨中，且不断扩大抽拆范围，最后抽除定位垫木。由于早先回塞的砂子在后来的垫木抽完后，被一再压实，逐渐变成了支承点。因而形成了三支点的两跨连续梁，如图 4.3.10 所示。按此计算简图计算可得中间点处的最大负弯矩，据此可以计算水平配筋。

对于圆形沉井一般按支承于相互垂直的直径方向的四个支点(如图 4.3.11(a)所示)进行验算。在不排水下沉时，考虑到可能遇到障碍物，可以按支承于直径上的两个支承点进行验算。个别大型圆形沉井，一般从施工上采取措施增加支承点，如图 4.3.11(b)所示，

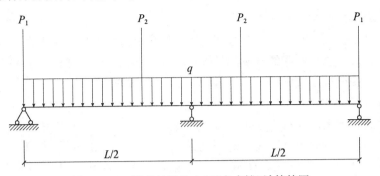

图 4.3.10　沉井抽承垫木(三点支撑)计算简图

留下八根定位垫木，最后一次抽掉，以减小井壁内力。

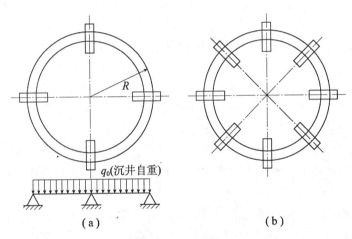

（a）　　　　　　　　　　（b）

图 4.3.11　圆形沉井抽承垫木计算简图

在计算沉井内力时，将圆形沉井井壁看做是连续水平的圆环梁。在均布荷载 q_0(沉井自重)作用下(如图 4.3.11 所示)，查表 4.3.2 可得其剪力、弯矩和扭矩。

表 4.3.2　　　　　　　　　　　　　　　计算圆环梁的内力系数表

圆环梁与柱数	最大剪力	弯　矩		最大扭矩	支柱轴线与最大扭矩截面间的中心角
		在二支柱间的跨中	支柱上		
4	$\dfrac{\pi q_0 R}{4}$	$0.03524\pi q_0 R^2$	$-0.06430\pi q_0 R^2$	$0.01060\pi q_0 R^2$	19°21′
6	$\dfrac{\pi q_0 R}{6}$	$0.01500\pi q_0 R^2$	$-0.02964\pi q_0 R^2$	$0.00302\pi q_0 R^2$	12°44′
8	$\dfrac{\pi q_0 R}{8}$	$0.00832\pi q_0 R^2$	$-0.01654\pi q_0 R^2$	$0.00126\pi q_0 R^2$	9°33′
12	$\dfrac{\pi q_0 R}{12}$	$0.00380\pi q_0 R^2$	$-0.00730\pi q_0 R^2$	$0.00036\pi q_0 R^2$	6°21′

注：表中，R—圆环梁轴线的半径；q_0—均布荷载。

（2）井壁垂直受拉计算——井壁竖向钢筋计算

沉井偏斜后，必须及时纠偏。此时产生了纵向弯曲并使井壁受到垂直方向拉力。由于影响因素复杂，难以进行明确的分析与计算。因此，在设计时一般假定沉井下沉将达到设计标高时，上部井壁被土层卡住，而刃脚下的土已全部掏空，形成"吊空"现象，并按这种"吊空"现象来验算井壁抗裂性和受拉强度。

由于上部井壁被土卡住的部位或状况不明确，具体计算时参照相关规范中的规定执行。我国部分地区和行业规范取井壁断面上最大拉力为25%的井重（即1/4井重），最大拉力位置在沉井的1/2高度处。日本规范取最大拉力值为50%井重，前苏联规范则取65%井重。

对变截面的井壁，每段井壁都应进行拉力计算。

对采用泥浆润滑套下沉的沉井，虽然沉井在泥浆套内不会出现卡住"吊空"现象，但纠偏时仍然会产生纵向弯矩，且弯矩值大大减小，此时根据构造要求按全断面的0.25%配置纵向钢筋。

（3）在水土压力作用下的井壁计算——井壁水平钢筋计算

作用在井壁上的水土压力 $q = E + W$，沿沉井的深度是变化的，因此井壁计算也应沿井的高度方向分段计算。当沉井沉至设计标高，刃脚下的土已被掏空时，井壁承受最大的水土压力。水土压力的计算和上述刃脚的计算相同，通常有水土分算和水土合算两种，一般砂性土采用水土分算，粘性土则采用水土合算，并采用三角形分布。

1）对于在施工阶段井内设有几道横隔墙的沉井结构，其井壁的受力情况可以按水平框架分析，计算时，首先计算位于刃脚斜面以上，高度等于井壁厚度的一段受力最大的井壁，如图4.3.12所示。由于这一段井壁框架是刃脚悬臂梁的固定端，除承受框架本身高度范围内的水土压力外，尚需承担由刃脚部分传递来的水土压力。这样，作用在该段井壁上的均布荷载可以取为 $q = E + W + Q_1$，根据 q 值计算水平框架各结构的 M、N 和 Q 值，并进行截面配筋计算。

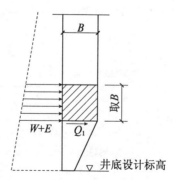

图4.3.12　井壁计算最不利位置示意图

其余各段井壁计算可以按各段所受的水平荷载 $q_i = E_i + W_i$ 分别计算。计算时一般以各段最下端的水土压力值作为该段的均布荷载进行内力计算和截面配筋计算。

进行横隔墙的受力分析时，其结点可以作为铰结或固端进行计算，主要视隔墙和井壁的相对抗弯刚度，即两者 d/l 的相对比值大小而定（这里 d 为壁厚；l 为跨度）。当隔墙抗弯刚度比井壁的小得多时，可以将横隔墙作为两端铰支于侧向井壁上的撑杆考虑，如图 4.3.13 所示。当壁墙刚度相差不多时，可以将隔墙与井壁联成固结的空腹框架进行分析。

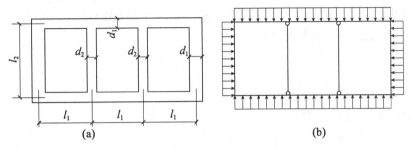

图 4.3.13　井壁计算平面框架计算简图

　　2)对于不能设横隔墙的地下建筑沉井，如图 4.3.14 所示的沉井和隧道连续沉井，或因结构布置要求不允许设置立柱时，侧向井壁在施工下沉过程中仅靠上下纵横梁支撑。此时不能按水平框架进行计算，而应根据沉井结构的形式及长、宽、高的相对尺寸大小，将井壁简化为"框架+平板"结构进行计算。其具体计算可以参阅相关文献资料，此处不再赘述。

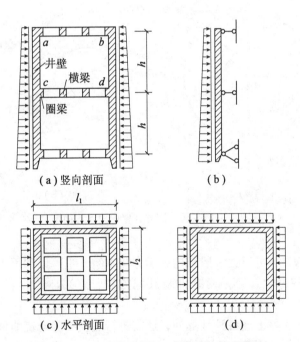

图 4.3.14　无横隔墙的沉井井壁计算示意图

　　3)圆形沉井井壁内力计算
　　作用在圆形沉井井壁任一标高上的水平侧压力 e，理论上讲应该是各处相等的，如图 4.3.15 所示。圆环只承受轴向力 $N=eR_1$(R_1 为沉井壁外半径)，而井壁内弯矩等于零，但是实际情况并非如此。因为土质是不均匀的，同时沉井下沉过程中也可能发生倾斜等，使得井壁外侧压力常常不是均匀分布的。为了便于计算，一般采用简化方法进行计算。简化方法种类很多，我国目前用得较多的简化方法是假定在倾斜方向的前后（BB′）两侧土压力均有增大（如图 4.3.15（a）所示），其增量相当于土层的内摩擦角减小 2.5°~5°，而在垂直于此倾斜方向的左右两侧土压力均较小，相当于内摩擦角增大 2.5°~5°。

A 点与 B 点之间土压力变化规律为

$$e_\alpha = e_A(1 + \omega'\sin\alpha) \tag{4.3.13}$$

式中：

$$\omega' = \omega - 1 \ , \ \omega = \frac{e_B}{e_A} 。$$

则作用在 A、B 截面上的内力为

$$\begin{aligned}
M_A &= -0.1488e_A r^2 \omega' \\
N_A &= e_A r(1 + 0.7854\omega') \\
M_B &= 0.1366e_A r^2 \omega' \\
N_B &= e_A r(1 + 0.5000\omega')
\end{aligned} \tag{4.3.14}$$

式中：r——井壁轴线半径。

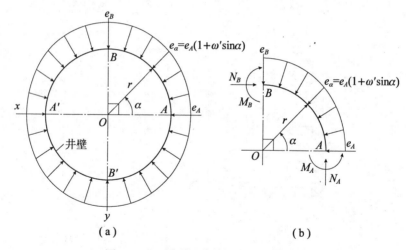

图 4.3.15　圆形沉井井壁内力计算简图

各截面的内力 M、N 可以按一般结构力学方法求解，也可以利用现成图表求得。关于圆形沉井受力不均的简化计算，尚有许多其他方法，有兴趣的读者可以参阅相关文献资料。

关于沉井的计算，除上述各种计算外，还需进行底横梁竖向挠曲计算、水下封底混凝土厚度计算及沉井低板计算等，限于篇幅，此处不再一一介绍，需要时可以参阅相关文献资料。

4.3.4　沉箱式地下结构简介

在水下施工沉井式地下结构或深基础时，为了施工方便，一般将沉井做成有盖无底或有底无盖的箱型结构，施工时，向沉箱工作室内输入压缩空气将水排出，形成无水工作条

件,此时将其称为沉箱或压气沉箱。有时也将沉井称为开口沉箱,而沉箱一般均是指压气沉箱。

沉箱可以用来修筑桥梁墩台或其他构筑物的基础,也可以作为地下结构的一部分。早期沉箱多用钢材制造,以后相继改用钢筋混凝土等材料制造。

沉箱一般由侧壁、隔墙、顶板、刃脚、吊桁、工作室顶板、内部充填混凝土、胸墙、止水壁和升降孔等组成,如图 4.3.16 所示。

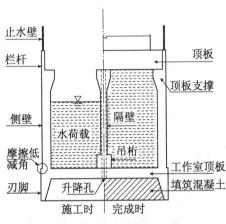

图 4.3.16　沉箱构造示意图

(1)侧壁是构成沉箱四周的墙壁。

(2)隔墙是将侧壁围成的内部空间进行划分的墙壁,小型沉箱不需设置隔墙,但大型沉箱可能需要设置许多隔墙。

(3)顶板是承受上部传递来的荷载,并向侧壁、隔墙传递荷载的板状构筑物。

(4)刃脚是为了便于沉箱下沉而在侧壁最下端制成刀刃状的结构物,与沉井刃脚的构造和作用相同。

(5)吊桁位于隔墙的最下端,不仅起到分割沉箱内部空间的分割墙作用,更重要的是形成井格状桁架结构,对工作室顶板进行加固,并和侧壁形成一个整体,从而增强沉箱结构的刚性。

(6)工作室顶板是与刃脚形成一个整体,确保工作室气密性的板状构筑物。

(7)工作室内填筑混凝土是沉箱沉设到位后为了确保将沉箱基础的荷载传向地基而在工作室内充填的素混凝土。

(8)胸墙是沉箱下沉结束后为了构筑顶板而设置的挡土墙。

(9)止水壁是在沉箱下沉过程中,为了防止水、土进入沉箱内部而临时设置的挡土墙,在顶板构筑完成后拆除。

(10)升降孔是在沉箱和箱顶结构中留出的垂直孔道,其中安装了连通工作室和气闸的气筒(井管),工作人员、器材、室内弃土可以经气筒内上下通过。

沉箱的设计主要包括 3 个方面的内容:

第一,针对作用在沉箱主体结构上的各种荷载,确定沉箱的平面形式、结构尺寸,以保证结构及土体的安全、稳定。

第二，沉箱结构建成后通常为一种永久性的构筑物，为了保证施工和使用期间的安全，应对组成沉箱结构的各个构件的断面尺寸进行验算。

第三，沉箱结构具有主体结构在地面构筑，然后下沉到地下（水下）的特点，所以应该考虑下沉到设计深度的方法，进行沉箱结构的下沉关系计算。

此外，还应根据下沉过程中的各种应力变化，进行构件的强度安全验算。

限于篇幅，关于沉箱结构的详细设计内容和方法，读者可以参阅有关专业设计著作和资料。

4.4 沉管结构设计

4.4.1 概述

公路、铁路和城市道路在遇到江河、港湾时，除了采用桥梁跨越外，还可以采用水底隧道穿越，避免与水面航道相互干扰。在水底隧道建设中，沉管法是比较经济合理的一种工程技术方法。世界上第一座沉管法修建的隧道是建于1910年，穿越美国和加拿大之间的底特律河的沉管铁路隧道。目前，世界上已建和在建的沉管隧道有100多座，主要用于公路交通、铁路交通和人行通道。由于20世纪50年代解决了两项关键技术——水力压接法和基础处理，沉管法已经成为水底隧道最主要的施工方法，尤其在荷兰，除一座公路隧道和一座铁路隧道外，已建的水底隧道均采用了沉管法。我国第一座沉管隧道是1992年建成的广东珠江过江隧道，该隧道长1238.5m，其中435m为沉管段，由长105m、120m、120m和90m四节沉管组成，设计断面宽33m、高10.5m。目前已建成的亚洲最大的水底公路隧道——上海外环越江隧道的主体部分就是沉管隧道，该隧道全长2880m，双向8车道，其中沉管段长736m，每节沉管长108m，断面尺寸为宽43m×高9.55m。

2008年底建成通车的武汉第一条穿越长江的过江隧道（被业界称为"长江第一隧"）设计时曾考虑首选沉管隧道方案，建成公路、地铁两用过江隧道，并进行了初步设计。设计隧道总长3270m，其中江中部分采用12节沉管，每节长115m，共长1380m，沉管断面为宽35m×高9m，公路设双向6车道。但由于各方面原因，该沉管隧道方案被盾构隧道方案取代。目前已建成通车的武汉过江隧道采用了双盾构隧道方案，为公路专用隧道，设双向4车道。

沉管隧道按其管段制作方法分为两类：一类是船台型，施工时先在造船厂的船台上预制钢壳，制成后沿着滑道滑行下水，然后在漂浮状态下进行水下钢筋混凝土施工。另一类是干坞型，干坞型沉管是在临时的干坞中制作钢筋混凝土管段，制成后往干坞内灌水使管段浮起并拖运到设计隧位沉放。

沉管隧道的设计，内容较多，涉及面广。主要有：总体几何设计，结构设计，通风设计，照明设计，内装设计，给排水设计，供电设计和运行管理设计等。本节主要介绍沉管结构设计。

4.4.2　沉管的结构设计

1. 沉管的浮力设计

在沉管结构设计中,有一个与其他地下结构迥然不同的特点,就是必须处理好浮力与重力之间的关系,这就是所谓的浮力设计。浮力设计的内容包括确定干舷和验算抗浮安全系数,其目的是最终确定沉管结构的高度和外廓尺寸。

(1)干舷

干舷是指管段在浮运时,为了保持稳定必须使其管顶露出水面的高度。具有一定干舷的管段,遇到风浪而发生倾侧后,管段就自动产生一个反倾力矩 M_t,如图 4.4.1 所示,使管段恢复平衡。一般矩形管段干舷为 10 ~ 15cm,圆形、八角形或花篮形断面(如图 4.4.2 所示)的管段则因顶宽较小,故干舷高度多为 40 ~ 50cm。干舷高度不宜过小,过小则管段浮运时的稳定性差,但也不宜过大,过大则管段沉设时所需压载量大,不经济。在极个别情况下由于沉管的结构厚度较大,无法自浮(即没有干舷),则必须于顶部设置浮筒助浮,或在管段顶上设置钢围堰,以产生必要的干舷。

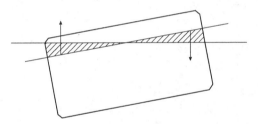

图 4.4.1　沉管管段的干舷与反倾力矩示意图

在制作管段时,混凝土的容重和模板尺寸常有一定幅度的变动和误差,而河水容重在不同时间段也有一定幅度的变化,因此,在进行浮力设计时,应按最大的混凝土容重、最大的混凝土体积和最小的河水容重来计算干舷。

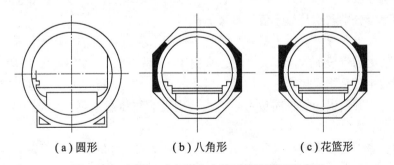

(a)圆形　　　　　(b)八角形　　　　　(c)花篮形

图 4.4.2　圆形、八角形和花篮形管段断面示意图

(2)抗浮安全系数

在管段沉设施工阶段,抗浮安全系数一般采用 1.05 ~ 1.10。由于在管段沉设完毕,进行抛土回填时,周围的河水会变得浑浊,其容重会增大,浮力也相应增加,因此,施工

阶段的抗浮安全系数，必须确保大于 1.05，否则很容易导致"复浮"，影响施工。施工阶段的抗浮安全系数，应针对覆土回填开始前的情况进行计算，此时安设在管段上的施工设备重力均不予考虑。在覆土完毕后的使用阶段，应采用 1.2～1.5 的抗浮安全系数。计算使用阶段的抗浮安全系数时，可以考虑两侧填土的部分负摩擦力作用。

进行浮力设计时，应按最小的混凝土容重和体积，最大的河水容重来计算各个阶段的抗浮安全系数。

(3)沉管结构的外轮廓尺寸

一般情况下沉管隧道通过总体几何设计，即确定了隧道的内净宽度以及行车道的净空高度，但沉管结构的全高以及其他外廓尺寸还必须满足沉管的抗浮设计要求，经过浮力计算和结构分析的多次试算——复算才能确定。在浮力设计中，既要保持一定的干舷，又要保证一定的抗浮安全系数，所以沉管结构的全高往往超过行车道的净空高度和顶板、底板厚度之和。

2. 作用在沉管结构上的荷载

作用在沉管结构上的荷载有：结构自重、水压力、土压力、浮力、施工荷载、波浪和水流压力、沉降摩擦力、车辆活载、沉船荷载、地基反力、混凝土收缩作用产生的应力、温差作用产生的应力、不均匀沉陷产生的应力、地震荷载等。

在上述荷载中，只有结构自重及相应的地基反力是恒载。钢筋混凝土的容重可以分别按 $24.6kN/m^3$（浮运阶段）及 $24.2kN/m^3$（使用阶段）计算，路面下的压载混凝土的容重，则由于密实度稍差，一般按 $22.5kN/m^3$ 计算。

作用在管段结构上的水压力是主要荷载之一，在覆土较小的区段中，水压力一般为作用在管段上的最大荷载，设计时要按各种荷载组合情况分别计算正常的高、低潮水位的水压力，以及台风时或若干年一遇（如 100 年一遇）的特大洪水水位的水压力。

土压力是作用在管段上的另一主要荷载，一般不是恒载。例如作用在管段顶面上的垂直土压力，一般为河床底面到管段顶面之间的土体重力，在河床不稳定的场合下，还要考虑河床变迁所产生的附加土压力荷载。作用在管段侧边上的水平土压力，也不是一个常量，在隧道刚建成时，侧向土压力往往较小，以后逐渐增加，最终可达静止土压力。设计时应按不利组合分别取用其最小值和最大值。

作用在管段上的浮力，也不是一个常量。一般来说，浮力应等于排水量，但作用于沉没在粘性土层中的管段上的浮力，有时也会由于"滞后现象"的作用而大于排水量。

施工荷载主要是指端封墙、定位塔、压载等重力。在进行浮力设计时，应考虑施工荷载。如果施工荷载所引起的纵向负弯矩过大，则可调整压载水罐（或水柜）的位置来抵消一部分负弯矩。

波浪力一般不大，不致影响配筋；水流压力对结构设计的影响也不大，但必须进行水工模型试验予以确定，以便根据试验结果设计沉设工艺及设备。

沉降摩擦力是覆土回填之后，沟槽底部受荷载不均匀，沉降亦不均匀的情况下发生的。沉管底下的荷载比较小，沉降亦小，而其两侧荷载较大，沉降亦大。因而，在沉管的侧壁外侧就受到这种沉降摩擦力的作用，如图 4.4.3 所示。若在沉管侧壁防水层外，再涂喷一层软沥青，则可以使这项沉降摩擦力大为减小。

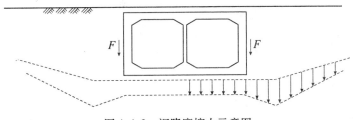

图 4.4.3　沉降摩擦力示意图

车辆活载在进行隧道横断面结构分析时，一般可以忽略不计。在进行隧道纵断面结构分析时，一般也可以忽略不计。

沉船荷载是船只失事后恰巧沉在隧道顶上时所产生的特殊荷载，这种特殊荷载的大小，应视船只类型、吨位、装载情况、沉没方式、覆土厚度、隧顶土面是否突出于两侧河床底面等许多因素而定。因而在设计时只能根据假设确定，没有统一的计算规定。根据沉管隧道的设计经验，一般假定沉船荷载为 $50\sim130kN/m^2$，但对是否有必要考虑这种特殊荷载，至目前尚无定论。

关于沉管隧道管段底部地基反力的分布规律，有多种不同的假定，主要有：

(1)假定地基反力按直线分布；

(2)假定地基反力强度与地基各点沉降量成正比(文克尔假定)；

(3)假定地基为半无限弹性体，按弹性理论计算反力。

在按文克尔理论假定计算时，根据具体地基条件，地基弹性压缩系数的采用各不相同。在某些情况下可以采用单一的地基弹性压缩系数，在其他一些情况下也可以采用不同组合的多地基弹性压缩系数，甚至对同一隧道采用单一地基压缩系数和不同组合的多地基压缩系数进行计算，从而得出内力包络图。

混凝土收缩影响系由施工缝两侧不同龄期混凝土的剩余收缩差所引起，因此应按设计施工规划，规定龄期差并设定收缩差。

变温影响主要由沉管外壁的内外侧温差所引起。设计时可以按持续 $5\sim7$ 天的最高气温或最低气温计算。计算时可以采用平均气温，不必按昼夜最高气温或最低气温计算。计算变温影响时，还应考虑徐变影响。

3. 沉管的结构分析与配筋

(1)横向结构分析

沉管的横截面结构形式一般是多孔箱形框架，由于荷载组合的种类较多，而箱形框架的结构分析必须经过"假定构件尺寸——分析内力——修正尺寸——复算内力"的几次循环，计算工作量较大。但为了避免采用剪力钢筋，并改善结构受力性能，减少混凝土开裂，水底沉管隧道通常采用变截面或折拱形结构，如图 4.4.4 所示。而且即使同一节沉管(一般长度为 100m 左右)中，因隧道纵坡和河床底标高变化的关系，各处断面所受水、土压力不同，不能只按一个横截面的结构分析结果来进行整节管段甚至整个水底隧道的横向配筋计算。因此，沉管隧道横向结构分析计算工作量很大，一般采用数值方法进行计算。

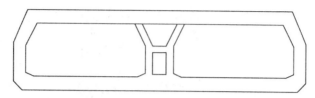

图 4.4.4　沉管管段折拱形断面示意图

（2）纵向结构分析

施工阶段的沉管纵向受力分析，主要计算浮运，沉设时施工荷载（定位塔、端封墙等）所引起的内力。使用阶段的纵向配筋，一般按弹性地基梁理论进行计算。沉管隧道纵断面设计需要考虑温度荷载、地基不均匀沉降以及其他各种荷载，根据隧道性能要求进行合理组合。

（3）配筋

沉管结构的截面和配筋设计，应按照《公路钢筋混凝土及预应力混凝土桥涵设计规范》（JTGD62—2004）进行。

沉管结构的混凝土的强度标号（28 天龄期）要求较高，一般为 C30 以上，宜采用 C30 ~ C45，主要是为了满足结构抗剪的需要。沉管结构在外防水层保护下的最大容许裂纹宽度为 0. 15 ~ 0. 2mm，因此，采用的钢筋等级不宜过高，不宜采用 HRB400 及以上的钢筋，且钢筋的容许应力一般应限制在 135 ~ 160MPa 以内。设计时根据不同的荷载组合条件，钢筋的容许应力值可以适当提高。

A. 结构自重+保护层、路面、压载重量+覆土荷载+土压力+高潮水压力　　　　　0%

B. 结构自重+保护层、路面、压载重量+覆土荷载+土压力+低潮水压力　　　　　0%

C. 结构自重+保护层、路面、压载重量+覆土荷载+土压力+台风时或特大洪水位水压力　　　　　　　　　　　　　　　　　　　　　　　　　　　　　　　　　　30%

D. A+变温影响　　　　　　　　　　　　　　　　　　　　　　　　　　　　　　15%

E. A+特殊荷载（如沉船、地震等）：混凝土的主拉应力　　　　　　　　　　　30%

　　　　　　　　　　　其他应力　　　　　　　　　　　　　　　　　　　　50%

沉管结构的纵向配筋率，一般不应小于 0. 25%。

4. 预应力的应用

一般情况下，沉管隧道多采用普通钢筋混凝土结构，这是因为沉管的结构厚度不是由强度决定的，而是由抗浮安全系数决定的，若采用预应力混凝土结构，难以充分发挥预应力结构的优点。当然预应力混凝土可以提高抗渗性能，但由于结构厚度大，所施加预应力不高，因此单纯为了防水而采用预应力混凝土结构，也不经济。

但是，当隧道空洞跨径较大，且水土压力也较大时，沉管顶板、底板将承受相当大的剪力，这时若不采用预应力混凝土结构，就必须放大支托。但放大支托又不允许侵占行车道净空，因此只能相应地增加沉管结构的全高度，由此将导致挖土量增大、浮力增加、土压力增加、工程量增大、造价增加等一系列后果。这种情况下，采用预应力混凝土结构就可以比较经济地解决上述问题。当然，在一座沉管隧道中，可以根据工程实际，在部分管段采用预应力混凝土结构，以达到最佳经济效益。

4.4.3　沉管的防水与构造

1. 沉管的防水

(1)沉管的防水措施

早期的沉管都是采用钢壳圆形、八角形或花篮形管段，利用船厂里的设备和船台，制成钢壳，待钢壳下水后，再于浮动状态下进行管段混凝土的浇筑。这种钢壳既是施工阶段的外模，也是管段沉设后使用阶段的防水层。

20 世纪 40 年代初，矩形钢筋混凝土管段开始应用于水底隧道，管段制作时不必再用船台，而改在干坞进行整体浇筑。从施工角度来说，此时完全可以用其他方法制作外模，但由于当时认识的局限性，认为只有钢壳才是可靠的防水措施，所以最初的矩形管段仍然采用四面包裹的钢壳来防水。

20 世纪 50 年代以后，开始改用三面包裹钢板防水，顶板上改用柔性防水层防水，不但节约了钢材、降低了造价，也方便了施工。1956 年以后，又发展成仅底板包裹钢板防水(施工阶段不易损坏)，其他三面改用柔性防水层的做法。至 20 世纪 60 年代初，开始在一些沉管隧道中采用全柔性防水措施。

柔性防水层的种类很多，由最初的沥青油毡，到 20 世纪 50 年代的波纤布油毡，到 20 世纪 60 年代的异丁橡胶卷材，直到后来发展起来的各种防水涂料等。

(2)钢壳与防水钢板

钢壳防水虽已不再常用，但由于其除了防水功能外，还可以缩小干坞规模，因此至目前仍有部分沉管隧道采用。实际上，单纯作为防水，钢壳也具有许多难以克服的缺点，如钢材消耗量大、焊缝防水可靠性差、锈蚀问题严重、钢板与混凝土之间粘结不良等。

由于钢壳防水既不经济，也不完全可靠，因此大多情况下仅在管段底部采用钢板防水。用在管段底板下的防水钢板，厚度很薄，基本上不用焊接，一般采用拼接贴封的方法，从而排除了焊接质量问题，同时其单位面积用钢量也仅为钢壳的 1/4 左右，主要是钢板厚度可以很薄，无需加劲及支撑等。

(3)卷材防水与防水涂料

卷材防水是采用专用胶粘结多层沥青类卷材和合成橡胶类卷材而成的粘贴式(亦称外贴式)防水层。沥青类卷材一般用浇油摊铺法粘贴，卷材粘贴完毕后，必须在外面加设保护层。保护层的构成视部位不同而异。管段底板下采用卷材防水层时，可以在干坞底面先铺设一层混凝土块(30mm)，后铺 50~60mm 的素混凝土作为保护层，再在保护层上摊铺 3~6 层防水卷材。

合成橡胶类卷材主要有热塑性材料，如聚氯乙稀、聚乙烯等，以及弹性材料，如氯丁橡胶、异丁橡胶等。合成橡胶类卷材与沥青类卷材相比较，具有厚度薄、成本低、施工方便等特点。

防水涂料，一般是以环氧树脂为基或以聚氨酯为基的液体，采用喷涂法或滚抹法施工于混凝土表面。其操作工艺简单，成本低，在平整度较差的混凝土表面也可以直接施工。其主要缺点是延伸率不如防水卷材，难以达到容许裂缝开展宽度 0.5mm 的要求。

2. 变形缝与管段接头

(1)变形缝

钢筋混凝土的沉管结构若无合适的措施，容易因隧道纵向变形而导致开裂。此外，不均匀沉降、地震等影响也易导致管段开裂。这类纵向变形引起的裂缝一般为通透性的，对管段防水极为不利。因此，在设计时必须采取适当措施防止这类裂缝的形成。

工程实践表明，最有效的防止措施就是在垂直于隧道轴线方向设置变形缝，把每一管段分割成若干节段，各节段的长度一般在 15～20m 左右。变形缝的构造必须满足三个方面的要求，即：

1)能适应一定幅度的线变形与角变形；

2)施工阶段能传递弯矩，使用阶段能传递剪力；

3)变形前后均能满足防水要求。

为满足上述第一个要求，变形缝左右两侧节段的端面之间，要留一小段间隙，间隙中用防水材料充填。间隙的宽度应按变温幅度与角变量来决定，一般不少于 2cm。

在管段浮运时，为了保持管段的整体性，变形缝应能传递由波浪引起的纵向弯矩。若管段结构的纵向钢筋在变形缝处全部切断，则需要安设临时的预应力索(或预应力筋)，待沉设完毕后，再行撤去。若不设临时预应力索(筋)，则可以将变形缝处的外侧纵向钢筋切断，而临时保留内侧纵向钢筋，待沉设完毕后，再予切断。为保证使用阶段变形缝能传递剪力，宜采用台阶缝。

为保证变形缝在变形前后均能防水，一般于变形缝处设一道止水缝带。

(2)止水缝带

在管段各节段之间的变形缝，是保证管段不开裂、不漏水的"安全阀"，非常关键，必须进行精心的设计和施工。在变形缝的各组成部分中，最重要的就是既能适应变形，又能有效止漏的止水缝带，简称止水带。止水带的种类和型式很多，主要有金属止水带、塑料止水带、橡胶止水带以及钢边橡胶止水带等。目前金属止水带已渐遭淘汰，塑料止水带也因弹性较差而在预制管段中应用越来越少，最常用的还是橡胶止水带和钢边橡胶止水带。

(3)管段接头

管段沉设完毕后，必须与既设管段或引导竖井连接，这项工作是在水下完成的，故亦称为水下连接。水下连接的方法有两种，一种为水下混凝土连接法，另一种为水力压接法，一般采用水力压接法。

水力压接法就是利用作用在管段上的巨大水压力使安装在管段前端面周边上的一圈胶垫发生压缩变形，形成一个水密性相当可靠的管段间接头。具体施工方法是：在管段下沉就位后，先将新设管段拉向既设管段并紧密靠上，这时胶垫产生第一次压缩变形，并具有初步止水作用。随后将既设管段后端的端封墙与新设管段前端的端封墙之间的水排走，使作用在新设管段后端墙上的巨大水压力将管段推向前方，使胶垫产生第二次压缩变形。经二次压缩变形后的胶垫，使管段接头具有非常可靠的水密性。

水力压接法具有施工工艺简单、施工方便、质量可靠、节省工料、降低造价等优点，在世界各国沉管隧道工程中得到普遍应用。

4.4.4　沉管基础

1. 地质条件与沉管基础

在一般底面建筑工程中，若地基下的地质条件较差，就必须建造适当的基础，否则将会产生有害沉降，甚至造成工程事故。在沉管隧道工程中，因作用在沉管沟槽底面的荷载，不会因为设置沉管而增大，反而会有所减小。因此，沉管隧道对各种地质条件的适应性远比其他施工方法强，不会产生由于土体压缩或剪切破坏而引起的沉降，也就是说沉管隧道几乎可以适应任何复杂的地质条件，施工前不必像其他施工方法一样，进行大量的水上钻探工作。

2. 基础处理

沉管隧道对各种地质条件适应性强，一般不需构筑人工基础，但施工时仍必须进行基础处理。当然，基础处理的目的不是为了对付地基上的固结沉降，而是为了解决开槽作业所造成的槽底不平整问题。槽底不平整将使地基受力不均而局部破坏，引起不均匀沉降，使管段结构中产生较大的局部应力，导致开裂，所以基础处理也可以称为基础垫平。

沉管隧道的基础处理方法，大体上分为先铺法和后填法两大类，如图 4.4.5 所示。先铺法是在管段沉设之前，先在槽底上铺好砂、石垫层，然后将沉管沉设在垫层上。这种方法适用于底宽较小的沉管工程。后填法是在管段沉设完毕后，再进行垫平作业。后填法大多(除灌砂法外)适用于底宽较大的沉管工程。

沉管隧道的各种基础处理方法，均以消灭沉管管段下的有害空隙为目的，所以各种不同的基础处理方法之间的差别，仅仅是"垫平"的途径不同。但是，正是由于途径的不同，将导致垫平效率、效果及造价上的区别，有时甚至会有很大的区别，因此设计时应做详细比较确定。

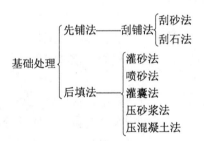

图 4.4.5　沉管基础处理方法

3. 软弱土层中的沉管基础

若沉管隧道下的基础过于软弱，仅靠"垫平处理"难以保证其承载力。遇到这种情况，则应认真对待。解决的方法主要有：

(1)以砂置换软弱土层；

(2)打砂桩并加荷预压；

(3)减轻沉管重力；

(4)采用桩基。

上述四种方法中，方法(1)、方法(2)会大大增加工程费用，且在地震区会增加液化的可能性，带来不安全隐患；方法(3)对沉管抗浮安全性有较大影响，实际操作会有较大困难；只有方法(4)是比较适宜的方法。

在沉管隧道中，采用桩基进行地基处理还会遇到一些通常地面建筑中不存在的问题。如基桩桩顶标高在实际施工中不可能达到完全齐平，因此，在管段沉设完毕后，难以保证所有桩顶与管底接触。为使基桩受力均匀，在沉管基础设计中必须采取一些措施，主要有：

(1)水下混凝土传力法

基桩施工完毕后，先浇筑一、二层水下混凝土将桩顶裹住，而后再在水下铺一层砂石垫层，使沉管荷载经砂石垫层和水下混凝土层传递到基桩上去。

(2)砂浆囊袋传力法

在管段底部与桩顶之间，用大型化纤囊袋灌注水泥砂浆加以垫实，使所有基桩均能同时受力。所用囊袋既要具有较高的强度，又要具有充分的透水性，以保证灌注砂浆时，囊内河水能顺利排出囊外。砂浆强度不需要太高，略高于地基土的抗压强度即可，但应具有一定的流动度，通常的做法是在水泥砂浆中掺入斑脱土泥浆。

(3)活动桩顶法

在所有基桩桩顶设置一小段预制混凝土活动桩顶，在管段沉设完毕后，向活动桩顶与桩身之间的空腔中灌注水泥砂浆，将活动桩顶顶升到与管底密贴接触为止。该方法也有采用钢制活动桩顶的实例。

4.5　基坑支护结构设计

4.5.1　概述

明挖法是构建地下工程常用的施工方法，具有施工作业面多、速度快、工期短、工程质量有保证、工程造价低等优点，因此在地面交通和环境条件允许的前提下，明挖施工法是地下工程施工的首选方法。

采用明挖法施工，需要对地层实行大开挖，形成建筑基坑，而开挖基坑的稳定性分析及基坑围护结构的设计是明挖法地下工程设计的重要组成部分。

随着地下工程的快速发展，基坑工程开挖深度不断增加，对基坑支护结构和支护技术的要求也越来越高。在国外，圆形基坑的开挖深度已达74m(日本)，最大直径达98m(日本)，而非圆形基坑的开挖深度已达地下9层(法国)。在国内，基坑平面尺寸与开挖深度也在不断增加，如高88层的上海金茂大厦的基坑平面尺寸为170m×150m，开挖深度达19.5m；目前最大基坑平面尺寸已达274m×187m，最大深度达32.0m；具有"神州第一锚"之称的武汉阳逻长江大桥南锚锭圆形基坑直径达73m，开挖深度达46m，而江苏润扬长江大桥锚锭基坑开挖深度达到54m。

根据基坑工程是否设置围护结构，可以将基坑分为放坡开挖基坑和有围护结构基坑两类。一般情况下，只要场地和环境条件允许，采用放坡开挖最经济、也最安全。但在大多数情况下，场地和环境条件不允许放坡开挖，或者不允许完全放坡开挖，此时必须采取防护措施,即施加基坑支护结构,以保证基坑的稳定。

基坑支护结构具有两个主要功能,即挡土和止水。

从挡土的角度,基坑支护结构分为两类,即支护型和加固型。支护型基坑支护结构是将支护结构作为主要受力构件支挡坑壁可能形成的水土压力,包括板桩墙、排桩、地下连续墙等结构形式;加固型基坑支护结构是充分利用加固土体的强度,维持坑壁的稳定,包括水泥搅拌桩、高压旋喷桩、土工锚杆、土钉墙等支护结构形式。实际工程中往往这将两种类型结合,形成混合型基坑支护结构。

对支护型基坑支护结构,在基坑开挖深度较浅时可以不设支撑,呈悬臂式结构;当基坑开挖深度较深时,应设水平支撑或斜向支撑、锚固系统,形成空间力系,更有利于支护效果。

由于基坑工程具有"地区性"、"行业性"的特点,其设计必须充分重视结合当地的工程经验与地质条件,考虑行业工程特点,做到因地制宜,安全可靠、经济合理。因此,许多省市和行业均颁布了相应的地区标准和行业标准,如上海市地方标准《基坑工程技术规范》(DG/TJ08-61-2010)、冶金行业标准《建筑基坑工程技术规范》(YB 9258—97),建筑行业标准《建筑基坑支护技术规程》(JGJ 120—99)等。本节将主要根据建筑行业技术标准《建筑基坑支护技术规程》(JGJ 120—99),参照其他行业及地方标准来介绍基坑支护结构的设计原理和方法。

4.5.2　基坑工程的设计原则和设计内容

1. 基坑工程的设计原则

基坑工程的设计涉及的内容包括围护结构、支撑体系、挖土方案、降水方案、地基处理等,这些内容常常是相互关联的,在基坑工程设计时必须综合考虑。基坑工程支护结构的设计原则为:安全可靠、经济合理、施工简便。

(1)安全可靠。满足支护结构的强度、稳定及变形的要求,确保基坑周围环境的安全。

(2)经济合理。在安全可靠的前提下,要从工期、材料、设备、人工以及环境保护等方面综合确定具有明显技术经济效果的方案。

(3)施工简便并保证工期。在安全可靠、经济合理的原则下,最大限度地满足方便施工(如合理的支撑布置,便于挖土施工等),缩短工期。

2. 基坑工程的设计方法

根据建筑行业技术标准,基坑支护结构应采用分项系数表示的极限状态设计方法进行设计,而基坑支护结构的极限状态可以分为两类:

(1)承载能力极限状态。对应于支护结构达到最大承载能力或土体失稳、过大变形导致支护结构或基坑周边环境破坏。

(2)正常使用极限状态。对应于支护结构的变形已妨碍地下结构施工或影响基坑周边环境的正常使用功能。

所有基坑支护结构均应进行承载能力极限状态的计算,计算内容包括:①根据基坑支护形式及其受力特点进行土体稳定性计算;②基坑支护结构的受压、受弯、受剪承载力计算;③当有锚杆或支撑时,应对其进行承载力计算和稳定性验算。对于安全等级为一级及对支护结构变形有限定的二级基坑侧壁，尚应对基坑周边环境及支护结构变形进行计算（正常使用极限状态计算）。

其中基坑侧壁的安全等级，在《建筑基坑支护技术规程》（JGJ 120—99）中的规定如表4.5.1 所示，表4.5.1 中还给出了各级基坑的重要性系数 γ_0。

表 4.5.1　　　　　　　　　　　　基坑侧壁安全等级及重要性系数

安全等级	破坏后果	重要性系数 γ_0
一级	支护结构破坏土体失稳或过大变形对基坑周边环境及地下结构施工影响很严重	1.10
二级	支护结构破坏土体失稳或过大变形对基坑周边环境及地下结构施工影响一般	1.00
三级	支护结构破坏土体失稳或过大变形对基坑周边环境及地下结构施工影响不严重	0.90

注：有特殊要求的建筑基坑侧壁安全等级可以根据具体情况另行确定。

对于基坑工程安全等级，不同行业及不同地区的分级标准也不相同。在冶金行业标准《建筑基坑工程技术规范》（YB 9258—97）中，对基坑工程安全等级的划分完全是定性的，与表4.5.1 类似，即当基坑工程破坏后果很严重时，其安全等级为一级；当基坑工程破坏后果严重时，其安全等级为二级；当基坑工程破坏后果不严重时，其安全等级为三级。同时，该标准中还要求根据基坑工程性质、水文地质条件、基坑开挖深度及规模，把基坑工程划分为复杂、中等和简单三种等级。

在上海市地方标准《基坑工程技术规范》（DG/TJ08-61—2010）中，基坑工程安全等级的划分则与基坑开挖深度有关，规定：当基坑开挖深度大于、等于 12m 或基坑采用支护结构与主体结构相结合时，属于一级基坑工程；当基坑开挖深度小于 7m 时，属于三级基坑工程；除一级和三级以外的基坑均属于二级基坑工程。此外，该标准还根据基坑工程周围环境的重要性程度及其与基坑的距离，将基坑工程环境保护等级分为三级。

3. 基坑工程的设计内容

基坑工程设计的内容一般包括：

（1）支护体系的方案比较和选型。

（2）支护结构的强度和变形计算。

（3）基坑稳定性验算。

（4）维护墙的抗渗计算。

（5）降水和挖土方案。

（6）监测方案与环境保护要求。

为此，基坑支护结构的设计步骤可以归纳为：

（1）初拟支护结构支撑系统形式。

（2）计算作用在支护结构上的水土压力及其他荷载。

（3）确定支护结构的人土深度。

(4)支护结构内力、配筋计算,强度和变形验算。

(5)施工图设计,编制施工说明。

4.5.3　基坑断面及支护结构选型

1. 基坑开挖断面

基坑开挖断面分为全放坡开挖断面、半放坡开挖断面和支护开挖断面。如图4.5.1 所示。

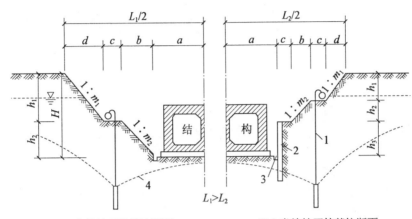

(a)全放坡开挖基坑断面　　　　(b)半放坡开挖基坑断面

1—井点;2—支护结构;3—明沟;4—地下水降落曲线

图4.5.1　放坡开挖基坑断面示意图

(1)放坡开挖断面

放坡开挖断面分为全放坡与半放坡两种。全放坡开挖断面不需要任何支护结构,而用放坡方法保持土坡稳定,如图4.5.1(a)所示。全放坡基坑开挖的优点是不必设置支护结构,其缺点是土方挖填量较大,而且占用场地大,适用于旷野明挖法修建的地下工程。半放坡开挖断面与全放坡开挖断面的区别主要是基坑底部可以设置一定深度的直槽,如果土质较差,可以采用少量支护结构使之稳定。半放坡开挖断面与全放坡开挖断面相比较,可以少挖一部分土方,如图4.5.1(b)所示。放坡开挖要求在开挖前采取措施降低地下水位。

(2)直槽支护基坑开挖断面

直槽支护基坑开挖,能够最大限度地减小占地面积,减少挖填土方量。这样的开挖断面适用于施工场地狭小的明挖地下工程,如图4.5.2(a)所示为带边坡的直槽,以减少支护桩与降水井点的长度。当地下建筑处于狭窄地段时,只能采用从地面直接开挖的直槽,如图4.5.2(b)所示。

直槽支护结构,常用一道或若干道腰梁(导梁)和顶撑、拉锚或土层锚杆组成单层或多层的支撑结构。

2. 支护结构选型

基坑支护结构包括基坑侧壁围护结构和支撑(或锚杆)结构两个体系,这两个体系所用材料及结构布置型式,应根据基坑周边环境、开挖深度、工程地质与水文地质、施工作业设备、施工季节等条件以及地区工程经验等,经综合比较,在确保安全可靠的前提下,

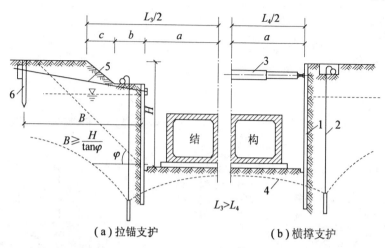

（a）拉锚支护　　　　　　　　　　（b）横撑支护

1—支护；2—井点；3—顶撑；4——地下水降落曲线；5—拉锚；6—锚桩

图 4.5.2　直槽支护基坑开挖断面示意图

选择切实可行、经济合理的方案。主要有排桩、地下连续墙、水泥土墙、逆作拱墙、土钉墙、原状土放坡等，也可以采用上述多种型式的组合，如表 4.5.2 所示。

表 4.5.2　　　　　　　　　　　　　基坑工程支护结构选型表

结构型式	适用条件
排桩或地下连续墙	①适于基坑侧壁安全等级一、二、三级； ②悬臂式结构在软土场地中不宜大于 5m； ③当地下水位高于基坑底面时宜采用降水排桩加截水帷幕或地下连续墙。
水泥土墙	①基坑侧壁安全等级宜为二、三级； ②水泥土桩施工范围内地基土承载力不宜大于 150kPa； ③基坑深度不宜大于 6m。
土钉墙	①基坑侧壁安全等级宜为二三级的非软土场地； ②基坑深度不宜大于 12m； ③当地下水位高于基坑底面时，应采取降水或截水措施。
逆作拱墙	①基坑侧壁安全等级宜为二三级； ②淤泥和淤泥质土场地不宜采用； ③拱墙轴线的矢跨比不宜小于 1/8； ④基坑深度不宜大于 12m； ⑤地下水位高于基坑底面时，应采取降水或截水措施。
放坡	①基坑侧壁安全等级宜为三级； ②施工场地应满足放坡条件； ③可独立或与上述其他结构结合使用； ④当地下水位高于坡脚时，应采取降水措施。

在支护结构选型时,应考虑结构的空间效应和受力特点,采用有利于支护结构材料受力性状的结构型式。对于软土场地,可以采用深层搅拌、注浆、间隔或全部加固等方法,对局部或整个基坑底土进行加固,或采用降水措施提高基坑内侧被动抗力。

在进行支护结构选型时,除了满足表 5.4.2 中的要求及相关规范要求外,尚应遵循以下原则:

(1)基坑支护结构的构件(包括维护墙体、防渗帷幕和锚杆)在一般情况下不应超出工程用地范围,否则应事先征得政府主管部门或相邻地块业主的同意。

(2)基坑支护结构的构件不能影响主体工程结构构件的正常施工。

(3)有条件时基坑平面形状尽可能采用受力性能较好的圆形、正多边形和矩形。

4.5.4　基坑支护结构上的荷载

进行基坑支护结构的设计,首先应确定基坑支护结构承受的荷载。作用在基坑支护结构上的荷载主要是水、土压力。

1. 土压力

随着基坑的开挖,基坑支护结构内侧逐步临空,基坑外侧的土体产生向基坑内移动的趋势,支护结构承受来自基坑外侧土体的压力;此时,基坑支护结构内侧的土体对支护结构起支撑作用,阻止支护结构朝向基坑内侧进一步变形,支护结构也承受来自基坑内侧土体的压力。前者称为作用在支护结构上的基坑外侧土压力,后者称为作用在支护结构上的基坑内侧土压力(也称为土体抗力)。

由于土体的性质比较复杂,支护结构各部分的刚度不同,以及施工方法、支撑系统的支撑效果不同等原因,都会使支护结构承受的土压力发生很大的变化。因此,一般很难计算出土压力的精确数值。在《建筑基坑支护技术规程》(JGJ 120—99)、冶金行业标准《建筑基坑工程技术规范》(YB 9258—97)及上海市地方标准《基坑工程技术规范》(DG/TJ08-61—2010)等基坑工程技术标准中,推荐的土压力计算方法仍以经典的朗肯土压力公式或库伦土压力公式为基础。

(1)静止土压力

若基坑支护结构保持原来位置静止不动,则支护结构后的土处于弹性平衡状态,此时作用在支护结构上的土压力为静止土压力,计算公式为

$$e_0 = p K_0 \tag{4.5.1}$$

式中：e_0——计算点处静止土压力(kN/m^2)；

K_0——计算点处土的静止侧压力系数：

对于正常固结土　　$K_0 = 1 - \sin\varphi'$ $\tag{4.5.2}$

对于超固结土　　$K_0^{OCR} = K_0 (OCR)^{0.5}$ $\tag{4.5.3}$

φ'——土的有效内摩擦角,由慢剪或三轴固结不排水剪试验确定；

OCR——土的超固结比；

p——计算点处平面上单位面积总垂直压力(kN/m^2),其大小为

$$p = \gamma h + q \quad (均质土) \quad 或 \quad p = \sum \gamma_i h_i + q \quad (层状土) \tag{4.5.4}$$

γ——均质土体的容重(kN/m^3)；

h——计算点以上土体的厚度(m)；

γ_i——计算点以上第 i 层土体的容重(kN/m^3)；

h_i——计算点以上第 i 层土体的厚度(m)；

q——作用在地面上的均布附加荷载(kN/m^2)。

（2）朗肯土压力

朗肯土压力理论假定支护结构背部是垂直、光滑的，与土体之间没有摩擦。按照支护结构的移动情况，根据土体内任意一点处于主动或被动极限平衡状态时，最大主应力和最小主应力之间的关系，求得主动土压力或被动土压力。由于没有考虑支护结构与土体之间的摩擦力，求得的主动土压力值偏大，被动土压力值偏小。用朗肯理论来计算作用在基坑支护结构上的土压力，总体是偏于安全的。

1）主动土压力

朗肯主动土压力计算公式如下：

无粘性土

$$e_a = \gamma h \tan^2\left(45° - \frac{\varphi}{2}\right) \quad \text{或} \quad e_a = \gamma h K_a \tag{4.5.5}$$

总土压力

$$E_a = \frac{1}{2}\gamma H^2 K_a \tag{4.5.6}$$

粘性土

$$e_a = \gamma h \tan^2\left(45° - \frac{\varphi}{2}\right) - 2c\tan\left(45° - \frac{\varphi}{2}\right) \quad \text{或} \quad e_a = \gamma h K_a - 2c\sqrt{K_a} \tag{4.5.7}$$

总土压力

$$E_a = \frac{1}{2}\gamma (H - h_0)^2 K_a \tag{4.5.8}$$

$$h_0 = \frac{2c}{\gamma\sqrt{K_a}} \tag{4.5.9}$$

式中：e_a——单位面积主动土压力(kN/m^2)；

K_a——主动土压力系数，$K_a = \tan^2\left(45° - \frac{\phi_0}{2}\right)$；

γ——计算点以上土体的容重(kN/m^3)；

c——计算点以上土体的粘聚力(kN/m^2)；

φ——计算点以上土体的内摩擦角；

h——计算点至地面的高度(m)；

H——基坑支护结构的高度(m)，或计算土体的总高度(m)；

h_0——粘性土中靠近地面出现负的主动土压力的深度(m)。由于土体无抗拉能力，该部分土压力均等于零，如图4.5.3所示。

对于支护结构背后土体为层状土的情况，仍可以按式（4.5.5）或式（4.5.7）计算主动土压力，但应注意：①在深度 h 处的垂直应力应采用分层总和法或加权平均法进行计算；

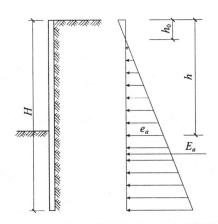

图 4.5.3　粘性土朗肯主动土压力示意图

②在土体分层界面上，由于两层土的抗剪强度指标不同，使土压力分布有突变，如图 4.5.4 所示。

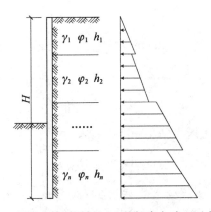

图 4.5.4　层状土体(无粘性土)的朗肯主动土压力示意图

如果支护结构背后土体表面作用有连续均匀分布的附加荷载 q，如图 4.5.5(a)所示，计算时可以对深度 h 处的竖向应力增加一个 q 值，将式(4.5.5)和式(4.5.7)的 γh 代之以 $(\gamma h + q)$，即可以得到地表面作用有连续均匀分布的附加荷载时的主动土压力计算公式。

如果距支护结构 b_1 外侧地表作用有宽度为 b_0 的条形附加荷载 q_1，则基坑外侧深度 CD 范围内的竖向应力应为(如图 4.5.5(b)所示)

$$p = \gamma h + q_1 \frac{b_0}{b_0 + 2b_1} \qquad (4.5.10)$$

2)被动土压力

朗肯被动土压力计算公式如下：

无粘性土

$$e_p = \gamma h \tan^2\left(45° + \frac{\varphi}{2}\right) \quad 或 \quad e_p = \gamma h K_p \qquad (4.5.11)$$

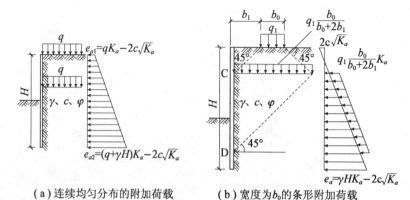

（a）连续均匀分布的附加荷载　　　（b）宽度为b_0的条形附加荷载

图 4.5.5　地面有附加荷载时朗肯主动土压力计算示意图

总土压力

$$E_p = \frac{1}{2}\gamma H_t^2 K_p \tag{4.5.12}$$

粘性土

$$e_p = \gamma h \tan^2\left(45° + \frac{\varphi}{2}\right) + 2c\tan\left(45° + \frac{\varphi}{2}\right) \quad \text{或} \quad e_p = \gamma h K_p + 2c\sqrt{K_p} \tag{4.5.13}$$

总土压力

$$E_p = \frac{1}{2}\gamma H_t^2 K_p + 2cH_t\sqrt{K_p} \tag{4.5.14}$$

式中：e_p——单位面积被动土压力（kN/m²）；

K_p——被动土压力系数，$K_p = \tan^2\left(45° + \frac{\phi_0}{2}\right)$；

H_t——基坑支护结构底部至基坑底部的高度（m），或被动侧计算土体的总高度（m）。

其余符号意义同前。

对于层状土体、坑底有附加荷载的情况，计算方法和主动土压力时的计算方法相同，即只要在相应的计算公式中用相应的竖向应力代替 γh 即可。

由于粘聚力的存在，使得粘性土土压力计算比无粘性土土压力计算复杂，在实际工程中往往采用近似方法，即略去土压力计算公式中的粘聚力一项，适当增加粘性土的内摩擦角，从而使粘性土的土压力计算得以简化。提高后的粘性土内摩擦角取值可以参考相关规程或地方经验。

（3）库伦土压力

库伦土压力理论研究的对象是无粘性土，考虑了挡土墙墙背不垂直、墙后土体表面倾斜、墙背与背后土体之间存在摩擦作用对土压力的影响。如果不考虑这三者的影响，其结果与无粘性土的朗肯土压力结果相同，即朗肯土压力理论是库伦土压力理论的特例。

在基坑工程中，基坑支护结构一般为地下连续墙、钻孔灌注桩、水泥土墙等，其背后是垂直的；而且，这类支护结构一般在基坑开挖前施工，往往支护至原始地面，支护结构背后土体一般不存在倾斜情况。因此，考虑支护结构背后不垂直、背后土体表面倾斜，对于基坑支护结构来说基本没有意义。当然，支护结构与背后土体之间的摩擦作用是存在的，但前已述及，忽略这种摩擦作用，将使主动土压力增大、被动土压力减小，对基坑支护结构来说总体上是偏于安全的。因此，在基坑工程中，为了简单起见，一般采用朗肯土压力理论来计算土压力，而很少采用库伦土压力理论，现行的基坑工程技术规程、规范一般也推荐采用朗肯土压力理论。

2. 水压力

作用在支护结构上的水压力，根据基坑所在地层性质的不同可以采用水土合算或水土分算的方法。所谓水土合算，就是在计算土压力时，地下水位以下的土压力采用土体的饱和容重进行计算，不另计算水压力，这时的侧向水压力与土压力一样，乘以侧压力系数，这样主动侧水压力减小，被动侧水压力增大。对于渗透系数很小的地层，可以采用这种计算方法。而水土分算，就是在计算土压力时，地下水位以下的土压力采用土体浮容重进行计算，单独计算水压力。对于渗透系数较大的地层，或者存在水力渗流的情况，一般采用这种计算方法。

基坑工程中，在进行水土压力分算时，需考虑地下水的补给情况、季节变化、施工开挖期间支挡结构的入土深度、排水处理措施等因素的影响。如果不考虑这些因素的影响，则作用在基坑支护结构上的水压力，按照静水压力确定，如图4.5.6(a)所示，即作用于基坑支护结构主动侧的水压力，在基坑内地下水位以上按静水压力三角形分布；在基坑内地下水位以下，按矩形分布(水压力为常数)，且不计作用于支护结构被动侧的水压力。

当考虑地下水渗流时，则作用在基坑支护结构上的侧向水压力可以采用如图4.5.6(b)所示的分布，即作用于基坑支护结构主动侧的水压力整体按三角形分布，在基坑内地下水位以上按静水压力三角形分布；在基坑内地下水位以下，按倒三角形分布，直至支护结构底部为零(水压力平衡)，不计作用于支护结构被动侧的水压力。

在某些情况下，支护结构底部两侧的水压力可能并不平衡，而存在水头差，如支挡结构及其底部土层存在隔水功能，使支挡结构底部两侧存在水头差，此时作用在基坑支护结构上的水压力可以采用如图4.5.6(c)所示的分布。上海市地方标准《基坑工程技术规范》(DG/TJ08−61—2010)中给出了一种近似计算方法，如图4.5.6(d)所示，图中 AB 之间的水压力按静水压力线性分布，B、C、D、E 各点的水压力按渗流路径由直线比例法确定。

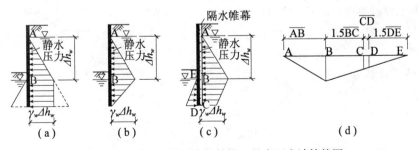

图4.5.6 作用在基坑支护结构上的水压力计算简图

4.5.5 排桩式基坑支护结构

对于需要支护开挖的基坑，无论其侧壁安全等级要求如何，都可以采用排桩式支护结构。排桩可以是钻(挖)孔灌注桩、预制板桩或钢板桩，可以做成柱列式、连续排桩或组合式排桩。地下连续墙是排桩式支护结构的一种特殊形式，其设计计算也按照排桩式支护结构进行计算。根据基坑开挖深度及基坑支护结构受力情况，排桩式基坑支护结构可以分为：

(1)悬臂式排桩支护结构。当基坑开挖深度不大时，即可利用排桩的悬臂作用挡住坑壁土体。

(2)单支撑排桩支护结构。当基坑开挖深度较大时，采用悬臂式支护结构可能不安全或不经济，此时可以在支护结构顶部设置一道支撑(或拉锚)。

(3)多支撑排桩支护结构。当基坑开挖深度很大，采用悬臂式支护结构或单支撑支护结构不能保证基坑侧壁稳定时，可以设置多道支撑(或锚杆)，以保证支护结构的安全。

排桩式基坑支护结构的设计计算，包括支护结构的入土深度计算、支护结构内力及其断面计算、锚杆或支撑体系计算、稳定性计算等。

1. 入土深度计算

(1)悬臂式排桩支护结构的最小入土深度 t 按照支护结构顶端自由、底端铰支的结构，主动侧土压力、被动侧土压力对结构底端弯矩达到极限平衡进行计算，如图 4.5.7 所示，计算公式为

$$h_p \sum E_{pj} - h_a \sum E_{ai} = 0 \qquad (4.5.15)$$

式中：$\sum E_{ai}$ ——排桩底以上主动侧各层土压力合力之和；

h_a ——合力 $\sum E_{ai}$ 作用点距排桩底的距离；

$\sum E_{pj}$ ——排桩底以上、基坑底以下被动侧各层土压力合力之和；

h_p ——合力 $\sum E_{pj}$ 作用点距排桩底的距离。

为了保证悬臂式排桩支护结构的稳定，《建筑基坑支护技术规程》(JGJ 120—99)中规定悬臂式基坑支护结构入土深度 t 按式(4.5.16)计算。

$$h_p \sum E_{pj} - 1.2\gamma_0 h_a \sum E_{ai} \geqslant 0 \qquad (4.5.16)$$

即在考虑基坑重要性的同时，考虑了一定的安全系数。

(2)单支撑排桩支护结构在计算入土深度前，首先需要确定单支撑的支撑力。《建筑基坑支护技术规程》(JGJ 120—99)中给出的方法是，假定基坑底面以下作用在支护结构上的土压力零点位置为弯矩零点位置(如图 4.5.8(a)所示)，从而由式(4.5.17)和式(4.5.18)分别计算基坑底面至支护结构弯矩零点位置的距离和单支撑的支撑力。

$$e_{a1} = e_{p1} \qquad (4.5.17)$$

$$T_{c1} = \frac{h_{a1} \sum E_{ac} - h_{p1} \sum E_{pc}}{h_{T1} + h_{c1}} \qquad (4.5.18)$$

式中：e_{a1} ——基坑底面以下假定弯矩零点的排桩背后主动土压力值；

e_{p1} ——基坑底面以下假定弯矩零点的排桩前的被动土压力值；

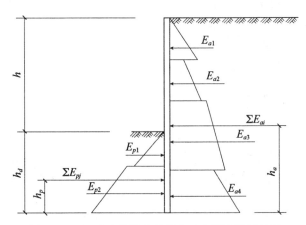

图 4.5.7　悬臂式排桩支护结构入土深度计算简图

T_{c1}——单支撑的支撑力;

$\sum E_{ac}$——排桩弯矩零点以上主动侧各层土压力合力之和;

h_{a1}——合力 $\sum E_{ac}$ 作用点至假定排桩弯矩零点位置的距离;

$\sum E_{pc}$——基坑底面以下排桩弯矩零点以上被动侧各层土压力合力之和;

h_{p1}——合力 $\sum E_{pc}$ 作用点至假定排桩弯矩零点位置的距离;

h_{T1}——单支撑支点至基坑底面的距离;

h_{c1}——基坑底面至假定排桩弯矩零点位置的距离。

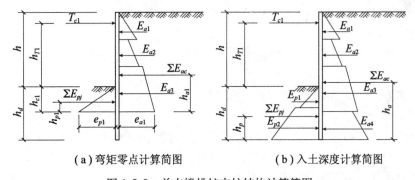

（a）弯矩零点计算简图　　　　　　（b）入土深度计算简图

图 4.5.8　单支撑排桩支护结构计算简图

　　随后按式(4.5.19)计算单支撑排桩的入土深度,其计算原理与悬臂式支护结构入土深度的计算原理相同,即主动侧土压力、被动侧土压力及单支撑支撑力对排桩底端弯矩达到极限平衡,如图 4.5.8(b)所示。

$$h_p \sum E_{pj} + T_{c1}(h_{T1} + h_d) - 1.2\gamma_0 h_a \sum E_{ai} \geqslant 0 \qquad (4.5.19)$$

式中各符号意义同前。计算时同样在考虑基坑重要性的同时,考虑了一定的安全系数。

　　当按上述方法计算的单支撑排桩入土深度 $h_d < 0.3h$ 时,取 $h_d = 0.3h$。

（3）多支撑排桩支护结构入土深度计算方法有多种，《建筑基坑支护技术规程》（JGJ 120—99）中推荐的方法是根据整体稳定性条件采用圆弧滑动简单条分法确定，计算简图如图4.5.9所示，计算公式为

$$\sum c_{ik}l_i + \sum (q_0 b_i + w_i)\cos\theta_i \tan\varphi_{ik} - \gamma_k \sum (q_0 b_i + w_i)\sin\theta_i \geqslant 0 \qquad (4.5.20)$$

式中：c_{ik}、φ_{ik}——最危险滑动体第 i 土条滑动面上土的固结不排水（快）剪粘聚力、内摩擦角；

   l_i——第 i 土条的弧长；

   b_i——第 i 土条的宽度；

   γ_k——整体稳定性分项系数，应根据当地经验确定，无经验时取1.3；

   w_i——第 i 土条的重力，按上覆土层的天然重度计算；

   θ_i——第 i 土条滑弧线中点切线与水平线之间的夹角。

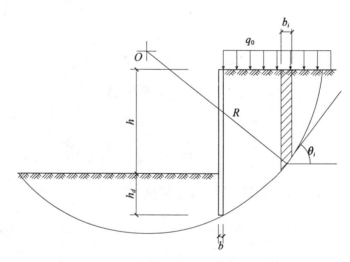

图4.5.9　多支撑排桩支护结构入土深度计算简图

当按上述方法计算的单支撑排桩入土深度 $h_d < 0.2h$ 时，取 $h_d = 0.2h$。

2. 结构内力计算

排桩的结构计算根据受力条件分段按平面问题计算，其水平荷载计算宽度可以取排桩的中心距。结构内力和变形、支撑力等根据基坑开挖及地下结构施工过程的不同工况进行计算，计算方法有静力平衡法和弹性支点法（或称竖向弹性地基梁法）。静力平衡法一般适用于悬臂及单支撑排桩支护结构的内力计算（见图4.5.7和图4.5.8）；而弹性支点法适用于所有排桩支护结构的内力和变形计算，计算原理如下。

弹性支点法的计算简图如图4.5.10所示，支护结构的基本挠曲方程为

$$EI\frac{\mathrm{d}^4 y}{\mathrm{d}z^4} - e_{ai}b_s = 0 \qquad (0 \leqslant z \leqslant h_n) \qquad (4.5.21)$$

$$EI\frac{\mathrm{d}^4 y}{\mathrm{d}z^4} + mb_0(z - h_n)y - e_{ai}b_s = 0 \qquad (z \geqslant h_n) \qquad (4.5.22)$$

式中：e_{ai}——基坑外侧（主动侧）水平土压力；

　　EI——支护结构计算宽度的抗弯刚度；

　　m——地基土水平抗力系数的比例系数；

　　b_0——抗力计算宽度，地下连续墙取单位宽度。圆形桩：$b_0 = 0.9 \times (1.5d + 0.5)$（$d$ 为圆形桩桩身直径）；方形状：$b_0 = 1.5b + 0.5$（b 为方桩边长）。计算确定的 b_0 大于排桩间距时取排桩间距；

　　z——支护结构顶部至计算点的距离；

　　h_n——第 n 工况基坑开挖深度；

　　y——计算点水平变形；

　　b_s——荷载计算宽度，取排桩的桩中心距。

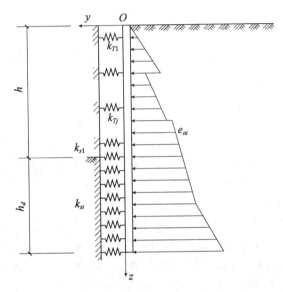

图 4.5.10　弹性支点法计算简图

　　第 j 层支撑边界条件为

$$T_j = k_{Tj}(y_j - y_{0j}) + T_{0j} \tag{4.5.23}$$

　　式中：T_j——第 j 层支撑的支撑力；

　　　　　k_{Tj}——第 j 层支撑水平刚度系数；

　　　　　y_j——按式(4.5.21)计算的第 j 层支撑处的水平位移值；

　　　　　y_{0j}——按式(4.5.21)或式(4.5.22)计算的在第 j 层支撑设置前该处的水平位移值；

　　　　　T_{0j}——第 j 层支撑预加力。

　　当支撑施加有预加力 T_{0j} 且采用式(4.5.23)确定的支撑力 $T_j \leqslant T_{0j}$ 时，第 j 层支撑的支撑力应按照该层支撑位移为 y_{0j} 的边界条件确定。

　　根据计算的结构内力，取截面内力设计值为

$$M = 1.25\gamma_0 M_c$$
$$Q = 1.25\gamma_0 Q_c \tag{4.5.24}$$
$$T_{dj} = 1.25\gamma_0 T_{cj}$$

式中：M、Q、T_{dj}——分别为排桩截面弯矩设计值、剪力设计值和第 j 层支撑的支撑力设计值；

$\quad\quad M_c$、Q_c、T_{cj}——分别为排桩截面弯矩计算值、剪力计算值和第 j 层支撑的支撑力计算值。

得到结构截面内力设计值后，即可进行排桩支护结构及支撑结构的截面设计。

3. 锚杆或支撑体系计算

对于需要设置水平支撑的排桩式基坑支护结构，可以选择锚杆支护和水平支撑两种形式。

对于锚杆支护，其承载力计算应满足

$$T_{dj} \leqslant N_u \cos\theta \tag{4.5.25}$$

式中：T_{dj}——第 j 层支撑水平支撑力设计值（见式（4.5.24）），即第 j 层锚杆水平拉力设计值；

$\quad\quad N_u$——锚杆轴向受拉承载力设计值，与地层条件有关，按试验、地方经验或计算确定；

$\quad\quad \theta$——锚杆与水平面的倾角。

锚杆的截面面积、自由段长度等参照相关规范或规定计算。

对于简单的水平支撑结构，即可根据水平支撑力设计值 T_{dj} 进行截面设计；对于复杂的支撑结构体系，一般应按照支撑体系与排桩、地下连续墙的空间作用协同分析方法，计算支撑体系及排桩或地下连续墙的内力和变形。

4. 稳定性验算

一般基坑支护结构的破坏，主要有两种模式，一种是由于基坑支护结构的强度不足导致的结构破坏；另一种是由于支护结构的刚度不足或设置尺寸不合理导致的失稳破坏。结构内力计算主要是保证支护结构不至产生结构破坏，而要保证基坑支护结构不产生失稳破坏，除了保证支护结构具有足够的刚度、足够的入土深度等以外，还应按照支护结构可能失稳破坏形式进行稳定性验算。

排桩式基坑支护结构的稳定性状态与基坑形状、尺寸、支护结构刚度、入土深度、支撑形式和刚度、土体的物理力学性质、地下水状况、施工程序和基坑开挖方法等众多因素有关。一般排桩式基坑支护结构稳定性验算包括整体稳定性验算、坑底隆起验算和渗流稳定性验算等。

（1）整体稳定性验算

在松软地层中，由于支撑设置不当，或者排桩入土深度不足，可能导致排桩位移过大，基坑外土体产生大滑坡或塌方，桩体倾覆，整个支护结构整体失稳破坏，如图4.5.11（a）所示。

排桩式基坑支护结构的整体稳定性验算采用圆弧滑动简单条分法验算最危险滑动面的稳定性，计算简图见图4.5.9，计算公式见式（4.5.20）。

（2）坑底隆起验算

在软弱的粘性土层中，由于排桩入土深度不足，随着基坑内土体不断开挖，基坑内外土体高差逐步增大，基坑支护结构外侧土体在重力作用下，向基坑内挤入或有向坑内挤入的趋势，使基坑底部土体向上隆起变形，严重时导致基坑支护结构失稳破坏，如图

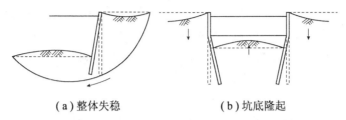

（a）整体失稳　　　　　　（b）坑底隆起

图 4.5.11　排桩式基坑支护结构的失稳破坏示意图

4.5.11(b)所示。

为了防止基坑坑底隆起引起的基坑支护结构失稳破坏，必须进行坑底隆起验算。目前坑底隆起验算方法有两种，一种是地基稳定性验算法，另一种是地基承载力验算法。下面简要介绍这两种验算方法，具体计算详见相关规程、规范。

1) 地基稳定性验算法

如图 4.5.12 所示，假定在基坑支护结构外则靠近支护结构的土体在重力和地面超载的作用下，其下的软土地基沿某圆柱面发生破坏和滑动，失去稳定的地基土绕圆柱面中心轴 O 转动。对于悬臂式或单支撑排桩基坑支护结构，中心轴 O 为坑底面与排桩的交线；对于多支撑排桩基坑支护结构，中心轴 O 为最下道水平支撑作用线。下面以多支撑排桩基坑支护结构为例说明其验算方法。

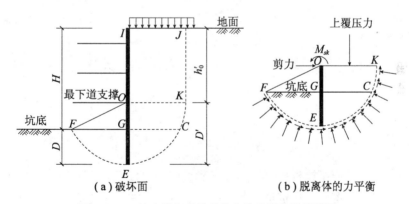

（a）破坏面　　　　　　　（b）脱离体的力平衡

图 4.5.12　坑底隆起的地基稳定性验算法计算简图

对于排桩式支护结构，坑底隆起验算应满足

$$M_{SLk} \leqslant \frac{M_{RLk}}{\gamma_{RL}} \tag{4.5.26}$$

$$M_{RLk} = M_{sk} + \sum_{j=1}^{n_2} M_{RLkj} + \sum_{m=1}^{n_3} M_{RLkm} \tag{4.5.27}$$

$$M_{SLk} = M_{SLkq} + \sum_{i=1}^{n_1} M_{SLki} + \sum_{j=1}^{n_4} M_{SLkj} \tag{4.5.28}$$

式中：M_{SLk}——隆起力矩，由基坑外侧地面荷载产生的隆起力矩、坑外最下道支撑以上各层土产生的隆起力矩之和、坑外最下道支撑以下、开挖面以上各层土产生的隆起力矩之和等三部分组成；

M_{RLk}——抗隆起力矩，由支护结构的容许力矩、坑外最下道支撑以下各层土产生的抗隆起力矩之和、坑内最下道支撑以下各层土产生的抗隆起力矩之和等三部分组成；

γ_{RL}——抗隆起分项系数，对于一级安全等级基坑工程取 2.2，二级安全等级基坑工程取 1.9，三级安全等级基坑工程取 1.7；

M_{sk}——支护结构的容许力矩；

M_{RLkj}——坑外最下道支撑以下第 j 层土产生的抗隆起力矩；

M_{RLkm}——坑内最下道支撑以下第 m 层土产生的抗隆起力矩；

M_{SLkq}——坑外地面荷载产生的隆起力矩；

M_{SLki}——坑外最下道支撑以上第 i 层土产生的隆起力矩；

M_{SLkj}——坑外最下道支撑以下、开挖面以上第 j 层土产生的隆起力矩；

n_1——坑外最下道支撑以上的土层数；

n_2——坑外最下道支撑以下至桩底的土层数；

n_3——坑内开挖面以下至桩底的土层数；

n_4——坑外最下道支撑以下至开挖面之间的土层数。

2）地基承载力验算法

如图 4.5.13 所示，在排桩桩底平面，基坑外侧作用有土柱压力 $\gamma_{01}(H+D)+q_k$，基坑内侧作用有土柱压力 $\gamma_{02}D$。由于基坑内侧、外侧土柱存在高差，坑外土柱压力明显大于坑内土柱压力，使桩底土体有向坑内滑移的趋势，滑移线示意图如图 4.5.13 所示。根据地基承载力计算理论，为了阻止桩底土体的滑移，保证基坑坑底不会因为隆起变形而失稳破坏，必须满足

$$\gamma_{01}(H+D)+q_k \leqslant \frac{1}{\gamma_{RL}}(\gamma_{02}DN_q+c_kN_c) \tag{4.5.29}$$

$$N_q = e^{\pi\tan\varphi_k}\tan^2\left(45°+\frac{\varphi_k}{2}\right) \tag{4.5.30}$$

$$N_c = \frac{N_q-1}{\tan\varphi_k} \tag{4.5.31}$$

式中：γ_{01}——坑外地面至排桩桩底各土层天然重度的加权平均值；

γ_{02}——坑内开挖面至排桩桩底各土层天然重度的加权平均值；

H——基坑开挖深度；

D——排桩在基坑开挖面以下的入土深度；

q_k——坑外地面超载标准值；

N_q、N_c——地基土的承载力系数，根据排桩桩底的地基土特性计算；

c_k、φ_k——排桩桩底地基土的粘聚力和内摩擦角；

γ_{RL}——抗隆起分项系数；对一级安全等级基坑工程取 2.5，二级安全等级基坑工程取 2.0，三级安全等级基坑工程取 1.7。

（3）渗流稳定性验算

在地下水位较高的地层中的基坑工程，其坑内外会存在水头差，这样将产生由高处向低处的渗流，即由基坑外向基坑内的渗流，地下水绕过排桩下端流向基坑，其流向首先沿

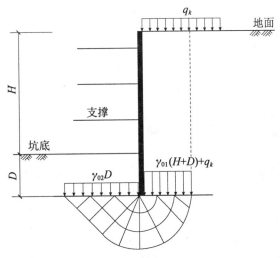

图 4.5.13　坑底隆起的地基承载力验算法计算简图

排桩大致向下，流过排桩下端后，又反转向上。地下水的渗流对基坑土体的稳定性有很大影响，严重时将导致基坑支护结构失稳破坏，因此有必要进行渗流稳定性验算，包括管涌及流砂验算、坑底突涌验算，如图 4.5.14 所示。管涌及流砂验算是一般地下水渗流稳定性验算，而坑底突涌验算则是抗承压水稳定性验算。

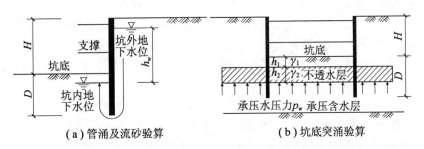

(a)管涌及流砂验算　　　　　　　　　(b)坑底突涌验算

图 4.5.14　基坑渗流稳定性验算示意图

1)管涌及流砂验算

如图 4.5.14(a)所示，基坑开挖后，在基坑内侧、外侧地下水出现水头差 h_w，产生由高处向低处的渗流。地下水向下渗流，经过排桩底端后转向上渗流，到达坑底后采取各种方式排出。因此，坑底以下的土体处于浸没于水中的状态，当向上的渗流速度超过临界流速或水力梯度超过临界梯度时，土粒就处于"浮扬"或"翻腾"状态，即发生管涌或流砂，最终将导致基坑支护结构失稳破坏。

要避免发生管涌或流砂，基坑开挖后坑底地基土应满足

$$i \leqslant \frac{1}{\gamma_{RS}} i_c \tag{4.5.32}$$

$$i = \frac{h_w}{L} \tag{4.5.33}$$

式中：i——坑底土的渗流作用水力梯度；

    i_c——坑底土的临界水力梯度，根据坑底土的特性计算；

    γ_{RS}——抗渗流分项系数，取 $1.5 \sim 2.0$；基坑开挖面以下土体为砂土、砂质粉土或粘性土与粉土中有明显薄层粉砂夹层时取大值；

    h_w——基坑内侧、外侧地下水水头差；

    L——最短渗流路径流线总长度，根据实际情况或规程、规范中的规定计算。

2) 坑底突涌验算

在基坑开挖面以下存在承压含水层且其上部存在不透水层时，必须进行坑底突涌验算。如图 4.5.14(b) 所示，要保证坑底不透水层的抗承压水稳定性，不透水层底部承受的承压水压力 p_w，必须满足

$$p_w \leqslant \frac{1}{\gamma_{RY}} \sum \gamma_i h_i \tag{4.5.34}$$

式中：p_w——不透水层底部(承压含水层顶部)的水压力；

    γ_i——承压含水层顶部至坑底之间各土层的容重；

    h_i——承压含水层顶部至坑底之间各土层的厚度；

    γ_{RY}——抗突涌分项系数，取 1.05。

4.5.6 水泥土墙基坑支护结构

水泥土墙是一种重力式基坑支护结构，其厚度一般较大，是采用特殊的深层搅拌机械，在地面以下将土与水泥强行搅拌，形成柱状加固体，并采用连续施工的搭接方法把柱状加固体组合在一起形成的墙体。由于水泥土材料强度较低，主要靠墙体的自重平衡墙后的土压力，因此一般将其作为重力式挡土墙来对待。水泥土墙适用于软土地基，但在有较多碎石、砖块及其他有机杂物的填土层中不适用。

水泥土墙基坑支护结构的优点主要有：①水泥土加固体渗透系数较小，一般不大于 10^{-7} m/s，因此墙体具有良好的隔水性能，无需另做防水帷幕；②水泥土墙是一种重力式基坑支护结构，不需要水平支撑，便于基坑开挖施工；③水泥土墙的工程造价相对较低，尤其是当基坑开挖深度不大时，其经济效益非常明显。当然，水泥土墙也存在明显的缺点，主要表现在材料强度较低，不能承担水平支撑力的作用，且材料强度易于受施工因素的影响，离散性较大，这样往往导致支护体系位移量大，对基坑周围的环境产生较大的不利影响，对施工管理的要求较高。

水泥土墙基坑支护结构的设计计算，包括墙体的嵌固深度计算、墙体厚度计算、承载力验算以及稳定性验算等。

1. 墙体嵌固深度计算

水泥土墙基坑支护结构的嵌固深度采用整体稳定性方法，即如图 4.5.9 所示的圆弧滑动简单条分法进行计算，计算公式见式(4.5.20)。

如果通过整体稳定性计算所得水泥土墙嵌固深度 $h_d < 0.4h$，则取 $h_d = 0.4h$。

2. 墙体厚度计算

前已述及，水泥土墙是一种重力式基坑支护结构，当按照整体稳定性要求确定了墙体

的嵌固深度后，还应根据墙体的抗倾覆稳定性要求来确定墙体的厚度。

如图 4.5.15 所示，水泥土墙除承受自身的重力作用外，还受到墙背主动水土压力 $\sum E_{ai}$、墙前被动水土压力 $\sum E_{pj}$ 的作用；当水泥土墙底部位于砂土或碎石土层时，尚应考虑墙底扬压力的作用，如图 4.5.15(a)所示。根据水泥土墙抗倾覆稳定性要求，以水泥土墙前趾 A 点为转动点，作用在水泥土墙上的被动水土压力及自重产生的抗倾覆力矩必须大于或等于主动水土压力和扬压力产生的倾覆力矩，并具有一定的安全储备，即

$$M_R \geq K\gamma_0 M_D \tag{4.5.35}$$

式中：M_R——抗倾覆力矩；

M_D——倾覆力矩；

K——水泥土墙抗倾覆安全系数，$K=1.2$；

γ_0——基坑工程重要性系数。

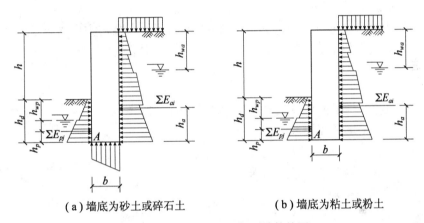

(a)墙底为砂土或碎石土　　　　(b)墙底为粘土或粉土

图 4.5.15　水泥土墙抗倾覆计算简图

对于如图 4.5.15(a)所示的情况，有（纵向取 1m 进行计算）

$$M_R = h_p \sum E_{pj} + \gamma_{cs} b(h+h_d) \times \frac{b}{2} \tag{4.5.36}$$

$$M_D = h_a \sum E_{ai} + \gamma_w(h_d - h_{wp})b \times \frac{b}{2} + [\gamma_w(h+h_d-h_{wa}) - \gamma_w(h_d-h_{wp})]b \times \frac{b}{3}$$

$$= h_a \sum E_{ai} + \gamma_w(2h+3h_d-h_{wp}-2h_{wa}) \times \frac{b^2}{6} \tag{4.5.37}$$

式中：γ_{cs}——水泥土墙体平均容重；

γ_w——地下水的容重；

$\sum E_{ai}$——墙背主动水土压力之和；

$\sum E_{pj}$——墙前被动水土压力之和；

其余符号意义见图 4.5.15。

将式(4.5.36)和式(4.5.37)代入式(4.5.35)，整理后得

$$b \geqslant \sqrt{\frac{10(1.2\gamma_0 h_a \sum E_{ai} - h_p \sum E_{pj})}{5\gamma_{cs}(h + h_d) - 2\gamma_0\gamma_w(2h + 3h_d - h_{wp} - 2h_{wa})}} \tag{4.5.38}$$

当水泥土墙墙底位于粘土或粉土层中时，墙底扬压力可以忽略不计，如图 4.5.15(b)
所示，此时式(4.5.38)简化为

$$b \geqslant \sqrt{\frac{2(1.2\gamma_0 h_a \sum E_{ai} - h_p \sum E_{pj})}{\gamma_{cs}(h + h_d)}} \tag{4.5.39}$$

当计算所得水泥土墙厚度 $b < 0.4h$ 时，取 $b = 0.4h$。

3. 正截面承载力验算

水泥土墙的内力可以根据排桩式基坑支护结构内力计算方法进行计算，即采用静力平
衡法或弹性支点法进行计算。计算得到墙体截面内力后，应进行墙体正截面的压应力验算
和拉应力验算。

(1)压应力验算

考虑水泥土墙承受自重及弯矩作用，则墙体截面承受的压应力应为自重应力与弯曲压
应力的叠加，其最大值不应大于水泥土墙的抗压强度设计值，即

$$1.25\gamma_0\gamma_{cs}z + \frac{M}{W} \leqslant f_{cs} \tag{4.5.40}$$

式中：M——单位长度水泥土墙截面弯矩设计值，计算方法参见式(4.5.24)；

W——水泥土墙截面模量；

z——由墙顶至计算界面的深度；

f_{cs}——水泥土墙开挖龄期抗压强度设计值。

其余符号意义同前。

(2)拉应力验算

考虑水泥土墙承受自重及弯矩作用，则墙体截面承受的拉应力应为弯曲拉应力与自重
应力的叠加，其最大值不应大于水泥土墙的抗压强度设计值的 0.06 倍，即

$$\frac{M}{W} - \gamma_{cs}z \leqslant 0.06f_{cs} \tag{4.5.41}$$

式中，各符号意义同前。

4. 墙体稳定性验算

按照前述计算确定的墙体嵌固深度及墙体厚度，自然满足整体稳定性及抗倾覆稳定性
要求。除此之外，水泥土墙的稳定性验算还应包括坑底隆起稳定性验算、渗流稳定性验算
(含管涌及流砂验算、抗突涌验算等)、抗滑移稳定性验算。其中坑底隆起稳定性验算及
渗流稳定性验算方法与 4.5.5 节中介绍的排桩式基坑支护结构相同，此处介绍水泥土墙的
抗滑移稳定性验算。

如图 4.5.15 所示，如果不考虑墙底扬压力，则墙体沿墙底面滑移的安全系数为

$$K = \frac{\gamma_{cs}b(h + h_d)\tan\varphi_1 + bc_1 + \sum E_{pj}}{\sum E_{ai}} \tag{4.5.42}$$

式中：K——水泥土墙抗滑移安全系数，$K \geqslant 1.2$；

φ_1、c_1——墙底与墙底土体之间的内摩擦角和粘聚力；

其余符号意义同前。

5. 构造要求

水泥土墙采用格栅布置时，水泥土的置换率一般对于淤泥不小于0.8，对于淤泥质土不小于0.7，对于一般粘性土及砂土不小于0.6；格栅长宽比不大于2。

水泥土桩与桩之间的搭接宽度应根据挡土及截水要求确定。考虑截水作用时，桩的有效搭接宽度不小于150mm，不考虑截水作用时，搭接宽度不小于100mm。

需减小水泥土墙的变形时，可以采用基坑内侧土体加固、水泥土墙插筋加混凝土面板、加大嵌固深度等措施。

4.5.7　土钉墙基坑支护结构

土钉墙(soil nail wall)是一种原位土体加筋支护结构，是由设置在土体中的加筋杆件(即土钉或锚杆)与其周围土体牢固粘结形成的复合体和面板(一般为钢筋网喷射混凝土)所构成的类似重力式挡土墙的支护结构，其适用条件见表5.4.2。当被加固土体具有一定的临时自稳能力时，采用土钉墙支护结构具有节省投资，缩短工期等优点。

土钉是用于加固或同时锚固现场原位土体的细长杆件，通常在土体中钻孔置入钢筋并沿钻孔全长注浆形成，俗称砂浆锚杆。土钉也可以通过在土体中直接打入粗螺纹钢筋、钢管、角钢等形成。土钉通过与土体界面的抗剪强度(粘结力或摩擦力)向土体提供抗拉加强作用，而土钉之间的土体变形则受到钢筋网喷射混凝土面板的约束。

土钉墙与其他支护结构相比较，有其独特的优点。土钉墙自上而下施工，步步为营，对边坡和临近建筑物的保护是非常有利的；土钉墙无需施加预应力，结构简单，施工方便；土钉在全长范围内受力，且土钉密度大，土钉墙主要通过众多土钉和面板形成的复合整体发挥作用，个别土钉产生破坏或失效，对整个土钉墙影响甚微；土钉长度一般在2～12m之间，土钉直径也较小，施工机具灵活轻便。因此，土钉墙支护结构特别适合于挖方边坡和基坑的支护。

土钉墙适宜于地下水位以上或经人工降水后的人工填土、粘性土和微胶结砂土的基坑开挖支护，不宜用于含水丰富的粉细砂层、砂卵石层和淤泥质土，不能应用于没有临时自稳能力的淤泥、饱和软弱土层。土钉墙基坑支护开挖适宜深度为5～12m，当与有效放坡、护坡桩及预应力锚杆联合支护时，深度可以适当增加。

土钉墙设计内容：

(1)确定土钉墙的平面尺寸和剖面尺寸及分段施工高度；

(2)确定土钉的布置方式和间距；

(3)确定土钉的直径、长度、倾角及在空间的方向；

(4)确定土钉钢筋的类型、直径和构造；

(5)注浆配方设计，注浆方式，确定浆体强度指标；

(6)喷射混凝土面层设计及坡顶防护设计；

(7)土钉抗拔力验算；

(8)进行整体稳定性分析；

(9)变形预测和可靠性分析；

（10）施工图设计及其说明；

（11）现场监测和质量控制设计。

1. 土钉受拉承载力计算

（1）单根土钉抗拉承载力按下式计算

$$1.25\gamma_0 T_{jk} \leqslant T_{uj} \tag{4.5.43}$$

式中：T_{jk}——第 j 根土钉受拉荷载标准值，由式（4.5.43）确定；

T_{uj}——第 j 根土钉受拉承载力设计值。

（2）单根土钉受拉荷载标准值按下式计算

$$T_{jk} = \frac{\xi e_{ajk} s_{xj} s_{zj}}{\cos\alpha_j} \tag{4.5.44}$$

式中：ξ——荷载折减系数；

e_{ajk}——第 j 根土钉位置处的基坑水平荷载标准值（kPa）；

$s_{xj}\, s_{zj}$——第 j 根土钉与相邻土钉的平均水平间距、垂直间距（m）；

α_j——第 j 根土钉与水平面的夹角。

（3）荷载折减系数 ξ 按下式计算

$$\xi = \tan\frac{\beta - \phi_k}{2} \frac{\tan\dfrac{\beta + \phi_k}{2} - \dfrac{1}{\tan\beta}}{\tan^2\left(45° - \dfrac{\phi}{2}\right)} \tag{4.5.45}$$

式中：β——土钉墙坡面与水平面的夹角。

（4）对于基坑侧壁安全等级为二级的土钉受拉承载力设计值应按试验确定，基坑侧壁安全等级为三级时可以按下式计算（如图 4.5.16 所示）

$$T_{uj} = \frac{1}{\gamma_s} \pi d_{nj} \sum q_{sik} l_i \tag{4.5.46}$$

式中：γ_s——土钉受拉抗力分项系数，取 1.3；

d_{nj}——第 j 根土钉锚固体直径（m）；

q_{sik}——土钉穿越第 i 层土体与锚固体极限摩阻力标准值（kPa），应由现场试验确定，若无试验资料，可以参照《建筑基坑支护技术规程》（JGJ 120—99）（见表 6.1.4）确定；

l_i——第 j 根土钉在直线破裂面外穿越第 i 层稳定土体内的长度，破裂面与水平面的夹角为 $\dfrac{\beta + \varphi_k}{2}$。

2. 土钉墙整体稳定性验算

土钉墙应根据施工期间不同开挖深度及基坑底面以下可能滑动面采用圆弧滑动简单条分法（见图 4.5.17）按下式进行整体稳定性验算

$$\sum_{i=1}^{n} c_{ik} L_i s + s \sum_{i=1}^{n} (W_i + q_0 b_i)\cos\theta_i \tan\phi_{ik} +$$

$$\sum_{j=1}^{m} T_{rij}\left[\cos(\alpha_j + \theta_j) + \frac{1}{2}\sin(\alpha_j + \theta_j)\tan\phi_{ik}\right] - s\gamma_k\gamma_0 \sum_{i=1}^{n} (\omega_i + q_o b_i)\sin\theta_i \geqslant 0$$

$$\tag{4.5.47}$$

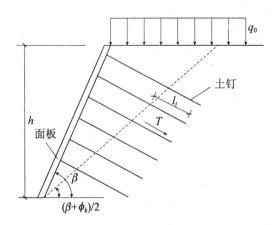

图 4.5.16　土钉受拉承载力计算简图

式中：n ——滑动体分条数；

　　　m ——滑动体内土钉数；

　　　γ_k ——整体滑动分项系数，可以取 1.3；

　　　γ_0 ——基坑侧壁重要性系数；

　　　W_i ——第 i 分条土重(kN)，滑裂面位于粘性土或粉土中时，按上覆土层的饱和土重度计算，滑裂面位于砂土或碎石类土中时，按上覆土层的浮重度计算；

　　　b_i ——第 i 分条宽度(m)；

　　　c_{ik} ——第 i 分条滑裂面处土体固结不排水(快)剪粘聚力标准值(kPa)；

　　　ϕ_{ik} ——第 i 分条滑裂面处土体固结不排水(快)剪内摩擦角标准值；

　　　θ_i ——第 i 分条滑裂面处中点切线与水平面夹角；

　　　α_j ——土钉与水平面之间的夹角；

　　　L_i ——第 i 分条滑裂面处弧长(m)；

　　　s ——计算滑动体单元厚度(m)；

　　　T_{nj} ——第 j 根土钉在圆弧滑裂面外锚固体与土体的极限抗拉力(kN)，按下式计算

$$T_{nj} = \pi d_{nj} \sum q_{sik} l_{ni} \tag{4.5.48}$$

式中：l_{ni} ——第 j 根土钉在圆弧滑裂面外穿越第 i 层稳定土体内的长度。

　　　其余符号意义同前。

3. 构造要求

土钉墙设计及构造应符合下列规定：

(1)土钉墙墙面坡度一般不大于 1∶0.1；

(2)土钉必须和面层有效连接，应设置承压板或加强钢筋等构造措施，承压板或加强钢筋应与土钉螺栓连接或钢筋焊接连接；

(3)土钉的长度为开挖深度的 0.5 ~ 1.2 倍，间距为 1 ~ 2 m，与水平面夹角为5° ~ 20°；

(4)土钉钢筋应采用 HRB335、HRB400 钢筋，钢筋直径为 16 ~ 32mm，钻孔直径为

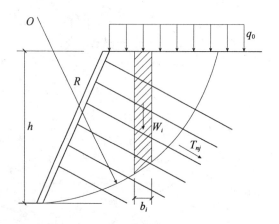

图 4.5.17 土钉墙整体稳定性验算简图

70 ~ 120mm;

(5)注浆材料应采用水泥浆或水泥砂浆,其强度等级不低于 M10;

(6)喷射混凝土面层应配置钢筋网,钢筋直径为 6 ~ 10mm,间距为 150 ~ 300mm;喷射混凝土强度等级一般不低于 C20,面层厚度不小于 80mm;

(7)坡面上下段钢筋网搭接长度应大于 300mm。

当地下水位高于基坑底面时,应采取降水或截水措施;土钉墙墙顶应采用砂浆或混凝土护面,坡顶和坡脚应设排水设施,坡面上可以根据具体情况设置泄水孔。

4.5.8 逆作拱墙基坑支护结构

1. 逆作拱墙的特点

建筑工程深基坑的边坡与道路工程的路堑边坡不同。路堑边坡是线状分布的,而建筑工程的深基坑是点状分布的,基坑平面几何形状通常是闭合的多边形。基坑支护结构承受的土压力是随深度而线性增加的分布荷载,没有集中力,因此在基坑四周场地允许的条件下,可以采用闭合的水平拱墙来支挡土压力以维护基坑的稳定,如图 4.5.18 所示。该闭合拱墙可以是由若干条二次曲线围成的组合拱墙(曲率不连续),也可以是一个完整的椭圆或蛋形拱墙(曲率连续)。作用在拱墙四周的土压力大部分在拱墙内自身平衡、相互抵消,少部分(例如,两条抛物线的交接处)不平衡力则需要拱墙下基础的被动土压力提供支承。拱墙基坑支护结构以受压力为主,能更好地发挥混凝土抗压强度高的材料特性,而且拱墙的支挡高度只需在坑底以上,因此这种基坑支护结构体系自然具有良好的效果。

拱墙的断面一般为 Z 字形(如图4.5.18(a)所示),拱墙壁的上下加肋梁可以提高拱墙的刚度和稳定性。如果基坑较深,一道 Z 字形拱墙的支护高度不够时,可以分几道拱墙叠合组成(如图 4.5.18(b)、(c)所示),以达到要求的支护高度。

拱墙实际上是一种内支撑支护结构,实测结果表明,在多数情况下作用在支护结构上的压力并非随深度增大而增加,因为作用在支护结构上的压力还与支护结构所约束的位移和土方开挖的顺序有关。因此,有时在场地狭窄时,为了施工方便,可以采用上下等厚的拱墙断面,不用肋梁,增加拱墙壁厚成为厚壁拱(如图 4.5.18(d)所示)。

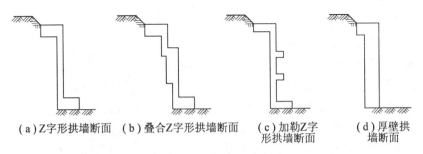

（a）Z字形拱墙断面　（b）叠合Z字形拱墙断面　（c）加勒Z字形拱墙断面　（d）厚壁拱墙断面

图 4.5.18　拱墙断面示意图

采用挡土拱墙基坑支护结构具有以下特点：

（1）安全可靠性高

挡土拱墙是以受压为主的结构，作用在拱墙截面上的弯矩很小，所以，挡土结构本身强度破坏或失稳的可能性甚微。同时，拱墙是沿支护高度分道施工的（每道高度一般不超过 2.5 m），第一道拱墙合龙且混凝土强度达到设计强度的 70% 后，再往下挖土施工第二道拱墙，每道拱墙分别承受该道拱墙高度内的土压力，不相互影响。所以只要第一道支护拱墙合龙后是安全工作的，再挖土施作下一道拱墙也是安全的，不会像排桩支护结构那样越往下挖，作用在排桩上的弯矩越来越大，挡土结构越来越危险。

（2）节省工期，施工方便

采用拱墙基坑支护结构时，开工即开始挖土（采用排桩支护结构时需要施作完排桩且排桩混凝土达到规定的强度后才能挖土），拱墙的施工可以与基坑开挖同步交叉进行，拱墙施工独占的工期很少，工期主要取决于挖土的进度。与采用排桩支护结构相比较，一般可以节省工期 1~3 个月。施作拱墙犹如用逆作法施作一条弯曲的地梁，而且只有水平环向配置的主筋，施工非常方便。

（3）节省支护费用

由于拱墙是受压为主的结构，能充分发挥混凝土的材料特性，而且有时只需采用拱墙支护坑壁的适当高度即可，不必在全高度都支护，所以用料很少，经济合理。一般采用拱墙基坑支护结构的费用仅为采用排桩支护结构的 40%~60%，且采用的基坑越深，经济效益越显著。

因起拱部位要超挖一部分土方（需要回填），因此采用拱墙基坑支护结构的条件是要有允许临时占用的起拱场地，常用起拱高度 $f=(0.12~0.16)L$，若基坑的平面形状是曲线形、折线或缺角的矩形时，更有利于布置拱墙支护结构。

2. 拱墙计算

逆作拱墙结构型式根据基坑平面形状可以采用全封闭拱墙，也可以采用局部拱墙，拱墙壁轴线的矢跨比一般不小于 1/8，基坑开挖深度 h 一般不大于 12 m，当地下水位高于基坑底面时，应采取降水或截水措施。

当基底土层为粘性土时，基坑开挖深度应满足下列抗隆起验算条件

$$h \leqslant \frac{c_k(k_p \mathrm{e}^{\pi \tan\phi_k} - 1)}{1.3\gamma\tan\phi_k} - \frac{q_0}{\gamma} \tag{4.5.49}$$

式中：q_0——地面超载(kN/m^2)；

γ——开挖面以上土体平均容重(kN/m^3)；

k_p——朗肯被动土压力系数；

c_k、ϕ_k——基坑底面以下土层粘聚力及内摩擦角标准值(kPa、°)。

当基坑开挖深度范围或基坑底土层为砂土时，应按抗渗透条件验算土层稳定性。

拱墙支护结构内力一般按平面闭合结构型式采用杆件有限元方法分析计算，作用于拱墙的初始水平力可以按土压力理论计算确定；当计算点位移指向坑外时，该位移产生的附加水平力可以按 m 法确定；土体任一点最大水平压力不应超过其水平抗力标准值，水平抗力标准值可以按照《建筑基坑支护技术规程》(JGJ 120—99)第3.5节中的规定计算。

均布荷载作用下，圆形闭合拱墙结构轴向压力设计值应按下式计算

$$N_i = 1.35\gamma_0 Re_a h_i \qquad (4.5.50)$$

式中：R——圆拱的外圈半径(m)；

h_i——拱墙分道计算高度(m)；

e_a——分道高度 h_i 范围内的基坑外侧水平荷载标准值的平均值(kN/m^2)。

拱墙结构材料、断面尺寸应根据内力设计值按现行的混凝土结构设计规范确定。

3. 构造

钢筋混凝土拱墙结构的混凝土强度等级一般不低于 C25。

拱墙结构水平方向应通长双面配筋，总配筋率不应小于 0.7%。

圆形拱墙壁厚不应小于 400mm，其他拱墙壁厚不应小于 500mm。

拱墙水平方向施工的分段长度不应超过 12m，通过软弱土层或砂层时分段长度一般不超过 8m；上下两道拱墙的竖向施工缝应错开，错开距离一般不小于 2m。

第 5 章　地下结构连续介质设计模型

5.1　概　　述

20 世纪中期以来，随着岩体力学开始形成一门独立的学科，地下结构连续介质设计模型也得到发展，逐渐出现了关于围岩应力分布的弹性、弹塑性及粘弹性解答。地下结构连续介质设计模型以岩体力学原理为基础，认为洞室开挖后岩体向洞室内变形而释放的围岩压力将由支护结构与围岩组成的整体共同承担。一方面围岩本身由于支护结构提供了一定的支护阻力，从而引起岩体的应力调整达到新的平衡；另一方面，由于支护结构阻止围岩变形，必然要受到围岩压力的作用而发生变形。地下结构所承受这种围岩压力与荷载结构设计模型中的围岩松动压力是不相同的，它是支护结构与围岩共同变形过程中对支护结构施加的压力，称为形变压力。根据变形协调条件可以分别计算支护结构和围岩的内力，并据此进行结构截面设计和地层的稳定性验算。

由于地层的复杂性以及地下结构的结构型式、尺寸千差万别，采用连续介质力学方法进行地下结构的解析计算是十分困难的，目前仅对均质地层中的圆形衬砌得到了一些解析解，包括弹性解、弹塑性解和粘弹性解、粘弹塑性解等，其解题的出发点就是利用地层与地下结构之间的位移协调条件（共同变形原理），而各种解答的区别则在于岩土介质本构关系各不相同。

20 世纪 60 年代以来，随着计算机技术的进步和岩土介质本构关系研究的进展，地下结构的数值计算方法有了很大发展。有限元法、边界元法及离散元法等数值解法迅速发展，出现了许多能够模拟围岩弹性、弹塑性、粘弹塑性及岩体节理面等的大型通用软件，使得地下结构连续介质设计模型得到快速发展。连续介质设计模型以连续介质力学为基础进行地下结构的内力计算和截面设计，比较符合地下结构与地层之间的实际状况。但是，由于连续介质设计模型中的某些计算参数（如原岩应力、岩体力学参数及施工因素等）难以准确获得以及人们对岩土材料的本构模型与围岩的破坏失稳准则的认识不足，所以目前利用连续介质设计模型所取得的计算结果，多数情况下仅作为设计参考。

值得注意的是，锚喷支护、新奥法等地下结构现代支护理论，正是借鉴了连续介质设计模型中以岩体力学为基础、考虑地下结构与围岩共同作用的基本原理。

5.2　围岩与地下结构相互作用原理

5.2.1　基本概念

地下结构的一个重要特点就是在具有原始应力场的地层中修建的。洞室开挖前，地层处于静止平衡状态,这种平衡状态是由于岩土体的自重和地质构造作用,在经历了漫长的应力历史后逐步形成的。通常我们把由于岩土体自重和漫长的地质构造作用逐步形成的,在洞室开挖之前就已经存在的,处于相对稳定和平衡状态中的应力场称为初始应力场或原岩应力场。

洞室开挖后,由于地层在开挖面处解除了约束,破坏了原始平衡状态,地层内各点的应力状态发生了变化,其结果是引起洞室周围各点的位移,在此过程中,地层中的应力会不断调整直到最后达到新的平衡,这种过程称为应力重分布。但这种应力重分布仅限于洞室周围一定范围内的岩体,而在此范围以外的岩体仍保持着初始应力状态。通常我们把洞室周围发生应力重分布的这部分岩土体称为围岩,而把重新分布后的应力状态称为二次应力状态或围岩应力状态。

在重新分布的应力作用下、一定范围内的围岩产生位移,形成松弛,与此同时也会使围岩的物理力学性质恶化,在这种条件下地下结构围岩将在薄弱处产生局部破坏,在局部破坏的基础上造成整个洞室的崩塌。这一过程反映了地下洞室从开挖到破坏的一般力学动态。

由于二次应力的作用、使围岩发生向洞内的位移。这种位移我们称为收敛。若岩体强度高,整体性好,断面形状有利,岩体的变形到一定程度就将自行终止,围岩是稳定的。反之,岩体的变形将自由地发展下去,最终导致洞室围岩整体失稳而破坏。在这种情况下,支护结构也将承受围岩所给予的作用力,并产生变形。支护结构变形后所能提供的阻力会有所增加,而围岩却在变形过程中释放了部分能量,进一步变形的趋势有所减弱,支护结构需要提供的阻力以及支护结构所承受的作用力都将降低;如果支护结构有一定的强度和刚度,这种围岩和支护结构的相互作用会一直延续到支护所提供的阻力与围岩作用力之间达到平衡为止,从而形成一个力学较稳定的地下结构体系,这就是围岩与支护结构相互作用的过程。

5.2.2 洞室开挖后围岩应力场特征及力学效应

1. 洞室开挖后围岩应力状态的特征及影响因素

(1)初始应力场的影响

由于围岩的二次应力场是初始应力在洞周围岩中重新分布的结果,故初始应力状态对围岩二次应力、位移场起决定性作用。例如在自重应力场中,垂直应力分量是大主应力,水平应力很小。开挖洞室所形成的二次应力场为:洞顶、洞底可能出现拉应力区,边墙部分有很大的切向压应力。如果初始应力主要由水平构造应力形成,此时水平应力分量为大主应力,则围岩的二次应力场正好与自重应力场中的情况相反,洞顶与洞底为压应力,边墙部分可能出现拉应力。

(2)开挖断面形式的影响

在一定的初始应力场中,围岩二次应力场受洞室横断面形状的影响很显著。图 5.2.1 表示出了无穷远处作用有 σ_z、σ_x,且 $\sigma_x/\sigma_z = 0.25$,圆形洞室与椭圆形洞室洞周切向应力 σ_t 的比较情况。从图 5.2.1 中可以看出,随着水平椭圆率 $\alpha = b/a$ 的增大,洞顶拉应力区也在扩大,水平直径处压应力集中现象亦趋严重。

(3)岩体结构特性的影响

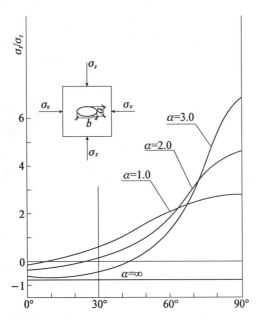

图 5.2.1　断面形状对切向应力的影响曲线图

　　岩体结构特性对围岩二次应力场的影响是内在的、本质的。图 5.2.2(a)表明岩体的 1 组节理的产状对围岩二次应力场的影响。这里假定岩石是线弹性体，但有 1 组节理，成为不连续介质。节理的抗剪强度很低，不能传递较大的剪应力，而且不能承受拉应力。从图 5.2.2(a)中可以看出，对于同样的圆形洞室，在同样的受力条件下，节理产状的变化会引起围岩二次应力场的显著变化。图 5.2.2(b)表明，当节理与围岩受力方向垂直，或交角较大(>60°)时，在洞周边与节理垂直相交的部位产生最大切向应力，该应力垂直于节理；图 5.2.2(c)表明，当节理与围岩受力方向平行，或交角较小(<30°)时，在洞周边与节理相切部位产生最大切向应力，该应力平行于节理；图 5.2.2(d)表明，当节理与围岩受力方向斜交 45°时，在洞周边与节理垂直及相切的两个部位产生相等的最大切向应力。

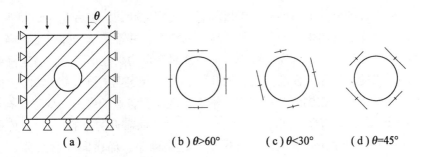

图 5.2.2　岩体结构对围岩二次应力场的影响示意图

(4)岩体力学性质的影响

对于具有线性应力—应变关系的弹性岩体，通常都假定这种岩体能承受很高的应力也不致破坏。开挖后产生应力释放，使洞周的径向应力变为零，切向应力集中。距洞周一定距离(约为洞室直径的2~3倍)以外又逐渐恢复到初始应力状态，如图5.2.3(a)所示。而对于弹塑性岩体，其应力—应变关系是非线性的，当洞周的切向应力达到岩体的屈服条件时，岩体便进入塑性状态。围岩内塑性区的出现，一方面使应力不断地向围岩深部转移，另一方面又不断地向隧道方向变形并逐渐解除塑性区的应力。塔罗勃(J. Talober)、卡斯特奈(H. Kastner)等学者给出了弹塑性围岩中的应力图形(见图5.2.3(b))。与开挖前的初始应力相比较，围岩中的塑性区应力可以分为两部分：塑性区外圈是应力高于初始应力的区域，该区域与围岩弹性区中应力升高部分合在一起称为围岩承载区；塑性区内圈应力低于初始应力的区域称为松动区。松动区内应力和强度都有明显下降，裂隙扩张增多、体积扩大、出现了明显的塑性滑移，这时没有足够的支护抗力就不能使围岩维持平衡状态。

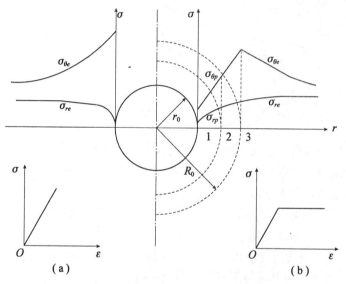

1—松动区；1~2—塑性区；2~3—承载区；3—弹性区

图5.2.3　岩体力学性质对围岩二次应力场的影响曲线图

　　塑性区内应力逐渐解除显然不同于未破坏岩体的应力卸载。前者是伴随塑性变形被迫产生的、它是强度降低的体现，而后者则是应力的消失，并不影响岩体强度。当岩体应力达到岩体极限强度后，强度并未完全丧失、而是随着变形增大逐渐降低，直至降到残余强度为止。这种形式的破坏称为强度劣化或弱化。相关试验表明，强度劣化时，c 值明显降低，而 φ 值则降低不多。在围岩塑性区中、沿塑性区深度各点的应力与变形状态不同，c、φ 值也相应不同，靠近弹塑性区交界面的点 c、φ 值高，而靠近洞壁的点 c、φ 值低。与此同时，塑性区中随着塑性变形增大，变形模量 E 逐渐减小，而横向变形系数 μ 却逐渐增大，所以在塑性区，E 和 μ 也随塑性区深度而变化。因此，在围岩应力与变形的计算中应考虑塑性区物理力学参数 c、φ、E、μ 值的变化。即使为简化计算，视物理力学参数为常数，也应选取一个合适的平均值作为计算参数。

　　(5)洞室开挖后围岩应力的空间效应

　　围岩的二次应力场实际上是三维的，因为洞室端部开挖面对围岩的应力释放和变形发展都有很大的约束作用，使得沿洞室纵向各断面上的二次应力状态和变形都不相同，这种现象我们称之为开挖面支承的"空间效应"。图 5.2.4 给出了两种断面的隧道空间效应的影响。从图 5.2.4 中可以看出，隧道顶部的位移是随距开挖面的距离而变化的。当距开挖面为 $(2 \sim 3)D$（D 为洞室直径）时，开挖面支承的空间效应就可以忽略不计，图 5.2.4 中的曲线是由理论分析而得到的，实际量测的结果大体与此一致。

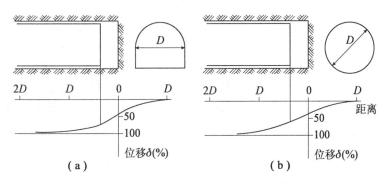

图 5.2.4　二次应力场的空间效应图

　　（6）时间效应的影响

　　由于一般岩体都具有流变特性，所以，围岩的二次应力状态和位移不仅是空间坐标的函数，而且还是时间的函数。也就是说，洞室开挖后围岩初始应力的重新分布以及围岩的变形都不是瞬时就达到其最终值，而是随着时间的推移逐渐完成的，我们称这种现象为"时间效应"。有些岩体的时间效应不明显，有些岩体则相反，延滞变形所经历的时间很长，最终可能导致岩体失稳破坏。

　　（7）施工方法的影响

　　开挖方式（爆破或非爆破）和开挖方法（全断面开挖或分部开挖法）对围岩的二次应力状态都有着强烈的影响。对围岩扰动少的开挖作业可以减少围岩的破坏，使围岩的二次应力场更接近理论解。

　　开挖洞室所产生的围岩变形是属于卸载（应力释放）后的回弹。因此，在绝大多数情况下，这种变形都是朝着洞内的。但围岩变形的分布状态以及量值大小，都随围岩的初始应力状态、岩体结构特征等因素而变化。例如，若围岩为均匀介质，经过回弹变形它们的体积有所增大、但形状仍然不变。若围岩为非均匀介质，由于各个块体的物理力学性质不同，围岩回弹变形后，不仅体积增大而且形状也发生了变化，这种非匀质体的变形不协调，必然要引起裂隙张开，使块体与块体分离或错动。

　　2. 洞室开挖力学效应的模拟方法

　　前述已定性地描述了二次应力场的特征和影响因素。但是要建立一种力学模型，能包括上述的诸多因素，并且能够比较接近实际情况地定量计算洞室开挖后围岩二次应力场和位移场，是非常困难的。因此，通过适当的简化，建立一种能反映工程条件下洞室围岩主要特征以及主要影响因素的力学模型，是比较切合实际的。例如，目前围岩二次应力场和位移场的解析分析，多以下述假定为前提（当然，进行数值分析时，则无需如此严格的假定）：

（1）视围岩为均质的、各向同性的连续介质；

（2）只考虑自重形成的初始应力场；

（3）洞室形状以规则的圆形为主，虽然在实际地下工程中很少做成圆形的，但圆形洞室分析得出的一切结论，在定性上不失其一般性；

（4）洞室位于地表下一定深度，问题简化为无限平面中的孔洞问题。

尽管洞室端部开挖面的约束作用使围岩二次应力场成为三维的，但如上所述，这种约束作用的影响距离较短，洞室长度的影响比横截面影响又小得多，如果不考虑开挖面的空间效应，而将其视为平面问题，影响也只集中在开挖面附近地段 2 ~ 3 倍洞径处。

为了计算围岩的二次应力场和位移场，可以采取以下步骤：首先求围岩的初始应力状态 $\{\sigma\}^0$，以及与之相应的位移场 $\{u\}^0$；洞室开挖后，因其周边上的径向应力 σ_r 和剪应力 τ 都为零，故可以向具有初始应力的围岩在洞室周边上反方向施加与初始应力相等的释放应力，用弹性力学方法计算带有孔洞的无限平面在释放应力作用下的应力 $\{\sigma\}'$ 和位移 $\{u\}'$，而真实的围岩二次应力场 $\{\sigma\}^2$ 即为上述两者之和，即

$$\{\sigma\}^2 = \{\sigma\}^0 + \{\sigma\}' \tag{5.2.1}$$

各点的位移为

$$\{u\}^2 = \{u\}' \tag{5.2.2}$$

因为初始位移 $\{u\}^0$ 在开挖前就已经完成，对工程设计并无实际价值，因而，洞室围岩二次应力状态计算中需确定的仅是因开挖所引起附加位移场。以上模拟洞室开挖所经历的力学过程可以用图 5.2.5 表示。

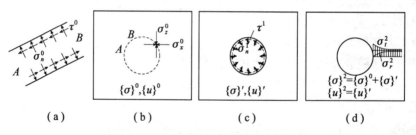

图 5.2.5　开挖过程中的力学行为模拟图

上述计算步骤也可以用在有孔洞的无限平面上直接加载来代替。例如，在自重应力场中，可以将由自重所形成的初始应力作为无限平面的体积力来直接分析，求出应力 $\{\sigma\}'$ 和位移 $\{u\}'$。若以开挖前的位移状态为基准，则真实的围岩二次位移场应为

$$\{u\}^2 = \{u\}' - \{u\}^0 \tag{5.2.3}$$

二次应力场为

$$\{\sigma\}^2 = \{\sigma\}' \tag{5.2.4}$$

可以证明在假定围岩为弹性材料的情况下，这样的分析结果与图 5.2.5 所示的分析结果是相同的。

进一步研究还可以发现，对于埋深较大的洞室，在开挖所影响的范围内，围岩自重应力的变化量比其绝对值要小得多。所以，对于自重应力场中的深埋洞室，常常将其围岩初始应力场简化为常量场。假定地表面为水平面，则均质地层中任意点的自重应力为

$$\sigma_z = \gamma H, \qquad \sigma_x = \lambda \gamma H \qquad\qquad (5.2.5)$$

式中：γ——地层岩土体容重（kN/m^3）；

　　　H——从地表算起的地层的埋深（m）；

　　　σ_z——自重应力场中的垂直应力（kPa）；

　　　σ_x——自重应力场中的水平应力（kPa）；

　　　λ——侧压力系数，$\lambda = \sigma_z / \sigma_x$。

若按直接加载法求解这种初始应力状态下的围岩二次应力场和位移场，就可以将体积力视为常数。

根据弹性力学原理，这个问题的求解还可以简化为不考虑体积力的形式，而用在有孔的无限平面（无重的）无穷远边界上作用有垂直均布荷载 σ_z 和水平荷载 σ_x 的形式来代替，如图 5.2.6 所示。由此而引起的计算误差比较小，并随着洞室埋深的增加而减小。当洞室埋深超过 10 倍洞径时，其误差可以忽略不计。按图 5.2.6 所求得的位移，必须减去挖洞前围岩在初始应力 σ_z 和 σ_x 作用下所产生的变形（见式（5.2.3）），才是围岩真实的二次位移场。

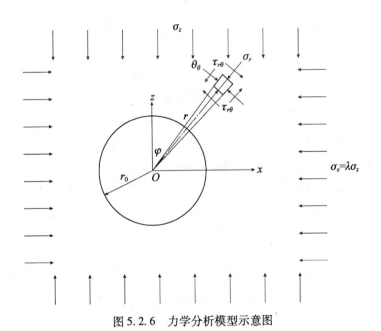

图 5.2.6　力学分析模型示意图

岩体开挖后，周围岩体中的应力、位移，视围岩强度（单轴抗压强度）可以分为两种情况：一种是开挖后的围岩仍处在弹性状态，此时，洞室围岩除产生很小的松弛变形外（由于爆破造成的）仍是稳定的；另一种是开挖后的应力状态超过围岩的单轴抗压强度，此时洞室围岩的一部分处于塑性甚至松弛状态，围岩将产生塑性滑移、松弛或破坏。

5.3 地下结构连续介质模型的解析计算法

所谓解析法，即根据所给定的边界条件，来求解问题的平衡方程、几何方程和物理方程。本章5.1节中已经介绍了由于数学上的困难，现在还只能对少数地下结构问题求得解析解。本节主要介绍弹性状态下的平面轴对称问题，即假定初始应力为轴对称分布的圆形隧道问题，围岩视为无重平面，初始应力作用在无穷远处，并假定支护结构与围岩密贴，即外径 r_0 与围岩开挖半径相等，且与开挖同时瞬间完成。下面以承受均匀内水压力的圆形水工隧洞的计算为例，说明地下结构解析法计算的基本思路。

5.3.1 衬砌应力分析

水工隧洞衬砌的材料主要有混凝土、钢筋混凝土和喷锚支护等。因厚度一般在20cm以上，故力学分析中可以将其视为厚壁圆筒。如图5.3.1(a)所示，在均匀内水压力作用下，厚壁圆筒的内力分析是轴对称问题。

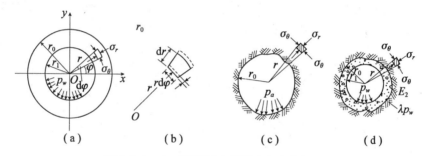

图5.3.1 水工隧洞衬砌及围岩应力分析图

将作用于衬砌内表面的水压力记为 p_w，地层对衬砌外表面作用的形变压力记为 p_a。在 p_w 作用下，圆环将向外扩张，但受到围岩形变压力 p_a 的限制。设衬砌在半径 r 处由 p_w、p_a 引起的径向位移为 u，则该处的圆周长度必然从 $2\pi r$ 增加到 $2\pi(r+u)$，由此可以得到衬砌的切向应变为

$$\varepsilon_\theta = \frac{2\pi(r+u) - 2\pi r}{2\pi r} = \frac{u}{r} \tag{5.3.1}$$

如图5.3.1(b)所示为从衬砌圆环中取出的单元体。因 r 的增量为 u，故单元体一边的长度 dr 的增量可以记为 du，其和可以记为 $dr + du = dr\left(1 + \dfrac{du}{dr}\right)$。由此可得衬砌的径向应变为

$$\varepsilon_r = \frac{dr + du - dr}{dr} = \frac{du}{dr} \tag{5.3.2}$$

衬砌材料的弹性常数为 E_c 和 μ_c，记 $m_1 = \dfrac{1}{\mu_c}$，并依据习惯近似按平面应变问题分析衬砌，则由平面应变问题极坐标下的物理方程可以写为

$$\begin{cases} \varepsilon_\theta = \dfrac{u}{r} = \dfrac{1}{E_c}\Big(\sigma_\theta - \dfrac{1}{m_1}\sigma_r\Big) \\[3mm] \varepsilon_r = \dfrac{\mathrm{d}u}{\mathrm{d}r} = \dfrac{1}{E_c}\Big(\sigma_r - \dfrac{1}{m_1}\sigma_\theta\Big) \end{cases} \tag{5.3.3}$$

由式(5.3.3)可以解得

$$\begin{cases} \sigma_\theta = \dfrac{m_1 E_c}{m_1^2 - 1}\Big(m_1 \dfrac{u}{r} + \dfrac{\mathrm{d}u}{\mathrm{d}r}\Big) \\[3mm] \sigma_r = \dfrac{m_1 E_c}{m_1^2 - 1}\Big(m_1 \dfrac{\mathrm{d}u}{\mathrm{d}r} + \dfrac{u}{r}\Big) \end{cases} \tag{5.3.4}$$

因作用在单元体上的外荷载为零,且在轴对称情况下单元体内力分量中的剪应力也为零,故根据平面应变问题极坐标下的静力平衡方程式,得出以下方程

$$(\sigma_\theta - \sigma_r)\,\mathrm{d}r = r\,\mathrm{d}\sigma_r \tag{5.3.5}$$

或写成

$$\sigma_\theta = \dfrac{\mathrm{d}(\sigma_r r)}{\mathrm{d}r} \tag{5.3.6}$$

将式(5.3.4)中的第二式代入式(5.3.6),可得

$$\sigma_\theta = \dfrac{m_1 E_c}{m_1^2 - 1}\Big(m_1 r \dfrac{\mathrm{d}^2 u}{\mathrm{d}r^2} + m_1 \dfrac{\mathrm{d}u}{\mathrm{d}r} + \dfrac{\mathrm{d}u}{\mathrm{d}r}\Big) \tag{5.3.7}$$

比较式(5.3.4)中的第一式和式(5.3.7),可得

$$r^2 \dfrac{\mathrm{d}^2 u}{\mathrm{d}r^2} + r\dfrac{\mathrm{d}u}{\mathrm{d}r} - u = 0 \tag{5.3.8}$$

式(5.3.8)为二阶齐次线性微分方程,其通解为

$$u = B_1 r + \dfrac{C_1}{r} \tag{5.3.9}$$

将式(5.3.9)代入式(5.3.4),可得

$$\begin{cases} \sigma_r = \dfrac{m_1 E_c}{m_1 - 1}B_1 - \dfrac{m_1 E_c C_1}{(m_1 + 1)r^2} = B_1' - \dfrac{C_1'}{r^2} \\[3mm] \sigma_\theta = \dfrac{m_1 E_c}{m_1 - 1}B_1 + \dfrac{m_1 E_c C_1}{(m_1 + 1)r^2} = B_1' + \dfrac{C_1'}{r^2} \end{cases} \tag{5.3.10}$$

由边界条件

$$\sigma_r\big|_{r=r_1} = B_1' - \dfrac{C_1'}{r_1^2} = p_{\mathrm{w}}$$

$$\sigma_r\big|_{r=r_0} = B_1' - \dfrac{C_1'}{r_0^2} = p_{\mathrm{a}}$$

可得

$$C_1' = \dfrac{p_{\mathrm{a}} - p_{\mathrm{w}}}{r_0^2 - r_1^2}r_0^2 r_1^2$$

$$B_1' = \dfrac{p_{\mathrm{a}} r_0^2 - p_{\mathrm{w}} r_1^2}{r_0^2 - r_1^2}$$

将求得的 B_1' 和 C_1' 代入式(5.3.10)，经整理可得衬砌内应力为

$$\begin{cases} \sigma_r = \dfrac{r_1^2(r_0^2 - r^2)}{r^2(r_0^2 - r_1^2)}p_w - \dfrac{r_0^2(r_1^2 - r^2)}{r^2(r_0^2 - r_1^2)}p_a \\[4mm] \sigma_\theta = \dfrac{r_1^2(r_0^2 + r^2)}{r^2(r_0^2 - r_1^2)}p_w - \dfrac{r_0^2(r_1^2 + r^2)}{r^2(r_0^2 - r_1^2)}p_a \end{cases} \tag{5.3.11}$$

由式(5.3.9)可以写出衬砌内任一点的径向位移为

$$u = \frac{m_1 - 1}{m_1 E_c} \frac{p_a r_0^2 - p_w r_1^2}{r_0^2 - r_1^2} r + \frac{m_1 + 1}{m_1 E_c} \frac{p_a - p_w}{r_0^2 - r_1^2} \frac{r_0^2 r_1^2}{r} \tag{5.3.12}$$

5.3.2 洞室围岩应力分析

均匀内水压力作用下圆形水工隧洞围岩的应力仍可以采用厚壁圆筒原理进行分析。

围岩的弹性常数为 E 和 μ，并记 $m_2 = 1/\mu$，则由式(5.3.10)可以写出围岩应力的表达式为

$$\begin{cases} \sigma_r = \dfrac{m_2 E}{m_2 - 1}B_2 - \dfrac{m_2 E C_2}{(m_2 + 1)r^2} = B_2' - \dfrac{C_2'}{r^2} \\[4mm] \sigma_\theta = \dfrac{m_2 E}{m_2 - 1}B_2 + \dfrac{m_2 E C_2}{(m_2 + 1)r^2} = B_2' + \dfrac{C_2'}{r^2} \end{cases} \tag{5.3.13}$$

如图5.3.1(c)所示，洞室围岩的应力边界为

$$\sigma_r|_{r=r_0} = p_a, \qquad \sigma_r|_{r=\infty} = 0$$

此处为了简化分析计算，假定围岩初始应力为零。将 $\sigma_r|_{r=\infty} = 0$ 代入式(5.3.13)，可得

$$B_2' = B_2 = 0$$

由此可以将式(5.3.13)改写为

$$\begin{cases} \sigma_r = -\dfrac{m_2 E C_2}{(m_2 + 1)r^2} \\[4mm] \sigma_\theta = \dfrac{m_2 E C_2}{(m_2 + 1)r^2} \end{cases} \tag{5.3.14}$$

将 $\sigma_r|_{r=r_0} = p_a$ 代入式(5.3.14)中的第一式，可得

$$C_2 = -\frac{p_a r_0^2(m_2 + 1)}{m_2 E}$$

将上式代入式(5.3.14)，即得围岩应力为

$$\begin{cases} \sigma_r = \dfrac{r_0^2}{r^2}p_a \\[4mm] \sigma_\theta = -\dfrac{r_0^2}{r^2}p_a \end{cases} \tag{5.3.15}$$

仿照式(5.3.9)可以写出围岩径向位移的计算式为

$$u = B_2 r + \frac{C_2}{r} = \frac{C_2}{r} = -\frac{p_a r_0^2(m_2 + 1)}{m_2 E r} \tag{5.3.16}$$

由式(5.3.15)可知，内水压力使围岩产生的环向应力 σ_θ 是拉应力。假设 σ_θ 的量值

大于围岩中原来存在的压应力,且差值超过岩体的抗拉强度,那么当衬砌抗拉强度不足时,岩体将与衬砌一起发生开裂。实际工程中,某些有压水工隧洞出现新的、平行于洞轴线且沿圆周均匀间隔分布的裂缝,原因就在于围岩在环向出现了较大的拉应力。

将式(5.3.15)中的 r_0 理解为毛洞半径,将 p_a 理解为内水压力,则该式就成为无衬砌圆形水工隧洞围岩应力的计算式。显而易见,环向拉应力的存在必然使无衬砌水工隧洞在实际工程中的应用受到限制,故在实际工程设计中的水工隧洞一般需设置衬砌或喷锚支护,使支护和围岩共同承受内水压力。

5.3.3　衬砌与围岩共同作用的计算

假设在内水压力 p_w 作用下,隧洞衬砌对围岩产生作用力如图 5.3.1(d)所示,为

$$p_a = \lambda p_w \tag{5.3.17}$$

将上式代入式(5.3.16),可得在 $r = r_0$ 处围岩的径向位移为

$$u\big|_{r=r_0} = \frac{C_2}{r} = -\frac{\lambda p_w r_0 (m_2 + 1)}{E m_2} \tag{5.3.18}$$

将式(5.3.17)代入式(5.3.12),可得在 $r = r_0$ 处衬砌的径向位移为

$$u\big|_{r=r_0} = B_1 r + \frac{C_1}{r} = -\frac{m_1 - 1}{m_1 E_c} \frac{(r_1^2 - \lambda r_0^2)}{r_0^2 - r_1^2} r_0 p_w - \frac{m_1 + 1}{m_1 E_c} \frac{r_0 r_1^2}{r_0^2 - r_1^2} (1 - \lambda) p_w \tag{5.3.19}$$

因在 $r = r_0$ 处衬砌与围岩的径向位移应相等,故由式(5.3.18)、式(5.3.19)可得

$$\frac{m_1 - 1}{m_1 E_c} \frac{(r_1^2 - \lambda r_0^2)}{r_0^2 - r_1^2} r_0 p_w + \frac{m_1 + 1}{m_1 E_c} \frac{r_0 r_1^2}{r_0^2 - r_1^2} (1 - \lambda) p_w = \frac{m_2 + 1}{m_2} \times \frac{r_0}{E} \lambda p_w \tag{5.3.20}$$

式(5.3.20)经过整理,可得

$$\lambda = \frac{\dfrac{2 r_1^2}{E_c (r_0^2 - r_1^2)}}{\dfrac{m_2 + 1}{m_2 E} + \dfrac{(m_1 - 1) r_0^2 + (m_1 + 1) r_1^2}{m_1 E_c (r_0^2 - r_1^2)}} \tag{5.3.21}$$

求得 λ 值以后,由式(5.3.11)、式(5.3.15)即可计算衬砌和围岩的应力,由此进行衬砌截面设计,并判断围岩的稳定性。

5.4　地下结构连续介质模型的数值计算法

地下结构连续介质模型的数值计算方法包括微分方程的直接数值解法、有限差分法、有限单元法、边界单元法等。其中有限单元法是一种发展最快、应用最广的数值计算方法,因此,本节主要介绍地下结构连续介质模型的有限单元法。

有限单元法可以处理许多复杂的岩土力学问题和地下结构问题,诸如岩石介质和混凝土材料的非线性问题,围岩和衬砌结构的相互作用问题,洞室位移和应力随时间变化的粘性特征问题,分部开挖施工作业对围岩稳定性的影响问题,渗流场与初始地应力和开挖应力的耦合效应问题及喷锚支护的机理分析问题,以及地下结构的抗爆和抗震动力计算,等等。

有限单元法把围岩和衬砌支护结构都划分为若干单元,然后根据能量原理建立单元刚

度矩阵，并形成整个系统的总体刚度矩阵，从而求出系统上各个节点的位移和单元的应力。有限单元法不但可以模拟各种施工过程和各种支护效果，同时可以分析复杂的地层情况（如断层、节理等地质构造以及地下水等）和材料的非线性特征等。

5.4.1 有限单元法基本理论

有限元方法是研究最多、最成熟、应用最广泛的数值分析方法，目前世界上多数商用大型数值分析软件均为有限元法软件。

有限元法将实际的结构物或连续体用有限个彼此相联系的单元体所组成的近似等价物理模型来代替，通过结构及连续体力学的基本原理及单元体的物理特性，建立起表征力和位移关系的代数方程组，解方程组求得基本未知物理量，进而求得各单元的应力、应变以及其他辅助量值。按基本未知物理量的类型，有限元法可以分为位移型、平衡型和混合型有限元法，其中位移型有限元法以节点位移作为基本未知物理量，平衡型有限元法以节点力作为基本未知物理量，而混合型有限元法则以部分节点位移和部分节点力作为基本未知物理量。

由于位移型有限元法易于编程，便于求解，且很容易推广到非线性和动力效应问题的求解，因此，位移型有限元法比其他类型的有限元法应用更为广泛。本节以平面三节点三角形单元为例，简单介绍位移型有限元法的基本方程。

1. 单元位移函数及插值函数

如图 5.4.1 所示的典型三节点三角形单元，其三个节点的总体编号为 i, j, k。为了使推导出的计算公式具有一般性，现引入节点的局部编号为 1, 2, 3。在总体坐标系中，各节点的位置坐标分别是 (x_1, y_1)，(x_2, y_2) 和 (x_3, y_3)。规定在节点 1 处沿 x 轴方向的位移分量是 u_1，沿 y 轴方向的位移分量是 v_1。同理，节点 2 的位移分量是 u_2, v_2，节点 3 的位移分量是 u_3, v_3。

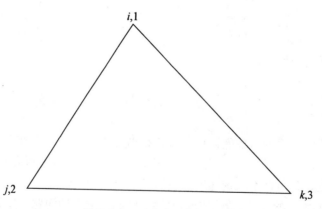

图 5.4.1　三节点三角形单元

根据单元位移模式应具有完备性和协调性的要求，即要求单元的位移函数必须满足刚体位移和常应变状态，在单元内部及相邻单元的边界上位移必须连续，则作为三节点三角形单元的近似位移函数 $u(x, y)$，$v(x, y)$ 可以写为

$$\begin{cases} u(x, y) = a_1 + a_2 x + a_3 y \\ v(x, y) = a_4 + a_5 x + a_6 y \end{cases} \tag{5.4.1}$$

将三个节点的坐标值和位移值代入式(5.4.1)，得到 6 个方程，联立求解获得系数 a_1，a_2，a_3，a_4，a_5，a_6，将这一组系数再代入式(5.4.1)得

$$\begin{cases} u(x, y) = N_1(x, y) u_1 + N_2(x, y) u_2 + N_3(x, y) u_3 \\ v(x, y) = N_1(x, y) v_1 + N_2(x, y) v_2 + N_3(x, y) v_3 \end{cases} \tag{5.4.2}$$

或写为

$$\begin{cases} u(x, y) \\ v(x, y) \end{cases} = [N] \{\delta\} \tag{5.4.3}$$

式中

$$\{\delta\} = \begin{bmatrix} u_1 & v_1 & u_2 & v_2 & u_3 & v_3 \end{bmatrix}^{\mathrm{T}} \tag{5.4.4}$$

为单元节点位移列阵。

$$[N] = \begin{bmatrix} N_1 & 0 & N_2 & 0 & N_3 & 0 \\ 0 & N_1 & 0 & N_2 & 0 & N_3 \end{bmatrix} \tag{5.4.5}$$

称为形状函数矩阵，其中

$$N_i(x, y) = \frac{a_i + b_i x + c_i y}{2\Delta}, \quad i = 1, 2, 3 \tag{5.4.6}$$

称为形状函数或插值函数，该函数具有以下两个特性：

(1)在 i 节点处的值为1，在其他节点处的值为0，即

$$\begin{cases} N_i(x_i, y_i) = 1, & i = 1, 2, 3 \\ N_i(x_j, y_j) = 0, & j = 1, 2, 3 \end{cases}, \quad j \neq i \tag{5.4.7}$$

(2)全部形状函数在单元内任意一点处的值之和等于1，即

$$\sum_{i=1}^{3} N_i(x, y) = 1 \tag{5.4.8}$$

系数 a_1，b_1，c_1 分别为

$$a_1 = x_2 y_3 - x_3 y_2 、 \quad b_1 = y_2 - y_3 、 \quad c_1 = x_3 - x_2 \tag{5.4.9}$$

将1，2，3进行顺序轮换，可以得出另外两组系数 a_2，b_2，c_2 和 a_3，b_3，c_3 的值。Δ 是三角形单元的面积，即

$$\Delta = \frac{1}{2} \begin{vmatrix} 1 & x_1 & y_1 \\ 1 & x_2 & y_2 \\ 1 & x_3 & y_3 \end{vmatrix} = \frac{1}{2}(x_1 y_2 + x_2 y_3 + x_3 y_1) - \frac{1}{2}(x_2 y_1 + x_3 y_2 + x_1 y_3) \tag{5.4.10}$$

2. 单元应变矩阵和单元应力矩阵

确定了单元的位移函数后，可以很方便地利用几何方程和物理方程求得单元的应力和应变。根据弹性力学中的几何方程，单元应变为

$$\{\varepsilon\} = \begin{Bmatrix} \varepsilon_x \\ \varepsilon_y \\ \gamma_{xy} \end{Bmatrix} = \begin{bmatrix} \dfrac{\partial}{\partial x} & 0 \\ 0 & \dfrac{\partial}{\partial y} \\ \dfrac{\partial}{\partial y} & \dfrac{\partial}{\partial x} \end{bmatrix} \begin{Bmatrix} u \\ v \end{Bmatrix} = [L]\{u\} = [L][N]\{\delta\} \qquad (5.4.11)$$

记

$$[B] = [L][N]$$

则

$$\{\varepsilon\} = [B]\{\delta\} \qquad (5.4.12)$$

式中，$[B]$ 称为单元应变阵即几何矩阵，几何矩阵 $[B]$ 可以写为分块形式，即

$$[B] = \begin{bmatrix} \dfrac{\partial N_1}{\partial x} & 0 & \dfrac{\partial N_2}{\partial x} & 0 & \dfrac{\partial N_3}{\partial x} & 0 \\ 0 & \dfrac{\partial N_1}{\partial y} & 0 & \dfrac{\partial N_2}{\partial y} & 0 & \dfrac{\partial N_3}{\partial y} \\ \dfrac{\partial N_1}{\partial y} & \dfrac{\partial N_1}{\partial x} & \dfrac{\partial N_1}{\partial y} & \dfrac{\partial N_2}{\partial x} & \dfrac{\partial N_1}{\partial y} & \dfrac{\partial N_3}{\partial x} \end{bmatrix} = [B_1 \quad B_2 \quad B_3] \qquad (5.4.13)$$

式中

$$[B_i] = \begin{bmatrix} \dfrac{\partial N_i}{\partial x} & 0 \\ 0 & \dfrac{\partial N_i}{\partial y} \\ \dfrac{\partial N_i}{\partial y} & \dfrac{\partial N_i}{\partial x} \end{bmatrix} = \frac{1}{2\Delta} \begin{bmatrix} b_i & 0 \\ 0 & c_i \\ c_i & b_i \end{bmatrix}, \quad i = 1, 2, 3 \qquad (5.4.14)$$

为一常数矩阵。

由此可知，三节点三角形平面单元内应变列阵是常数列阵，通常称这种单元为常应变单元。因此，用该单元分析问题时，在物体应变梯度较大（亦即应力梯度较大）的部位，单元划分应当密一些，否则将不能反映应变的真实变化而导致较大的误差。

将式(5.4.14)代入弹性力学中的物理方程，可得单元应力为

$$\{\sigma\} = \begin{Bmatrix} \sigma_x \\ \sigma_y \\ \tau_{xy} \end{Bmatrix} = [D]\{\varepsilon\} = [D][B]\{\delta\} = [S]\{\delta\} \qquad (5.4.15)$$

式中

$$[S] = [D][B] = [D][B_1 \quad B_2 \quad B_3] = [S_1 \quad S_2 \quad S_3] \qquad (5.4.16)$$

称为应力矩阵，其中 $[D]$ 为弹性矩阵，$[S]$ 的分块矩阵，可以表示为

$$[S_i] = [D][B_i] = \frac{E_0}{2(1-\mu_0^2)\Delta} \begin{bmatrix} b_i & \mu_0 c_i \\ \mu_0 b_i & c_i \\ \dfrac{1-\mu_0}{2} c_i & \dfrac{1-\mu_0}{2} b_i \end{bmatrix} \quad (i, j, k) \qquad (5.4.17)$$

式中 E_0、μ_0 为材料常数。

对于平面应力问题

$$E_0 = E, \qquad \mu_0 = \mu \tag{5.4.18}$$

对于平面应变问题

$$E_0 = \frac{E}{1 - \mu^2}, \qquad \mu_0 = \frac{\mu}{1 - \mu} \tag{5.4.19}$$

与几何矩阵相同，三节点三角形平面单元的应力矩阵 $[S]$ 也是常数矩阵，即单元中各点的应力是相同的。

3. 单元刚度方程和总体刚度方程

设变形体或结构物发生虚位移，单元节点的虚位移为 $\{\delta^*\}$，相应的虚应变为 $\{\varepsilon^*\}$，则根据虚功原理有

$$\iint_{A_n} \{\delta^*\}^{\mathrm{T}} [N]^{\mathrm{T}} [\bar{F}] t \mathrm{d}A + \int_{\partial A_\sigma} \{\delta^*\}^{\mathrm{T}} [N]^{\mathrm{T}} [\bar{P}] t \mathrm{d}s = \iint_{A_n} \{\varepsilon^*\}^{\mathrm{T}} \{\sigma\} t \mathrm{d}A \tag{5.4.20}$$

式中：A_n 为单元 n 的面积；t 为单元厚度；等式左边第一项积分为体力在虚位移上所做的虚功，第二项积分是面力在虚位移上所做的虚功，如果计算单元 n 不是边界单元或在边界上没有面力的作用，则第二项积分为零（对于一般单元，该项为零）；等式右端项为单元虚应变能增量。

将上式简化得

$$\{\delta^*\}^{\mathrm{T}} \{F\} = \{\delta^*\}^{\mathrm{T}} \left(\iint_{A_n} [B]^{\mathrm{T}} [D] [B] t \mathrm{d}A \right) \{\delta\} = \{\delta^*\}^{\mathrm{T}} [k] \{\delta\} \tag{5.4.21}$$

式中

$$[k] = \iint_{A_n} [B]^{\mathrm{T}} [D] [B] t \mathrm{d}A = [B]^{\mathrm{T}} [D] [B] t \Delta \tag{5.4.22}$$

称为单元刚度矩阵。

由于虚位移 $\{\delta^*\}$ 的任意性，等式两边与其相乘的矩阵相等，则有

$$\{F\} = [k] \{\delta\} \tag{5.4.23}$$

设弹性体剖分成 n 个单元，总应变能等于各单元应变能之和；总外力虚功应等于单元外力虚功之和。根据虚功方程

$$\sum_{i=1}^{n} (\{\delta^*\}^{\mathrm{T}} \{F\}) = \sum_{i=1}^{n} (\{\delta^*\}^{\mathrm{T}} [k] \{\delta\}) \tag{5.4.24}$$

改写上式，并令等式两边与虚位移相乘的矩阵相等，得到

$$[K] \{U\} = \{P\} \tag{5.4.25}$$

式中，$\{U\} = [u_1 \quad v_1 \quad u_2 \quad v_2 \quad \cdots \quad u_n \quad v_n]^{\mathrm{T}}$ 称为总体位移列阵；$[K]$ 称为总体刚度矩阵，由各单元的单元刚度矩阵 $[k]$ 组集而成；$\{P\}$ 称为总体荷载列阵，是由各单元的单元荷载列阵组集而成；n 为节点的总数目。

式(5.4.25)称为总体刚度方程。引入边界约束条件对总体刚度方程进行修正后，求解得到总体位移列阵，然后由几何方程和本构关系计算各单元的应变和应力分量。

以上介绍的是位移型有限单元法的最基本方程，实际应用中还需根据分析对象进行一些特殊处理。尤其在岩土工程问题的分析中，还需考虑初始地应力、节理单元、非线性本

构特征、施工过程(开挖、衬砌、锚杆加固等)的模拟等。目前已经开发出许多有限元通用软件，如 ANSYS、ABAQUS、MIDAS、ADINA、FINAL、NCAP-RM，2D-σ，3D-σ 等。这些通用软件基本涵盖了有限元计算的各个方面，使用也非常方便。但分析模型的建立，仍然依赖于大量的岩土工程学科的理论知识和实践经验。

5.4.2 围岩材料的本构模型

连续介质力学包含弹性力学和塑性力学分支。弹性力学研究介质在弹性工作阶段的受力变形特征，塑性力学则研究介质在塑性工作阶段的受力变形特征。多数介质材料在弹性工作阶段，其应力—应变关系是线性的，符合虎克定律；而在塑性阶段，其应力—应变关系是非线性的。材料在弹性阶段，荷载卸除后其变形能完全恢复，进入塑性阶段后，其变形在卸载后不能完全恢复，其中不能恢复的残余变形称为塑性变形。此外，弹性工作阶段和塑性工作阶段的差别还在于塑性工作阶段材料的应力—应变关系依赖于应力和应变路径。

在地下结构连续介质模型分析计算过程中，涉及两类材料：一类是地下结构的支护材料，一般为混凝土、钢筋混凝土、钢材、型钢等材料，这类材料一般在弹性阶段工作，或者设计不允许超出弹性阶段工作；另一类是地下结构所处的介质材料，即围岩材料，一般为土体或岩体，其工作状态比较复杂，与岩土体性质、初始地应力状态、地下结构规模、采取的支护措施等有关，一般情况下总会有部分围岩材料进入塑性工作状态。

由弹塑性力学的基本理论和前文介绍的有限元法基本原理可知，无论材料在弹性阶段工作还是在塑性阶段工作，对于特定的问题，其平衡方程、几何方程等基本方程是相同的，所不同的是材料的物理方程，即本构模型。因此，本小节将简要介绍常用的地下结构围岩材料的本构模型。

根据试验结果和岩土体性质，可以将围岩材料本构模型简化为以下几种类型。

1. 线弹性材料本构模型

材料的应力—应变关系是线性的，服从虎克定律。卸去荷载后，材料的变形可以完全恢复。这类材料本构模型只在很少情况下符合岩土体的受力变形特征，如坚硬、完整岩体中小规模的地下洞室工程，围岩受力变形基本上处于线弹性范围内。另外，岩土材料进入塑性工作阶段以前，一般都要经历一定的弹性变形阶段，通常假定在该阶段的本构模型也是线弹性的。

2. 非线性弹性本构模型

材料的受力变形特征是弹性的，但其应力—应变关系是非线性的，这类材料本构模型的代表是邓肯—张本构模型。根据邓肯—张的假设，材料的应力—应变关系可以用双曲线关系近似描述，如图 5.4.2 所示，当主应力 σ_3 保持不变时，有

$$\sigma_1 - \sigma_3 = \frac{\varepsilon_a}{a + b\varepsilon_a} \tag{5.4.26}$$

式中：a、b——试验常数；

σ_1、σ_3——分别为第一主应力和第三主应力，$\sigma_1-\sigma_3$ 为偏应力；

ε_a——轴向应变。

这类材料与线弹性材料的主要区别在于弹性模量和泊松比不是常数，而是随应力状态

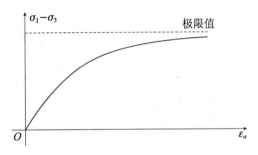

图 5.4.2　非线性弹性材料本构模型

变化的。一般情况下可以假定轴向应变与侧向应变之间也存在双曲线关系，这样即可确定弹性模量和泊松比随应力状态变化的表达式(其中包括若干材料参数，通过材料试验确定)，代入线弹性本构模型中的弹性矩阵$[D]$中即可求解。

由于非线性弹性模型既能比较好地模拟土体的受力变形性质，又具有形式简洁、参数少的特点，因此在土工分析计算中应用比较广泛。

3. 理想弹塑性材料本构模型

在经典的弹塑性理论中，对于材料的应力—应变关系，通常假设如图 5.4.3 所示。OY 代表弹性阶段的应力—应变关系，为线性关系。图 5.4.3 中 Y 称为屈服点，与该点相应的应力称为屈服应力。过了 Y 点后，应力—应变关系为一条水平线 YN，该线代表塑性阶段。这是一种理想塑性本构模型，材料屈服后，承载能力不变，应变持续增加。在早期的岩土工程数值计算中，往往采用这类本构模型来计算围岩的破坏区，只要围岩中某点的应力状态达到屈服应力，就认为已破坏，即以塑性区来表征破坏区。

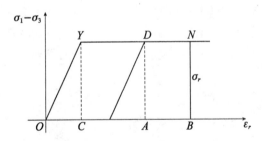

图 5.4.3　理想弹塑性材料本构模型

4. 应变硬化弹塑性材料本构模型

应变硬化弹塑性材料典型的应力—应变关系曲线如图 5.4.4 所示。在加载初期，材料的受力变形特征是近似线弹性的，应力—应变关系呈近似线性关系。在应力达到屈服应力后(图 5.4.4 中 A 点)，材料开始进入塑性变形阶段，应力—应变关系呈下弯曲线型，材料的承载能力不断增大，直至达到峰值强度点(图 5.4.4 中 B 点)而破坏。在塑性工作阶段材料承载能力随塑性变形的增加而增加的特征称为应变硬化特征。大多数岩土体在峰值破坏前的受力变形特征都呈现这类特征，常用的本构模型有剑桥模型、Mohr-Coulomb 模型、Drucker-Prager 模型、Heok-Brown 模型等。

应变硬化弹塑性材料在屈服后的卸载和重复加载曲线的斜率，与加载曲线的起始斜率相等。在实际应用中，为了简化通常将其简化为双线性模型，即线性硬化弹塑性材料本构模型，如图 5.4.5 所示。

线性硬化弹塑性材料本构模型着重于描述岩土体在进入塑性阶段以后尚具有不断强化的承载能力，直至达到峰值强度而破坏，比较符合实际的岩土体在峰值强度前的受力变形特征，但不能描述岩土体峰值强度以后的受力变形特征。

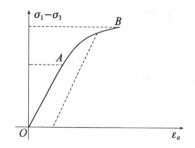 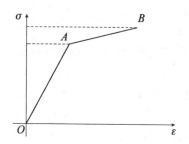

图 5.4.4　应变硬化弹塑性材料本构模型　　　　图 5.4.5　线性硬化弹塑性材料本构模型

5. 应变软化弹塑性材料本构模型

应变软化弹塑性材料的加载曲线是有驼峰的曲线，如图 5.4.6 所示。在峰值强度前材料的应力—应变曲线特征与应变硬化材料基本相同，即加载初期材料的变形近似呈直线增大，当剪应力或偏应力达到材料的屈服强度后，出现塑性变形，直至应力达到峰值强度。不同的是当剪应力或偏应力达到材料的峰值强度后，材料的承载能力开始下降，曲线的斜率变成负值。随着变形的增加，材料的承载能力下降到某个极限值时就不再下降，此时材料的承载能力称为残余强度，这类材料的本构特征比较符合大多数岩土材料的受力变形特征，尤其是岩石材料的受力变形特征，通常将其称为应变软化特征，其本构模型一般是在应变硬化本构模型的基础上，进一步考虑应变软化特征而得到。

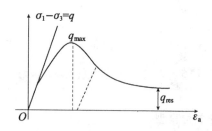

图 5.4.6　应变软化弹塑性材料本构模型

实际应用时，虽然应变软化弹塑性材料模型比较符合岩土体的受力变形特征，但由于数学上的复杂性，实际工程中应用较少，且在应用时常简化为如图 5.4.7 所示的折线形式，即不考虑应变硬化特征。

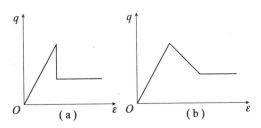

图 5.4.7　应变软化弹塑性材料简化本构模型

6. 应力—应变—时间(流变)材料本构模型

部分岩土体的受力变形特征与荷载作用时间有关,具有流变性质,即在荷载不变时,岩土材料的变形会随时间增加而增大(蠕变)。岩土材料的流变性质一般通过实验室试验确定。

岩土体的蠕变一般分为三个阶段,如图 5.4.8 所示。第 I 阶段称为减速蠕变阶段,这一阶段岩土体的蠕变变形速率逐步减小;第 II 阶段称为等速蠕变阶段,这一阶段岩土体的蠕变变形速率减小到某个相对小值后基本保持不变;第 III 阶段称为加速蠕变阶段,这一阶段岩土体的蠕变变形速率呈快速增加趋势,直至破坏。岩土工程对岩土体蠕变控制的要求,是岩土体只经历第 I 阶段和第 II 阶段蠕变,蠕变变形逐步停止,不进入第 III 阶段,从而保证工程的长期稳定性。此时岩土体所能承受的最大应力就称为该岩土体的长期强度。

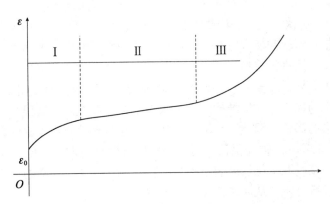

图 5.4.8　岩土体蠕变曲线的三个阶段

为了表述岩土体变形与时间、岩土体性质之间的数学、力学关系,需要确定流变材料的本构模型。主要方法有经验方程法和基本元件组合法,其中基本元件组合法是最常用的方法,该方法利用弹性元件(弹簧)、塑性元件(摩擦块)和粘性元件(粘壶)等基本单元,通过不同组合关系来模拟相应的应力—应变—时间关系,建立岩土体的流变力学模型。目前常用的组合模型有:Maxwell 模型(粘弹性串联模型)、Kelvin 模型(粘弹性并联模型)、广义 Kelvin 模型(粘弹性混合模型)、Bingham 模型(弹粘塑性模型)等,如图 5.4.9 所示。

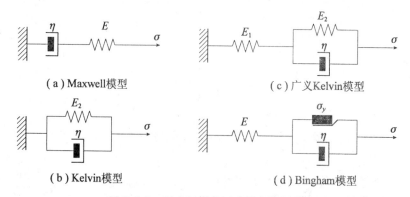

图 5.4.9　岩土材料常用流变本构模型

5.4.3　地下结构有限单元法的特点

地下结构有限单元法与一般连续介质有限单元法相比较，具有以下特点：

（1）地下结构与其周围的岩土体共同作用，可以把地下结构与岩土体作为一个统一的组合体来考虑，将地下结构及其影响范围内的岩土体一起进行离散化。

（2）作用在岩土体上的荷载是地应力，主要是自重应力和构造应力。在深埋情况下，一般可以把地应力简化为均布垂直地应力和水平地应力，施加在围岩周边上。地应力的数值原则上应由实测确定，但由于地应力测试工作费时费钱，一般工程较少进行测试。对于深埋的结构，通常的做法是把垂直地应力按自重应力计算、侧压力系数根据当地地质资料确定。对于浅埋结构、垂直应力和侧压力系数均按自重应力场确定。

（3）通常把地下结构材料视为线弹性材料，而把围岩及围岩中的结构面视为非线性材料，根据不同的工程实践和研究需要，选择弹塑性、粘塑性、粘弹塑性等本构模型，采用材料非线性有限单元法进行分析。

（4）由于开挖及支护将会导致一定范围内围岩应力状态发生变化，形成新的平衡状态，因而分析围岩的稳定与支护结构的受力状态都必须考虑开挖过程和支护时间对围岩及支护结构受力变形的影响。因此，计算中应考虑开挖与支护施工步骤的影响。

（5）地下结构工程一般轴线很长，当某一段地质变化不大，且该段长度与洞室跨度相比较大时，可以在该段取单位长度洞室的力学特性来代替该段洞室的三维力学特性，即作为平面应变问题进行分析，从而使计算工作大大简化。

5.4.4　采用地下结构有限元法中应注意的几个问题

1. 计算范围的确定

无论是深埋或浅埋地下结构，在力学上都属于半无限空间问题，简化为平面应变问题时，则为半无限平面问题。从理论上讲，地下洞室开挖和支护对周围岩土体的影响，将随距开挖部位的距离的增加而逐渐消失（圣维南原理），因此，有限元分析仅需在一个有限的区域内进行。该有限区域的确定，一方面要考虑计算的经济性，另一方面也要考虑满足精度要求。工程实践和理论分析表明，地下洞室开挖后，仅对地下洞室周围距洞室中心点3～5倍开挖宽度（或高度）的范围内的岩土体应力和应变存在实际影响。在3倍宽度（或高度)处的应力变化一般在 10% 以下，在 5 倍宽度(或高度)处的应力变化一般在 3% 以下。因此，地下结构有限单元法的计算范围在各个方向一般可以取 3～5 倍开挖宽度(或高度)。在该计算范围的边界上，可以认为开挖引起的位移为零。此外，应充分利用实际工程中的对称性特点，取 1/2 分析区域(1 个对称轴)或 1/4 分析区域(2 个对称轴)进行分析计算，以减少计算工作量。

当计算精度要求较高，或计算边界的确定较困难时，可以考虑采用有限元与无限元耦合的算法。

2. 结构体系离散化

地下结构有限单元法的基础是将地下结构和计算范围内的岩土体离散为有限个仅在节点处相互连接的单元体的组合，对于平面应变问题常用的单元包括线单元和面单元。一般情况下往往采用两节点或三节点杆单元来模拟锚杆，采用两节点或三节点梁单元来模拟喷射混凝土，采用三节点或六节点三角形常应变元、四节点或八节点四边形等参单元来模拟围岩和二次衬砌等，因此，地下结构体系离散化后往往是各种类型单元的组合。

由于四边形等参单元具有应力变化连续、精度较高、便于网格划分等优点，在模拟围岩和二次衬砌时采用四边形等参单元比较合适。

采用有限单元法进行地下结构分析，并非任何一种离散形式都可以得到同样的结果。单元划分的疏密、大小和形状都会影响计算精度。根据误差分析，应力的误差与单元尺寸的一次方成正比，位移的误差与单元尺寸的二次方成正比。因此，从理论上讲，单元划分得越密越小、形状越规则，计算精度则越高。但是，单元划分越密，单元数就越多，对计算设备的要求就越高，耗费的计算时间也越长。为解决这一矛盾，一般在地下结构周围区域、地质构造区域等应力、位移变化梯度较大以及荷载有突变的区域，单元划分可以加密，而其他区域则可以稀疏一些。疏密区单元大小相差不宜过大，应尽可能均匀过渡。

另外，在地下结构体系离散化时尚需注意以下几点：

(1)单元各边长相差不能过大，两边夹角不能过小，各夹角最好尽量相等。

(2)单元边界应当划分在材料的分界面上和开挖的分界线上，一个单元不能包含两种材料。

(3)集中荷载作用点、荷载突变处及锚杆的端点处必须布置节点。

(4)地下结构和围岩在几何形状和材料特性等方面都具有对称性时，应充分利用其对称性取部分计算区域进行离散，以减少计算工作量。

(5)单元的划分要考虑到分部开挖的分界线和部分开挖区域的分界线。

3. 边界条件和初始应力

由于地下工程都是在具有初始应力场的岩土体中开挖的，因而数值计算中一般采用施加反向释放荷载来模拟开挖过程，即由于开挖而在洞周形成释放荷载，其值等于沿开挖边界上原先的应力并以原来相反的方向作用于开挖边界上，如图 5.2.5 所示。

计算范围的外边界可以采取两种方式处理：其一为位移边界条件，即一般假定边界点位移为零(也有假定为弹性支座或给定位移的，但地下工程分析中很少采用)；其二为力边界条件，由岩土体中的初始应力场确定，包括自由边界($p=0$)条件。此外，也可以给定混合边界条件，即节点的一个自由度给定位移，另一个自由度给定节点力(二维问题)。

当然，无论采用哪种边界条件都会存在一定的误差，且这种误差随计算范围的减小而增大，靠近边界处误差最大，这种现象称为"边界效应"。边界效应在动力分析中影响更为显著，需妥善处理。

当地下结构为浅埋时，上部为自由边界，考虑重力作用，两侧作用三角形分布初始地应力，侧压力系数为 $\mu/(1-\mu)$；当地下结构为深埋时，上部及侧向边界上均作用均布的初始地应力，侧压力系数以实测为准或根据经验确定。

5.4.5 地下结构粘弹塑性有限单元法简介

在某些情况下，地下结构的变形是与时间相关的，考虑围岩的受力变形和稳定性必须考虑岩土体的流变性，只有运用流变力学的观点，才能充分了解地下结构与围岩相互作用体系的长期稳定性。此时地下结构有限元分析需进行粘弹塑性有限元分析。下面简要介绍两类常见的粘弹塑性问题的有限单元法。

1. 粘弹性问题有限单元法

对于一般的线性粘弹性体，总应变由两部分组成，即

$$\varepsilon = \varepsilon_e + \varepsilon_\eta \tag{5.4.27}$$

式中：ε_e——弹性应变；

ε_η——粘性应变。

以 Kelvin 模型为例来推导 ε_η 的表达式。由 Kelvin 模型得

$$\dot{\varepsilon} + \frac{E}{\eta}\varepsilon = \frac{1}{\eta}\sigma \tag{5.4.28}$$

在常应力作用下，即当 $\sigma = \sigma_0$，$\dot{\sigma} = 0$ 时，可得

$$\dot{\varepsilon}_\eta = \frac{\sigma}{\eta} - \frac{E}{\eta}\varepsilon_\eta \tag{5.4.29}$$

若时间步长 Δt 取得非常小，则有

$$\Delta\varepsilon_\eta = \left(\frac{\sigma}{\eta} - \frac{E}{\eta}\varepsilon_\eta\right)\Delta t \tag{5.4.30}$$

一般假定，在对每一个时间间隔计算时，σ 和 ε_η 为该时步开始时的数值，且在 Δt 内保持常数，则可得

$$(\varepsilon_\eta)_{t+\Delta t} = \mathrm{e}^{-\frac{E}{\eta}\Delta t}(\varepsilon_\eta)_t + \frac{(\sigma)_t}{E}(1 - \mathrm{e}^{-\frac{E}{\eta}\Delta t}) \tag{5.4.31}$$

式中：$(\varepsilon_\eta)_t$——时步开始时的蠕变应变值；

$(\varepsilon_\eta)_{t+\Delta t}$——时步末尾时的蠕变应变值。

粘弹性问题有限单元法一般采用粘性增量初应变法，即把粘性应变当做初应变，叠加各时步相应的初应变增量，连续求解直至材料变形趋于稳定为止。

2. 基本计算格式

设单元 e 内存在着初始应变 $\{\varepsilon_\eta\}$，则

$$\{\sigma\} = [D][B]\{\delta\}^e - [D]\{\varepsilon_\eta\} \tag{5.4.32}$$

$$\{F\}^e = \int_V [B]^T \{\sigma\} \, dV$$

$$= \left(\int_V [B]^T [D][B] dV \right) \{\delta\}^e - \int_V [B]^T [D] \{\varepsilon_\eta\} dV \qquad (5.4.33)$$

$$= [K]^e \{\delta\}^e - \int_V [B]^T [D] \{\varepsilon_\eta\} dV$$

式中：$\{F\}^e$——单元内节点力；

$[K]^e$——单元刚度矩阵；

$\{\delta\}^e$——单元节点位移。

令

$$\{F_\eta\}^e = \int_V [B]^T [D] \{\varepsilon_\eta\} dV \qquad (5.4.34)$$

则

$$\{F\}^e + \{F_\eta\}^e = [K]^e \{\delta\}^e \qquad (5.4.35)$$

由于 $\{F_\eta\}^e$ 不是一个常量，而是随 $\{\varepsilon_\eta\}$ 的变化而变化，因而需多次求解式 (5.4.33)，才能得到位移、应变和应力随时间变化的值。其具体计算步骤如下：

(1)在时间 $t=0$ 时，施加的荷载 $\{F\} = \{F\}_0$，此时尚无粘性应变，由弹性平衡方程

$$[K] \{\delta\}_0 = \{F\}_0 \qquad (5.4.36)$$

即可求得瞬时弹性位移 $\{\delta\}_0$；再由几何方程可以求得应变 $\{\varepsilon\}_0$，由物理方程可以求得应力 $\{\sigma\}_0$。

(2)假定 $\{\sigma\}_0$ 在时步 Δt 内保持不变，E、η 也保持不变，则可以由式(5.4.31)求得第一个时步结束时刻(也是第二个时步开始时刻)t_1 时的蠕变值 $\{\varepsilon_\eta\}_{t_1}$。

(3)第二个时步($t_1 \rightarrow t_2$)开始时，把 $\{\varepsilon_\eta\}_{t_1}$ 作为初应变，由式(5.4.34)求得 $\{F_\eta\}_{t_1}$，并由式(5.4.35)求得 $\{\delta\}_{t_1}$，如果此时步内外荷载发生了变化，则令 $\{F\} = \{F_\eta\}_{t_1}$，求出新的 $\{\delta\}_{t_1}$ 和 $\{\sigma\}_{t_1}$，这时 $\{\varepsilon_\eta\} = \{\varepsilon_\eta\}_{t_1}$。

(4)假定 $\{\sigma\}_{t_1}$ 和 E、η 在下一个时步内均保持不变，则根据式(5.4.31)可以求得时步末时刻的 $\{\varepsilon_\eta\}_{t_2}$，把 $\{\varepsilon_\eta\}_{t_2}$ 作为时步开始时的初应变，由式(5.4.34)和式(5.4.35)可以求得 $\{F_\eta\}_{t_2}$ 和 $\{\delta\}_{t_2}$，再由式(5.4.32)求得 $\{\sigma\}_{t_2}$，这时 $\{\varepsilon_\eta\} = \{\varepsilon_\eta\}_{t_2}$。

(5)重复以上计算，直至应力变化速率 $\dot{\sigma}$ 与应变速率 $\dot{\varepsilon}$ 逐步趋于零为止。

3. 粘弹塑性问题有限单元法

粘弹塑性问题采用较多的是 Bingham 模型，其有限单元法仍可以采用初应变法，基本平衡方程式与式(5.4.35)相同，但式中 $\{F_\eta\}$ 需改成 $\{F_{vp}\}$，表示荷载是由粘塑性应变 $\{\varepsilon_{vp}\}$ 引起的，即基本方程式为

$$[K] \{\delta\} = \{F\} + \{F_{vp}\} = \{F\} + \sum_e \int_V [B]^T [D] \{\varepsilon_{vp}\} dV \qquad (5.4.37)$$

根据材料的性质选定一个屈服破坏准则，按 Bingham 模型特征求得粘塑性应变速率 $\{\dot{\varepsilon}_{vp}\}$，然后再对时间加以离散，即有

$$\{\Delta \varepsilon_{vp}\} = \{\dot{\varepsilon}_{vp}\} \cdot \Delta t \qquad (5.4.38)$$

应用时间步长法，即可求得每一时步的粘塑性应变 $\{\varepsilon_{vp}\}$，从而连续求解平衡方程式 (5.4.37)，得到各时刻的位移、应变和应力值。

第6章 地下结构收敛约束设计模型

6.1 概 述

地下结构是修建在复杂地层中的结构工程，由于地下结构所处地质环境条件的复杂性，从而要求人们寻求更符合其工程特点的设计原理和方法。随着地下空间的开发利用，地下工程理论和实践的不断发展，地下结构设计方法也在不断地发展和完善。本教材第2章~第5章分别介绍了地下结构经验类比设计模型、荷载结构设计模型和连续介质设计模型，这些设计模型在地下建筑工程建设的实践中发挥了重要的作用，取得了许多成功的工程实践经验。但是，在地下工程建设的实践活动中，人们逐渐认识到洞室围岩与支护结构共同作用的现实，在设计中必须考虑围岩与支护的各自特性，以及和施工方法之间的内在联系。因此，在新奥法问世后，在与新奥法相关的研究工作不断深入的过程中，提出了根据洞周位移量测值反馈设计支护结构的一种新的地下结构设计模型——收敛约束设计模型。

收敛约束设计模型又称为特征曲线法或变形法，该方法是一种以理论为基础，实测为依据、经验为参考的较为完善的地下结构设计方法。该方法起源于法国，一经提出就引起全世界相关工程技术人员的广泛兴趣和关注，并在一些地下工程的设计中推广应用。1978年10月26日，法国地下工程协会(AFTES)在巴黎专门召开了一次学术会议，讨论收敛约束法在隧道支护结构设计中的应用。

本章主要介绍地下结构收敛约束设计模型的基本内容和设计方法。

6.2 洞周围岩的受力状态

由于洞室开挖以前地层中存在初始应力场，因而对洞室周围地层进行应力分析时必须考虑初始地应力场的作用。考虑深埋的、处于弹性受力阶段的单孔圆形洞室，地层的初始应力场一般为双向不等压的应力场，如图6.2.1(a)所示，问题可以简化为无线平板中的孔洞问题。根据弹性理论，这时洞周围岩应力分量的表达式为

$$
\begin{cases}
\sigma_r = \dfrac{1}{2}P_0(1+\lambda)\left(1-\dfrac{R_0^2}{r^2}\right) - \dfrac{1}{2}P_0(1-\lambda)\left(1-4\dfrac{R_0^2}{r^2}+3\dfrac{R_0^4}{r^4}\right)\cos2\theta \\[3mm]
\sigma_\theta = \dfrac{1}{2}P_0(1+\lambda)\left(1+\dfrac{R_0^2}{r^2}\right) + \dfrac{1}{2}P_0(1-\lambda)\left(1+3\dfrac{R_0^4}{r^4}\right)\cos2\theta \\[3mm]
\tau_{r\theta} = \dfrac{1}{2}P_0(1-\lambda)\left(1+2\dfrac{R_0^2}{r^2}-3\dfrac{R_0^4}{r^4}\right)\sin2\theta
\end{cases}
\tag{6.2.1}
$$

式中：σ_r ——洞室周围地层的径向应力；

　　　σ_θ ——洞室周围地层的切向应力；

　　　$\tau_{r\theta}$ ——洞室周围地层任意点的径向和切向剪应力；

　　　θ ——洞室周围地层中任意点和圆心的连线与水平轴的夹角；

　　　λ ——侧压力系数；

　　　P_0 ——作用在无穷远处的双向等压荷载；

　　　r——洞室周围地层中任意点距洞室中心的距离；

　　　R_0 ——圆形洞室的半径。

如图 6.2.1(b)所示为当 $\lambda=0$、$\lambda=1/3$、$\lambda=1$、$\lambda=3$ 时按式(6.2.1)绘出的洞周围岩二次应力分布(因为径向应力释放，在洞周均为零，故图 6.2.1(b)中只绘制出切向应力 σ_θ 的分布)。由图 6.2.1(b)可见，在双向荷载作用下：

当 $\lambda=0$ 时，$\theta=0$ 处的洞周应力为 $\sigma_r=0$，$\sigma_\theta=3P_0$；$\theta=45°$ 处的洞周应力为 $\sigma_r=0$，$\sigma_\theta=P_0$；$\theta=90°$ 处的洞周应力为 $\sigma_r=0$，$\sigma_\theta=-P_0$。

当 $\lambda=1/3$ 时，$\theta=0$ 处的洞周应力为 $\sigma_r=0$，$\sigma_\theta=8P_0/3$；$\theta=45°$ 处的洞周应力为 $\sigma_r=0$，$\sigma_\theta=4P_0/3$；$\theta=90°$ 处的洞周应力为 $\sigma_r=0$，$\sigma_\theta=0$。

当 $\lambda=1$ 时，洞周处应力均为 $\sigma_r=0$，$\sigma_\theta=2P_0$；与 θ 无关。

当 $\lambda=3$ 时，$\theta=0$ 处的洞周应力为 $\sigma_r=0$，$\sigma_\theta=0$；$\theta=45°$ 处的洞周应力为 $\sigma_r=0$，$\sigma_\theta=4P_0/3$；$\theta=90°$ 处的洞周应力为 $\sigma_r=0$，$\sigma_\theta=8P_0/3$。

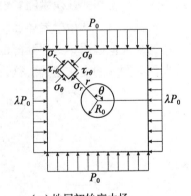
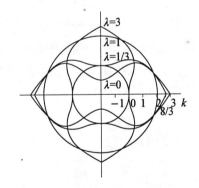

（a）地层初始应力场　　　　　　（b）洞周围岩二次应力（切向）分布

图 6.2.1　洞周围岩初始应力场及二次应力分布示意图

从图 6.2.1 及上述分析结果可见，当 $\lambda=1$ 时，即圆形洞室承受双向等压作用时，洞周应力分布与夹角 θ 无关。实际上，将 $\lambda=1$ 代入式(6.2.1)可得

$$\begin{cases} \sigma_r = P_0\left(1-\dfrac{R_0^2}{r^2}\right) \\[2mm] \sigma_\theta = P_0\left(1+\dfrac{R_0^2}{r^2}\right) \end{cases} \tag{6.2.2}$$

式中符号意义同前。

式(6.2.2)表明，当 $\lambda=1$ 时，洞周地层中的应力分布均与 θ 夹角无关。

另外，从图6.2.1及上述分子结果还可以看出，当 $0 \leq \lambda \leq 1$ 时，圆形洞室周边在水平轴线两侧的切向应力集中系数 $K=2 \sim 3$。垂直轴线两端(即洞顶和洞底)的切向应力集中系数 $K=2 \sim -1$，$K<0$ 时表示出现拉应力。

地下洞室开挖后，由于径向应力释放，洞周围岩中的径向应力是减小的，因此洞周围岩中起决定性影响的是切向应力 σ_θ。若地下洞室埋深 z 很大，则 $P_0=\gamma z$ 也很大，σ_θ 也随之增大，而 σ_r 变化不大，在洞壁上均为零。这种情况下 σ_θ 为大主应力，σ_r 为小主应力，当应力差 $\sigma_\theta-\sigma_r$ 达到某一极限值 σ_0 时，洞室周围地层就进入塑性平衡状态，产生塑性变形。因此，洞室周边的围岩应力降低，岩体向洞内产生塑性松胀，这种塑性松胀的结果，使原来由洞边附近岩石承受的应力转移一部分给邻近的岩体，因而邻近的岩体也就产生塑性变形。这样，当应力足够大时，塑性变形的范围是向围岩深部逐渐扩展的。由于这种塑性变形的结果，在洞室周围地层中形成了一个圈，这个圈一般称为塑性松动圈(如图5.2.3所示)。在这个圈内，岩石的变形模量降低，σ_r 和 σ_θ 逐渐调整大小。由于塑性的影响，洞壁上的 σ_θ 减少很多，理论计算表明，σ_θ 大大减小了。而在岩体深处出现了一个应力增高区。在应力增高区以外，岩石仍然处于弹性状态。总的说来，在洞室周围岩体中就形成了一个半径为 R 的塑性区以及塑性区以外的天然应力区3。而在塑性区内又有应力降低区1(松动圈)和应力增高区2(如图5.2.3所示)。

如图6.2.2所示为法国依塞尔—阿尔克巷道内实测的声速和弹性模量随着距洞壁距离的增加而变化的曲线。显然，声波波速在靠近洞壁处很低，这说明该处岩体已出现塑性松动。随着距洞壁距离的增加，声波波速逐渐上升，达到最大值以后，又逐渐降低，降低到一定值才渐趋稳定。洞周围岩弹性模量的测试结果也具有同样的变化趋势。这说明理论分析结果与实际观测结果是一致的。

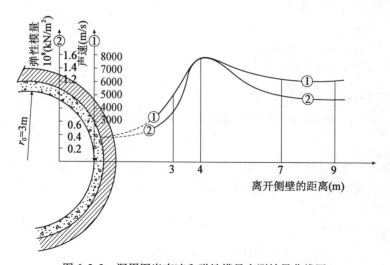

图6.2.2 洞周围岩声速和弹性模量实测结果曲线图

6.3　洞周围岩的应力和位移

根据 6.2 节中的分析，地下洞室开挖后，洞周围岩一般将处于弹塑性受力状态，紧邻洞室周边的岩土体在一定范围内处于塑性受力状态，在塑性区外侧的岩土体仍为弹性受力状态。本节将以双向等压受力条件下的圆形洞室为例，来分析洞周围岩的应力和位移分布。

6.3.1　塑性区应力

双向等压时，如果圆形洞室洞周围岩处于线弹性阶段，则围岩中的应力分布由式 (6.2.2)确定(不考虑支护结构的作用时)，即洞周围岩应力分布与夹角 θ 无关。当洞周围岩应力差 $\sigma_\theta - \sigma_r$ 超过某一极限值时，洞周围岩从洞壁开始逐渐进入塑性工作阶段。由应力分布及轴对称条件可知，双向等压受力条件下圆形洞室洞周围岩塑性区的外形也为圆形，如图 6.3.1(a)所示。

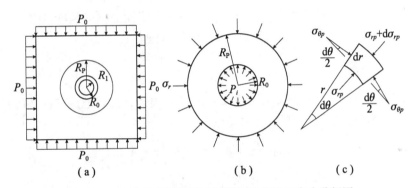

图 6.3.1　双向等压圆形洞室洞周围岩塑性区应力分析图

如图 6.3.1(b)所示为塑性区的脱离体图。图 6.3.1(b)中 σ_r 表示弹性区地层对塑性区地层的径向作用力，P_i 表示地下结构对塑性区地层的径向作用力。因结构及荷载均为轴对称，可知 σ_r、P_i 也为轴对称。如图 6.3.1(c)所示为按极坐标体系在地层塑性区中取出的单元体。将塑性区的径向应力记为 σ_{rp}，切向应力记为 $\sigma_{\theta p}$，则由单元体静力平衡条件 $\sum r = 0$ 可得

$$r\frac{\mathrm{d}\sigma_{rp}}{\mathrm{d}r} + \sigma_{rp} - \sigma_{\theta p} = 0 \tag{6.3.1}$$

假定洞周围岩塑性区的应力服从 Mohr-Coulomb 强度准则，以极坐标表示的 Mohr-Coulomb 强度准则为

$$\sigma_\theta = \frac{1 + \sin\varphi}{1 - \sin\varphi}\sigma_r + \frac{2c\cos\varphi}{1 - \sin\varphi} \tag{6.3.2}$$

由此可知，在塑性区岩体应力分量之间有关系式为

$$\sigma_{\theta p} = \frac{1 + \sin\varphi}{1 - \sin\varphi}\sigma_{rp} + \frac{2c\cos\varphi}{1 - \sin\varphi} \tag{6.3.3}$$

将式(6.3.3)代入式(6.3.1)，经整理并积分可得

$$\sigma_{rp} + c \cot\varphi = ar^{\frac{2\sin\varphi}{1-\sin\varphi}}$$

(6.3.4)

当有边界条件 $r = R_0$ 时，$\sigma_{rp} = P_i$，故有

$$a = \frac{P_i + c \cot\varphi}{R_0^{\frac{2\sin\varphi}{1-\sin\varphi}}}$$

(6.3.5)

将式(6.3.5)代入式(6.3.3)、式(6.3.4)，整理后即得洞周围岩塑性区内的应力计算式为

$$\begin{cases} \sigma_{rp} = c \cot\varphi \left[\left(\frac{r}{R_0}\right)^{\frac{2\sin\varphi}{1-\sin\varphi}} - 1 \right] + P_i \left(\frac{r}{R_0}\right)^{\frac{2\sin\varphi}{1-\sin\varphi}} \\ \sigma_{\theta p} = c \cot\varphi \left[\frac{1+\sin\varphi}{1-\sin\varphi} \left(\frac{r}{R_0}\right)^{\frac{2\sin\varphi}{1-\sin\varphi}} - 1 \right] + P_i \left(\frac{r}{R_0}\right)^{\frac{2\sin\varphi}{1-\sin\varphi}} \cdot \frac{1+\sin\varphi}{1-\sin\varphi} \end{cases}$$

(6.3.6)

式中：c，φ ——分别为塑性区岩体的粘凝力和内摩擦角；

r ——计算点距洞室中心的距离(矢径)；

R_0 ——洞室半径。

由式(6.3.6)可见，塑性区应力只与代表洞室围岩特性的抗剪强度参数 c，φ 及地下结构对地层塑性区的作用力有关，而与岩体初始等向压力 P_0 无关。

6.3.2 弹性区应力

将洞室围岩的弹性区切割成如图 6.3.2 所示的脱离体，且将地层弹性区的径向应力和切向应力分别记为 σ_{rt} 与 $\sigma_{\theta t}$，则由弹性理论可得

$$\sigma_{rt} = \frac{B}{r^2} + A , \quad \sigma_{r\theta} = -\frac{B}{r^2} + A$$

(6.3.7)

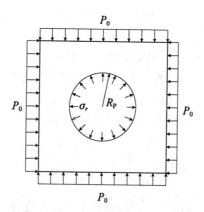

图 6.3.2 双向等压圆形洞室洞周围岩弹性区应力分析图

因有边界条件：当 $r \to \infty$ 时，$\sigma_{rt} = P_0$，可得 $A = P_0$，由此可将式(6.3.7)改写为

$$\sigma_{rt} = P_0 + \frac{B}{r^2} , \quad \sigma_{\theta t} = P_0 - \frac{B}{r^2}$$

(6.3.8)

由边界边件：当 $r = R_p$ 时，$\sigma_{rt} = \sigma_{rp}$ ，可得

$$B = c\,\cot\varphi\left[\left(\frac{R_P}{R_0}\right)^{\frac{2\sin\varphi}{1-\sin\varphi}} - 1\right]R_p^2 + P_i\left(\frac{R_P}{R_0}\right)^{\frac{2\sin\varphi}{1-\sin\varphi}}R_p^2 - P_0 R_p^2 \tag{6.3.9}$$

式中：R_P——洞室围岩塑性区外半径（或弹性区内半径）。

其他符号意义同前。

由此可得围岩弹性区径向应力和切向应力的表达式分别为

$$\begin{cases} \sigma_{rt} = c\,\cot\varphi\left[\left(\frac{R_P}{R_0}\right)^{\frac{2\sin\varphi}{1-\sin\varphi}} - 1\right]\left(\frac{R_P}{r}\right)^2 + P_i\left(\frac{R_P}{R_0}\right)^{\frac{2\sin\varphi}{1-\sin\varphi}}\left(\frac{R_P}{r}\right)^2 + P_0\left(1 - \frac{R_P^2}{r^2}\right) \\[3mm] \sigma_{\theta t} = -c\,\cot\varphi\left[\left(\frac{R_P}{R_0}\right)^{\frac{2\sin\varphi}{1-\sin\varphi}} - 1\right]\left(\frac{R_P}{r}\right)^2 - P_i\left(\frac{R_P}{R_0}\right)^{\frac{2\sin\varphi}{1-\sin\varphi}}\left(\frac{R_P}{r}\right)^2 + P_0\left(1 + \frac{R_P^2}{r^2}\right) \end{cases}$$

$$\tag{6.3.10}$$

由式（6.3.10）可见，洞室围岩弹性区的应力与地层岩体抗剪强度参数 c，φ 及衬砌对塑性区地层的作用力、岩体初始等向压力有关。

6.3.3 衬砌与围岩相互作用力 P_i 与塑性区半径 R_P

1. 塑性区半径 R_P

由边界条件：当 $r = R_P$ 时，$\sigma_{\theta t} = \sigma_{\theta p}$ ，可得

$$\begin{aligned} c\,\cot\varphi&\left[\frac{1+\sin\varphi}{1-\sin\varphi}\left(\frac{R_P}{R_0}\right)^{\frac{2\sin\varphi}{1-\sin\varphi}} - 1\right] + P_i\left(\frac{R_P}{R_0}\right)^{\frac{2\sin\varphi}{1-\sin\varphi}}\frac{1+\sin\varphi}{1-\sin\varphi} \\ &= 2P_0 - c\,\cot\varphi\left[\left(\frac{R_P}{R_0}\right)^{\frac{2\sin\varphi}{1-\sin\varphi}} - 1\right] - P_i\left(\frac{R_P}{R_0}\right)^{\frac{2\sin\varphi}{1-\sin\varphi}} \end{aligned} \tag{6.3.11}$$

由此可得塑性区半径 R_P 的计算式为

$$R_P = \left[\frac{(P_0 + c\,\cot\varphi)(1-\sin\varphi)}{P_i + c\,\cot\varphi}\right]^{\frac{1-\sin\varphi}{2\sin\varphi}}R_0 \tag{6.3.12}$$

由式（6.3.12）可见，塑性区半径 R_P 不仅与地层岩体抗剪强度参数 c，φ 值及地层初始压力 P_0 有关，而且与衬砌对塑性区岩体的支护力 P_i 也有关。P_i 值在 R_P 计算式的分母中出现，表示修筑衬砌可以限制洞室周围岩体塑性区的发展。

当无支护衬砌时，洞室围岩最大的塑性区半径为

$$R_{PM} = \left[\frac{(P_0 + c\,\cot\varphi)(1-\sin\varphi)}{c\,\cot\varphi}\right]^{\frac{1-\sin\varphi}{2\sin\varphi}}R_0 \tag{6.3.13}$$

2. 衬砌与围岩的相互作用力 P_i

当衬砌对围岩提供一个支护力时，围岩也就会对衬砌施加与之大小相同、方向相反的力，这个力记为 P_i，P_i 是衬砌和围岩变形协调的结果。对衬砌来说，P_i 也称为形变压力。

由式（6.3.12）可以很容易地得到

$$P_i = (P_0 + c\,\cot\varphi)(1-\sin\varphi)\left(\frac{R_0}{R_P}\right)^{\frac{2\sin\varphi}{1-\sin\varphi}} - c\,\cot\varphi \tag{6.3.14}$$

式（6.3.12）、式（6.3.14）为著名的卡斯特纳（H. Kastner，1951）方程或称为修正的芬

纳(Fenner)方程。

6.3.4 洞周位移

设由开挖引起的洞周径向位移为 u_0，塑性区外缘(同时也是弹性区内缘)的径向位移为 u_p，如图 6.3.3(a)所示。

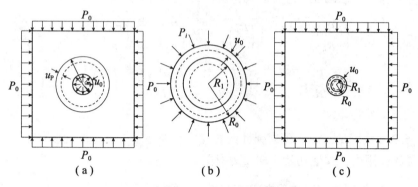

图 6.3.3　双向等压圆形洞室洞周位移计算图

根据拉梅公式，可以得出在双向等压 P_0 作用下，弹性区内的应力增量为

$$\begin{cases} \Delta\sigma_r = P_0\left(1 - \dfrac{R_P^2}{r^2}\right) - P_0 = -\dfrac{R_P^2}{r^2}P_0 \\[2mm] \Delta\sigma_\theta = P_0\left(1 + \dfrac{R_P^2}{r^2}\right) - P_0 = \dfrac{R_P^2}{r^2}P_0 \end{cases} \tag{6.3.15}$$

利用平面应变极坐标系下线弹性问题的物理方程和几何方程，可得

$$\varepsilon_\theta = \frac{1-\mu^2}{E}\left(\Delta\sigma_\theta - \frac{\mu}{1-\mu}\Delta\sigma_r\right) = \frac{u}{r} \tag{6.3.16}$$

将式(6.3.15)代入式(6.3.16)，可得由双向等压 P_0 引起的塑性区外缘(弹性区内缘)的径向位移 u_p' 为

$$u_p' = \frac{1+\mu}{E}P_0 R_P \tag{6.3.17}$$

由于地层塑性区对弹性区的径向作用力为 σ_{rp}，根据拉梅公式也可以得出由 σ_{rp} 产生的弹性区的附加应力为

$$\begin{cases} \sigma_r = \sigma_{rp}\dfrac{R_P^2}{r^2} \\[2mm] \sigma_\theta = -\sigma_{rp}\dfrac{R_P^2}{r^2} \end{cases} \tag{6.3.18}$$

将式(6.3.18)代入式(6.3.16)，可得由 σ_{rp} 引起的塑性区外缘(弹性区内缘)的径向位移 u_p'' 为

$$u_p'' = \frac{1+\mu}{E}\sigma_{rp}R_P \tag{6.3.19}$$

因此，由 P_0 与 σ_{rp} 共同作用引起的塑性区外缘（弹性区内缘）的径向位移 u_p 为

$$u_p = u'_p + u''_p \tag{6.3.20}$$

即

$$u_p = \frac{1+\mu}{E}\left\{P_0 - c\cot\varphi\left[\left(\frac{R_P}{R_0}\right)^{\frac{2\sin\varphi}{1-\sin\varphi}} - 1\right] - P_i\left(\frac{R_P}{R_0}\right)^{\frac{2\sin\varphi}{1-\sin\varphi}}\right\}R_P \tag{6.3.21}$$

假定洞周围岩塑性区岩土材料在发生塑性变形时仅发生形状变化，体积不变，则有

$$\pi(R_P^2 - R_0^2) = \pi[(R_P - u_p)^2 - (R_0 - u_0)^2] \tag{6.3.22}$$

即

$$2u_0 R_0 - 2u_p R_P + u_p^2 + u_0^2 = 0 \tag{6.3.23}$$

略去高阶小量 u_0^2、u_p^2，则式(6.3.23)可以简化为

$$u_0 = u_p \frac{R_P}{R_0} \tag{6.3.24}$$

将式(6.3.21)代入式(6.3.24)得

$$u_0 = \frac{1+\mu}{E}\left\{P_0 - c\,\text{ctan}\varphi\left[\left(\frac{R_P}{R_0}\right)^{\frac{2\sin\varphi}{1-\sin\varphi}} - 1\right] - P_i\left(\frac{R_P}{R_0}\right)^{\frac{2\sin\varphi}{1-\sin\varphi}}\right\}\frac{R_P^2}{R_0} \tag{6.3.25}$$

6.3.5 衬砌位移

如图6.3.3(b)所示，作用在衬砌外缘的径向压力为 P_i，由弹性力学中厚壁圆筒理论可以写出衬砌中的应力为

$$\begin{cases} \sigma_r = \dfrac{P_i}{\left(\dfrac{1}{R_0^2} - \dfrac{1}{R_1^2}\right)r^2} - \dfrac{P_i}{\left(\dfrac{1}{R_0^2} - \dfrac{1}{R_1^2}\right)R_1^2} \\[4mm] \sigma_\theta = \dfrac{-P_i}{\left(\dfrac{1}{R_0^2} - \dfrac{1}{R_1^2}\right)r^2} - \dfrac{P_i}{\left(\dfrac{1}{R_0^2} - \dfrac{1}{R_1^2}\right)R_1^2} \end{cases} \tag{6.3.26}$$

利用式(6.3.16)可得

$$\varepsilon_\theta = \frac{1-\mu_1^2}{E_1}\left(\sigma_\theta - \frac{\mu_1}{1-\mu_1}\sigma_r\right) = \frac{1+\mu_1}{E_1}P_i\left[\frac{R_0^2 R_1^2}{(R_0^2 - R_1^2)r^2} + \frac{(1-2\mu_1)R_0^2}{R_0^2 - R_1^2}\right] = \frac{u}{r} \tag{6.3.27}$$

根据变形协调条件，衬砌外缘的径向位移与洞周径向位移相同。将 $r = R_0$ 代入式(6.3.27)，可得

$$u_0 = \varepsilon_\theta R_0 = \frac{1+\mu_1}{E_1}P_i\left[\frac{R_1^2 + (1-2\mu_1)R_0^2}{R_0^2 - R_1^2}\right]R_0 \tag{6.3.28}$$

式中：E_1，μ_1——分别为衬砌的弹性模量和泊松比；

R_1——衬砌的内径；

R_0——衬砌外径，亦为洞室内径。

6.3.6 R_P 与 P_i 值的计算

如图6.3.3(c)所示，根据地层和衬砌之间的变形协调条件，洞周径向位移与衬砌外

缘径向位移应相等，故由式(6.3.25)、式(6.3.28)可得

$$\frac{1+\mu}{E}\left\{P_0 - c\cot\varphi\left[\left(\frac{R_P}{R_0}\right)^{\frac{2\sin\varphi}{1-\sin\varphi}} - 1\right] - P_i\left(\frac{R_P}{R_0}\right)^{\frac{2\sin\varphi}{1-\sin\varphi}}\right\}\frac{R_P^2}{R_0}$$

$$= \frac{1+\mu_1}{E_1}P_i\left[\frac{R_1^2 + (1-2\mu_1)R_0^2}{(R_0^2 - R_1^2)}\right]R_0$$

$$(6.3.29)$$

令

$$F = \frac{2\sin\varphi}{1-\sin\varphi} \tag{6.3.30}$$

$$D = \frac{E}{1+\mu}\cdot\frac{1+\mu_1}{E_1}\frac{R_1^2 + (1-2\mu_1)R_0^2}{(R_0^2 - R_1^2)}R_0 \tag{6.3.31}$$

则式(6.3.29)可以改写为

$$P_i = \left\{P_0 - c\cot\varphi\left[\left(\frac{R_P}{R_0}\right)^F - 1\right]\right\}\frac{R_P^2}{R_0}\Big/\left[D + \left(\frac{R_P}{R_0}\right)^{F+2}\cdot R_0\right] \tag{6.3.32}$$

将式(6.3.32)代入式(6.3.11)，化简后可得

$$(P_0 + c\cot\varphi)\sin\varphi R_0\left(\frac{R_P}{R_0}\right)^{F+2} + c\cot\varphi D\left(\frac{R_P}{R_0}\right)^F$$

$$= (P_0 + c\cot\varphi)(1-\sin\varphi)D \tag{6.3.33}$$

式(6.3.33)为关于 R_P 的高次代数方程，可以用牛顿迭代法求解。取该方程的未知量为 $\frac{R_P}{R_0}$，则牛顿迭代法的迭代格式可以写为

$$\left(\frac{R_P}{R_0}\right)_{k+1} = \left(\frac{R_P}{R_0}\right)_k - \frac{f\left(\frac{R_P}{R_0}\right)}{f'\left(\frac{R_P}{R_0}\right)} \tag{6.3.34}$$

由式(6.3.33)得

$$f'\left(\frac{R_P}{R_0}\right) = (P_0 + c\cot\varphi)\sin\varphi R_0(F+2)\left(\frac{R_P}{R_0}\right)^{F+1} + c\cot\varphi DF\left(\frac{R_P}{R_0}\right)^{F-1} \tag{6.3.35}$$

故有

$$\left(\frac{R_P}{R_0}\right)_{k+1} = \left(\frac{R_P}{R_0}\right)_k -$$

$$\frac{\left[(P_0 + c\cot\varphi)\sin\varphi R_0\left(\frac{R_P}{R_0}\right)_k^{F+2} + c\cot\varphi D\left(\frac{R_P}{R_0}\right)_k^F - (P_0 + c\cot\varphi)(1-\sin\varphi)D\right]}{\left[(P_0 + c\cot\varphi)\sin\varphi R_0(F+2)\left(\frac{R_P}{R_0}\right)_k^{F+1} + c\cot\varphi DF\left(\frac{R_P}{R_0}\right)_k^{F-1}\right]}$$

$$(6.3.36)$$

求出 $\frac{R_P}{R_0}$ 后即得 R_P，代入式(6.3.32)即可求得 P_i。

6.4 收敛约束设计模型原理

6.4.1 收敛约束设计模型原理

地下洞室开挖以后，洞周围岩将产生变形，洞室围岩的变形与外荷载、地层岩性及衬砌结构对围岩的支承作用力等因素有关。将地层在洞周的变形 u 表示为衬砌对洞周围岩作用力 P_i 的函数（见式(6.3.25)），即可在以 u 为横坐标，P_i 为纵坐标的平面上绘制出表示二者关系的曲线。因为这类曲线表示洞室开挖后地层的受力变形特征，故可以称为地层（或围岩）特征曲线或收敛线。

地下洞室围岩对衬砌结构的作用力，即为衬砌结构受到的围岩压力，其量值也为 P_i。衬砌结构在 P_i 作用下产生的变形 u 也可以表示为 P_i 的函数（见式(6.3.28)），并在以 u、P_i 为坐标轴的平面上绘制出二者的关系曲线，这类曲线表示衬砌结构的受力变形特征，称为支护特征曲线。因为衬砌结构发生变形的效果是对洞室围岩的变形起约束作用，故支护特征曲线又可以称为支护约束线。

在同一个 uOP_i 坐标平面上同时绘制出地层收敛曲线与支护约束线，则这两条曲线的交点坐标值 u、P_i 即可作为设计计算的依据。对于衬砌结构，这时的 P_i 值为衬砌结构承受的地层压力，u 值即为 P_i 使支护结构产生的位移。如果在 P_i 作用下结构产生位移 u 后能保持持续稳定，即可判定支护结构安全可靠。与此同时，也可以判定这时地层处于稳定状态。如果在 P_i 作用下，支护结构产生位移 u 后将失稳，则地层也不稳定。在这种情况下，应调整支护结构形状和厚度等参数，或调整（修改）施作衬砌的时间，重新进行设计计算。

如上所述，这种以地层收敛曲线与支护约束线交点的位移 u 和支护结构承受的压力 P_i 为设计依据的支护结构设计模型，称为收敛约束设计模型。

如图 6.4.1 所示为上述收敛约束设计模型原理示意图。图 6.4.1 中纵坐标表示支护结构承受的围岩压力 P_i，横坐标表示洞周径向位移 u。在平面应变情况下，当地下洞室为圆形洞室、支护结构为等刚度圆环，且地层的初始地应力在垂直方向和水平方向相等时，则 u，P_i 与 θ 无关，在洞周处处相等。一般情况下，u，P_i 与 θ 有关，在洞周各处均不相同，此时一般以拱顶 u，P_i 值为准测读计算。曲线①为地层特征曲线，曲线②为支护特征曲线，两条曲线交点的纵坐标即为作用在支护结构上的最终地层压力，交点的横坐标为洞周的最终位移。因洞室开挖形成后一般需要间隔一段时间以后才修筑衬砌，在这段时间内洞室围岩将在不受衬砌约束的情况下产生自由变形，图 6.4.1 中的 u_0 值即为洞室围岩（毛洞）在衬砌修筑前已经发生了的初始自由变形，而衬砌结构的最终位移等于洞周的最终位移 u 减去洞周的初始位移 u_0。

6.4.2 确定地层收敛曲线的方法

1. 塑性破坏岩体

在双向等压（侧压力系数 $\lambda = 1$）作用下圆形洞室洞周围岩塑性区的外形为圆形，由式(6.3.25)可得在双向相等的外压 P_0 及均匀内压 P_i 作用下，洞周围岩出现塑性后洞周位移 u 的表达式（即收敛线方程）为

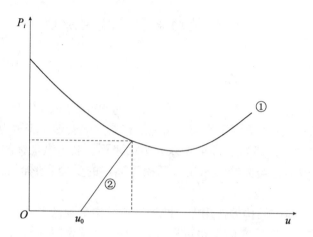

图 6.4.1　收敛约束模型原理示意图

$$u = \frac{1+\mu}{E}\left\{ P_0 - c\cot\varphi\left[\left(\frac{R_P}{R_0}\right)^{\frac{2\sin\varphi}{1-\sin\varphi}} - 1\right] - P_i\left(\frac{R_P}{R_0}\right)^{\frac{2\sin\varphi}{1-\sin\varphi}}\right\}\frac{R_P^2}{R_0} \tag{6.4.1}$$

式中 R_p 的计算式见式(6.3.12)，即

$$R_P = \left[\frac{(P_0 + c\cot\varphi)(1-\sin\varphi)}{P_i + c\cot\varphi}\right]^{\frac{1-\sin\varphi}{2\sin\varphi}} \cdot R_0 \tag{6.4.2}$$

由式(6.4.1)和式(6.4.2)可知，在 uOP_i 坐标平面内，洞周围岩出现塑性后洞周收敛线的形状为曲线，如图 6.4.2 所示。曲线与 P_i 轴的交点为 $(0, P_0)$，表示开挖洞室前洞围地层处于初始应力状态。曲线靠近 P_i 轴的一段近似为直线，表示洞室周围岩体在位移较小时处于弹性受力状态，当洞室围岩的位移超过一定量值后才进入塑性受力状态。

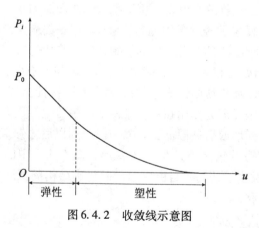

图 6.4.2　收敛线示意图

在收敛曲线的近似直线段，岩体处于弹性受力状态，围岩塑性区半径 $R_P = R_0$，根据弹性力学相关理论，此时收敛曲线的方程为

$$u = \frac{1+\mu}{E}(P_0 - P_i)R_0 \tag{6.4.3}$$

实际上，在洞周地层未出现塑性或仍处于弹性状态时，其塑性区半径 $R_P = R_0$，将其代入式(6.4.1)，同样可得式(6.4.3)的结果。因此，$R_P = R_0$ 是收敛曲线为直线还是曲线的分界点。当 $R_P \leqslant R_0$ 时，岩体处于弹性状态，收敛线为直线，收敛线方程为式(6.4.3)；当 $R_P > R_0$ 时，洞室周围岩体出现塑性区，收敛线为曲线，收敛线方程为式(6.4.1)。

因此绘制收敛线时，先计算出 R_P，分辨出收敛曲线的直线段和曲线段。由式(6.4.1)和式(6.4.3)及图6.4.2可见，塑性收敛线和弹性收敛线的变化趋势相同，均为：P_i 值增大时 u 减小，P_i 值减小时 u 增大。该变化趋势表示当衬砌刚性较大时，地层变形较小，作用在衬砌上的围岩压力较大；当衬砌是柔性结构时，地层将产生较大的变形，使作用在衬砌上的地层压力减小。

另外，由式(6.4.1)和式(6.4.3)及图6.4.2还可以看到，随着地层变形的增大，所需的支护压力逐步降低，直至降低为零，即地层变形值达到一定值时，可以不需要支护，这与实际情况是不相符的。实际上，塑性区发展到一定程度时，洞周围岩会失去承载能力而产生松动、塌落，从而对衬砌产生松动压力。卡柯(Caquot)认为洞室开挖后，由于支撑力不能及时施加，可能在半径为 R_p 的塑性圈内导致岩体松动和塌落。卡柯假定：

(1)当地下洞室开挖后，洞周围岩的二次应力呈弹塑性分布，在塑性圈充分发展后，塑性松动圈的岩土体自重即为作用在支护结构上的松动压力。

(2)在双向等压($\lambda = 1$)情况下，取洞室顶部的单元体为代表性计算单元进行分析，以考虑地下洞室围岩的最不利状态。

(3)在塑性区边界上，岩土体与弹性区岩土体脱离，没有应力传递，即当 $r = R_p$ 时，$\sigma_{rp} = 0$。

(4)塑性圈内的岩土体应力服从 Mohr—Coulomb 强度准则。

根据以上假定，卡柯导出了围岩松动压力 P_a 的计算公式，即

$$P_a = -c \cot\varphi + c \cot\varphi \left(\frac{R_0}{R_P}\right)^{N_\varphi - 1} + \frac{\gamma R_0}{N_\varphi - 2}\left[1 - \left(\frac{R_0}{R_P}\right)^{N_\varphi - 2}\right] \tag{6.4.4}$$

式中：$N_\varphi = \dfrac{1 + \sin\varphi}{1 - \sin\varphi}$，$N_\varphi - 1 = F$；

　　γ——岩土体容重(kN/m^3)。

其余符号意义同前。

由式(6.4.1)，可得在均布松动压力 P_a 作用下洞周收敛曲线的方程为

$$u = -P_a \left(\frac{R_P}{R_0}\right)^{\frac{2}{1-\sin\varphi}} R_0 \tag{6.4.5}$$

地层在洞周的最终塑性收敛线应为式(6.4.1)和式(6.4.5)的叠加，如图6.4.3所示。图6.4.3中曲线③为与外荷载 P_0 及形变压力相应的收敛线(见式(6.4.1))，曲线②为与松动压力相应的收敛线(见式(6.4.5))，曲线①为两者叠加后最终收敛曲线。

设计过程中确定收敛线时，一般先由式(6.3.12)判断洞室围岩是否出现塑性区。若 $R_P/R_0 \leqslant 1$，则洞周围岩处于弹性受力状态，可以利用式(6.4.3)确定收敛线；若 $R_P/R_0 > 1$，见洞周围岩将出现塑性区，这时可以先由式(6.4.1)得出反映外荷载与形变压力作用的收敛线 $u_1 = f_1(P_i)$，即图6.4.3中的曲线③，然后用式(6.4.4)计算围岩松动压力 P_a，若 $P_a > 0$，则按式(6.4.5)绘制反映松动压力作用的收敛线 $u_2 = f_2(P_i)$，即图6.4.3中的曲

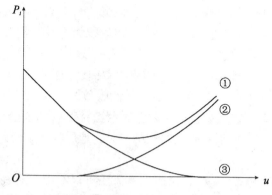

图 6.4.3   洞周围岩塑性收敛曲线

线②，由曲线②、③叠加，得到作为设计依据的最终收敛曲线①。若 $P_a<0$，则洞室围岩虽然出现塑性区，但并未产生松动压力，这时最终收敛曲线即为曲线③。

2. 脆性破坏岩体

对于某些在硬脆性岩体中开挖的地下洞室，洞室开挖后洞周围岩虽然不会出现塑性区，但可能出现脆性断裂破坏。这类岩体的应力—应变曲线如图 6.4.4 所示。

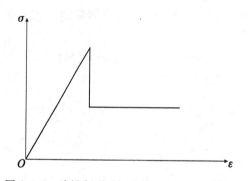

图 6.4.4   脆性断裂破坏岩体的应力—应变曲线

对于这类岩体中的洞周收敛线可以按以下方法确定：

仍然按照双向等压作用下圆形洞室情况进行分析。假定洞周围岩脆性破坏区岩体应力服从 Heok—Brown 强度准则，即

$$\sigma_\theta = \sigma_r + (m_r\sigma_c\sigma_r + s_r\sigma_c^2)^{\frac{1}{2}} \tag{6.4.6}$$

式中：σ_θ，σ_r——分别为 Heok—Brown 强度准则中最大主应力和最小主应力，即洞周围岩脆性破裂区的切向应力和径向应力；

σ_c——岩块的单轴抗压强度；

m_r，s_r——与洞周围岩破碎程度有关的参数，相应的岩体破碎前的参数值为 m，s。其经验取值如表 6.4.1 所示。

表 6.4.1　　　　　　　　　　　　　岩体的经验强度参数表

岩石完整状态		白云岩 石灰岩 大理岩	泥　岩 页　岩 板　岩	砂　岩 石英岩	安山岩、玄武岩 辉绿岩、流纹岩	闪长岩、辉长岩、 片麻岩、花岗岩、 劣长岩、石英闪长岩
完整 岩体	m	7	10	15	17	25
	s	1	1	1	1	1
破碎 岩体	m_r	0.007	0.010	0.015	0.017	0.025
	s_r	0	0	0	0	0

注：介于完整与破碎之间的岩石，m，s 可以取中间值。

　　采用与 6.3 节中相同的推导方法（推导过程从略，有兴趣的读者可自己推导或参阅相关文献资料），可得洞周围岩脆性破坏区的半径为

$$\begin{cases} R_P = R_0 \exp\left[N - \dfrac{2}{m_r \sigma_c} \left(m_r \sigma_c P_i + s_r \sigma_c^2 \right)^{\frac{1}{2}} \right] \\ N = \dfrac{2}{m_r \sigma_c} \left(m_r \sigma_c P_0 + s_r \sigma_c^2 - m_r \sigma_c^2 M \right)^{\frac{1}{2}} \\ M = \dfrac{1}{2}\left[\left(\dfrac{m}{4}\right)^2 + m\dfrac{P_0}{\sigma_c} + s \right]^{\frac{1}{2}} - \dfrac{m}{8} \end{cases} \tag{6.4.7}$$

式中：m_r，s_r，m，s ——分别为洞周脆性破裂区和弹性区的岩体经验强度参数，取值见表 6.4.1。

　　　　其余符号意义同前。

　　由式（6.4.7）可见，若 $P_i \geqslant P_0 - M\sigma_c$，则洞周围岩将不出现脆性破坏区，这时洞周围岩全处于弹性受力状态。若 $P_i < P_0 - M\sigma_c$，则洞周围岩将出现脆性破坏区，洞周径向位移为

$$\begin{cases} u_0 = R_0\left[1 - \left(\dfrac{1-e_v}{1+A}\right)^{\frac{1}{2}} \right] \\ A = \left[\dfrac{2(1+\mu)}{E} M\sigma_c - e_v \right] \exp\left[2N - \dfrac{4}{m_r \sigma_c}\left(m_r \sigma_c P_i + s_r \sigma_c^2 \right)^{\frac{1}{2}} \right] \end{cases} \tag{6.4.8}$$

式中：e_v ——脆性破坏区围岩体积变化率，以缩小为正，与地下洞室开挖半径 R_0、脆性破坏区半径 R_P、脆性破坏区外缘的径向位移 u_p 等有关，其表达式为

$$e_v = \frac{2\left(\dfrac{u_p}{R_P}\right)\left(\dfrac{R_P}{R_0}\right)^2}{\left[\left(\dfrac{R_P}{R_0}\right)^2 - 1 \right]\left(1 + \dfrac{1}{R} \right)} \tag{6.4.9}$$

式中：u_p ——脆性破裂区外缘的径向位移，其计算公式为

$$u_p = \frac{1+\mu}{E} M\sigma_c R_p \tag{6.4.10}$$

R——与弹性区岩体经验强度参数及脆性破裂区半径有关的参数，当 $\frac{R_P}{R_0} < \sqrt{3}$ 时，R $= 2D\ln\left(\frac{R_P}{R_0}\right)$；当 $\frac{R_P}{R_0} \geqslant \sqrt{3}$ 时，$R = 1.1D$。其中 D 为

$$D = \frac{-m}{m + 4\left(\frac{m\sigma_{rp}}{\sigma_c} + s\right)^{\frac{1}{2}}} \qquad (6.4.11)$$

式(6.4.8)即为脆性破坏岩体的收敛线方程。当支护结构对围岩提供的支护力满足 $P_i \geqslant P_0 - M\sigma_c$ 时，洞周围岩处于弹性受力状态，由弹性理论可以写出洞周收敛线的方程为

$$u = u_0 = \frac{1+\mu}{E}(P_0 - P_i)R_0 \qquad (6.4.12)$$

当 $P_i < P_0 - M\sigma_c$ 时，洞周围岩将出现脆性破坏区，洞周收敛线的方程式即为式(6.4.8)。

应予指出，式(6.4.8)表示的洞周收敛线仅与洞室侧向围岩的受力变形情况较为相符。对于洞室顶部和底部，洞周最终收敛线应为由式(6.4.8)表示的洞周收敛线与由破碎岩体自重产生的松动压力引起的洞周收敛线叠加而成。

6.4.3 确定支护约束线的方法

设支护结构处于弹性受力状态，在双向等压作用下圆形洞室洞周围岩对支护结构形成的围岩压力为 P_i，相应的支护结构径向位移为 u_i，则根据弹性力学原理，有

$$P_i = \frac{ku_i}{R_0} \qquad (6.4.13)$$

式中：k——支护刚度系数；

R_0——圆形洞室毛洞开挖半径(或衬砌外半径)。

如图6.4.5所示，将衬砌修筑前圆形洞室洞周的初始径向位移记为 u_0，则可以写出支护约束线的表达式为

$$u = u_0 + \frac{P_iR_0}{k} \qquad (6.4.14)$$

式中 k 的取值与支护结构的形式有关，给出 k 值即得到与结构形式相应的支护约束线。

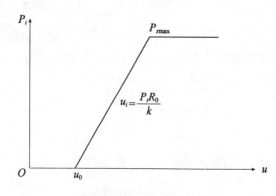

图6.4.5 支护约束曲线

1. 混凝土或喷射混凝土支护

设混凝土或喷射混凝土圆形衬砌的厚度为 t_c，支护结构材料的弹性模量和泊松比分别为 E_1、μ_1，则混凝土或喷射混凝土支护结构的刚度系数 k 的表达式为

$$k = \frac{E_1 [R_0^2 - (R_0 - t_c)^2]}{(1 + \mu_1) [(1 - 2\mu_1) R_0^2 + (R_0 - t_c)^2]} \tag{6.4.15}$$

一般情况下，混凝土或喷射混凝土中的锚筋对 k 值的影响可以略去不计，支护结构能够对围岩提供的最大径向压力（支护力）为

$$P_{smax} = \frac{1}{2} \sigma_{cc} \left[1 - \frac{(R_0 - t_c)^2}{R_0^2} \right] \tag{6.4.16}$$

式中：σ_{cc}——支护结构材料的单轴抗压强度。

2. 锚杆支护

锚杆分为点状锚固和全长粘结锚固两种类型。点状锚固锚杆的一端是锚固体，另一端是由丝扣、垫板和螺母组成的锚头，锚固体和锚头之间的锚杆杆体（称为自由段）与围岩并不相连，只有将杆外端锚头的螺母拧紧，垫板与围岩紧密接触，才能使锚杆发挥作用，起到加固围岩（支护）的效果。点状锚固锚杆的刚度系数 k 的表达式为

$$\frac{1}{k} = \frac{s_c s_l}{R_1} \left[\frac{4 l_b}{\pi d_b^2 E_b} + Q \right] \tag{6.4.17}$$

式中：s_c、s_l——分别为锚杆的环向间距与纵向间距；

d_b、l_b、E_b——分别为锚杆直径、净长度（自由段长度）和弹性模量；

Q——与锚杆体、垫板、锚头的受力变形特征有关的常数，可以由试验确定。其表达式为

$$Q = \frac{(u_2' - u_2) - (u_1' - u_1)}{T_2 - T_1} \tag{6.4.18}$$

式中：T_2、T_1——分别为在锚杆拉拔试验中大、小不同的两个拉力；

u_2、u_1——分别为 T_2、T_1 相应的锚杆计算伸长值；

u_2'、u_1'——分别为 T_2、T_1 相应的锚杆实测伸长值。

锚杆支护对围岩能够提供的最大径向压力为

$$P_{smax} = \frac{T_{bf}}{s_c s_l} \tag{6.4.19}$$

式中：T_{bf}——由锚杆拔出试验确定的锚杆极限强度。

全长粘结锚固锚杆借助沿锚杆全长分布的锚杆与围岩之间的粘结力传递剪力，这类锚杆的拉应力在锚杆全长上并不均匀分布，理论分析中可以近似用锚杆体的最大拉力表示支护反力，锚杆最大拉力的作用点一般都在锚杆体中部偏向孔口 $0.5 \sim 1.0 \mathrm{m}$ 的范围内。设锚杆最大拉力截面距孔口的距离为 x_0，锚杆长度为 l，隧洞半径为 R_1，则由剪应力 τ 为零的条件可得

$$x_0 = \frac{l}{l_n \dfrac{l}{k + r_0}} - r_0 \tag{6.4.20}$$

实际上，全长粘结锚杆的工作应力和进行拉拔试验时锚杆杆体的应力状态是不相同

的。在工作应力下，剪应力的方向并不一致，在最大拉力点以外的剪应力方向指向围岩深部，可以阻止锚杆向外拔出；最大拉力点以内的剪应力方向则指向洞周，与锚杆向外拔出的方向一致。

由拉拔试验可得锚杆与地层之间的极限抗剪强度 $[\tau]$。如以隐式表示，$[\tau]$ 的计算式为：

$$N_1 = \int_0^l \pi d\, \tau_1 d\,\tau \geq k_1 l[\tau] \pi d \tag{6.4.21}$$

式中：d——锚杆或锚杆孔的直径；

  τ_1——在拉拔试验中作用在锚杆体上的剪应力；

  k_1——剪应力 τ_1 分布的不均匀系数，可以由试验确定；

  N_1——拉拔试验时的最大拉拔力。

全长粘结的锚杆最大支护拉力为

$$N_2 = \int_{x_0}^l \pi d\, \tau_2 d\,\tau \geq k_2[\tau](l - x_0) \pi d \tag{6.4.22}$$

式中：τ——作用在锚杆体上的工作剪应力；

  k_2——剪应力 τ^2 分布的不均匀系数，可以由试验确定；

  N_2——锚杆最大支护拉力。

由最大支护拉力 N_2 及锚杆的应力分布状态，可以求出与之相应的径向位移和全长锚固锚杆的支护约束线。

3. 钢拱架支撑

钢拱架支撑的布置形式如图 6.4.6 所示。

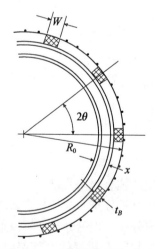

图 6.4.6　钢拱架支撑示意图

钢拱架支撑的刚度系数 k 的表达式为

$$\frac{1}{k} = \frac{SR_0}{E_S A_S} + \frac{SR_0^3}{E_S I_S}\left[\frac{\theta(\theta + \sin\theta\cos\theta)}{2\sin^2\theta} - 1\right] + \frac{2S\theta t_B}{E_B W^2} \tag{6.4.23}$$

式中：S——钢拱架支撑沿洞轴纵向的间距；

A_S、I_S、E_S——分别为钢拱架支撑的断面面积，惯性矩和弹性模量；

t_B、E_B——分别为木垫块的厚度和弹性模量。

其余符号意义如图 6.4.6 所示。

钢拱架支撑能对地层提供的最大径向压力为

$$P_{smax} = (3A_S I_S \sigma_T) \Big/ \left\{ 2SR_0\theta \left[3I_S + xA_S \left[R_0 - \left(t_B + \frac{1}{2}x \right) \right] \right] (1 - \cos\theta) \right\} \quad (6.4.24)$$

式中：σ_T——钢材的屈服强度；

x——钢拱截面的高度，如图 6.4.6 所示。

4. 组合式支护结构

采用上述支护形式中的两种或三种构成组合支护时，刚度系数的计算公式为

$$k = k_1 + k_2 \quad 或 \quad k = k_1 + k_2 + k_3 \quad (6.4.25)$$

式中：k_i——分别为各简单支护的刚度系数。

值得注意的是，由于各种简单支护的承载能力不同，对于组合式支护仅当各组成支护均不破坏时才可按上式求出 k 值，并采用式(6.4.14)计算支护约束曲线。作为设计依据，一般认为支护出现一种形式的破坏时，整个支护体系即失去作用，由此确定组合支护的最大承载能力的过程为：

(1)计算 u_{max_1}，计算式为 $u_{max_1} = R_0 P_{smax}/k_1$；

(2)计算 u_{max_2}，计算式为 $u_{max_2} = R_0 P_{smax}/k_2$；

(3)计算 u_{12}，计算式为 $u_{12} = R_0 P_{smax}/(k_1 + k_2)$；

(4)若 $u_{12}\ u_{max_1}\ u_{max_2}$，可以按式(6.4.14)写出支护约束线方程，其表达式为

$$u = u_0 + \frac{P_i R_0}{k_1 + k_2} \quad (6.4.26)$$

(5)若 $u_{max_1} < u_{12} < u_{max_2}$，则

$$P_{max_{12}} = u_{max_1} \frac{k_1 + k_2}{R_0} \quad (6.4.27)$$

(6)若 $u_{max_2} < u_{12} < u_{max_1}$，则

$$P_{max_{12}} = u_{max_2} \frac{k_1 + k_2}{R_0} \quad (6.4.28)$$

式中：$P_{max_{12}}$——由两种支护结构构成的组合支护对地层能提供的最大支护压力。

6.5　收敛约束设计模型应考虑的几个问题

6.5.1　支护结构设置时间和结构刚度的合理选择

在不同时间设置支护结构和选用不同刚度的支护结构，可以使地层收敛线与支护约束线在 uOP_i 坐标平面上构成不同的组合，如图 6.5.1 所示，图 6.5.1 中曲线①为洞室开挖后围岩变形达到稳定时的地层收敛线，曲线②～⑥则为在不同时间设置支护或支护结构刚度不同时的各种支护约束线。由图 6.5.1 可见，地层收敛线为上凹曲线，最低点为 b 点，如果支护约束线正好在 b 点与地层收敛线相交，如图 6.5.1 中斜线④所示，则支护结构上

承受的地层压力最小。一般说来，在施工中严格实现使两条特征曲线在 b 点相交并不现实，能够达到的目标仅是使两条特征曲线在 b 点附近相交。由于曲线①在 b 点以后上升的原因是地层施加于支护结构上的松动压力增大，意味着洞周围岩将出现较大程度的破坏，因而作为收敛约束法的设计准则，应做到使支护约束线在 b 点左侧附近与地层特征曲线相交。此外，岩土材料物性参数的离散性较大，设计时也应使收敛线和约束线的交点位于 b 点左侧一定距离的位置，以增加安全储备。

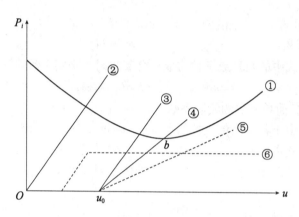

图 6.5.1　地层收敛线与支护约束线的不同组合

图 6.5.1 中曲线②为在洞室开挖后立即施作支护结构时的支护约束线，曲线③为在洞室开挖后隔一段时间再施作支护结构时的支护约束线，两条约束线为相互平行的直线，表示支护刚度完全相同。对比约束线②与③，可见同一刚度的支护结构如果设置的时间不同，作用在支护结构上的地层压力及支护结构的位移值都是不相同的。鉴于洞周围岩本身具有一定的自承能力，因此适当推迟支护结构设置的时间将有利于减小作用于支护结构上的围岩压力，以达到安全、经济的目的。

图 6.5.1 中曲线③与④为在同一时间设置的刚度不同的两种支护结构的支护约束线。对比这两条约束线可见，若地层收敛线与支护约束线均能在 b 点左侧相交，则相应于柔性结构的约束线④将承受较小的围岩压力，即柔性结构优于刚性结构。但是，柔性结构优于刚性结构的结论并不是在任何情况下都是正确的，例如图 6.5.1 中曲线⑤所表示的支护约束线与地层收敛线不相交，表示支护结构刚度严重不足时，将使地层变形过大，松动压力急剧增长，破坏区的范围相应扩大，从而导致支护结构破坏，围岩坍塌。可见支护结构的柔性与刚性是相对的，在设计中选用柔性支护结构时仍需注意使支护结构保持必要的刚度。此外，图 6.5.1 中的曲线⑥表示，虽然支护结构具有一定的刚度，但如果其强度过低，不足以支承围岩作用于支护结构上的围岩压力，则在围岩变形过程中会很快破坏。

上述分析表明，只有将地层收敛线、支护结构设置时间、支护结构的刚度和强度等因素综合考虑，才能设计出经济、合理的支护结构。

6.5.2　开挖施工中的三维效应

本章分析中，我们均以长大洞室某断面为对象来考虑其支护结构的设计问题，通常按平面应变问题进行力学分析。但是，在实际工程的施工过程中，地下洞室的施工开挖面（掌子面）前方是尚未开挖的地层，后方是已开挖的空间，因此这一区段的受力变形情况与平面应变条件并不相符，即施工开挖面附近地层的收敛变形问题是三维空间问题，而不是平面问题。

在5.2节中，我们已经介绍过，由于地下洞室的施工开挖对围岩的应力释放和变形发展都有很大的约束作用，使得沿洞室纵向各断面上的二次应力状态和变形都不相同，这种现象我们称为开挖面支承的"空间效应"。这种"空间效应"在距施工开挖面$(2\sim3)D$（D为洞室直径）的范围内表现最为明显，而在此范围之外，这种"空间效应"就可以忽略不计，理论分析和实际量测结果都证明了这一结论。

因施工开挖面附近地层的应力和变形受到开挖面支承的"空间效应"的影响，因此各断面的洞周收敛线是不相同的。为了简化，仍然按平面应变问题近似计算开挖面支承的"空间效应"对洞周收敛线的影响，此时可以采用一个假设的朝向地层的径向支护压力作用于洞周壁面，其值为$(1-\eta)$（这里σ_0为初始地应力值），如图6.5.2所示，在远离施工面的前方地层中$\eta=0$，远离施工面后方地层中$\eta=1$，均表示开挖面的空间效应对这些区域的地层变形没有影响。对紧靠施工面的前方与后方的围岩中，可以假设η为$0\sim1$之间的某个量值，随着η值的不断增加，朝向地层的假设径向应力将不断减小，洞周位移值u将不断增加，这与地层的实际变形情况相一致，故η可以称为洞周应力释放率。

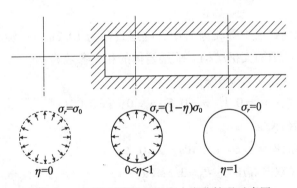

图6.5.2　开挖面附近地层应力变化情况示意图

考虑到开挖面支承的"空间效应"，应对受施工开挖面影响的地下洞室范围内的洞周收敛线进行必要的修正。如图6.5.3所示为某断面修正的洞周收敛线，图6.5.3中F点的坐标表示施工开挖面的受力变形状态，$(1-\eta_f)\sigma_0$为该面受到的假设径向支护压力（修正的支护压力），u_{rf}为相应的洞周修正径向位移值。F点与点$(0,\sigma_0)$的连线可以取为直线，图6.5.3中S点的纵坐标表示设置支护时洞周围岩的受力变形状态，$(1-\eta_s)\sigma_0$为这时受到的假设支护压力，$u_{rs}-u_{rf}$为洞周继续变形产生的修正径向相对位移，若支护需要经过位移间隔S_u后才能受力，则支护约束线的起点将在修正相对径向位移$u'_{ra}=u_{rs}+S_u$的所在位置，作出支护约束线，得到洞周修正收敛线与支护约束线的交点，即得设计取用的洞周修正收敛值u_{ra}及假设径向支护压力的量值$(1-\eta_a)\sigma_0$。

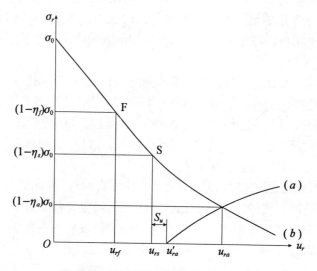

图 6.5.3 洞周收敛线的三维效应修正

6.6 设 计 实 例

某圆形隧道工程修建在中等花岗岩中，隧道直径为 10.2m，埋深为 112m，试以收敛约束设计模型设计该隧道的支护结构。地层岩体的相关参数为：

岩石单轴抗压强度：$\sigma_c = 70\text{MPa}$；

岩体经验强度参数：$m_r = 0.1$，$m = 0.5$，$s_r = 0$，$s = 0.001$；

岩体容重：$\gamma_r = 26\text{kN/m}^3$；

岩体弹性模量和泊松比：$E = 1.4\text{GPa}$，$\mu = 0.2$；

岩体初始地应力（双向等压）：$P_0 = 3.5\text{MPa}$；

毛洞开挖半径：$R_0 = 5.33\text{m}$。

6.6.1 隧道洞周岩体收敛线

本隧道工程修建于中等花岗岩中，洞周围岩一般呈脆性破坏特征，因此本例按照脆性破坏岩体来确定洞周岩体的收敛线。根据岩体参数计算的相关系数如下

$M = 0.039511$，$\quad N = 0.647734$，$\quad \sigma_{rp} = P_0 - M\sigma_c = 734.23\text{kN/m}^2$，$\quad D = -0.61268$

当支护结构对围岩提供的支护力满足 $P_i < P_0 - M\sigma_c = 734.23\text{kN/m}^2$ 时，洞周围岩将出现脆性破坏区，按式（6.4.8）计算洞周收敛线，计算结果如表 6.6.1 和图 6.6.1 所示，图 6.6.1 中顶拱和底板收敛线分别为边墙收敛线的纵坐标加上和减去相应塑性区内松散岩体重力 P_p 所得。$P_i \geq P_0 - M\sigma_c = 734.23\text{kN/m}^2$ 时的收敛线按式（6.4.11）计算，此时洞周围岩处于弹性受力状态。

表 6.6.1　　　　　　　　　　　洞周围岩脆性破坏的收敛线计算结果

P_i /(kN/m²)	R_P /m	u_p /mm	R_P/R_0 —	R —	u_p/R_P —	e_v —	A —	u_0 /mm	P_a /(kN/m²)
0.00	10.19	24.15	1.9112	−0.6739	0.002371	−0.01349	0.066611	134.41	126.27
20.00	9.15	21.70	1.7174	−0.6627	0.002371	−0.01409	0.055556	105.73	99.42
40.00	8.76	20.76	1.6430	−0.6084	0.002371	−0.01170	0.044392	84.08	89.11
60.00	8.46	20.07	1.5882	−0.5668	0.002371	−0.01028	0.037886	71.36	81.51
80.00	8.23	19.50	1.5433	−0.5317	0.002371	−0.00928	0.033395	62.56	75.29
100.00	8.02	19.02	1.5048	−0.5008	0.002371	−0.00852	0.030025	55.94	69.96
200.00	7.26	17.22	1.3630	−0.3795	0.002371	−0.00628	0.020474	37.20	50.30
300.00	6.73	15.96	1.2633	−0.2864	0.002371	−0.00510	0.015698	27.89	36.48
400.00	6.32	14.97	1.1849	−0.2079	0.002371	−0.00432	0.012728	22.16	25.62
500.00	5.97	14.15	1.1199	−0.1387	0.002371	−0.00377	0.010673	18.24	16.61
600.00	5.67	13.45	1.0642	−0.0762	0.002371	−0.00334	0.009156	15.37	8.89
700.00	5.41	12.83	1.0154	−0.0187	0.002371	−0.00301	0.007987	13.19	2.13
734.23	5.33	12.64	1.0000	0.0000	0.002371	−0.00290	0.007646	12.55	0.00

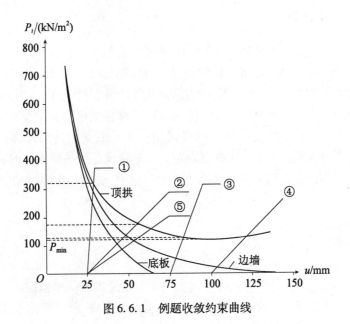

图 6.6.1　例题收敛约束曲线

由表 6.6.1 和图 6.6.1 可见，当本例的地下洞室开挖后不提供支护（$P_i=0$），其脆性破坏区不会无限制发展，最大半径为 10.19m，即脆性破坏深度（自洞壁算起）为 4.86m，相应的洞周位移为 134.41mm。若要使洞周不出现脆性破坏，需给洞周围岩提供 734.23kN/m² 的支护力，相应的洞周位移为 12.55mm。

另外，从图 6.6.1 中还可以看到，当洞周围岩处于弹性工作状态时，增大支护力对限制围岩变形的效果不明显。

6.6.2 确定喷混凝土支护的约束线①

设喷混凝土的厚度 $t_c = 0.10\mathrm{m}$，$E = 20 \times 10^3 \mathrm{MPa}$，$\mu = 0.25$。单轴抗压强度 $\sigma_{cc} = 20\mathrm{MPa}$（C20 混凝土），洞室开挖后至支护发挥作用前，洞壁已产生 25mm 的初始变形。则由式（6.4.14）计算得喷混凝土的约束刚度 $k = 406.57\mathrm{MPa}$，由式（6.4.15）计算得喷混凝土支护能够提供的最大支护力为 $P_{s\max} = 371.71\mathrm{kN/m}^2$。由式（6.4.13）可以绘制出图 6.6.1 上的支护约束线①，交点在最小支护力 $P_{\min}$ 所在点的左面，表示单独设置 10cm 厚的喷混凝土支护即可使地层稳定，这时作用在顶拱支护上的围岩压力约为 $320\mathrm{kN/m}^2$。

6.6.3 确定锚杆支护的约束线②

设锚杆参数为：长度 $l_b = 3\mathrm{m}$，直径 $d_b = 0.025\mathrm{m}$，间距 $s_c = s_t = 1.0\mathrm{m}$，弹性模量 $E_b = 200\mathrm{GPa}$，$Q = 0.143\mathrm{m/MN}$，$T_{bf} = 285\mathrm{kN}$，则由式（6.4.16）计算得锚杆的约束刚度 $k = 30.71\mathrm{MPa}$，由式（6.4.18）计算得锚杆支护能够提供的最大支护力为 $P_{s\max} = 285\mathrm{kN/m}^2$。由式（6.4.13）可以绘制出图 6.6.1 上的支护约束线②，交点仍在 $P_{\min}$ 所在点之左，表示单独设置锚杆支护也可以使洞顶围岩保持稳定，这时作用在顶拱支护上的围岩压力约为 $170\mathrm{kN/m}^2$。

6.6.4 确定钢拱架支护的约束线③

设各项相关参数为：$W = 0.1059\mathrm{m}$，$x = 0.2023\mathrm{m}$，$A_S = 0.0043\mathrm{m}^2$，$I_S = 2.67 \times 10^{-5} \mathrm{m}^4$，$E_S = 200\mathrm{GPa}$，$\sigma_T = 245.00\mathrm{MPa}$，$S = 1.52\mathrm{m}$，$\theta = 11.25°$，$t_B = 0.25\mathrm{m}$，$E_B = 10\mathrm{GPa}$，$u_0 = 0.075\mathrm{m}$（即钢拱架发挥支护作用前洞壁围岩已产生 75mm 初始变形）。由式（6.4.22）计算得钢拱架的约束刚度 $k = 82.07\mathrm{MPa}$，由式（6.4.23）计算得钢拱架支护能够提供的最大支护力为 $P_{s\max} = 312.93\mathrm{kN/m}^2$。由式（6.4.13）可得图 6.6.1 中支护约束线③。由图 6.6.1 可见，与收敛线的交点也刚好在 $P_{\min}$ 所在点之左，故单独设置钢拱架支撑时，洞顶围岩也可以保持稳定，这时作用在顶拱支护上的围岩压力值比 $P_{\min}$ 略高，约为 $130\mathrm{kN/m}^2$。

6.6.5 讨论

由以上计算结果可得以下结论：

（1）洞室必须设置顶部支护才能使围岩保持稳定。

（2）采用上述三种支护中任何一种单独支护都可以使围岩保持稳定。

（3）锚杆支护刚度较小，支护设置时间应尽量早，否则仍可能达不到加固围岩的目的，如图 6.6.1 中支护约束线④所示。

（4）洞室侧向一般仍需设置支护，但支护强度可以适当减弱，例如若顶板按间距为 $1.0 \times 1.0\mathrm{m}$ 设置锚杆，则边墙可以按间距 $1.5 \times 1.5\mathrm{m}$ 设置锚杆，也可以保持锚杆间距不变，而使锚杆长度减短或锚杆直径减小。这时支护约束线的形状将发生变化，如图 6.6.1 中的支护约束线⑤。

由收敛约束法的理论分析可见，虽然一定厚度的混凝土衬砌刚度大、强度高，但现浇混凝土衬砌对于稳定洞室围岩并不是可取的结构方案，因为该方案需要较长的施作时间，使围岩产生较多的自由位移。钢拱架支撑刚度较大，承载力高，且安装后可以立即受力，因而常和锚喷支护一起构成联合支护，以加固地质条件较差的地段。

6.7 地下工程现场监控量测简介

前文从理论上介绍了收敛约束设计模型的基本原理，但在将收敛约束设计模型应用于实际工程时，必须注意现场监控量测的重要性。在地下结构设计和施工过程中，现场监控测量有着尤其重要的意义。众所周知，在实际工程开始施工前，一般是难以全面了解工程所处地层的全部资料的。事实上，许多情况下在工程施工过程中根据现场监控量测资料作出的设计才是符合实际情况的。因此，包含有现场监控量测的收敛约束设计模型，才是该设计模型得以广泛推广应用的基础。实际上，不仅迄今所有的监控量测都证实了收敛约束设计模型的有效性，许多复杂问题也通过专用的量测手段得以解决，而且包括新奥法在内的现代地下工程设计施工技术中，现场监控量测都受到普遍重视，在地下工程建设中发挥着重要的作用。本节将简要介绍地下工程现场监控量测的目的、内容和方法。

6.7.1 现场监控量测的目的、内容和手段

1. 现场监控量测的目的和意义

现场监控量测是收敛约束设计模型的重要环节。一般来说，监控量测的目的是掌握围岩稳定与支护结构受力、变形的动态信息，并以此判断设计、施工的安全性与经济性。具体地体现在以下几个方面：

(1)提供设计依据和相关参数。建设地下工程，必须事先查明工程所在地的岩土体工程地质条件、性状及物理力学性质，为工程设计提供必要的依据和相关信息。但是，由于地下工程是建造在地层中的结构物，而地层的地质条件、物理力学性质往往又千差万别。因此，必须结合工程实际进行现场岩体力学性态的测试，或者通过围岩与支护结构的变形与应力量测结果反推岩土体的物理力学参数，为工程设计提供可靠依据。另外，地下洞室围岩的特征曲线和支护约束线也只有得到通过现场监控量测取得的相关资料和信息的验证，才能保证地下结构设计的合理性。

(2)指导施工、预报险情。在国内外的地下工程建设过程中，利用施工期的现场监控量测结果，评估工程施工的安全性，对可能出现的险情进行及时预报，是长期以来普遍采用的一种方法。对于处于复杂地层中的地下结构，理论的设计或经验的设计总会与现场条件存在一定偏差，所以在施工期间通过现场量测对工程进行监控是非常必要的。当前，在广泛推行的新奥法中，现场监控量测已成为工程施工中不可缺少的一个环节。现场监控量测结果除了作为预报险情的依据外，还是指导施工、或在施工中修改设计的重要依据。

(3)作为工程运营期的监视手段。对于已投入运营的地下工程进行现场监测，可以及时对接近危险值的区段或整个工程进行加固补强、改建或采取其他必要的措施，以保证地下工程运营安全。这方面已经应用在许多地下工程中，并取得了许多成功的经验。

(4)检验和校核理论研究成果。收敛约束设计模型是建立在理论计算和经验基础上的

一种设计方法,该方法建立的地层岩土体力学模型是否合理,是否能反映岩土体的实际力学性态,需要通过现场监控量测结果进行检验和校核。同时,现场监控量测累积的资料,也为理论研究提供了必要条件,尤其是对以实测为依据、经验为参考的收敛约束设计模型更为重要。

2. 现场监控量测的内容

对于不同行业、不同使用目的的地下工程,其现场监控量测的内容侧重点略有不同,但大体上包括以下三类,即:

(1)岩土体变形(位移)观测:包括掌子面附近洞室围岩稳定性、围岩及支护变形观测、地下工程所在区域(尤其是浅埋段)地表变形观测等。

(2)岩土体应力(压力)观测:应力量测包括岩体初始应力、围岩应力、支护结构应力、围岩与支护之间接触应力及各种相应应变的观测,压力量测包括支护压力、渗透压力的观测等。

(3)岩体力学参数测试:包括岩土体强度参数、变形模量、泊松比、粘聚力、内摩擦角的测试等。

表 6.7.1 为公路隧道监控量测的内容(见《公路隧道施工技术规范》(JTG F60—2009)),其中 1~4 项为复合式衬砌和喷锚支护衬砌施工时必测的项目,其余各项为选测项目,根据设计要求、隧道断面形状和断面大小、埋深、围岩条件、周边环境条件、支护类型和参数、施工方法等进行综合选择。

表 6.7.1 公路隧道现场监控量测项目及量测要求

序号	项目名称	方法及工具	布　置	测试精度	量测间隔时间			
					1~15d	16d~1个月	1~3个月	大于3个月
1	洞内、外观察	现场观测、地质罗盘等	开挖或初期支护后进行	—				
2	周边位移	各种类型收敛计	每 5~50m 一个断面,每断面 2~3 对测点	0.1 mm	1~2 次/d	1 次/2d	1~2 次/周	1~3 次/月
3	拱顶下沉	水准测量的方法,水准仪、钢尺等	每 5~50m 一个断面	0.1 mm	1~2 次/d	1 次/2d	1~2 次/周	1~3 次/月
4	地表下沉	水准测量的方法,水准仪、钢尺等	洞口段、浅埋段($h_0 \leq 2b$)	0.5 mm	开挖断面距量测断面前后<2b 时,1~2 次/d;开挖断面距量测断面前后<5b 时,1 次/2~3d;开挖断面距量测断面前后>5b 时,1 次/3~7d。			
5	钢架内力及外力	支柱压力计或其他测力计	每代表性地段 1~2 个断面,每断面钢支撑内力 3~7 个测点,或外力 1 对测力计	0.1 MPa	1~2 次/d	1 次/2d	1~2 次/周	1~3 次/月

序号	项目名称	方法及工具	布　置	测试精度	量测间隔时间			
					1~15d	16d~1个月	1~3个月	大于3个月
6	围岩体内位移(洞内设点)	洞内钻孔中安设单点、多点杆式或钢丝式位移计	每代表性地段1~2个断面,每断面3~7个钻孔	0.1mm	1~2次/d	1次/2d	1~2次/周	1~3次/月
7	围岩体内位移(洞外设点)	地面钻孔中安设各类位移计	每代表性地段1~2个断面,每断面3~5个钻孔	0.1mm	同地表下沉要求			
8	围岩压力	各种类型岩土压力盒	每代表性地段1~2个断面,每断面3~7个测点	0.01MPa	1~2次/d	1次/2d	1~2次/周	1~3次/月
9	两层支护间压力	压力盒	每代表性地段1~2个断面,每断面3~7个测点	0.01MPa	1~2次/d	1次/2d	1~2次/周	1~3次/月
10	锚杆轴力	钢筋计、锚杆测力计	每代表性地段1~2个断面,每断面3~7根锚杆(索),每根锚杆2~4测点	0.01MPa	1~2次/d	1次/2d	1~2次/周	1~3次/月
11	支护、衬砌内应力	各类混凝土内应变计及表面应力解除法	每代表性地段1~2个断面,每断面3~7个测点	0.01MPa	1~2次/d	1次/2d	1~2次/周	1~3次/月
12	围岩弹性波速度	各种声波仪及配套探头	在有代表性地段设置	—				
13	爆破振动	测振及配套传感器	邻近建(构)筑物	—	随爆破进行			
14	渗水压力、水流量	渗压计、流量计	—	0.01MPa	—			

3. 量测手段

现场监控量测手段,按所使用的仪器设备的物理效应不同,可以分为以下几种类型:

(1)机械式:如百分表、千分表、挠度计、测力计等。机械式仪表操作简便、性能稳定,但使用条件有所限制。

(2)电测式:包括电阻型、电感型、电容型、差动式、振弦式、电磁型等。

(3)光弹式:包括光弹应力计、光弹应变计。

（4）物探式：包括弹性波—地震波法、电火花、声波（超声波）、形变电阻率法等。

6.7.2 位移量测

地下工程现场监控量测项目中，位移量测（包括收敛量测）是最有意义和最常用的量测项目，位移量测测值稳定可靠、简便经济、测试成果可以直接指导施工、验证设计、评价围岩与支护的稳定性。

1. 净空相对位移（收敛变形）量测

洞室内壁面两点之间的相对位移称为收敛，这项量测称为收敛量测。收敛值为两次量测的距离之差，收敛量测是地下洞室施工监控量测的必测项目，收敛值是最基本的量测数据。

（1）量测原理及测点布置

洞室的开挖，改变了岩体的初始应力状态，围岩应力重分布及洞壁应力释放的结果，使围岩产生了变形。在开挖后的洞壁上及时埋设测点，观测其两测点的相对位移值，如图6.7.1。一般沿洞室轴向一定间距布置观测断面，或选择有代表性的关键断面，埋设测点，断面上的测点常形成三角形。

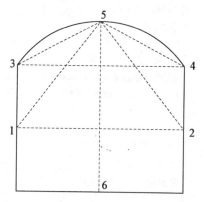

图 6.7.1 净空位移测点及测线示意图

（2）量测手段

收敛量测通常是在洞壁布置测点埋设测头，利用收敛计进行测量。

① 观测断面及测头埋设。观测断面应在开挖后紧跟掌子面布置，尽可能较早地测得洞壁收敛变形值。在观测断面上的测点处埋设测头，测头为 30～50cm 钢筋杆，测头应进行专门加工，以便在观测时与收敛计连接。

② 钢卷尺。一般用于收敛量测的钢卷尺的尺面都打有小孔，以便量测时固定收敛计而取得两测点之间距离的粗读数。

③ 收敛计。收敛计是进行洞室收敛变形测量的主要的和常用的仪器，一般由百分表（或千分表）、张力计、支架及钢卷尺等构成。收敛计用于对测点之间距离变化进行精确测读，每次测读时，张力一致，而且应记录现场温度，以便观测资料整理时进行温度修正。

收敛变形计算

$$u_i = R_i - R_0 \tag{6.7.1}$$

式中：u_i——第 i 次量测时净空相对位移（收敛变形）值（mm）；

　　　R_i——第 i 次量测时收敛计观测值（mm）；

　　　R_0——收敛观测初始读数（mm）。

由于收敛常用钢卷尺，在观测时，现场温度可能有变化。因此，对观测值通常要进行温度修正，进行温度修正的计算式为

$$u_i = R_i - R_0 - \alpha L(t_i - t_0) \tag{6.7.2}$$

式中：α——钢卷尺所用材料的线膨胀系数；

　　　L——测点之间的基线长度（测量时钢卷尺的长度）（mm）；

　　　t_i、t_0——分别为第 i 次和初次观测时的现场温度。

其他符号意义同前。

2. 拱顶下沉量测

地下工程拱顶内壁的绝对下沉量称为拱顶下沉。拱顶下沉可以用精密水准仪进行量测。其方法是在拱顶布置测点，后视点可以布置在洞外稳定不动（不受施工干扰）的地方，测量时以钢尺或水准尺立于拱顶测点，用水准仪进行观测，将前后两次后视点读数相减得差值 A，两次前视点读数相减得差值 B，则 $C = B - A$ 为拱顶下沉量；当 $C > 0$ 时，表示拱顶向上位移；当 $C < 0$ 时，表示拱顶下沉。图 6.7.2 表示 A、B、C 三量之间的几何关系。

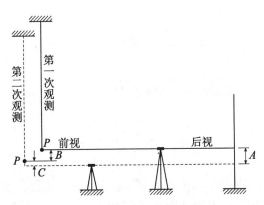

图 6.7.2　水准仪观测拱顶下沉示意图

由于隧洞净空较高，使用机械式量测方法很不方便，使用电测方法又不经济。为此，相关科研部门研制了相应的观测仪器，如铁道科研部门专门设计了隧道拱部变位观测计，其主要特点是，当锚头用砂浆固定在拱顶时，钢丝一头固定在挂尺轴上，另一头通过滑轮可以引到隧道下部，量测人员在隧道底部量测。量测时，用尼龙绳将钢尺拉上去，不测时收在洞边壁上，不致影响施工，测点布置又相对固定。具体详见相关文献资料，此处不再赘述。

3. 地表下沉量测

洞顶地表下沉量测，是为了判定地下工程对地面建（构）筑物的影响程度和范围，并掌握地表沉降规律，分析洞室开挖对地层的扰动情况提供信息，一般在浅埋地下洞室的情况下观测才有意义。

由于地表下沉量测在地表面进行，主要采用水准仪进行水准量测，比较简单。

4. 围岩内部位移观测

由于洞室开挖引起洞周围岩应力重分布，与此同时，相应地产生围岩内部的变位，这种变位或位移，在围岩内部距洞周壁面(临空面)距离不同(或深度不同)处相应的位移是不相同的，进行围岩内部位移的量测，就是观测围岩壁面、相应内部不同深度处测点之间的相对位移值，该位移值能较好地反映围岩受力的状态，岩体受扰动与松动圈的范围。该项测试是围岩位移量测的主要内容之一，一般地下工程都要选择有代表性的区段进行该项量测工作。

国内外关于围岩内部位移量测设备的类型和量测手段很多，一般采用埋设在钻孔中的单点或多点位移计进行量测。钻孔中的各测点固定在钻孔壁上，围岩变形时带动测点一起移动，量测时测读钻孔内各测点与钻孔口(位于洞周壁面)测头之间的相对位移，据此判断洞周围岩内部的位移分布。

6.7.3　压力量测

压力量测包括围岩内部和支护结构内部的压力、围岩和支护结构之间接触压力的量测。压力量测通常采用的仪器主要有应力计或压力盒等测力计，各种测力计分类如图6.7.3所示。

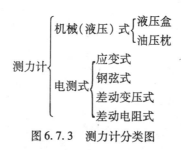

图 6.7.3　测力计分类图

液压式测力计的优点在于结构简单、可靠，现场直接读数，使用比较方便，电测式测力计的优点在于量测精度高，可以远距离长期观测。

1. 压力量测

在地下工程中进行的压力量测包括围岩压力量测、支护之间的压力量测和围岩内部压力量测。围岩压力量测的直接测定方法是在支护结构与洞壁之间埋设测力仪器(压力传感器)，这种方法可以测量出局部的压力。为了全面量测作用于支护结构上的地层压力，最好是利用支护结构本身，将测力计直接埋设在衬砌结构中。支护之间的压力量测直接在两层支护之间安装测力仪器进行量测。对于围岩内部的压力情况，通常在围岩钻孔中埋入测力计。

2. 锚杆轴力量测

锚杆轴力量测的目的在于掌握锚杆实际工作状态，结合位移量测资料，修正锚杆的设计参数，主要使用的量测锚杆，由中空的钢杆制成，其材质同锚杆一样。量测锚杆有机械式和电阻应变片式两类。

6.7.4　围岩声波测试

在地下工程中，声波测试主要用于地下工程典型断面的地质剖面检测，用以划分岩层类别，了解岩层破碎情况和风化程度；确定岩石力学参数如弹性模量、抗压强度等；进行围岩稳定性分析，包括松动圈大小等。

围岩声波测试，是在洞室围岩中钻孔，通过钻孔量测声波在岩体中的传播速率，以此来评价围岩松动圈范围、确定岩石力学参数。测试方法有单孔法和双孔法，测试结果可以绘制成波速与孔深关系曲线，根据曲线形态，能够准确地判定围岩的稳定状态和松动区范围及其发展过程。

6.7.5　量测数据的整理分析

1. 量测数据的整理

洞室围岩的性态是随时间和空间变化的，现场量测数据是这种变化的体现，一般称为时间效应和空间效应。在测量现场，要及时地用变化曲线关系将其表示出来，即量测数据随时间的变化规律——时态曲线，或者绘制测量与距离之间的关系曲线，下面简要介绍常用的几项观测内容的数据整理方法。

（1）净空位移（收敛变形）量测数据整理

地下洞室净空位移（收敛变形）是地下工程监控量测的最主要的项目，对于量测得到的资料应及时进行整理，绘制位移 u 随时间 t 变化的关系曲线、位移 u 随开挖面距离 L 变化的关系曲线以及位移速率 v 随时间 t 变化的关系曲线，其示意图如图 6.7.4 所示。绘制这些曲线的目的，主要是根据位移的变化趋势，分析确定围岩的稳定性状态。实际工程中，往往只需绘制位移随时间变化的曲线，就可以进行分析判断。当有特殊需求时，则需要绘制其他曲线，进行辅助分析和判断。

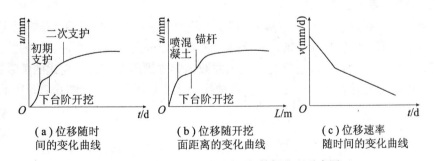

图 6.7.4　净空位移（收敛变形）数据整理示意图

（2）围岩内位移量测数据整理

根据量测结果，及时绘制孔内各测点（L_1，L_2，…）位移随时间变化的关系曲线以及不同时间（t_1，t_2，…）位移随深度（测点距孔口 L）变化的关系曲线，并据此分析洞周围岩的稳定性状态和围岩松动圈范围。各曲线示意图如图 6.7.5 所示。

（3）围岩径向应变量测数据整理

根据量测结果，及时绘制不同时间（t_1，t_2，…）的应变随深度变化的关系曲线以及围

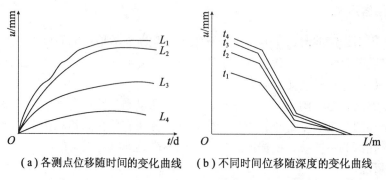

（a）各测点位移随时间的变化曲线　（b）不同时间位移随深度的变化曲线

图 6.7.5　围岩内位移量测数据整理示意图

岩内不同测点的应变随时间变化的关系曲线，各曲线示意图如图 6.7.6 所示。

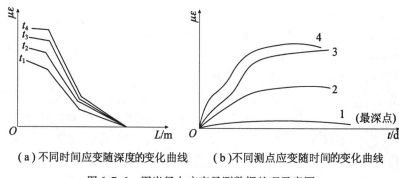

（a）不同时间应变随深度的变化曲线　（b）不同测点应变随时间的变化曲线

图 6.7.6　围岩径向应变量测数据整理示意图

（4）支护受力量测数据整理

地下洞室支护受力量测结果包括喷混凝土层应力量测结果、锚杆轴力量测结果、钢支撑压力量测结果等，根据量测结果，应及时绘制喷混凝土层应力随时间变化的关系曲线，不同时间锚杆轴力（应力）随深度变化的关系曲线，钢支撑压力随时间变化的关系曲线等，据此判断支护结构的受力状态和安全性。各曲线示意图如图 6.7.7 和图 6.7.8 所示。

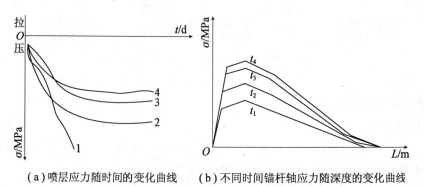

（a）喷层应力随时间的变化曲线　（b）不同时间锚杆轴应力随深度的变化曲线

图 6.7.7　喷混凝土层和锚杆受力量测数据整理示意图

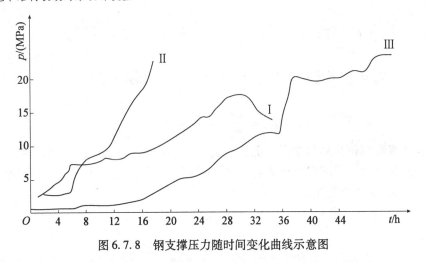

图 6.7.8   钢支撑压力随时间变化曲线示意图

（5）声波测量数据整理

根据声波测量结果绘制测孔波速与测孔深度关系曲线，据此判断围岩松动圈的大小，示意图如图 6.7.9 所示。

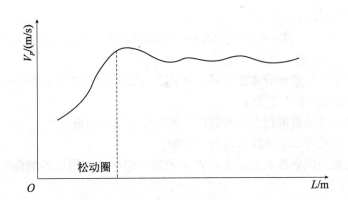

图 6.7.9   声波测量的纵波波速 V_p 随测孔深度 L 变化的关系曲线示意图

2. 测量数据的处理——回归分析

在现场测量过程中，由于测试条件、人员素质等因素的影响，使测量数据存在偶然误差，测值在曲线图中波动，因此应用测量数据时必须进行相应的数学处理，如以某种函数形式来进行拟合，从而获得能较准确反映实际情况的典型曲线，得出测试数据随时间的变化规律，并推算出测试数据的极值，为监控设计提供重要信息。

在现场测试中，常用的方法有一元线性回归分析和一元非线性回归分析。

（1）一元线性回归分析

一元线性回归分析是研究被测物理量随时间呈线性变化的规律，令被测物理量（如位移）为 y，观测时间为 x，则可以用一直线函数式表示两变量的关系，即

$$\hat{y} = a + bx \tag{6.7.3}$$

式中：

$$a = \bar{y} - b\bar{x}, \qquad b = \frac{L_{xy}}{L_{xx}}, \qquad \bar{x} = \frac{1}{n}\sum_{i=1}^{n} x_i, \qquad \bar{y} = \frac{1}{n}\sum_{i=1}^{n} y_i,$$

$$L_{xx} = \sum_{i=1}^{n} (x_i - \bar{x})^2, \qquad L_{xy} = \sum_{i=1}^{n} (x_i - \bar{x})(y_i - \bar{y})$$

另外
$$L_{yy} = \sum_{i=1}^{n} (y_i - \bar{y})^2 。$$

由上述计算可以得出从数学意义上来说的最佳回归线,但是实际上只有当 x、y 之间存在某种线性关系时,该回归直线才有意义。因而,需引入另一个量,即相关系数 r,来说明 x、y 之间的线性相关性,即

$$r = \frac{L_{xy}}{\sqrt{L_{xx}L_{yy}}} \tag{6.7.4}$$

一般情况下相关系数 r 值介于 $0 \sim 1$ 之间,r 值越大其相关性越好。为了掌握实测数据与回归直线上相应值的波动情况,进一步了解用回归线来反映与预报实测数据的精度,需用剩余标准离差 S 来衡量,即

$$S = \sqrt{\frac{1}{n-2}\sum_{i=1}^{n} (y_i - \hat{y}_i)^2} \tag{6.7.5}$$

(2)一元非线性回归分析

在现场量测过程中,两个变量之间往往不是线性关系,而是某种曲线关系,此时可以进行一元非线性回归分析,其步骤如下:

① 根据实测资料的散点分布图特征,选用某一曲线函数进行回归分析,常用的几种非线性回归的函数如表 6.7.2 所示。

② 将选定的曲线函数进行变换和取代,使其变为线性函数形式。

③ 仿照一元线性回归的方法求得回归方程。

④ 如果选用的曲线函数剩余标准离差不理想,则可以改用另外的曲线函数按上述步骤重新进行回归分析。

表 6.7.2 常用的非线性回归函数

函数类型	函数形式	常 数	渐近线	线性函数	变换公式
曲线函数	$\dfrac{1}{y} = a + b\dfrac{1}{x}$	$a>0,\ b>0$	$y = \dfrac{1}{a}$	$y' = a + bx'$	$y' = \dfrac{1}{y},\ x' = \dfrac{1}{x}$
对数函数	$y = a + b\lg x$	$a>0,\ b>0$	$x=0$	$y = a + bx'$	$x' = \lg x$
对数函数	$y = a + b\ln(x+1)$	$a>0,\ b>0$	$x=-1$	$y = a + bx'$	$x' = \ln(x+1)$

续表

函数类型	函数形式	常　数	渐近线	线性函数	变换公式
指数函数	$y = ae^{\frac{b}{x}}$	$a>0,\ b<0$	$y=a$	$y' = a' + b'x'$	$y' = \ln y$ $x' = \dfrac{1}{x}\ \ a' = \ln a$ $b' = -b$
指数函数	$y = a(1 - e^{-x^2})$	$a>0$	$y=a$	$y = ax'$	$x' = 1 - e^{-x^2}$
幂函数	$y = ax^b$	$a>0,\ 0<b<1$		$y' = a' + b'x'$	$y' = \lg y$ $x' = \lg x$ $a' = \lg a$

6.7.6　信息反馈方法

在地下工程建设中，由于围岩自身属性及其受力条件十分复杂，初拟选定的支护参数往往带有一定的盲目性，尤其不能适应地质条件和施工情况的变化。因此，通过施工开挖和支护过程中进行现场监控量测获得的量测值进行反馈分析，用来监控围岩和支护结构的动态特性及其稳定性与安全性，并根据获得的监控量测信息进一步修改和完善原设计，指导下一阶段施工，是目前地下工程建设中的重要内容和环节，构成了地下工程建设中集现场监控量测和设计于一体的信息化施工方法，如图6.7.10所示。

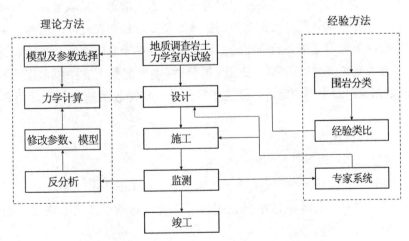

图6.7.10　施工监测和信息化设计流程图

根据量测获得的各种资料绘制的各类曲线，可以做进一步分析处理，得出相关参数，用以验证或修改设计，指导施工。

1. 洞室围岩净空位移(收敛变形)分析

以如图 6.7.11 所示的围岩压力 P_i-位移 u 关系曲线进行分析，若具备了围岩的径向应力与径向位移及位移与时间的关系，就可以判断围岩的稳定性、支护方法与支护时间。

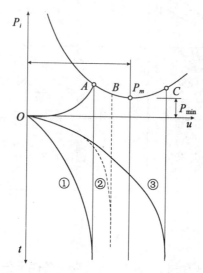

图 6.7.11　围岩压力 P_i—位移 u 关系图

当支护特征曲线与围岩特征曲线在最大允许变形量处(P_m点)相交时，则所需提供的支护抗力最小。当平衡点位于 P_m 点右侧曲线上时，则引起变形(位移)急剧增大，当出现曲线③的位移—时间曲线，围岩已发生破坏，这是不允许的。因此，根据对位移—时间曲线的回归分析，若预计的变形量将要超过允许的变形量，应迅速采取增长、加密锚杆，增厚混凝土喷层，设置仰拱等提高支护抗力的措施，使变形控制在允许范围内。

围岩允许位移值通常是按经验确定的，该位移值取决于岩体性质、初始地应力大小与方向、洞室尺寸及支护类型等因素，按照我国《锚杆喷射混凝土支护技术规范》(GBJ86—2001)，监测数据应符合下列规定。后期支护施工前，实测收敛速度与收敛值必须同时满足下列条件：

(1)隧洞周边收敛速率明显下降。

(2)收敛量已达到总收敛量的 80% ~ 90%。

(3)收敛速率小于 0.15mm/d 或拱顶下沉速率小于 0.1mm/d。

出现下列情况之一，且收敛速率仍无明显下降时，必须立即采取措施，加强初期支护，并修改原支护设计参数。

(1)喷射混凝土出现大量的明显裂缝。

(2)隧洞支护表面任何部位的实测收敛变形量已达到表 6.7.3 所列数值的 70%。

(3)用回归分析法计算出的总相对收敛量已接近表 6.7.3 所列数值。

表 6.7.3　　　　　　　　　　　　　　围岩允许收敛变形相对量(%)

围岩分类 ＼ 洞室埋深/(m)	<50	50～300	300～500
Ⅲ	0.1～0.3	0.2～0.5	0.4～1.2
Ⅳ	0.15～0.5	0.4～1.2	0.8～2.0
Ⅴ	0.2～0.8	0.6～1.6	1.0～3.0

注：1. 洞室相对收敛量系指实测收敛量与两测点之间距离之比;

2. 脆性岩体中的洞室允许相对收敛量取表中小值，塑性岩体中的洞室允许相对收敛量则取表中较大值;

3. 本表适用于高跨比为 0.8～1.2 和下列跨度的隧洞：Ⅲ类围岩：不大于 20m；Ⅳ类围岩：不大于 15m；Ⅴ类围岩：不大于 10m。

4. 本表围岩分级系国家标准《锚杆喷射混凝土支护技术规范》(GBJ86—2001)中的围岩分级。

法国工业部门对断面为 50～100m^2 的隧道，以拱顶处的绝对位移值为准，给出的控制施工标准，如表 6.7.4 所示，表 6.7.5 为日本新奥法设计指南提出的围岩位移最大允许值。

表 6.7.4　　　　　　　　　　法国工业部门给出的洞壁允许位移值

洞室埋深/m	拱顶最大允许位移值/mm	
	硬质围岩	塑性围岩
10～50	10～20	20～50
50～500	20～60	100～200
>500	60～120	200～400

表 6.7.5　　　　　　日本新奥法设计指南提出的围岩位移最大允许值　　　　　　（单位：mm）

围岩类别	单线隧道	双线隧道
I$_S$～特$_S$	>75	>150
I$_N$	25～75	50～150
Ⅱ$_N$～Ⅴ$_N$	<25	<50

注：Ⅱ$_N$～Ⅴ$_N$ 为一般围岩；I$_S$ 为塑性围岩；特$_S$ 为膨胀性围岩。

2. 位移速率分析

位移速率也是判断围岩稳定性的一种指标，开挖施工通过测量断面时，位移速率最大，以后逐渐降低，直至位移速率为零，围岩趋于稳定。对于不稳定围岩，位移速率的变化规律类似于典型的蠕变曲线，即先减速，然后等速，最后加速而至破坏（围岩失稳），所以在围岩稳定前出现等速变形过程，可能是围岩不稳定的预兆，出现明显的加速过程则预示围岩已出现明显的破坏，需要及时加强支护。

3. 围岩内部位移及松动区的分析

围岩内部位移与松动区的大小一般根据多点位移计或声波量测资料进行分析，图6.7.12 为根据多点位移计量测结果所绘制的围岩内部位移图，由图6.7.12 即可确定围岩的移动范围与松动区范围。根据理论分析，围岩洞壁位移值是与松动区的大小相对应的，相对于围岩的最大允许变形量，就有一个最大允许的松动区半径。当围岩松动区半径超过该允许值时，围岩就会出现松动破坏，此时必须加强支护或改变施工方式，以减小松动区的范围。

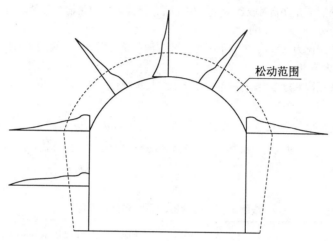

图 6.7.12　围岩内部位移分布图

4. 锚杆轴力量测分析

锚杆轴力是检验锚杆支护效果与锚杆强度的依据，根据锚杆极限抗拉强度与锚杆应力比值(锚杆安全系数 k_1)，即可作出锚杆和围岩的稳定性判断。锚杆轴力越大，则 k_1 值越小。当实测的锚杆轴力较高，接近或超过锚杆设计强度，同时围岩变形又很大时，则必须及时增设锚杆；当实测的锚杆轴力较低或出现压应力，同时围岩变形又很小时，则可适当减少锚杆数量，或修改锚杆设计参数，重新设计锚杆支护。

5. 围岩压力量测分析

根据围岩压力分布曲线，可以立即知道围岩压力的大小及其分布状况。围岩压力的大小与围岩的位移及支护刚度密切相关，是支护结构设计的重要条件之一。围岩压力越大，表明支护结构受力大。这可能有两种情况：一是围岩压力大但围岩变形量不大，这表明支护时机，尤其是仰拱封拱时间过早，此时应延迟支护施工时间，让围岩应力有较多的释放；另一种情况是围岩压力大，且围岩变形量也大，此时应加强支护，以限制围岩变形。当测得的围岩变形量很大但围岩压力很小时，则应考虑是否会出现围岩失稳。

6. 喷层应力量测分析

喷层应力与围岩压力密切相关，喷层应力量测可以掌握沿洞室周边喷层应力分布状态及其随时间的变化，从而监视喷层的安全程度，为是否需要调整支护参数提供信息。

实际上，地下工程的现场监控量测，一方面是对收敛约束设计模型的最佳校核方法，同时也为指导地下工程施工提供了重要信息，为工程的运营安全稳定提供了必要保证。地下工程现场监控量测是收敛约束设计模型必不可少的重要组成部分，也是现代地下工程信息化施工的重要手段，因而在世界各国得到普遍重视，并在工程实践中得到了迅速发展。

第7章 现代支护结构设计原理和方法

7.1 概 述

随着岩石力学研究的不断发展，以及大量隧道工程实践经验的积累，喷锚支护的成功应用等，人们逐渐认识到地下洞室开挖以后的围岩具有一定的自承能力，并形成了以岩石力学理论为基础，以充分发挥围岩自承能力为目的，支护与围岩共同作用的现代支护理念。当前国际上广泛应用的"新奥地利隧道施工法"(New Austrian Tunnelling Method)，简称"新奥法"(NATM)，就是基于这一理念而发展起来的。

7.1.1 现代支护结构原理

现代支护结构原理的基础是支护与围岩共同作用，其要点一方面是充分发挥围岩的自承能力，另一方面是尽量发挥支护材料本身的承载能力，达到最佳经济效果。归纳起来，现代支护结构原理主要包括以下几方面内容：

1. 现代支护结构原理将围岩与支护看做是由两种材料组成的复合体，亦即将围岩通过岩石承载圈作用而成为结构的一部分。显然，这完全不同于传统支护结构的理念。传统的支护理念认为围岩只产生荷载而不能承载，支护只是被动地承受已知荷载而不能稳定围岩、改变围岩压力。

2. 现代支护结构原理的一个基本观点就是充分发挥围岩的自承能力，并由此降低围岩压力以改善支护的受力性能。发挥围岩的自承能力，一方面不能让围岩进入松动状态，以保持围岩的稳定；另一方面允许围岩有一定的变形，以减小作用在支护上的压力。芬纳(Fenner)等学者用弹塑性方法解得双向等压外荷载作用下圆形洞室形变压力与塑性区半径的关系为(见第6章6.3节中式(6.3.14))

$$P_i = (P_0 + c \cot\varphi)(1 - \sin\varphi)\left(\frac{R_0}{R_P}\right)^{\frac{2\sin\varphi}{1-\sin\varphi}} - c \cot\varphi \qquad (7.1.1)$$

式中：P_i——围岩作用于结构上的形变压力，即结构所需提供的抗力；

c——岩体粘结力；

φ——岩体内摩擦角；

r_0——洞室半径；

R_P——塑性区半径；

P_0——岩体的原始应力。

根据第6章中介绍的地下结构收敛约束设计模型原理，由式(7.1.1)可以绘制出地下洞室围岩的特征曲线 A—A，如图7.1.1所示。可见，围岩作用于支护上的形变压力 P_i 的大小，主要取决于围岩塑性区半径 R_P 的大小，当 R_p 增大时，形变压力相应减小。另一方面，支护结构在与围岩共同变形中产生了相应的压缩，所受的压力随洞周径向位移的增大而减小，而洞周径向位移的大小又与支护结构刚度有关。如果支护结构特征曲线为 a'—a'，则相对应的 P_a 值即为稳定围岩作用于支护结构上的围岩压力。

因此，作用于支护结构上的围岩压力是变化的，与岩体本身特性、支护结构刚度和支护结构施工的时间等有关，最小值为 $P_{\min}$，相应的横坐标为 c 点。超过该点后，由于围岩可能的塌落产生松散压力，此时作用于支护结构上的围岩压力将会增大，如图 7.1.1 中某一支护结构特征线 b'—b'，此时支护结构承受的围岩压力为 P_b，P_b 值大于 P_a 值。

由上述分析可见，现代支护结构原理一方面要求采用快速支护、紧跟作业面支护、预先支护等手段限制围岩松动；另一方面又要求采用分次支护、柔性支护等手段允许围岩产生一定的变形，甚至产生一定程度的塑性变形，以充分发挥围岩的自承能力，减小作用在支护结构上的围岩压力。

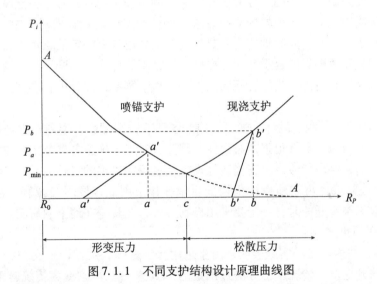

图 7.1.1 不同支护结构设计原理曲线图

3. 现代支护结构设计原理的另一个支护原则是尽量发挥支护材料本身的承载力。采用柔性薄型支护、分次支护或封闭支护，以及深入到围岩内部进行加固的锚杆支护，都具有充分发挥材料承载力的效应。喷混凝土层柔性大且与围岩紧密粘结，其破坏形式主要是受压或受剪破坏，这种支护结构比破坏形式主要为受弯破坏的传统支护结构更能发挥混凝土的承载能力。

4. 根据地下工程的特点和当前技术水平，现代支护结构设计原理主张结合现场监控量测手段，指导设计和施工，并由此确定最佳的支护结构型式、参数和最佳施工方法及时机。因此，现场监控量测和监控设计是现代支护结构设计原理中的一项重要内容。

5. 现代支护结构原理要求按照岩体的不同地质特征、力学特征，选用不同的支护方式，力学模型和相应的计算方法以及不同的施工方法。如稳定地层、松散软弱地层、塑性流变地层、膨胀地层等都应当分别采用不同的设计原则和施工方法。而对于作用于支护结构上的形变压力、松散压力以及不稳定块体的荷载等也应当采用不同的方法进行计算。

7.1.2　新奥法简介

新奥法是奥地利拉布希维兹(L. V. Rabcewicz)等学者基于岩石力学理论，并通过总结大量隧道工程实践经验，于 20 世纪 60 年代初提出的一种隧道工程设计和施工方法。新奥法指出地下洞室的围岩本身具有"自承"能力，若采用正确的设计施工方法，最大限度地发挥这种自承能力，即可以达到最佳经济效果。其基本要点是：尽可能不扰动洞周围岩，开挖之后及时进行一次支护，防止围岩的进一步松动，然后视需要进行二次支护。所有的支护结构都是相当柔性的，能适应围岩的变形。在施工过程中密切监测围岩的变形、应力等情况，以便及时调整支护措施，控制变形。这些要点与现代支护结构原理完全一致。

1. 新奥法的适用条件及要求

(1)新奥法的适用范围很广，从地表以下的深埋洞室到覆土厚度不足一倍洞径的浅埋洞室，新奥法均得到成功的应用。对于深埋洞室，由于地应力很大，传统的刚性支护往往会发生破坏，而采用新奥法的柔性支护却能够使洞室保持稳定；对于覆土厚度很小的浅埋洞室，新奥法同样能够发挥很好的支护效果，保证洞室的稳定；而对于中等埋深的洞室，采用新奥法则更加有利，此时地应力不是很高，围岩也具有一定的自承能力，采用新奥法可以最大限度地发挥围岩的自承作用。由此可见，不同埋深、不同形状以及不同大小的地下洞室均可以采用新奥法。当然，不同条件下的地下洞室对设计内容和施工方法也有不同的要求。

(2)新奥法要求勘测、设计、施工、控制各环节密切配合，不断根据现场情况，调整施工方法及支护措施，具有很强的时效性。因此，对工程施工各环节工程技术人员的专业素质要求比较高，要求能够及时正确地处理施工过程中出现的各种问题。

(3)新奥法要求尽可能地发挥围岩的自承作用。因此，要尽量减轻对洞周围岩的扰动，在进行地下洞室开挖时，一定要采用控制爆破，尤其是在地下洞室围岩条件较差时。

2. 新奥法的优点

(1)经济、快速。工程实践表明，由于采用控制爆破、柔性薄壁支护结构，一般情况下，新奥法的开挖量为传统施工方法开挖量的 73% 左右；衬砌量为传统施工方法的 20% 左右。此外，还可以省去全部木模和 40% 以上的混凝土量，降低支护成本 30% 以上。由于支护工程量减少，支护及时，从而大大加快了施工进度。

(2)安全、适应性强。由于开挖之后及时做好柔性支护，可以防止岩体出现大规模的松弛破坏，因而保证了施工安全。在一次支护之后，不断进行现场监测，一旦发现变形过大、过快或其他不良征兆，可以及时加固支护。因此，即使在地质条件较差的情况下，也能保证安全。

(3)可以有效地控制地表沉降。新奥法减少了对地层的扰动，并及时做好一次支护，有效地控制了地下洞室施工对地表的影响，这一点对城市地下工程尤为重要。

(4)施工具有较大的灵活性。可以依照地质条件的变化以及现场监测的结果，及时修改支护设计，从而保证安全。

(5)可以有效保证防水层的防水效果。传统的支护方法是将防水层设置在凹凸不平的开挖面上，防水效果较差。采用新奥法，可以将防水层设置在比较平整的一次支护面上，可以保证防水效果，这一点对地下粮库等防水要求较高的地下建筑工程尤为重要。

3. 新奥法的主要原则

新奥法不是单纯的一种支护方法或施工方法，而是一系列现代支护理念的综合和系统化，是一个具体应用岩土体动态性质指导支护设计和施工的完整的力学概念。由工程实践总结出其基本指导思想和原则共 22 条，其中最主要的为以下 6 条：

（1）围岩是地下洞室的主要承载结构，而不是单纯的荷载，围岩具有一定的自承能力。支护结构的作用是保持围岩完整，提高围岩的承载能力，支护结构与围岩共同作用形成稳定的承载圈。

（2）尽量保持围岩原有的结构和强度，防止围岩的松动和破坏。施工时应尽量采用控制爆破（预裂爆破、光面爆破）或全断面掘进等开挖方法。

（3）尽可能做到适时支护。通过工程类比、施工前的室内试验和施工过程中对洞室围岩收敛变形、锚杆应力及喷射混凝土支护应力的监测，正确了解围岩的物理力学特性与空间和时间的关系，适时调整支护方案。

（4）支护本身应具有薄、柔、与围岩密贴和早强等特点。支护施工应及时快速，使围岩尽快封闭而处于三向受力状态。锚杆喷混凝土及挂网喷混凝土支护措施具有上述特点，应尽量采用。

（5）洞室尽可能为圆形断面，或由光滑曲线连接而形成的断面，以避免应力集中。围岩较差时，应尽快封闭底拱，使支护与围岩共同形成闭合的环状结构，以确保稳定。

（6）良好的施工组织以及施工人员的素质对地下洞室支护结构施工的安全、经济非常重要。应合理安排防渗、排水、开挖、出渣、支护、封闭底拱等项工序，形成稳定合理的工作循环。

以上 6 条归纳了新奥法最主要的原则，其中第 1 条是与传统地下结构设计完全不同的现代支护理念，是新奥法的本质所在。新奥法的成功应用，必须正确地应用岩石力学原理，综合考虑上述各条原则，正确适时地采用合理的支护手段，在保证洞室安全的前提下，达到最佳经济效果。

7.1.3　喷锚支护简介

喷锚支护（shotconcrete and bolting）是采用喷混凝土、锚杆、钢筋网及其组合形式在毛洞开挖后及时地对围岩进行加固的支护结构，是一种现代支护结构形式。根据围岩的稳定状况，喷锚支护可以单独采用喷混凝土、锚杆进行支护，也可以组合采用锚杆喷混凝土、钢筋网喷混凝土、锚杆钢筋网喷混凝土等进行支护，还可以采用钢架喷混凝土支护结构等，以提高支护结构的刚度。

1. 喷锚支护的优点

（1）喷锚支护能大量节约混凝土、木料、劳动力，加快施工进度，降低工程造价（一般可以降低 40% ~ 50%），并有利于机械化施工和改善劳动条件等。

（2）喷锚支护是一种符合现代支护理念的主动支护型式，支护结构具有良好的物理力学性能。喷锚支护能够及时支护和加固围岩，与围岩密贴，封闭岩体的张性裂隙和节理，加固围岩结构面，有效地利用岩块之间的嵌固、咬合和自锁作用，从而提高岩体的强度、整体性和自承能力。

（3）由于喷锚支护结构柔性好，能与围岩变形一致，与围岩一起构成一个共同工作的承载体系。在变形过程中，喷锚支护能调整围岩应力，抑制围岩变形的发展，避免产生岩体坍塌，防止出现过大的松散压力。

喷锚支护设计不再把围岩仅仅视为荷载（松散压力），同时还把围岩视为承载体系的有效组成部分。喷锚支护所承受的荷载应为围岩的形变压力，如图 7.1.1 所示。

2. 喷锚支护的适用条件及要求

喷锚支护应配合光面爆破等控制爆破技术，使开挖面轮廓平整、准确，便于喷锚成型，并减少回弹量，减轻爆破引起的围岩松动破坏，维持围岩强度和自承能力。

喷锚支护的使用是有一定条件的，在围岩自稳能力差、有涌水及大面积淋水处、地层松软处就很难适用。此外，尚有理论和实践中的一些问题需要进一步研究。

需要指出的是，喷锚支护是新奥法的重要组成部分，是新奥法提倡采用的主要支护方法，但不等同于新奥法。喷锚支护与新奥法是既有密切联系又有原则区别的。正是由于利用了喷锚支护的快速有效的支护手段，才使得新奥法的基本原则得以实现。但是，若不按照新奥法的要求适时进行喷锚支护，不把围岩看成自承结构，不充分发挥围岩的自承作用，不通过监控量测信息反馈及时调整支护设计和施工参数，即使大量采用喷锚支护，也不能等同于新奥法。

7.1.4 复合式地下结构简介

复合式地下结构是以喷锚支护作为初期支护，现浇混凝土作为二次支护的一种组合地下结构（两次支护之间可以设置防水层）。复合式地下结构是以新奥法为基础进行设计和施工的一种现代支护结构，近年来在国内外的地下工程中得到了广泛的应用。相差实践及研究表明，复合式地下结构理论先进、技术合理，能充分发挥围岩自承能力，提高结构承载能力，加快施工进度，降低工程造价。

在复合式地下结构中，主要受力结构是初次支护，二次支护的作用将视围岩特性而异。在坚固地层中，开挖地下洞室所引起的变形很快就完成，二次支护仅作为安全储备，采用施工所允许的最小厚度即可。而在软弱地层中，地下洞室围岩通常都具有发生一定塑性变形及流变变形的特征，因流变所引起的变形会持续很长一段时间，围岩二次支护后仍会有一定的变形量，再加上锚杆的腐蚀失效以及涌水所造成的围岩物理力学参数降低等原因，使得二次支护不再是一种单纯的安全储备，而成为复合受力结构的一个组成部分。由于实际过程中涉及到的地层情况非常复杂，对于复合式支护结构来说，其作用机理、支护与围岩的相互作用以及设计施工方法等，均有待进一步的研究和探讨。

7.2 喷锚支护结构计算方法及设计原理

喷锚支护结构具有施工及时、与围岩紧密结合和共同变形等特点。喷锚支护结构的主要作用是加固围岩，在围岩变形破坏以前，就与围岩构成共同工作体系，充分利用了围岩的强度和自稳能力。与现浇混凝土衬砌相比较，喷锚支护结构不仅革新了施工方法，而且加快了施工进度，是一种典型的现代支护结构。本节将主要介绍喷锚支护结构的设计计算原理。

7.2.1　喷锚支护结构的作用原理

1. 地下洞室围岩的变形规律

喷锚支护结构的作用与围岩的地质构造、岩体结构和岩性等有密切的关系。因此，要了解喷锚支护结构的作用原理，就要先研究地下洞室开挖后围岩的变形规律。

在 5.2 节及 6.2 节中已经介绍过，地下洞室开挖后，岩体中原有的应力平衡状态遭到破坏，围岩应力重新分布，并发生变形，有时还可能出现破坏和塌落。地下洞室开挖后，洞周围岩内一般存在着应力降低区、应力增高区和原始应力区。

对于喷锚支护结构来说，应着重研究应力降低区的状态。这一区域的大小或存在与否，主要取决于地质构造所形成的岩体结构状态，也与岩性和洞室形状、跨度、埋置深度及施工方法有密切关系。如在坚硬稳定岩层中，应力降低区可能很小，甚至没有，而在松软的岩层中应力降低区则可能很大。

应力降低区是一层破坏了的或发生塑性变形的岩体，该岩体内的应力基本释放，地下洞室开挖后，可能很快塌落，或依靠其裂隙之间的摩擦力在一定时间内暂时处于稳定。

岩体一般总是被若干组按一定规律和方向分布的裂隙所切割。裂隙在空间的相互组合，以及与洞室轴线的关系，裂隙面之间的接触情况和有无裂隙水等，与洞周围岩的稳定密切相关。在坚硬或中等坚硬的节理发育的岩体中，洞室围岩的失稳，常表现为被若干组节理裂隙相互切割而形成的危岩体的掉落；有时也可能由于某一危岩体的掉落而引起周围岩体的塌落，使破坏范围不断扩大，如图 7.2.1 所示。

岩层层理对地下洞室围岩稳定性的影响也是很明显的，如岩层的岩性、层厚、层间的胶结，特别是有无软弱夹层等对地下洞室围岩的稳定有很大影响，加上岩层本身又被节理切割，因此，地下洞室开挖后，岩层往往表现为被开挖所切割的岩层逐渐塌落。当岩层较薄，层间胶结又差时，也有可能引起上部岩层的进一步塌落。层理倾斜时，破碎岩层易沿层理滑动塌落，造成洞形向岩层层理上方倾斜。岩层层理对地下洞室围岩稳定的影响如图 7.2.2 所示。

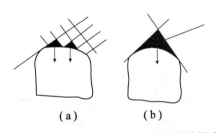

（a）　　　　　（b）

图 7.2.1　裂隙构造对洞室围岩稳定的影响

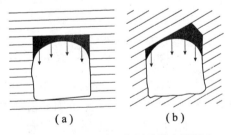

（a）　　　　　（b）

图 7.2.2　层理对洞室围岩稳定的影响

在一些松软地层中，洞室埋置深度又较大，或者岩体中初始地应力较大的情况下，地下洞室围岩会发生挤压膨胀现象。

2. 喷锚支护结构与围岩的共同作用原理

地下洞室开挖后，喷混凝土和锚杆是在围岩发生部分变形但未塌落之前施工的。围岩作为结构的一部分，喷混凝土和锚杆与围岩共同工作，能较有利地控制围岩的变形和围岩压力的发展，达到稳定围岩的作用。这是一种主动的加固方式，与现浇衬砌被动的承受塌落荷载的设计理念完全不同。一般情况下，前者考虑承受的是形变压力，后者则是松散压力。芬纳(Fenner)公式(见式(7.1.1))及图7.1.1就较好地说明了形变压力与围岩变形之间的关系。

由于喷锚支护结构的特点，围岩一般不可能出现松散压力；另外，喷层厚度一般较薄，刚度较小，能与围岩共同变形，变形曲线较平缓，故稳定围岩所需提供的抗力可以为较小值，从而达到安全经济加固围岩的目的。现浇混凝土衬砌由于开挖和衬砌施工的时间间隔较长，特别是衬砌与围岩不密贴，因此所受的围岩压力一般为较大的松散压力，所以厚度较大却往往出现破坏。当然，部分现浇混凝土衬砌也可能承受的是形变压力，但设计中不考虑围岩的承载作用，仍与喷锚支护结构的设计理念不同。

喷锚支护结构与围岩的共同作用原理还在于提高围岩本身的整体强度，提高粘结力和内摩擦角，使岩体的破坏包络线向上移动。再则，洞室开挖后，围岩表面为二向应力状态，若进行喷锚支护，相当于增加一个第三向应力，由此围岩的破坏应力圆就会缩小，减小了围岩破坏的可能性，如图7.2.3所示。

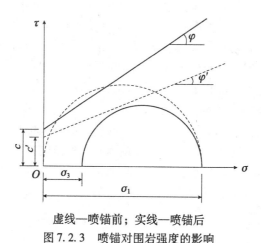

虚线—喷锚前；实线—喷锚后

图7.2.3 喷锚对围岩强度的影响

3. 喷锚支护结构的一般作用

(1)喷混凝土的作用

1)充填裂隙，加固围岩。混凝土在喷射过程中，水泥砂浆能填补岩面坑洼、节理和裂隙，将应力降低区内一定范围的松动岩块重新胶结起来，使表面岩块稳定，消除局部应力集中。此外，喷混凝土还能封闭岩层，防止围岩因风化潮解而产生蚀变。

2)抑制围岩变形的发展，提高围岩的稳定性。由于混凝土能及时施工，具有较高的早期强度，所以围岩的变形受到一定程度的抑制，避免出现松散塌落。

3)与围岩共同工作，改善喷层结构受力条件。由于喷混凝土具有一定的粘结强度和抗剪强度，混凝土能与围岩紧密粘结在一起，充分利用围岩的强度和自稳能力，组成共同工作体系，改善了喷层结构本身的受力条件。相关试验研究表明，喷层内只会在局部区域出现很小的拉应力，大多数区域承受的都是压应力，其量值也不大。这说明，喷混凝土层不是像现浇混凝土衬砌那样单独承受外力作用。

（2）锚杆的作用

1）悬吊作用。当洞室围岩被节理、断层等切割，使局部岩块不稳定时，可以用锚杆将不稳定的岩块悬吊在稳定的岩体上；或将应力降低区内不稳定的围岩悬吊在应力降低区以外的稳定岩体上；在侧墙则可以用锚杆阻止岩块的滑动等。这种作用的条件是围岩的深处有稳定的岩体作为锚固点，而且锚杆必须锚入稳定岩体一定深度。

2）组合梁作用。用一定数量和长度的系统锚杆，来锚固水平或缓倾斜的层状岩层，可以使整个岩层紧密结合，形成一个组合梁式的结构。这样，便增加了层理间的抗剪能力，提高了岩层的抗弯性能，使围岩得以稳定。

3）加固作用。用系统锚杆可以将节理裂隙较发育的围岩锚固起来，使呈块状的岩石相互挤紧和嵌固，以阻止裂隙的扩展和岩块的松动塌落，保证围岩的稳定。此时，可以认为被系统锚杆加固的那部分围岩形成了一个岩石拱，承受围岩的形变压力，从而提高围岩的稳定性。

锚杆对围岩的三种作用，常以综合状态出现。因岩体构造和锚杆种类的不同，这三种作用的程度会有所差异。

（3）钢筋网的作用

在不良地质或大跨度洞室情况下，喷锚支护结构中一般均需设置钢筋网，其作用是使喷混凝土受力更均匀，提高喷层的整体性和抗震能力，增加喷混凝土的抗拉和抗剪强度，防止产生收缩裂缝等。

7.2.2 喷锚支护结构的类型和适用的地质条件

喷锚支护结构的类型，主要取决于对地下洞室围岩稳定性的分析判断，并根据其用途和跨度等因素综合考虑。对围岩的稳定性既要从整体上考虑，也要考虑围岩局部的特殊情况。一般来说，当地下洞室围岩仅局部不稳定时，采取局部加固措施即可；当围岩整体稳定性较差时，应采取整体加固措施；对应力集中区等则应采取加强的加固措施。

整体加固的喷锚支护结构类型，可以按地下工程的实际使用情况分为喷混凝土、锚杆喷混凝土、钢筋网喷混凝土、锚杆钢筋网喷混凝土等。

喷混凝土适用于围岩稳定或基本稳定的中小跨度洞室。这类地质条件常存在因节理裂隙交割的局部危岩，或由于个别危岩的掉落影响整个围岩的稳定。因此，喷混凝土层承受可能掉落的危岩重量，厚度可按冲切破坏和粘结破坏进行验算。

锚杆喷混凝土适用于围岩基本稳定或稳定性较差的地下洞室。如节理裂隙较发育且可能适度张开的火成岩、变质岩和中等质量的沉积岩中，特别是在层状围岩或被节理裂隙交互切割易引起大块岩石掉落的围岩中，将系统锚杆作为主要悬吊大块危岩的加固措施，而可以认为喷混凝土层仅承受锚杆间岩层的重量。

钢筋网喷混凝土或锚杆钢筋网喷混凝土适用于岩层比较破碎、松软，稳定性较差的地下洞室，或受爆破震动影响的中小洞室，以及地质条件虽较好但跨度较大的地下洞室。喷混凝土和锚杆、钢筋网联合加固围岩，具有更大的经济效益和可靠性。在薄层混凝土中设置钢筋网具有良好的抗拉、抗剪作用，但钢筋网主要根据构造要求进行配置。当设置钢筋网时，更要求采用光面爆破技术进行地下洞室开挖，以保证地下洞室开挖轮廓线成型。只要保证喷混凝土与围岩的粘结咬合，围岩与喷混凝土就能形成共同的工作体系，可以按组合拱结构来计算喷混凝土层的厚度。

对于局部危岩、应力集中区、软弱结构面和可能出现的拉应力区进行局部加固或加强加固的结构型式，有砂浆锚杆、锚杆喷混凝土、锚杆钢筋网喷混凝土和锚杆喷混凝土加压浆等。

砂浆锚杆适用于加固局部危岩、应力集中区和断裂结构面。锚杆喷混凝土或锚杆钢筋网喷混凝土适用于一般的断层带或较破碎的岩层地段。当局部的岩层很破碎，或遇危险的软弱结构面，且渗漏水较大的地段时，可以配合喷锚加固进行压浆处理，以增强岩层的整体性，提高软弱结构面的抗剪能力，增加喷锚支护结构的抗渗性。

局部加固和加强加固应以锚杆为主，锚杆应适当加长、直径加粗、间距缩小。在地质条件较差的大型地下洞室中，可以采用预应力锚索进行围岩加固。

总之，无论是局部加固还是整体加固，均为锚杆和喷混凝土的单独应用或组合应用，有时喷混凝土中还可以设置钢筋网或钢拱架等。

7.2.3 锚杆局部加固的计算方法

1. 锚杆加固拱顶危岩的计算

用锚杆加固拱顶危岩，一般按悬吊原理来确定锚杆参数。

如图7.2.4(a)所示，根据地质分析，拱顶存在一块危岩，需用锚杆加固。若被节理裂隙切割成上大下小的危岩体重量为 G，且认为即将塌落，节理裂隙上的抗剪能力已全部丧失，锚杆必须悬吊危岩的全部重量。计算时需测得锚杆与裂隙 AB 的夹角 ξ，锚杆与垂线之间的夹角 η。如图7.2.4(b)所示，由静力平衡条件得

$$Q = \frac{G\sin\eta}{\sin\xi}, \qquad N = \frac{G\sin(\xi - \eta)}{\sin\xi} \tag{7.2.1}$$

式中：Q —— 危岩沿裂隙 AB 对锚杆的剪力；

N —— 由于危岩滑移在锚杆中产生的轴力。

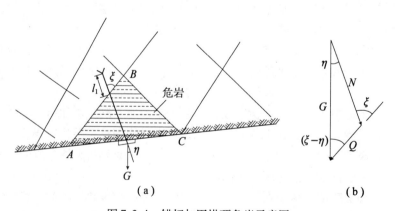

图 7.2.4 锚杆加固拱顶危岩示意图

锚杆所需的截面积为：

$$A_g = \frac{KN}{R_g} \qquad A_g = \frac{KQ}{\tau_g}\sin\xi \tag{7.2.2}$$

式中：A_g——所需锚杆钢筋的截面积；

　　　R_g——锚杆钢筋抗拉设计强度；

　　　τ_g——锚杆钢筋抗剪强度；

　　　K——安全系数，一般取 $1.5 \sim 2.0$。

锚杆必须穿过被悬吊的危岩，并锚固在稳定岩层中。因此，锚杆的长度应为

$$l = l_1 + h_y + l_2 \tag{7.2.3}$$

式中：l——锚杆的长度；

　　　l_1——锚杆锚入稳定岩层中的长度；

　　　h_y——沿锚杆方向所悬吊的危岩高度，也称为加固长度；

　　　l_2——锚杆露出围岩的长度，即锚杆的外露长度。

2. 锚杆加固侧壁危岩的计算

如图 7.2.5 所示，根据地质分析，认为侧壁上有岩块 ABC，可能沿滑裂面 AB 向下滑落，现采用锚杆加固，需校验其稳定性。

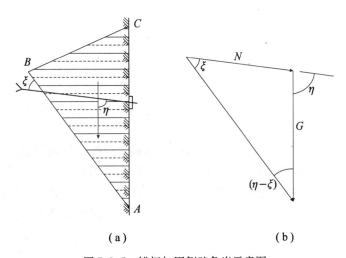

（a）　　　　　　　　　　　　　（b）

图 7.2.5　锚杆加固侧壁危岩示意图

同样，若锚杆与滑裂面的夹角为 ξ，与垂线的夹角为 η，则沿滑裂面的下滑力应为

$$G\cos(\eta - \xi)$$

抗滑力为

$$G\sin(\eta - \xi)\tan\varphi + N\cos\xi + A_g \tau_g / \sin\xi + N\sin\xi\tan\varphi$$

式中 N 为锚杆的预拉力，按 $N = A_g R_g$ 计算。考虑安全系数 K 后，锚杆钢筋所需截面积为

$$A_g = \frac{G[K\cos(\eta - \xi) - \sin(\eta - \xi)\tan\varphi]}{\left(R_g\cos\xi + \dfrac{\tau_g}{\sin\xi} + R_g\sin\xi\tan\varphi\right)} \tag{7.2.4}$$

式中：φ——滑裂面之间的内摩擦角；其余符号意义同前。

7.2.4 锚杆整体加固的计算方法

1. 按悬吊原理计算

锚杆整体布置加固洞室围岩时，认为是用系统锚杆将洞室顶部不稳定围岩悬吊在稳定岩层上，如图7.2.6所示。

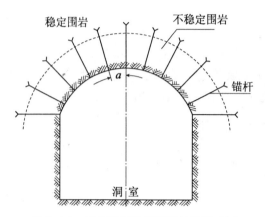

图7.2.6 锚杆按悬吊原理的计算示意图

（1）锚杆长度 l

锚杆必须加固洞室不稳定围岩，根据悬吊原理，锚杆的总长度应为锚固长度、加固长度和外露长度之和，即仍可以按公式(7.2.3)计算。

1）锚杆的锚固长度 l_1 可以按经验选取或按计算确定。按经验选取时，一般楔缝式砂浆锚杆可以取30 cm，螺纹钢筋砂浆锚杆可以取直径的20～30倍。

锚固长度也可以按砂浆与钢筋的粘结力，以及砂浆与钻孔壁岩石的粘结力计算确定。

根据砂浆与钢筋的粘结力，使钢筋发挥最大能力时，锚固长度为

$$l_1 \geqslant \frac{d_m}{4} \cdot \frac{R_g}{\tau_m} \qquad (7.2.5)$$

式中： τ_m——砂浆与锚杆钢筋的粘结力；

d_m——锚杆钢筋直径。

其余符号意义同前。

砂浆与锚杆的粘结力与钢筋类型、砂浆标号和锚固长度本身等有关。

砂浆锚杆有可能由于砂浆与孔壁岩石的粘结力不足而破坏，故锚固长度还应满足

$$l_1 \geqslant \frac{R_g d_m^2}{4 \tau_z d_z} \qquad (7.2.6)$$

式中： d_z——砂浆锚杆钻孔直径；

τ_z——砂浆与钻孔壁岩石的粘结力。

2）锚杆的加固长度 h_y，可以按围岩的荷载高度或用声波等测试技术量测松动圈的办法确定。

3）锚杆的外露长度 l_2，是考虑设置垫板和钢筋网等必须的，一般可以取5～20cm，但

不应超过喷混凝土层厚度。

　　锚杆长度按上述计算后，还可以考虑因洞室开挖轮廓不平整而增加的附加长度，一般为 20cm。对大型洞室的拱脚等处，锚杆应适当加长，可以取拱顶锚杆的 1.2 倍。

　　(2)锚杆直径、间距和布置

　　1)锚杆的直径。砂浆锚杆直径的大小，除与受力要求有关外，还与钻空直径有密切关系。因为钻孔与锚杆钢筋之间需留有一定的间隙，以使砂浆灌实，一般规定锚杆钢筋直径应比钻孔直径小 16~20mm，其常用值为 18~25mm。

　　2)锚杆的间距。为简化计算，将地下洞室顶部展开成平面，视为一块用锚杆加固的平板，每根锚杆承受其间距内的不稳定围岩重量，且不考虑剪力作用。假定锚杆的锚固长度能保证锚杆钢筋达到抗拉设计强度而不被拔出，即锚固力大于锚杆钢筋设计强度和其截面积之乘积，则锚杆方格布置时，可以求得锚杆间距为

$$a = \frac{d_m}{2}\sqrt{\frac{\pi R_g}{K h_y \gamma}} \tag{7.2.7}$$

　　式中：a——锚杆间距；

　　　　　γ——围岩容重；

　　　　　K——安全系数，取 1.5~2.0。

　　其余符号意义同前。

　　为保证整体布置的锚杆起到整体加固的作用，锚杆的长度一般应大于其间距的二倍，即 $l/a \geqslant 2$。

　　3)锚杆的布置。整体布置的锚杆在洞室表面上可以布置成方格形或梅花形。方格形布置对绑扎钢筋网较有利。梅花形布置时同一环或同一列的锚杆间距应为 1.4a。

　　锚杆在洞室横剖面上的布置与洞室轮廓线形状和岩层倾角有关。一般应垂直或接近垂直于洞室轮廓线或层理面，且应符合沿锚杆受力的有利方向布置的原则。

　　2. 按组合拱原理计算

　　用系统砂浆锚杆对洞室围岩进行整体加固时，被锚杆加固的不稳定围岩可以视为锚杆组合拱，且认为锚杆组合拱内切向缝(与拱轴向相切)的剪力由锚杆承受，斜向缝(与拱轴线斜交)的剪力由锚杆和岩石共同承受，径向缝(与拱轴线的切线垂直)的剪力由岩石承受，如图 7.2.7 所示。

　　锚杆长度应超过组合拱高度

$$l = K h_z + l_2 \tag{7.2.8}$$

　　式中：K——安全系数，取 1.2；

　　　　　h_z——组合拱高度。

　　组合拱计算跨度，近似取为

$$l_0 = L + h_z \tag{7.2.9}$$

　　式中：L——毛洞跨度。

　　假定组合拱为两端固定的等截面割圆拱，荷载按自重形式均布于拱轴上。单位长度上的荷载为

$$q = \gamma h b \tag{7.2.10}$$

　　式中：h——荷载高度，可以根据第 2 章、第 3 章中介绍的围岩压力计算方法进行

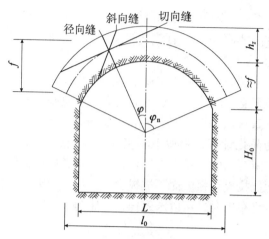

图 7.2.7 锚杆按组合拱原理的计算示意图

计算；

        b——组合拱纵向宽度，一般取 $b = 1$。

在自重荷载 q 作用下，两端固定的等截面割圆组合拱内力如表 7.2.1 所示。

表 7.2.1   自重荷载作用下两端固定割圆拱内力

f/l_0	0.1	0.2	0.3	0.4	0.5	乘 数
H_n	2.4848	1.2065	0.7736	0.5439	0.4015	Q
M_n	0.0019	0.0058	0.0138	0.0220	0.0310	Ql_0
M_0	0.0000	0.0020	0.0044	0.0084	0.0133	Ql_0
V_n	0.5140	0.5520	0.61400	0.6920	0.7850	ql_0

注：表中 Q 值为半个拱上的总荷载，数值上等于 V_n；f—— 矢高；l_0—— 计算跨度。

拱脚处径向截面内力（见图 7.2.8(a)）为

$$\begin{cases} Q_n = H_n\sin\varphi_n - V_n\cos\varphi_n \\ N_n = V_n\sin\varphi_n + H_n\cos\varphi_n \end{cases} \tag{7.2.11}$$

弯矩 M_n 直接由表 7.2.1 查得。

任意径向截面之内力（见图 7.2.8(b)）为

$$\begin{cases} M_\varphi = M_0 + N_0 r(1 - \cos\varphi) - qr^2(\varphi\sin\varphi + \cos\varphi - 1) \\ Q_\varphi = N_0\sin\varphi - qr\cos\varphi \\ N_\varphi = qr\varphi\sin\varphi + N_0\cos\varphi \end{cases} \tag{7.2.12}$$

式中：H_n、V_n——拱脚截面的水平反力和竖向反力；

        M_0、N_0——拱顶截面的弯矩和轴力；

        r——计算拱轴线半径；

φ_n——拱脚截面与垂直线之间的夹角；

φ ——拱上任意截面与垂直线之间的夹角。

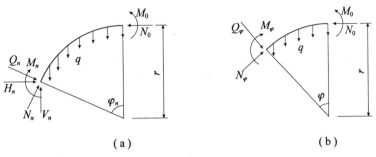

（a）　　　　　　　　　　　（b）

图 7.2.8　组合拱内力计算示意图

当锚杆径向布置时，组合拱内各裂缝强度校核如下：

（1）径向缝的强度校核

设组合拱有一条径向缝，与垂直线成 φ 角。假设剪力全部由岩体承担，则应满足

$$Q_\varphi < (Q_\varphi)_y \tag{7.2.13}$$

式中：Q_φ——径向缝上的剪力；

　　　$(Q_\varphi)_y$——径向缝上岩石的抗剪力，即

$$(Q_\varphi)_y = \left(c + \frac{N_\varphi}{bh_z}\tan\phi \right) bh_z \tag{7.2.14}$$

式中：N_φ——径向缝上的轴力；

　　　c——径向缝上的粘结力；

　　　ϕ——径向缝上的内摩擦角；

　　　b——组合拱的纵向宽度。

（2）斜向缝的强度校核

设在组合拱某处有一条与该拱轴线成 α 角的斜向缝 AB，如图 7.2.9 所示。

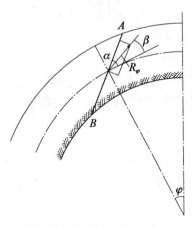

图 7.2.9　斜向缝计算示意图

斜向缝 AB 在拱轴处径向截面上的剪力 Q_φ 和轴力 N_φ 求法同前，其合力为

$$R_\varphi = \sqrt{Q_\varphi^2 + N_\varphi^2} \qquad (7.2.15)$$

合力与拱轴线夹角为

$$\beta = \arctan\frac{Q_\varphi}{N_\varphi} \qquad (7.2.16)$$

斜向缝 AB 上的剪力为

$$Q_{\varphi\alpha} = R_\varphi\cos(\alpha \pm \beta) \qquad (7.2.17)$$

斜向缝 AB 上的法向力为

$$N_{\varphi\alpha} = R_\varphi\sin(\alpha \pm \beta) \qquad (7.2.18)$$

斜向缝 AB 上岩体的抗剪力为

$$(Q_{\varphi\alpha})_y = \frac{cbh_z}{\sin\alpha} + R_\varphi\sin(\alpha \pm \beta)\tan\phi \qquad (7.2.19)$$

斜向缝 AB 上锚杆的抗剪力（锚杆径向布置时）为

$$(Q_{\varphi\alpha})_m = \frac{\tau_g A_g}{\cos\alpha} \qquad (7.2.20)$$

以上各式中 $(\alpha \pm \beta)$，当斜向缝与合力 R_φ 在拱轴线同一侧时用 $(\alpha - \beta)$，否则用 $(\alpha + \beta)$。

因此，斜向缝上强度应满足

$$Q_{\varphi\alpha} \leq (Q_{\varphi\alpha})_y + (Q_{\varphi\alpha})_m \qquad (7.2.21)$$

（3）切向缝的强度校核

切向缝上的剪应力可以根据该处径向截面上的剪力，用材料力学公式求得，即

$$\tau_\varphi = \frac{Q_\varphi S}{bI} \qquad (7.2.22)$$

式中：Q_φ——与垂直线成夹角 φ 截面处剪力；

b——组合拱纵向宽度；

I——组合拱全部断面的惯性矩；

S——切向缝上组合拱的断面积对组合拱中和轴的静力矩，当组合拱为矩形断面时

$$S = \frac{b}{2}\left(\frac{h_z^2}{4} - y_0^2\right) \qquad (7.2.23)$$

式中：y_0——切向缝至组合拱中和轴的距离。

考虑到沿切向缝上岩体粘结力可能完全丧失，而且由于靠近围岩表面径向应力很小，甚至为零，因而不能保证提供摩擦力，故可以认为在切向缝上的 c、ϕ 值均为零，即在切向缝上的剪力完全由径向布置的锚杆承受。因此，在单位弧长上所需的锚杆截面积为

$$A_g = \frac{at\tau_\varphi}{\tau_g} \qquad (7.2.24)$$

式中：a、t——分别为锚杆的横向和纵向间距。

在自重荷载作用下的割圆拱，拱脚处剪力为最大，故锚杆截面积可以根据拱脚处剪力确定，即

$$A_g = \frac{atQ_nS}{\tau_g bI} \qquad (7.2.25)$$

在拱轴切向缝处剪应力为最大，则

$$A_g = \frac{3}{2} \frac{a t Q_n}{\tau_g b h_z} \tag{7.2.26}$$

7.2.5　喷混凝土的计算方法

1. 按局部加固原理计算

被节理裂隙切割形成的块状围岩中，围岩软弱结构面的组合，对围岩的变形和破坏起控制作用。实际工程中常因某一块危岩的旋转、错动或掉落，而引起围岩的失稳。因此，用喷混凝土加固块状围岩，应能阻止危岩的转动和坠落。这就要求喷混凝土层应具有足够的抗剪能力，使喷混凝土层在节理面处不出现冲切破坏；同时喷混凝土层与围岩之间也应有足够的粘结力，使喷层不出现撕裂现象。这种观点称为局部加固原理或危岩加固原理。

(1)按抗冲切破坏计算喷混凝土层厚度

局部危岩塌落时，对混凝土最不利的位置是在洞室顶部。对于可能局部塌落危岩的形状和大小，可以通过对围岩的节理裂隙或断层的组合情况的调查确定，现假设拱顶围岩地质情况如图 7.2.10 所示。由图 7.2.10 可见，在横剖面上围岩被两组相交的裂隙切割。危岩 ABC 可能最先塌落，进而会影响整个洞室围岩的稳定。图 7.2.10 中岩块编号表示可能产生塌落的顺序。

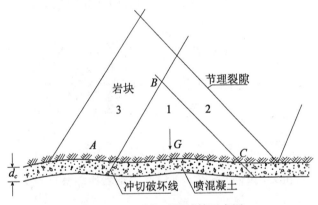

图 7.2.10　冲切破坏计算示意图

为了防止危岩塌落，采用喷混凝土加固，按冲切破坏验算其厚度时，应满足

$$d_c \geqslant \frac{KG}{0.75 u R_l} \tag{7.2.27}$$

式中：d_c——按冲切破坏验算的喷混凝土层厚度；

　　　G——可能塌落的危岩重量；

　　　K——冲切强度设计安全系数，取 $K=3.0$；

　　　u——危岩与喷混凝土接触面周长，由地质调查确定；

　　　R_l——喷混凝土的抗拉设计强度，计算时折减 25%。

(2)按抗粘结破坏计算喷混凝土层厚度

当危岩可能坠落时，除发生冲切破坏外，还可能由于喷混凝土与围岩的粘结力不足，而沿其接触面撕裂，使围岩与喷混凝土层的共同作用丧失，而发生围岩的失稳。

由于喷混凝土层厚度一般远比危岩底面的边长为小，可以近似地把喷混凝土层作为弹性地基梁来考虑，围岩视为弹性地基，粘结力就相当于弹性地基上的反力。如图7.2.11所示，取出单位宽度（$b=1$）的喷混凝土狭条，作为弹性地基上的长梁。当喷混凝土层承受危岩的重量为 G 时，传递到危岩周边单位长度上的力为 p，可以近似地按 $p = \dfrac{G}{u}$ 计算，并以集中力的形式作用在弹性地基梁上。

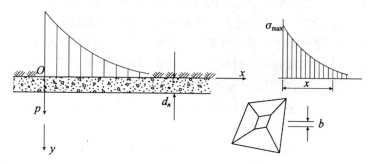

图 7.2.11　粘结破坏计算图

按局部变形理论，由 p 引起的喷混凝土层与岩面之间的拉应力 $\sigma = ky$，其中 y 为弹性地基上长梁在 p 作用下的变位，为

$$y = M_0 \frac{2\alpha^2}{k}\varphi_5 + Q_0 \frac{2\alpha}{k}\varphi_6$$

最大拉应力发生在 $x = 0$ 处，这时 $M_0 = 0$，$Q_0 = p$，$\varphi_6 = 1$，则

$$y = \frac{p2\alpha}{k}, \quad 即 \quad \sigma_{max} = 2p\alpha$$

式中：α ——弹性地基梁的弹性特征值，$\alpha = \sqrt[4]{\dfrac{k}{4EI}} \approx 1.315\sqrt[4]{\dfrac{k}{Ed_n^3}}$

k——围岩弹性抗力（拉伸）系数，可以取与围岩压缩弹性抗力系数相同数值，但方向相反；

E——喷混凝土层弹性模量。

于是，最大拉应力公式为

$$\sigma_{max} = 2\frac{G}{u} \times 1.315\sqrt[4]{\frac{k}{Ed_n^3}}$$

式中 σ_{max} 值应小于喷混凝土层与岩面之间的允许粘结强度 $[R_n]$，即

$$\sigma_{max} \leqslant [R_n]$$

按抗粘结破坏所需的喷混凝土层厚度为

$$d_n \geqslant 3.65 \left(\frac{G}{u[R_n]}\right)^{4/3} \left(\frac{k}{E}\right)^{1/3} \tag{7.2.28}$$

为便于计算，可以将上式简化为

$$d_n \geqslant \frac{G}{u[R_n]} \tag{7.2.29}$$

喷混凝土层与岩面之间的允许粘结强度 $[R_n]$，宜由试验确定。计算后采用的喷混凝土层厚度，不得小于 5cm。

2. 按组合拱原理计算

由于洞室围岩被若干组节理裂隙切割，存在一些不同倾向的缝，如拱顶存在有径向缝、斜向缝和切向缝。采用喷混凝土加固后，可以认为第一层岩石与喷混凝土粘结成整体，形成组合拱。且假定为两端固定割圆拱，承受围岩荷载高度的全部岩石重量。荷载以自重形式作用于该组合拱的拱轴线上，如图 7.2.12 所示，其值为

$$q = (\gamma h + \gamma_h d) b \tag{7.2.30}$$

式中：γ、γ_h——分别为围岩和喷混凝土容重；

　　　h——围岩荷载高度；

　　　b——组合拱纵向宽度。

组合拱高度及计算跨度分别为

$$h_z = h_y + d \tag{7.2.31}$$

$$l_0 \approx L + h_y + d \tag{7.2.32}$$

式中：h_y——组合拱中采用的岩石拱高度；

　　　d——喷混凝土层厚度。

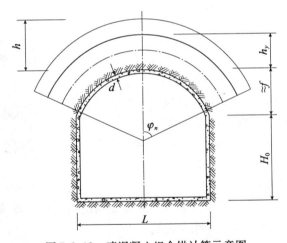

图 7.2.12　喷混凝土组合拱计算示意图

喷混凝土岩石组合拱截面内力的计算公式和锚杆岩石组合拱相同，参见表 7.2.1 及式 (7.2.11) 及式 (7.2.12)。喷混凝土组合拱内各裂缝强度校核如下：

(1) 径向缝强度校核

1) 抗弯强度校核。组合拱任意径向截面的偏心距及压应力应满足：

偏心距

$$e_\varphi \geqslant \frac{M_\varphi}{N_\varphi} \leqslant \frac{h_z}{6} \tag{7.2.33}$$

压应力

$$\begin{cases} \sigma_{\varphi a} = \dfrac{N_\varphi}{A} + \dfrac{M_\varphi}{W} \leqslant [\sigma_a]_y \\ \sigma_{\varphi a} = \dfrac{N_\varphi}{A} + \dfrac{M_\varphi}{W} \leqslant [\sigma_a]_h \end{cases} \tag{7.2.34}$$

当组合拱下边缘出现拉应力时，还需校核喷混凝土的抗拉强度，即

$$\sigma_{\varphi l} \geqslant \frac{M_\varphi}{W} - \frac{N_\varphi}{A} \leqslant [\sigma_l]_h \tag{7.2.35}$$

式中：A——组合拱截面积；

$\quad$ W——组合拱抗弯截面系数；

$\quad$ $[\sigma_a]_y$——岩石容许抗压强度；

$\quad$ $[\sigma_a]_h$——喷混凝土容许抗压强度；

$\quad$ $[\sigma_l]_h$——喷混凝土容许抗拉强度。

2）抗剪强度校核。组合拱任意径向截面的抗剪强度应满足

$$Q_\varphi \leqslant (Q_\varphi)_y + (Q_\varphi)_h \tag{7.2.36}$$

式中：Q_φ——径向缝上的剪力；

$\quad$ $(Q_\varphi)_y$——径向缝上岩石的抗剪力，为

$$(Q_\varphi)_y = \left[c + \frac{N_\varphi}{b(h_y + d)}\tan\phi \right] bh_y \tag{7.2.37}$$

$\quad$ $(Q_\varphi)_h$——径向缝上混凝土的抗剪力，为

$$(Q_\varphi)_h = [\tau]_h bd \tag{7.2.38}$$

$\quad$ $[\tau]_h$——喷混凝土的容许抗剪强度；

$\quad$ c——在该径向缝上岩石的粘结力；

$\quad$ ϕ——在该径向缝上岩石的内摩擦角。

在自重作用下，拱形结构其内力往往在拱脚处最大，因此仅校核拱脚处径向缝的强度即可。

（2）斜向缝的强度校核

设在组合拱任意位置处有一条与该拱轴线成 α 角的斜向缝 AB，如图 7.2.13 所示。其内力求解参见锚杆岩石组合拱中的相关公式。

1）斜向缝 AB 上的抗剪强度校核。应满足下式要求

$$Q_{\varphi\alpha} \leqslant (Q_{\varphi\alpha})_y + (Q_{\varphi\alpha})_h \tag{7.2.39}$$

式中：$(Q_{\varphi\alpha})_y$——斜向缝 AB 上岩石的抗剪力，为

$$(Q_{\varphi\alpha})_y = \frac{cbh_y}{\sin\alpha} + R_\varphi \sin(\alpha \pm \beta) \frac{h_y}{h_y + d}\tan\phi \tag{7.2.40}$$

式中：$(Q_{\varphi\alpha})_h$——斜向缝 AB 上喷混凝土的抗剪力，为

$$(Q_{\varphi\alpha})_h = \frac{\tau_h bd}{\sin\alpha} \tag{7.2.41}$$

式中：c——斜向缝 AB 上的岩石粘结力；

$\quad$ ϕ——斜向缝 AB 上的岩石内摩擦角。

其余符号意义同前。

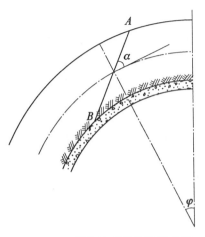

图 7.2.13   斜向缝强度校核示意图

2)斜向缝 AB 上的抗拉强度校核。应满足下式要求

$$\sigma_l = \frac{M_{\varphi\alpha}}{W_x} - \frac{N_{\varphi\alpha}}{A_x} \leqslant [\sigma_l]_h \tag{7.2.42}$$

式中

$$A_x = \frac{b(h_y + d)}{\sin\alpha}$$

$$M_x = \frac{b}{6}\left(\frac{h_y + d}{\sin\alpha}\right)^2 。$$

7.2.6   喷锚支护结构的计算方法

喷锚支护结构是锚杆和喷混凝土联合加固洞室围岩的支护结构，应用比较广泛，特别是在大跨度洞室或地质条件较差的中小跨度洞室中，一般还在喷混凝土中设置钢筋网，组成锚杆钢筋网喷混凝土支护结构。

锚杆喷混凝土(或加钢筋网)联合加固的结构作用，实际上是锚杆加固和喷混凝土加固围岩作用的有机组合，其计算方法主要有悬吊、组合拱和压剪破坏三种。

1. 按悬吊原理计算

一般认为，锚杆喷混凝土联合加固，可以用受力分配的方法计算锚杆参数和喷混凝土层的厚度。即不稳定的大块岩石或松动不稳定围岩，主要由锚杆加固，锚杆之间不稳定岩层则由喷混凝土加固。

(1)锚杆参数的计算

目前在地下洞室工程中，主要采用砂浆锚杆，故锚杆参数仍可按锚杆整体加固时的悬吊原理进行计算，计算方法参见 7.2.4 小节。锚杆所承受的不稳定围岩的重量，仍按全部不稳定围岩体积计算。

(2)喷混凝土层厚度的计算

如上所述，锚杆之间不稳定岩层的重量由喷混凝土层承担。这一重量主要取决于锚杆

间距 a 和岩层性质,可以认为最大值为 $\frac{\gamma a}{2}$。由于荷载大小、分布形式、计算方法和计算简图等不同,就有多种计算组合。但是,锚杆间距一般为 $1 \sim 1.5\,\text{m}$,因此荷载一般较小。另外喷混凝土层中一般设有钢筋网,强度和整体性都有提高,喷混凝土层厚度计算时,一般可以按均布荷载下的弹性固端梁进行计算。

【例 7.2.1】有一地下洞室,开挖宽 10m,高 12m。顶部为割圆拱。围岩为石英砂岩,属稳定性较差的 IV 级围岩,实测拱顶松动圈厚度为 1.5m,岩体容重为 25kN/m³,采用喷锚支护结构进行加固。加固锚杆采用 HRB335 螺纹钢筋砂浆锚杆,$d_m = 20\,\text{mm}$,$R_g = 300\text{MPa}$;喷混凝土为 C20,抗拉设计强度为 1.10MPa。锚杆钻孔直径 38 mm,砂浆为 M30,与钢筋的粘结力为 2.4MPa,与钻孔岩石的粘结力为 1.0MPa。试计算该地下洞室工程的喷锚支护参数。

解(1)锚杆参数的计算

锚杆长度
$$l = l_1 + h_y + l_2 + l_3$$

锚固长度
$$l_1 = \frac{d_m R_g}{4\,\tau_m} = \frac{2}{4}\frac{300}{2.4} = 63\,\text{cm}$$

$$l_1 = \frac{d_m^2 R_g}{4 d_z\,\tau_z} = \frac{2^2 \times 300}{4 \times 3.8 \times 1.0} = 79\,\text{cm}$$

取 $l_1 = 79\,\text{cm}$。

根据题意,有
$$h_y = h = 1.5\,\text{m}$$

l_2 为外露长度,取 5cm,l_3 为外加长度,取 20cm,则
$$l = 0.79 + 1.5 + 0.05 + 0.20 = 2.54\,\text{m}$$

采用 $l = 2.6\,\text{m}$。

锚杆间距
$$a = \frac{d_m}{2}\sqrt{\frac{\pi R_g}{K h_y \gamma}} = \frac{2.0}{2}\sqrt{\frac{\pi \times 300}{1.5 \times 1.5 \times 25 \times 10^{-3}}} = 129\,\text{cm}$$

取 $a = 1.2\,\text{m}$。

(2)喷混凝土层厚度计算

若取单位宽度 1.0m 进行计算,则均布荷载为
$$q = \frac{\gamma a b}{2} = \frac{25 \times 1.2 \times 1.0}{2} = 15\,\text{kN/m}$$

弯矩
$$M = \frac{q a^2}{10} = \frac{15 \times 1.2^2}{10} = 2.16\,\text{kN}\cdot\text{m}$$

应力
$$\sigma = \frac{M}{W} = \frac{2.16 \times 10^3}{d^2/6} \leqslant [\sigma_l]_h$$

因为
$$[\sigma_l]_h = 1.10\text{MPa} = 1.10 \times 10^6\,\text{N/m}^2$$

所以
$$d \geqslant \sqrt{\frac{12.96 \times 10^3}{1.1 \times 10^6}} = 0.109\,\text{m}$$

取 $d = 12\,\text{cm}(0.12\,\text{m})$。

以上按悬吊原理计算所得喷锚支护的参数为:锚杆直径 20mm,长 2.6m,间距 1.2m,喷混凝土厚度为 12cm。

必须指出，上述设计参数并不是唯一的，例如采用锚杆间距 1.0m，喷混凝土厚度 9cm 也是可以的。

2. 按组合拱原理计算

锚杆喷混凝土联合加固是将岩石、锚杆和喷混凝土三者视为一整体的组合结构。当洞室为拱形时，则构成锚杆、喷混凝土和岩石组合拱，承受围岩荷载高度下全部岩石重量。核算组合拱在该荷载作用下的强度，称为整体作用计算。当个别大块危岩有塌落的可能时，应按锚杆局部加固作用计算，验算其稳定性。锚杆之间局部危岩有可能塌落时，应验算喷混凝土层的厚度。

喷锚作用按整体结构计算时，假定组合拱切向缝的抗剪强度由锚杆提供，斜向缝的抗剪强度由岩石和锚杆、喷混凝土层共同提供。

（1）锚杆长度的计算

$$l = Kh_y + l_2 \tag{7.2.43}$$

式中：K——安全系数，取 1.2；

h_y——组合拱中岩石拱高度。

（2）径向缝强度校核

组合拱的高度和计算跨度同式（7.2.31）、式（7.2.32）；组合拱承受的荷载同式（7.2.30）；组合拱在自重荷载 q 作用下各断面上内力计算同锚杆组合拱内力计算；抗剪强度校核同式（7.2.36）；抗弯强度校核同式（7.2.33）~式（7.2.35）。

（3）斜向缝的抗剪强度校核

应满足下式

$$Q_{\varphi\alpha} < (Q_{\varphi\alpha})_y + (Q_{\varphi\alpha})_m + (Q_{\varphi\alpha})_h \tag{7.2.44}$$

式中：$Q_{\varphi\alpha}$——斜向缝上的剪力，由式（7.2.17）计算；

$(Q_{\varphi\alpha})_y$——斜向缝上岩石的抗剪力，由式（7.2.40）计算；

$(Q_{\varphi\alpha})_m$——锚杆径向布置时，对斜向缝的抗剪力，由式（7.2.20）计算；

$(Q_{\varphi\alpha})_h$——喷混凝土沿斜向缝的抗剪力，用式（7.2.41）计算。

（4）切向缝的强度校核

与锚杆组合拱计算方法相同。

3. 按压剪破坏原理计算

在岩体中修建地下洞室时，由于洞室的开挖，导致洞周围岩应力重分布，引起围岩变形或破坏。在围岩的破坏形式中，有一种破坏形式是洞腰岩体由于应力集中而逐渐破坏形成楔形破坏体，且向着洞室内部移动。显然，这种破坏是由于垂直于楔形破坏体移动方向的过大压力所造成的，因此，将这种破坏形式称为压剪破坏。喷锚支护结构按该破坏原理计算时，称为按压剪破坏原理的计算方法。

岩体在压力的作用下，当某一点的最大主应力 σ_1 和最小主应力 σ_3 之差的应力圆与摩尔滑动包络线相切时，岩体就会产生剪切破坏。这时，作用于滑动面的正应力 σ_y 和剪应力 τ_y 就分别等于包络线和应力圆的切点 B 的横坐标和纵坐标，滑动面和 σ_1 作用方向之间的夹角即剪切角为 α，如图 7.2.14 所示。

如图 7.2.15 所示，在圆形洞室条件下，在洞室中心自垂线作 α 角的倾斜线，与洞壁交于 A 点。自 A 点始，描绘出与岩体内的同心圆成 α 角的曲线，该曲线即为可能产生的

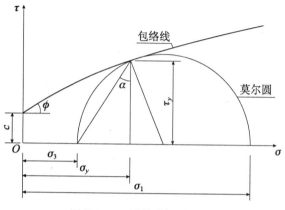

图 7.2.14　压剪破坏原理图

楔形体滑动面。为了简化，假定岩体的摩尔包络线为直线，设其内摩擦角为 ϕ，则不管 σ_3 多大，α 均为一定值

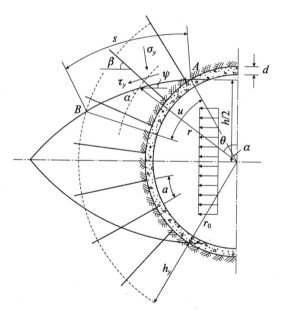

图 7.2.15　压剪破坏计算图

$$\alpha = 45° - \frac{\phi}{2} \tag{7.2.45}$$

又以洞室中心为原点，以铅垂方向为基线，绕反时针方向的角度为 θ，则剪切滑动线的极坐标为 (r, θ)，剪切滑移线上任意点的半径为

$$r = r_0 e^{(\theta-\alpha)\tan\alpha} \tag{7.2.46}$$

剪切范围的高度为

$$h = 2r_0\cos\alpha \tag{7.2.47}$$

式中：r_0——洞室开挖半径。

由图 7.2.15 可见，产生剪切滑动的岩体，应力 σ_y 和 τ_y 随 σ_3 的大小而变化。而 σ_3 值的大小与剪切滑动面上的位置有关。由于难以正确地求得 σ_3，现假定 σ_3 等于喷锚支护结构各构成部分的容许承载力之和。下面先来求解这些承载力。

喷混凝土的容许承载力

$$p_h = \frac{2d[\tau_h]}{h\sin\alpha} \tag{7.2.48}$$

式中：p_h——喷混凝土容许承载力；

d——喷混凝土厚度；

$[\tau_h]$——喷混凝土容许剪应力，可以近似地采用其抗拉设计强度；

h——剪切破坏区高度。

附加钢材(钢筋网、型钢)的容许承载力

$$p_g = \frac{2A_g[\tau_g]}{h\sin\alpha} \tag{7.2.49}$$

式中：A_g——洞室纵向单位长度内横向加固钢材的横截面积；

$[\tau_g]$——钢材的容许剪应力。

设锚杆的间距为 a 和 t，并作径向布置，则锚杆在半径方向挤压岩体的平均压力为

$$q_m = \frac{A_{mg}R_g}{at} \tag{7.2.50}$$

锚杆在贯穿岩体滑动面处，抵抗岩体向洞室内滑动，因此锚杆的容许承载力为

$$p_m = \frac{2uA_{mg}R_g}{ath}\cos\beta \tag{7.2.51}$$

式中：A_{mg}——锚杆的横截面积；

u——岩体拱范围内剪切滑动面长度 s，在洞室表面的投影长度，近似为

$$u = s\cos\alpha = h_y\cot\alpha \tag{7.2.52}$$

式中：h_y——锚杆的加固长度；

β——锚杆与水平线的夹角。

岩体本身的承载力较复杂，现假设

$$\sigma_3 = p_h + p_g + p_m \tag{7.2.53}$$

则利用式(7.2.45)，有

$$\begin{cases} \tau_y = \dfrac{\sigma_1 - \sigma_3}{2}\cos\phi \\[2mm] \sigma_y = \dfrac{\sigma_1 + \sigma_3}{2} - \dfrac{\sigma_1 - \sigma_3}{2}\sin\phi \end{cases} \tag{7.2.54}$$

再利用 Mohr—Coulomb 强度理论，有

$$\sigma_1 = \sigma_3 + 2(c + \sigma_3\tan\phi)\frac{1 + \sin\phi}{\cos\phi} \tag{7.2.55}$$

岩体的总容许承载力 p_y，若与作用在剪切滑动面上的 τ_y 和 σ_y 的水平分力之总和相平衡，则

$$p_y = \frac{2s\,\tau_y\cos\psi}{h} - \frac{2s\sigma_y\sin\psi}{h} \qquad (7.2.56)$$

式中：ψ——加固拱内滑动面的平均倾斜角，即当 $r = r_0 + \dfrac{h_y}{2}$ 时，滑动面倾角 $\psi = \theta - \alpha$，可以由式(7.2.46)求得。

喷锚支护结构的总容许承载力为

$$p_i = p_h + p_g + p_m + p_y \qquad (7.2.57)$$

根据喷锚支护结构的作用原理，其容许承载力必须至少大于所需的最小支护抗力，即

$$p_i > p_{min} \qquad (7.2.58)$$

如前所述，p_{min} 值与围岩性质、洞室跨度、加固结构的刚度和施工的时间等有关，很难准确确定。建议在施工过程中，采用实测围岩塑性区半径值(实际上是松动圈半径)，利用芬纳公式即式(7.1.1)计算形变压力，即认为是此时的最小支护抗力值。

7.2.7 喷锚支护结构设计

本节所介绍的喷锚支护结构的计算原理和计算方法，主要目的是了解喷锚支护结构的加固原理和加固作用。在实际工程设计时，这些计算结果主要起参考作用，还难以直接应用于工程实际。这是因为，喷锚支护结构的受力状况与围岩的地质条件、变形及应力状态密切相关，其影响因素比较复杂，设计时必须进行综合考虑，因此喷锚支护结构的设计尚处于半经验半理论阶段。虽然各行业针对不同的岩土工程颁布了相应的喷锚支护结构设计规程和规范，但实际应用时多数采用的仍是工程设计中占主导地位的"工程类比法"。

1. 喷锚支护结构的设计步骤

地下工程喷锚支护结构的设计，一般按以下 5 个步骤进行：

(1)调查地下工程的工程地质和水文地质情况，分析围岩的稳定性状况。

(2)在围岩分类的基础上，采用工程类比法选择支护类型及设计参数，对喷锚支护结构进行受力分析计算，并提出施工注意事项。

(3)地下工程及喷锚支护结构施工过程中，严密监测围岩稳定状态，必要时应及时修改设计参数，变更施工工序。

(4)支护完成后，分析地下工程围岩的稳定性状况，对其长期稳定性作出评价，必要时应进行相应的变形、应力量测和监测。

(5)总结经验，改进设计和施工，为随后的工程设计积累工程资料。

2. 喷锚支护结构设计

地下结构喷锚支护结构的具体设计可以参照本教材第 2 章中介绍的工程类比法的设计原理和方法以及相关规程和规范，限于篇幅，此处不再赘述。

7.3 复合式地下结构设计

复合式地下结构的设计分为初期支护结构设计和二次衬砌设计。初期支护结构一般为锚杆喷射混凝土支护结构，必要时配合使用钢筋网和钢拱架。初期喷锚支护结构的设计可以参阅本章7.2节，本节主要介绍二次衬砌的设计。

7.3.1　二次衬砌的主要作用

二次衬砌的作用因不同的围岩类别而异,对于稳定的坚硬围岩,因围岩和初期支护结构的变形很小,且很快趋于稳定,故二次衬砌不承受围岩压力,其主要作用是防水、利于通风和起装饰作用。

对于基本稳定的坚硬围岩,虽然围岩和初期支护结构变形很小,二次衬砌承受的围岩压力也不大,但考虑到地下结构运营后,锚杆钢筋锈蚀、围岩松动区逐渐压密、初期支护结构质量不稳定等因素,二次衬砌的作用主要是提高支护结构的安全度。

对于稳定性较差的围岩,由于岩体流变、膨胀压力、地下水等作用,或由于浅埋、偏压及施工等原因,在围岩变形趋于基本稳定之前就必须进行二次衬砌,此时,二次衬砌的主要作用是承受较大的后期围岩形变压力。

7.3.2　二次衬砌结构设计

1. 基本要求

(1)初期支护结构与二次衬砌之间的密贴程度,对复合式衬砌结构受力状态会产生较大影响。当支护结构与衬砌之间有空隙,尤其是拱顶浇筑混凝土不密实时,会使拱部围岩压力呈马鞍形分布,即拱顶不大而拱腰大,甚至在拱顶附近出现衬砌外侧受拉的情况。

(2)当初期支护结构与二次衬砌紧密粘结在一起时,两层衬砌之间能够传递径向力和切向力,可以按整体结构验算。当两层衬砌之间设有防水层时,则按组合结构验算,只传递径向荷载。

(3)为防止洞内漏水,设计时应对二次衬砌的变形予以控制。

(4)初期支护结构与二次衬砌之间空隙部分应回填密实。

2. 二次衬砌的计算

由于复合式衬砌分层施作,故应考虑时间效应。可以考虑按粘弹塑性有限元法进行计算;也可以运用弹塑性理论或特征曲线法进行近似计算;可以参考我国复合式衬砌围岩压力现场量测数据和模型试验结果及国内外相关资料,取部分围岩压力作为二次衬砌的外荷载,按荷载—结构模型进行计算。需要指出的是,由于对二次衬砌的受力机理研究不够深入,加之围岩的地质条件千变万化,要精确计算二次衬砌的受力是十分困难的,应提倡运用简便而实用的计算方法。目前大多数地下结构设计规范对复合式衬砌结构中的二次衬砌设计也给出了相应的规定。而对于地质条件复杂的软弱围岩,应将上述几种方法的二次衬砌计算结果进行综合比较,并开展必要的试验来确定合理的设计参数。

3. 二次衬砌施作时间的确定

二次衬砌,一般采用现浇混凝土或钢筋混凝土,应在围岩和初期支护变形基本稳定后施作,且应具备下述条件:

(1)洞室周边位移速率有明显减缓趋势。

(2)在拱脚以上́1m 和边墙中部附近的位移速率小于0.1～0.2mm/d,或拱顶下沉速率小于0.07～0.15mm/d。

(3)施作二次衬砌前的位移值,应达到总位移值的80%～90%。

(4)初期支护表面裂缝不再继续发展。

（5）当采取一定措施仍难以满足上述条件时，可以提前施作二次衬砌，但应予加强。

当洞室较短且围岩自稳性能较好时，为减少各工序之间的干扰，可以在整个洞室贯通后再施作二次衬砌。

4. 加强二次衬砌的措施

当围岩和初期支护结构尚未基本稳定而提前施作二次衬砌时，或在浅埋偏压、膨胀性围岩和不良地质地段施作二次衬砌时，二次衬砌均会承受较大的围岩压力，故要求采取以下措施进行加强：

（1）改变衬砌形状，以适应外荷载分布，减少衬砌弯矩，使衬砌断面基本受压。

（2）提高混凝土标号，或采用钢筋混凝土、钢纤维混凝土等能提高抗弯强度的材料。

（3）修建仰拱使衬砌形成封闭结构，以提高结构的整体刚度，减少围岩变形。

（4）采用超前支护，注浆加固地层等措施，以增加岩体强度，提高围岩的整体稳定性。

7.3.3　复合式衬砌防水层的设计

地下洞室应根据要求采取防水措施。当有地下水时，初期支护结构和二次衬砌之间可以设置塑料板防水层或采用喷涂防水层，并采用防水混凝土衬砌。

防水层一般采用全断面不封闭的无压式，有特殊要求时，也可以采用全断面封闭的有压式。当地下水较小时，可以仅在顶拱部位设置防水层。防水层应在初期支护结构变形基本稳定后、二次衬砌浇筑前施作。

1. 塑料板防水层

防水层材料应选用抗渗性能好，物化性能稳定，抗腐蚀及耐久性好，且具有足够柔性、延伸率、抗拉和抗剪强度的塑料制品，目前多采用厚 $1 \sim 2mm$ 聚乙烯塑料板。

2. 喷涂防水层

防水层材料可以采用沥青、水泥、橡胶和合成树脂等，防水层厚 $2 \sim 10mm$。目前多采用阳离子乳化沥青氯丁胶乳作防水层，喷层厚 $3 \sim 5mm$。

3. 防水混凝土

防水混凝土的抗渗等级，根据《地下工程防水技术规范》（GB50108—2008）中的规定不应小于 P6。设计时可以根据地下工程埋深、水压情况选用相应的防水混凝土抗渗等级。

7.3.4　复合式衬砌的计算

目前，对于复合式衬砌的计算，常用的方法有：考虑时间效应的粘弹塑性有限元法、特征曲线近似计算法以及荷载—结构模型计算法等。其中采用特征曲线法计算复合式衬砌，还只限于确定初期支护结构的设计参数，其设计方法及荷载—结构模型计算法可以参阅本教材其他相关章节。

第 8 章　地下结构施工方法简介

8.1　概　　述

地下结构的类型很多，工程特性各异，相应的施工技术，包括地下洞室的开挖和支护结构施工技术也各不相同。地下工程的开挖施工，是为了在地下形成满足人们使用要求的地下空间；支护结构则是保持所形成空间的稳定和安全所采取的工程措施。地下结构的施工方法有明挖法、暗挖法、盾构法、顶管法、沉管法、钻爆法(矿山法)或凿岩法、掘进机掘进法等方法可供选择，取决于地下结构所处的地质条件、环境要求、结构型式、施工单位的技术水平和工程经验等因素；而地下结构的支护结构主要有金属拱架支护结构、锚杆支护结构、喷混凝土支护结构、喷锚联合支护结构、传统的钢筋混凝土衬砌支护结构等，取决于地下结构所处的地质条件和使用要求。因此地下建筑工程建设应因地制宜地选择施工方法和支护结构形式，以达到安全可靠、经济合理和施工方便等效果。

8.1.1　影响地下结构施工技术选择的主要因素

大量的实际工程资料和实践经验表明，决定和影响地下结构施工方法，特别是成洞方法的主要因素有：

1. 地质条件。地下结构是在地层中获得使用空间的，地层性质不同，形成地下空间的方法和工艺是完全不同的。

2. 地下结构所处的环境因素。如城市过街通道的施工方法与穿越江河或山岭的隧道工程施工方法，也是不相同的。

3. 埋深条件。一般浅埋洞室采用明挖法，而深埋洞室常用暗挖法。

4. 洞室的几何特征。包括洞室几何形状、尺寸及布置形式等。

5. 施工条件。包括施工技术装备和技术水平及工程经验。

以上因素前三项是影响施工方法的客观因素，后两项是影响施工方法的主观因素。因此，地下结构的施工方法的选择，既取决于主观方面的因素，也取决于客观方面的因素。

8.1.2　地下结构开挖与支护施工方法的主要类型

虽然地下结构开挖与支护施工技术方法有若干种，但根据开挖施工所采用的技术措施，可以将地下结构所采用的开挖施工方法归纳为三大类，即：明挖法、暗挖法和特殊施工方法。

1. 明挖法

明挖法是挖除地下结构上部的覆盖层，使拟建的地下结构不是在地下施工而变成露天施工,最后再填土覆盖。这种方法适用于浅埋地下结构,是最安全、最经济的一种施工方法;但这种施工方法对周边环境影响较大,要求有较宽阔的施工场地或应采取必要的基坑支护措施。

2. 暗挖法

暗挖法是不扰动上部覆盖层而修建地下结构的一种施工方法。其中有钻爆法(或称矿山法)、掘进机掘进法、凿岩法等,适用于岩石地层;盾构法、顶管法等适用于土质地层。

3. 特殊施工方法

特殊施工方法包括沉管法、沉井法和地下连续墙法等,这些施工方法均适用于土层中的地下结构施工,在穿越江、河、湖、海等水域的地下结构中常用沉管法。

地下结构按所处地层性质不同,分为土层中的地下结构和岩层中的地下结构两大类。土层中的地下结构,在掘进时一般比较容易,常用的方法是地下连续墙法、盾构法、沉管法、沉井法和顶管法等;岩层中的地下结构的施工,掘进比较困难,一般是用钻爆法或掘进机开挖,特别是在新奥法诞生后,对于节理裂隙断层破碎带岩层等困难地层的地下结构施工提供了更便利的施工方法和技术,加快了软岩地下结构的建设速度,使得某些用传统方法难以施工的复杂地质条件下的地下结构工程能够顺利施工。

8.2 岩层地下结构工程施工技术

岩层的岩性和地质特性,如节理裂隙、断层等对地下结构的施工方法和技术有决定性的影响。岩层中地下结构的施工工序较多,主要分为两个阶段:其一是地下洞室的开挖阶段,就是根据工程设计,在岩体内实行开挖,形成一定的地下空间,即成洞作业,以获得符合使用要求的地下洞室空间。其二是洞室支护结构施作阶段,即为了使地下洞室围岩稳定,保证洞室在长期使用条件下的安全所采用的工程措施。按照支护结构型式的不同,可以分为传统模注混凝土衬砌结构、钢筋混凝土衬砌结构、喷锚支护(喷混凝土、锚杆或喷锚联合支护)结构及整体式衬砌结构、装配式衬砌结构等。这里着重介绍岩石地下结构工程的洞室开挖施工技术,即最常用的钻爆法和掘进机掘进法(TBM 法)。

8.2.1 钻爆法施工技术

1. 钻爆法施工的基本工序

钻爆法也称为矿山法,是一种常规、传统的开挖方法。其优点如下:

(1)适应性强,可以开挖各种形状、尺寸和大小的地下洞室。

(2)适用地层范围广,既可以适应坚硬完整的岩层,也可以适应较为软弱破碎的岩层。

(3)设备要求可简可繁,既可以使用比较简便的施工设备(打炮孔、运渣等),也可以采用比较先进、高效和价格昂贵的施工设备。

(4)灵活方便,可以快速展开开挖工作,无需繁琐的施工准备工作。

但是,钻爆法也存在明显的缺点和局限性。首先,爆破震动对围岩扰动比较大;其次,由于采用爆破作业,将产生大量有害气体,对通风要求较高,因此在长大隧道中采用钻爆法施工，通风问题是一个比较难以解决的大问题；再次，钻爆法施工会对邻近建（构）筑物造成较大影响。因此一般短隧洞，大型地下洞室、非圆形（断面形状复杂）的洞室，地质条件变化大的地层等，常采用钻爆法；而对于长隧洞，且没有条件布置施工支洞、施工斜井的，或者地质条件很差的软弱岩层，一般不宜采用钻爆法。

钻爆法的基本工序为：钻孔、装炸药、放炮、散烟、清撬、出渣、支护、衬砌。钻爆法的辅助工作还有测量放线、通风、排水以及必要的现场岩石力学监测等。以上各工序中，钻孔、出渣是开挖过程耗时最多的主要工序；支护是保证施工安全、顺利、快速进行的重要手段。开挖工作的机械化施工的效益，主要体现在这三项工序中。

钻爆法的主要工序及要求有：

(1) 钻孔。钻孔的方法很多，最早的方法是人工打钎，其后是风钻打孔，现在一般采用台式钻车。钻具也是多种多样的，如简单的手风钻、浅孔钻、钻车、钻机等。钻车是现在常用的比较先进的机具，多半是液压电动轮式移动，小型的只有一把钻，大型的可以有多把钻，成为多臂台车。

钻爆法开挖施工时，布孔是一个十分重要的问题。对于洞室周边要用光面爆破，以控制开挖轮廓，减少超挖，提高洞壁的平整度，减少对围岩的破坏和扰动。光面爆破孔与孔之间一般相距 60 ~ 80cm，孔中间隔装炸药。开挖断面的中心部位设掏槽孔，可以用直孔，也可以用斜孔掏槽。掏槽孔与周边孔之间一圈圈地布上塌落孔。各孔之间的距离取决于岩石坚固情况及要求爆破后石渣块度等条件，一般孔距为 70 ~ 100cm，钻孔深度取决于每一循环进尺深度。岩石稳定性很差，每次进尺不能太大，岩石质量良好，一次进尺可达 4m。一次钻孔越深，每一循环所需时间越长。钻孔深度的有效率一般为 90%，即钻孔深 3m，爆破深度可达 2.7m。

(2) 装炸药与放炮。隧洞开挖时，掏槽孔装炸药最多，周边孔装炸药较少。也就是掏槽孔炸药卷直径大一些，连续装炸药；周边孔炸药卷直径小一些，间隔装炸药；中间塌落孔装炸药在两者之间。

布孔密度，装炸药量，每立方米石方用炸药量等爆破参数均在施工中视具体情况不断修正。

为了提高爆破效果，减少爆破对周围建（构）筑物及围岩的破坏，一个断面上把炸药分成多组逐组起爆。中心掏槽孔附近各组之间可以相隔几毫秒起爆，即采用毫秒延迟雷管起爆。靠外边几组可以各相隔 1 秒或 2 秒起爆，即采用秒延迟雷管起爆。每一瞬间同时起爆的炸药总量要适当，严格按设计要求执行。

(3) 清撬。清撬工序十分重要，清撬是在爆破后将已完全松动，但尚未掉落下来的石块撬下来。过去常由人工采用长钢钎清撬，劳动强度大，也很危险。现在一般采用液压锤清撬，或者采用正反相挖土机的抓斗清撬，在远距离操作，比较安全。

(4) 通风。通风的目的是排走洞内因为爆破产生的废气以及由于施工机械、人员等其他原因产生的废气，并向洞内提供新鲜的空气。地下洞室通风方式有两种：一种是压入式，即新鲜空气从洞外用鼓风机一直送到工作面附近；另一种是吸出式，用抽风机将混浊空气由洞内排向洞外。对于大型地下洞室，通风设计更为复杂，不仅要计算通风量，选择通风设备，更要注意气流方向，一般要布置一些通风竖井，斜井等通风通道。

(5) 出渣。现代地下工程出渣设备各式各样，但从总体上看有两大类：一类是装载设备，一类是运输设备。常用的装载设备有侧卸式轮式装载机和蟹爪式扒料机或气动式翻斗装料机。过去常采用的运输设备是有轨运输，最轻便的是轨距为 610mm 的小斗车，每车装渣 0.6m³，可以几个车连成一列，由电瓶车或小柴油车拖动；现在常采用的运输设备为无轨运输，即自卸卡车等。

其他辅助工作。地下洞室开挖过程中，还有许多辅助工作，如现场监测，喷锚支护，风、水、电供应等。

2. 钻爆法施工技术

采用钻孔爆破施工的大断面地下洞室的主要施工方法有：全断面掘进法、台阶法、支撑拱法、支撑核心法等，分别介绍如下。

(1)全断面掘进法

全断面掘进法一般情况下适用于开挖过程中不需要支护的坚硬完整的岩层，或者在一个相当长的时间里能保持稳定的岩层。在中等坚硬的岩层中采用全断面掘进，通常在施工期间采用适当的支护措施，以保证洞室围岩的稳定；在稳定性较差的破碎岩石中采用全断面掘进，可以选用钢拱架支护、喷混凝土支护、联合支护或喷锚支护等。

1)无支护或仅采用轻型支护的全断面掘进法。一般在坚硬的整体岩层中，大多数情况是不需要支护的；在裂隙发育的岩层中，采用全断面开挖，必须采用锚杆支护或喷锚支护，这样可以使用大型的施工设备，缩短辅助作业的时间，按照循环图表进行作业，降低劳动力消耗，加快掘进进度。

全断面掘进的洞室断面面积一般不超过 100~130m²，其跨度不超过 20m，高度不超过 10m。当作业面跨度较大时，对中心地段实行超前掘进 1~2 个爆破循环的距离较为合适。

2)采用刚性支护的全断面掘进法。

① 钢拱架支护。在几个作业班之内不出现围岩松散压力的中等坚硬的破碎岩体中，可以采取利用移动的支顶架进行掘进的方法。在隧道的每一爆破循环进尺段上使用金属多角架支护，支护框架或拱架由几根边框和两根垂直立柱组成，框架的间距为 1.0m，用角钢横杆来保证纵向刚度，掘进按下列顺序进行：首先从钻架上开挖部分地段的作业面上部，并安装支护的部件，这时边框由可移动支顶架支托，每一段大小的选择取决于顶板的状态，每一爆破循环的深度不超过 1.5m，下部的开挖和垂直立柱的设置要在支护的顶板(用支顶架支托的框架)保护下进行。

为了避免在破碎岩石中采用分单元扩挖断面和分阶段安装拱架支护，当没有偏压时，可以采用超前锚杆与金属拱架相结合的方法。如图 8.2.1 所示为采用超前锚杆支护的洞室示意图。

② 钢筋混凝土支护。这种方法是作业面开挖后紧跟着采用不同尺寸和形式的专用模板进行刚性的钢筋混凝土支护。在软弱的岩层中爆破后，运渣的同时，可以喷射薄层混凝土进行一次支护，然后再由移动顶架支撑的装配式拱架对隧道的拱部进行混凝土浇筑，运渣结束后，立拱架的侧支柱，并在其后面装模板，浇筑隧道边墙的混凝土。

3)综合支护的全断面掘进法。这种方法是在隧道的掘进过程中，在其周围分阶段地支护围岩，并使其也起到支撑作用。这种支护的一种形式是锚杆，另一种支护形式是喷射混凝土，或喷锚联合支护，有时在喷射混凝土层的保护下对洞室围岩进行灌浆，然后在远

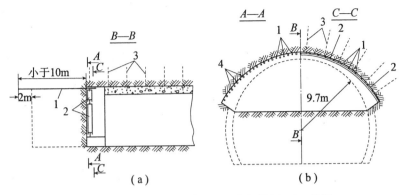

1—超前锚杆；2—钢支架；3—支架锚杆；4—炮眼

图 8.2.1　采用超前锚杆支护的洞室示意图

离支撑面的洞段进行洞室的混凝土衬砌和回填灌浆施工。联合支护可以对洞室的整个周边或个别地段及时地进行支护，而且掘进作业面可以延长 30～50m，如图 8.2.2 所示。

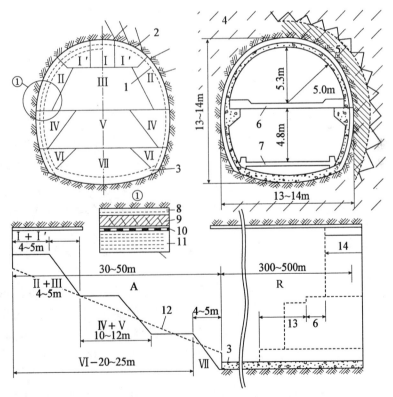

1—加强喷混凝土；2—锚杆；3—底板仰拱；4—岩层；5—岩石灌浆范围；6—上道；
7—下道；8—喷混凝土底层；9—挂网喷混凝土层；10—防水层；11—混凝土支护；
12—入口；13—边墙台阶；14—隧道上部；A—开挖作业面；Ⅰ～Ⅶ—作业顺序

图 8.2.2　某交通隧道采用综合支护的全断面掘进示意图

4）柔性支护的全断面掘进法（新奥法）。这种方法适用于软岩地层中的地下洞室施工。初期用紧贴岩体表面的可变形闭合支护来加固洞室围岩，而当压力和收敛变形趋于稳定后，再沿整个洞室周边建立永久性支护，以支撑初期支护。一般作法是，先用短的结构锚杆将钢筋网吊在围岩上或支撑在轻型钢拱架的喷射混凝土层上，然后再喷射混凝土或浇筑整体式混凝土衬砌，如图8.2.3所示。

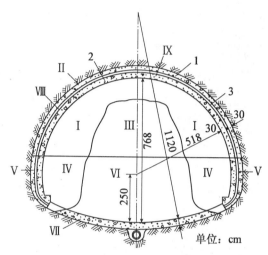

1—喷混凝土；2—混凝土衬砌；3—钢筋网和防水层；Ⅰ～Ⅸ—施工阶段
图8.2.3 采用新奥地利方法掘进隧道的开挖顺序图

（2）台阶法

台阶法适用于大型地下洞室的掘进，其可适用的地质条件与全断面法相同。台阶法的原则是将较大的断面（如大于$100m^2$）或者高度较大（如大于10m）的洞室横断面分割成几个单元，并按单元依次掘进。这种单元划分一般应能保证在施工过程中洞室的稳定，且便于进行掘进和混凝土作业。在个别情况下，洞室掘进首先开挖超前导洞，当整个断面扩挖时采用全断面，也可以看成是台阶法掘进。

台阶分为侧向台阶，上部台阶和下部台阶三种形式，在大型洞室的掘进施工中可以采用其中两种或三种形式。

1）侧向台阶或上部台阶法掘进。如前所述，全断面方法局限于跨度不超过20m的洞室，在大跨度洞室中（或在破碎岩石中跨度相对较小的洞室）适用于首先开挖中心部分，以后扩挖两侧台阶，这样可以在大跨度段及时进行顶部支护，如图8.2.4(a)、(b)所示。也可以先掘进侧导洞1和浇筑拱角部位2的混凝土，再开挖中心部分3，如图8.2.4(c)所示。

在断面小于$100m^2$的长洞室中，当埋藏很深，进行地质勘探工作很困难时，可以采用布置在隧道有效断面内的超前导洞，先将导洞开挖贯通或在一定长度上超前开挖，然后整个洞室断面扩挖采用台阶法，如图8.2.5所示的侧向台阶或上部台阶。

超前导洞法与全断面掘进法相比较，其主要缺点是提高了造价和延长了工期，但是在超前导洞掘进时可以对全路线实行详细的地质勘测，并可以在扩挖全断面之前确定施工方

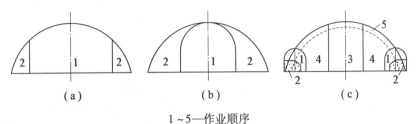

1～5—作业顺序

图 8.2.4　隧道中心部分超前掘进图

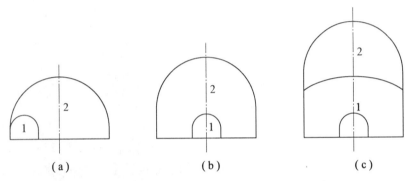

图 8.2.5　采用侧向(a)或上部(b)和(c)台阶法隧道掘进图

法和支护形式。在深埋条件下超前导洞可以当做一个试点,这能够减少"岩爆"的强度和概率。此外,该方法改善了施工过程的通风条件。

　　2)下部台阶法掘进。采用这种方法掘进,一般分为两个阶段,首先用全断面法掘进整个洞室的上部,之后再开挖下部台阶。如图 8.2.6 所示为某水电站导流洞下部台阶法掘进示意图。

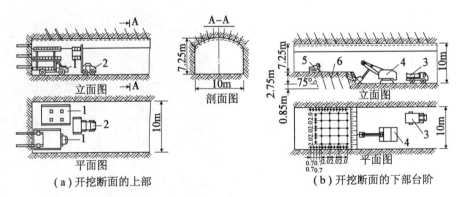

1—钻架台车;2—自动装卸机;3—自卸卡车;4—挖掘机;5—车钻;6—钻孔

图 8.2.6　某水电站导流隧洞下部台阶法掘进示意图

　　当台阶的高度较大(大于 10m)时,则进行分层开挖。在这种情况下岩体台阶段在整个洞室长度上都要按单独的水平层进行开挖。岩体分层开挖实例如图 8.2.7 所示。

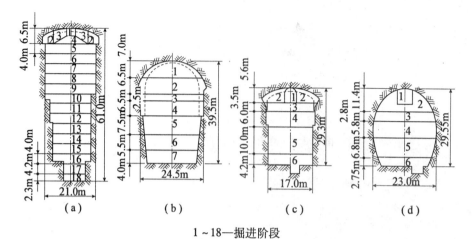

1~18—掘进阶段

图 8.2.7　大型地下洞室分层开挖实例示意图

（3）支撑拱法

支撑拱法适用于坚固系数 $f \geqslant 3$ 的裂隙发育的破碎岩体中开挖大断面的地下洞室。这类岩体要能够承受衬砌拱脚的压力。实际的支撑拱法有两种作业顺序方案，如图 8.2.8 所示。其中第一种方案（见图 8.2.8（a））主要用于长度小于 300m 的非含水岩层中的地下洞室；第二种方案（见图 8.2.8（b））主要用于长度大于 300m 的非含水岩层中的地下洞室，或长度小于 300m，但修建在含水岩层中的地下洞室。在第二种方案中导洞 1 和 3 用漏斗 2 和用于向上导洞运送材料的斜导洞相连通。洞室上部 3~5 和 5~7 先扩挖长 4~6m，并根据工程地质条件分为 1~3 段浇筑混凝土。台阶中间部分 7 和 9 的开挖必须在混凝土拱达到设计强度后进行。侧柱的开挖按棋盘格分段进行，并浇筑边墙混凝土。如图 8.2.9 所示为采用支撑拱法施工的地下工程实例示意图。

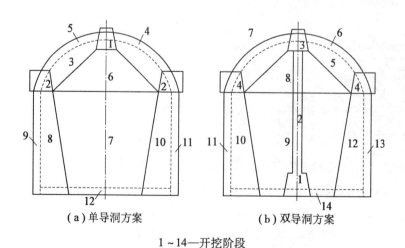

（a）单导洞方案　　　　（b）双导洞方案

1~14—开挖阶段

图 8.2.8　用支撑拱法修建隧道时的作业顺序示意图

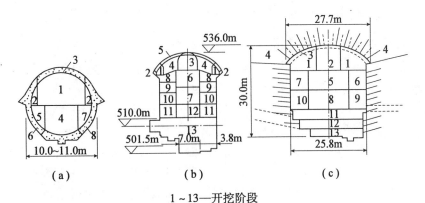

1～13—开挖阶段

图 8.2.9　采用支撑拱法开挖的地下工程实例示意图

(4)支撑核心法

支撑核心法的施工程序为：①掘进边墙下的两侧导洞；②浇筑边墙；③掘进上导洞；④扩挖上半部；⑤筑拱，并将拱脚支撑在修筑好的边墙上；⑥开挖支撑核心。如图8.2.10、图 8.2.11 所示。

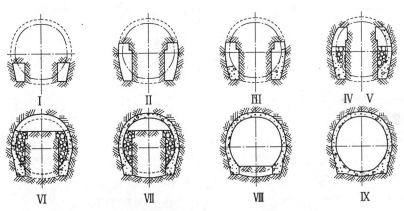

图 8.2.10　应用支撑核心法开挖隧道示意图

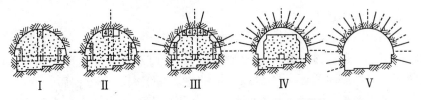

图 8.2.11　坚硬岩层中掘进大型隧道的改进支撑核心法

支撑核心法适用于软弱岩层中的大跨度(大断面)地下洞室施工。该方法能够保证在复杂条件下地下作业的安全，且可以采用高效率的机械化钻孔爆破以及出渣手段来开挖核心部分。

8.2.2 掘进机(TBM)法施工技术

掘进机法是利用岩石隧道掘进机在岩石地层中暗挖隧道的一种方法,其英文名称是 Tunnel Boring Machine,简称 TBM 法。该方法利用特别的大型切削设备,将岩石剪切、挤压破碎,然后通过配套的运输设备将碎石渣运走。

按岩石的破碎方式不同,大致可以将掘进机分为挤压破碎式和切削破碎式两种。若按其使用功能分,则掘进机有若干不同的类型,其中具有代表性的类型有:①全断面掘进机,其刀具直径基本上就是开挖直径;②独臂钻,即在履带车上装置独臂大钻头,可以在上下左右方向自由运动,挖掘出需要的洞室形状,然后,通过配套的运输出渣系统出渣;③盾构形全断面挖掘机,是一种与土层地下结构工程施工中的盾构机基本相同的掘进机。

与钻爆法相比较,TBM 法具有以下的优越性:

(1)在作业面上能够不间断的进行施工,因而提高了掘进速度。

(2)洞室开挖施工可以实行全面机械化,自动化,大大减轻了现场工人的劳动强度。

(3)显著地降低了对洞室围岩的破坏和扰动程度,由此可以减轻支护结构的重量和提高施工的安全性。

(4)可以减少甚至免除超挖,避免浪费混凝土等材料,因而降低了施工费用和工程造价。

当然,TBM 法也有其局限性,例如,由于掘进机一般造价昂贵,只有当洞室长度较长时,(大于 1000m)才是经济合理的;再者,掘进机开挖还受到岩石强度和机械尺寸的限制,岩石强度越高、洞室尺寸越大(机械尺寸越大),要求掘进功率越大,因此费用也越高。

1. 全断面掘进机开挖施工

全断面掘进机开挖施工技术是在近数十年发展起来的一种高效、先进的地下洞室开挖施工技术,我国一方面从国外引进了一些设备,另一方面也在研制自己的 TBM 设备。

全断面掘进机的主要优越性是适宜于打长洞,因为全断面掘进机对通风要求低;对围岩破坏扰动少,因而对围岩稳定有利,开挖洞壁光滑(超欠挖少),若用混凝土衬砌,可以减少甚至无回填方量。如图 8.2.12 所示为现代化的大型 TBM 设备图片。

常用的全断面掘进机,其刀盘直径 3.0m ~ 12.0m 不等,刀盘上安装刀片,刀盘旋转时这些切刀就在掌子面上挤切、旋转,把岩石破碎,被破碎的岩石块落入皮带输送机上,向后输送,装入出渣车运出洞外。

为了提高切刀对岩石的挤压推力,掘进机装有两套液压系统,一套是将掘进机撑在岩壁上,使之固定不后退;另一套是将刀盘推向前,使切刀紧压在岩壁掌子面上。后一套液压系统是随切刀的切削进程不断将刀盘推向前进。当走完一个行程后,就不能继续前进了。此时前一液压系统再启动,收缩两侧支撑在岩壁上的支腿,将整个掘进机向前移动,再撑牢支腿,开始新一进程。如此不断循环,就可以不断向前掘进。

掘进机全断面开挖前的准备工作量较大,较复杂。如开挖洞脸,浇筑两侧支腿支撑处的混凝土,固定掘进机等。另外,掘进机设备一般都十分庞大,不可能整机搬运,因此准备好进洞场所后,还必须进行掘进机组装。一般情况下,掘进机全断面开挖前的准备工作需要 2 ~ 3 个月甚至更长时间才能完成,因此,短洞不适宜采用全断面掘进机施工。

图 8.2.12　现代化的大型 TBM 设备

2. 独臂钻开挖施工

独臂钻是另一种型式的掘进机，独臂钻是在一个悬臂上装一个可以切削岩石的大钻头，这个大钻头可以上下左右运动，大钻头切削开挖的同时，皮带扒渣机将石渣装进后面的斗车，运出洞外。这种掘进机开挖速度很快，适宜于开挖软岩，不宜开挖地下水较多、围岩不太稳定的地层。我国甘肃省引大入秦（将甘肃、青海两省交界处的大通河水，跨流域东调 120 公里，引到兰州市以北 60 公里处干旱缺水的秦王川盆地）工程盘道岭隧洞就是利用这种设备在干燥完整软岩中开挖的。开挖断面面积 26m^2，月进尺达 126m。

3. 天井钻开挖施工

天井钻是专门用来开挖竖井或斜井的大型钻具，钻机是液压电动操作，钻杆直径 20~30cm，每一节长 1~1.5m，开挖直径 1.5~3.5m，开挖深度可以由数十米到 300m。

4. 带盾构的 TBM 掘进机法

带盾构的 TBM 掘进机是在掘进机前部带有盾构，在盾构内部可以立即安装预制钢筋混凝土管片衬砌，随掘进随安装。衬砌与盾构外边缘之间有 5cm 的间隙，盾构前进后在间隙中填入小石子，然后注入水泥浆灌实。

当围岩为软弱破碎带时，采用常规的 TBM 掘进设备，常会因围岩塌落，掩埋住设备，造成事故，进退不得。而采用带盾构的 TBM 掘进设备，则可以避免出现这种情况。例如我国引大入秦工程 30A 隧洞围岩条件较差，为松软的砾岩、砂岩、泥岩，施工选用带盾构的 TBM 设备，开挖支护一次完成，取得成功。

8.3　土层地下结构工程施工技术

土层地下结构工程的施工，根据土层的地质条件和施工所处位置的环境条件，有许多相应的施工方法，如地下连续墙法、盾构法、沉井法、顶管法等。本节将简要介绍土层地下结构工程的施工技术。

8.3.1 地下连续墙施工方法

地下连续墙是在深基础的施工中发展起来的一种施工方法，该方法是以专门的挖槽设备、沿着深基础或地下结构物周边，采用触变泥浆护壁，按设计的宽度、长度、深度开挖沟槽，待槽形成后，在槽内设置钢筋笼，采用导管法浇筑混凝土，筑成一个单元槽段和混凝土墙体。依次继续挖槽，浇筑施工，并将单元墙体逐个连接成一道连续的地下钢筋混凝土墙体帷幕，以作为防渗、挡土、承重的地下墙体结构。

地下连续墙具有广泛的用途，如建筑物的地下室和其他构筑物；地下停车场、地下街道、地下铁道、盾构用的竖井以及其他用途的竖井；污水处理厂；净水场、泵房；市政隧道、水坝防渗墙、护岸、岸壁、船坞、船闸，等等。地下连续墙各施工工序技术要点如下：

1. 施工准备。施工前应进行详尽的工程地质水文地质调查，提出可靠的工程地质勘察报告。同时应编制施工组织设计及施工平面设计图，编制施工作业计划。

2. 修筑导墙。导墙一般为现浇钢筋混凝土结构，其主要作用是：起挖槽、造孔导向作用；储存触变泥浆；维护槽口稳定；避免塌方；支承造孔机械及设备的荷载。导墙的各种形式如图 8.3.1 所示。

3. 护壁泥浆。泥浆的主要成分是膨润土、水、化学添加剂和一些惰性材料。护壁泥浆的主要作用有：①护壁：泥浆柱压略大于地下水土压力，可以平衡地压，稳定井壁。②洗槽：利用泥浆当介质进行循环排渣，钻头钻下的岩屑及时由泥浆携带排出槽外，钻头始终切削新土，提高了机械效率。③冷却润滑钻头：泥浆的循环降低了钻头与土层相互作用而产生的温升，同时泥浆又是一种润滑剂，可以减少钻头的磨损。

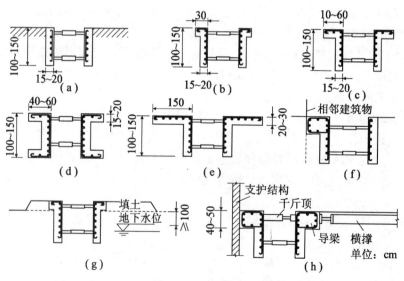

图 8.3.1　各种形式的地下连续墙导墙断面图(单位：cm)

4. 挖槽与清槽。挖槽是地下连续墙的主体工程，其技术要点为：①槽段划分，即确定单元槽段的长度，槽段划分既是进行一次性挖掘的长度，也是一次性浇筑混凝土的长度，应综合考虑地质条件、对临近建筑物的影响、钢筋笼吊装和混凝土供应能力后确定。②槽段开挖，常用的有钻抓式或多头钻成槽机开挖两种形式。③清槽，无论采用何种施工方法，必须清除残留在槽底的土渣、杂物，清槽方法一般有吸力泵法，空气压缩机法和潜水泵排渣法等。

　　5. 槽段连接。地下连续墙单元之间靠接头连接，接头通常应能满足受力和防渗要求，且施工方便。具体作法是：在单元槽段内，土体被挖出后，在槽段的一端先吊放接头管，再吊入钢筋笼，浇筑混凝土，然后逐渐将接头拔出，形成半圆形接头，如图8.3.2所示。

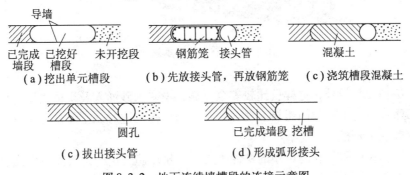

图 8.3.2　地下连续墙槽段的连接示意图

　　6. 吊放钢筋笼。钢筋笼一般在工厂平台上制作，要求非常平直，吊装时按单元槽段组成整体吊装，或分段连接。钢筋笼的吊放应缓慢进行，放到设计标高后，可以采用横担搁置在导墙上定位，再进行混凝土浇筑。

　　7. 浇筑混凝土。在泥浆中通过导管灌注混凝土是一种特殊的施工方法，混凝土密实只能依靠其自重压力和灌注时产生的局部振动来实现。混凝土拌合料的级配、流动性必须符合相关要求，严格按照施工工艺进行施工。

8.3.2　盾构法施工技术

　　盾构法是在地表以下土层中暗挖地下洞室并施作衬砌结构的一种施工技术。盾构机是由保护内部各种作业机具的钢壳及其在该钢壳保护下进行各种作业的机器和作业空间构成的。盾构法是一项综合性的施工技术，盾构机本身只是进行土方开挖和隧道衬砌结构施作的施工机具，该机具还需要与其他施工技术紧密配合才能顺利施工。

　　1. 盾构的构造和分类

　　盾构的种类很多，其基本构造包括盾构壳体、掘进及推进系统、衬砌拼装系统三大部分，如图8.3.3所示。

　　(1)手掘式盾构

　　手掘式盾构构造简单，配套设备少，因而造价低，其开挖面可以根据地质条件全部敞开，也可以采用正面支撑随开挖随支撑。

　　(2)挤压式盾构

　　挤压式盾构分为全挤压及半挤压两种，前者是将手掘式盾构的开挖工作面用封板封闭

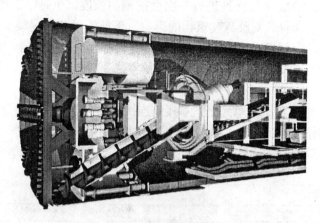

图 8.3.3 盾构构造示意图

起来，把土层挡在封板外，这样就比较安全可靠，没有水砂涌入及土体崩塌的危险，并省去了出土工序。后者是在封闭封板上局部开孔，当盾构推进时，土体从孔中挤入盾构，装车外运，省去人工开挖。

挤压式盾构仅适用于软弱可塑的粘性土层。全挤压施工由于地表有较大隆起只能用在空旷的地段，或河底、海滩等处。半挤压施工虽然可以在城市房屋、街道下进行，但对地层扰动大，很难避免地面变形。

（3）半机械式盾构

半机械式盾构系在手掘式盾构正面装上挖土机来代替人工挖土。根据地层条件，可以安装反铲挖土机或螺旋切削机。

（4）机械式盾构

机械式盾构是在手掘式盾构的切口部分，安装与盾构直径同样大小的刀盘，以实现全面切削开挖。

2. 盾构法施工的准备工作

盾构施工前，先要布置盾构安装基坑或工作井，其尺寸应根据盾构安装的施工要求来确定，其宽度应比盾构直径大 1.6 ~ 2.0m，以满足安装时铆、焊等工作的要求。采用整体吊装的小型盾构时，工作井的宽度可以酌情减小。工作井的长度方向（沿推进方向）要考虑盾构设备的安装要求。

从施工要求考虑，工作井的宽度只要超过盾构安装尺寸即已足够，而长度则要考虑在盾构前面拆除洞门封板和在盾构后面布置基座和垂直运输需要的尺寸。此外，为了便于进行洞门与衬砌之间空隙的填充，封板工作及临时基座衬砌环与盾构导轨之间的填实工作，在盾构下部至少应留 1.0m 左右的高度。

在施工基坑或井内浇筑钢筋混凝土盾构基座，并在基座上装设盾构导轨，使盾构在施工前获得正确导向。因此，导轨需要根据隧道设计、施工要求定出平面及高程位置进行定位。

盾构进洞前在井内安装就位。所有掘进准备工作完成后，即拆除临时封门，使盾构进入地层。如图 8.3.4 所示为盾构进洞示意图。

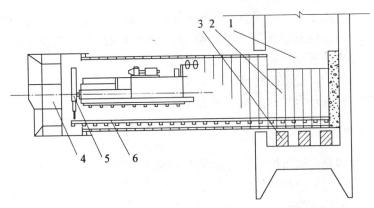

1—盾构拼装井；2—后座管片；3—盾构基座；4—盾构；5—管片拼装设备；6—运输轨道

图 8.3.4　盾构进洞示意图

3. 盾构推进

盾构掘进的基本过程是，先借助于千斤顶驱动盾构使其切口贯入土层，然后在切口内进行土体挖掘与运输。盾构开挖方式有以下几种：

（1）敞开式开挖

手掘式及半机械式盾构均为敞开式开挖，这种方式适用于地质条件好，开挖面在掘进中能维持稳定或在有辅助措施时能维持稳定的情况。

（2）机械切削开挖

目前大部分采用以液压或电动机作动力的双向转动切削的刀盘开挖。根据地质条件大刀盘可以分为刀架之间无封板的和有封板的两种，前者适用于土质较好的条件。这种开挖方式配合运土机械可以使土方从开挖到装运都实现机械化、自动化。

（3）网格式开挖

开挖面由网格梁与隔板分成许多格子，开挖面的支撑作用是由土的粘聚力和网格厚度范围内的阻力而产生的，当盾构推进时，克服这项阻力，土体就从格子里呈条状挤出来。要根据土质的性质，调节网格的开孔面积。网格式开挖全靠千斤顶编组顶进，在千斤顶缩回后，会产生较大的盾构后退现象。导致地表沉降。因此施工时务必采取有效措施，防止盾构后退。

（4）挤压式开挖

挤压式开挖分为全挤压式和局部挤压式开挖，由于不出土或只部分出土，对地层扰动较大。在全挤压施工时盾构把四周一定范围内的土体挤密实。局部挤压施工时，要精心控制出土量，以减小和控制地表变形。

4. 盾构的操纵与纠偏

盾构脱离工作井轨道，进入地层后，主要依靠调整千斤顶编组及辅助措施来控制位置与方向。盾构在地层中推进时，由于多种原因可能导致偏离隧道设计轴线（影响因素包括地质条件、盾构机具、施工操作等）。

盾构操纵主要包括调整千斤顶编组、调整开挖面阻力、控制盾构推进纵坡等，考虑施工后的沉降，盾构实际施工轴线一般略高于设计轴线。

软土地层中盾构施工的隧道通常采用预制装配式衬砌结构，对于防护要求甚高的隧道，也可以采用整体现浇钢筋混凝土衬砌结构，但整体现浇钢筋混凝土衬砌结构施工复杂，进度缓慢，已逐渐被复合式衬砌结构所取代。

为了防止地表沉降，必须对衬砌壁后及时注浆充填，注浆要对称进行，尽量避免单点超压注浆，以减少衬砌环承受的不均匀施工荷载。

8.3.3 顶管法施工技术

顶管法施工技术是在城市地下管道或隧道工程需要穿越铁道、大型建筑群或河道时，为了避免对地面设施的影响和其他施工方法面临的困难而采用的一种有效方法。其施工程序是：先在地下工程的一端挖掘工作坑(井)，然后在井内安装顶进设备，且将预制的管(箱)涵置于坑中，由顶进设备将其顶入设计线路的地层，边顶进边挖土(挖土在管(箱)涵中进行)，将管段逐渐顶入地层内，直到顶至设计长度为止。如图8.3.5所示为顶管施工示意图。

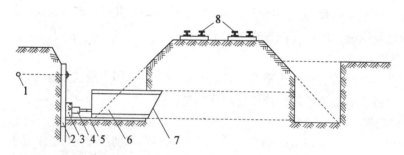

1—后背；2—钢桩；3—后背梁；4—千斤顶；5—底板；6—箱涵；7—刃角；8—线路

图 8.3.5 顶管施工示意图

1. 顶管法施工准备

(1)开挖工作坑(井)

工作坑(井)是预制和顶进箱涵的工作基地，工作坑的尺寸主要根据顶进工作的施工要求而定，其深度与箱涵的设计高程相适应。

(2)设置滑板

设置滑板即在工作坑底浇筑10~20cm厚的C15混凝土或钢筋混凝土，形成平整光滑的底板，该底板是顶进工艺极为重要的设施。

(3)制作管(箱)涵

在混凝土底板上敷设润滑隔离层，其作用是阻止箱涵底面与滑板粘结，从而保证箱涵能够起动顶进。隔离层由润滑剂及塑料薄膜组成。管(箱)涵一般在工作坑(井)内预制。为了减少顶进时的摩阻力，在管(箱)涵外表(侧墙)喷石蜡等润滑剂，做顶板刚性防水层，并在箱涵前端安装钢刃角，如图8.3.6所示。

(4)制作反力座

反力座或称反力后背，该装置在顶进过程中为箱涵顶进提供水平支撑反力，所以要求

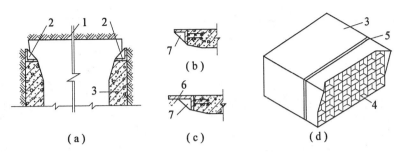

1—挖土面；2—刃角；3—箱涵；4—格子钢刃；5—变形缝；6—卷刃；7—肋

图 8.3.6　钢刃角构造示意图

具有足够的稳定性与刚度。当最大顶力发生时后背不允许产生相对位移和过大的弹性变形。按后背构造形式可以分为板桩式后背、重力式后背（挡土墙后填土），串联式后背、拼装式后背等。

2. 顶进施工

顶进施工工艺过程包括：挖土、运土、开镐、顶进、换顶铁或顶柱、接长车道及测量校正等。

（1）箱涵顶进起动

箱涵起动是使其与滑板分离。起动时要逐步加顶力，每次加顶力后要静置 10min，并检查设备及滑板、后背梁的变形、开裂情况等。

（2）挖土与运渣

箱涵顶进速度取决于洞内挖土速度，挖土要满足以下要求：

1）每次顶进 20～30cm，根据地层土质情况而定，在松散的或软塑性的土质中顶进，应严禁"超挖"，必须保证刃角切入土内 1cm 以上。

2）挖土时应使土坡平整，保证与刃角坡度一致，避免出现逆坡。

3）挖土工作必须与观测工作配合，根据偏差分析，决定挖土方法。顶进设备发生故障时，应暂停挖土。

4）运土一般用运渣车从洞内通过活动车道将土运出，直接装卸，避免转运积压。

（3）顶进

箱涵顶进设备包括液压传动及传力设备，液压传动系统包括动力机构（高压油泵）；操纵机构（节制阀、调节阀）；辅助装置（油箱、压力表等）。顶力是通过顶铁、顶柱、横梁或其他传力设备来传递的。

顶进工作的过程是挖土完成一镐量（即千斤顶一次冲程距离）后，即开动高压油泵，推动箱涵前进。每镐顶进 150～190mm。箱涵前进后，用拉镐将顶墙活塞缩回，再补放顶柱或顶铁，然后再进行下一镐，如此循环进行。

（4）测量工作

为了准确掌握顶进的方向和高程，应在箱涵的后方设置观测站，以观测箱涵顶进时的中线和水平偏差。

3. 顶进方向和高程控制

在顶进过程中要严格控制方向，以便一方面能校正直线上、曲线上、坡道上的箱段偏差，另一方面能引导保持曲线、坡道上要求的方向变更。

在全部顶进过程中，应经常对箱段的轴线和方向进行观测，发现偏差及时采取措施纠正，纠偏时，在确保安全的情况下，开挖面允许局部超挖。

（1）顶进中的方向控制

箱体在工作坑底板上滑动时，如果方向发生偏差，依靠方向墩的撑垫即可纠正。箱体入土前要把方向校正到设计位置，入土后就比较稳定了。箱体入土后的顶进方向控制可以采用以下措施：

1）严格控制挖土，两侧应均匀挖土，左右侧切土钢刃要保持吃土 10cm，正常情况下不允许超挖。

2）若发生偏差，可以采用偏顶，要逐渐纠正，不可急于求成。

3）利用挖土纠偏，多挖土一侧阻力小，即可以纠偏。

4）用后背顶铁调整，加换后背顶铁时可以根据偏差大小和方向，来调整顶铁，但必须注意掌握顶进时，可能出现箱体受力不均匀，容易出现裂缝的问题。

（2）顶进中的高程控制

箱涵空顶使刃角入土，若在土质较松软的地基上顶进，往往开始时是沿着滑板的坡度上升（滑板坡度一般为 1‰），当箱涵顶出滑板 1/3 长度后，滑板端部受箱涵的附加荷重，使得土层压缩，端部下沉，箱涵坡度逐渐下降，箱涵开始低头。在箱涵重心移出滑板后，低头将更显著。而当箱涵继续顶进时，尾部在脱离滑板后往往滑板断裂，箱尾下降，使坡度逐渐回升，而后平稳地前进，直到就位。为了防止过大的方向与高程误差，除加强观测外，应及时校正。常用的校正方法有：

1）加大箱涵底刃角阻力，避免箱涵低头。

2）发现箱涵有抬头现象时，应将箱涵底刃角前的挖土标高降至箱底以下 1~2cm，在顶进中连续超挖，逐渐消除抬头。

8.3.4 沉管法施工技术

沉管法又称为预制管段沉放法。事先在隧址以外的预制场制作隧道管段，管段两端临时封闭，在施工时浮运到隧址位置。同时在设计隧道位置预先进行沟槽开挖，设置临时支座，管段浮运到隧址位置后即可沉放管段。管段就位后进行管段水下连接，处理管段接头及基础，使整个隧道贯通。用这种方式建成的穿越江河的水下隧道，称为沉管隧道。

1. 沉管隧道的类型

沉管隧道按管段制作方式分为两大类，即船台型和干坞型。

（1）船台型沉管隧道

先在造船厂的船台上预制钢壳，制成后沿着船台滑道滑行下水，然后在水上于漂浮状态下浇筑钢筋混凝土。这种船台型管段的横断面，一般是圆形、八角形或花篮形，沉管内一般只能布设两个车道。

（2）干坞型沉管隧道

在临时干坞中制作钢筋混凝土管段，制成后往坞内灌水，使管段浮起并拖运至隧址沉设。用干坞施工的管段，其断面多为矩形，在同一管段断面内可以同时设置 4~8 个车道。目前沉管隧道的管段制作多采用干坞型。

2. 管段制作

本节就干坞型矩形断面钢筋混凝土管段的制作过程进行简要说明。在干坞中制作矩形钢筋混凝土管段的基本工艺，与地面上类似的钢筋混凝土结构大致相同，不同之处是采用浮运沉管施工方法，而且最终被埋设在水底，因此对均质性和水密性要求特别高，这是一般土建工程中所没有的。

矩形管段在浮运时的干舷只有 10 ~ 15cm，仅占管段全高的 1.2% ~ 2.0%，如果混凝土容重变化幅度大，超过 1% 以上，管段就会浮不起来。此外，如果管段的板、壁厚度的局部偏差较大，或前后、左右的混凝土容重不均匀，管段可能会侧倾。因此，在管段制作时必须采取一些独特的措施以严格控制模板变形与走动，严格控制混凝土混合物的均质性，不能按通常的施工标准来浇筑沉管管段混凝土。

施工缝常是渗漏的薄弱部位，除了应在构造上采取措施外，施工时应尽量减少施工缝。管段在施工阶段和使用阶段不可避免地会产生一定的纵向变形，由此而产生的横向裂缝(如施工阶段的收缩裂缝)也易产生渗漏。为了防止产生这类横向通透性裂缝，通常在管段横向设置变形缝，而且管段上的变形缝与其他地面工程或地下工程不同，在管段浮运、沉设时，管段受到纵向弯矩的作用，管段结构(含变形缝)至少应具有临时的抗弯能力，因此需采取一定措施。

在管段混凝土浇筑完毕，拆除模板后，为了使其能在水中浮起，必须于管段两端距端面 50 ~ 100cm 处设置封墙。封墙可以用木料、钢材或钢筋混凝土制成。

在管段沉设时，一般需要压载才能使管段下沉。压载材料可以用石渣、矿渣等，也可以直接用水压载。用水压载比较方便，应用较多，具体方法是：在管端封墙前，先在管段内设置压载水容器，容器的容量取决于干舷的大小以及所需要的下沉力大小，前后两节管段封墙之间空隙的大小，以及基础处理时"压密"工作所需压重多少等。

管段制作完成后，必须进行检漏试验，若有渗漏，可以在浮运出坞之前及时发现早作处理。

3. 管段沉设

管段沉设是整个沉管隧道施工的关键环节，管段沉设不但受气候、河流自然条件的直接影响，还受到航道、设备条件的制约。所以在沉管隧道施工中，并没有统一套用的沉设方法，但大体上可以分为吊沉法和拉沉法两种形式。吊沉法中根据施工方法和起吊设备的不同又分为分吊法、扛吊法和骑吊法等。

(1)分吊法：在管段预制时，预埋 3 ~ 4 个吊点，在沉放作业时用 2 ~ 4 艘起重船或浮箱吊住各个吊点，将管段沉放到设计位置，如图 8.3.7 所示。

(2)扛吊法：在左右驳之间加设两根"扛棒"，"扛棒"下吊住沉管，然后缓慢沉放。施工时用两艘方驳或四艘方驳构成作业船组进行。

(3)骑吊法：是用水上作业平台"骑"于管段上方，将其缓慢吊放沉设。

(4)拉沉法：这种沉设方法的特点是既不用浮吊、方驳，也不用浮桶、浮箱，管段沉设时无需压载，而是利用预先设置在沟槽底面上的水下桩墩，依靠架在管段上面钢桁架顶上的卷扬机和扣在地坑上的钢索，将管段缓慢地拉下水，沉放到桩墩上，如图 8.3.8 所示。

沉设施工的主要工具与设备，除了以上所提到的浮箱、方驳、起重设备、定位卷扬

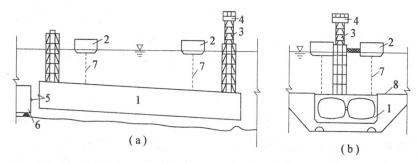

1—管段；2—浮箱；3—定位塔；4—指挥室；5—鼻型托座；6—既设管段；7—吊索；8—定位锚索

图 8.3.7　浮箱吊沉法示意图

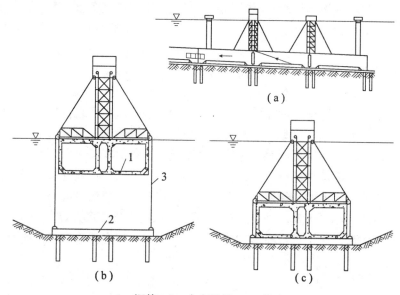

1—沉管；2—水底桩墩；3—拉索

图 8.3.8　拉沉法

机、起吊卷扬机外，还需要有定位塔及测量仪器，如超声测距仪、倾斜仪、缆索测力仪、压载水容量指示器等。

4. 管段连接

管段连接常用的是水压连接法，该方法是利用作用在管段后端端面上的巨大压力，使安装在管段前端面周边上的一圈橡胶垫环发生压缩变形，构成一个水密性良好，且相当可靠的管段接头。在管段水下连接完毕后，需在管段内侧构筑永久性的管段接头，使前后两个管段连成整体。目前采用的管段接头有刚性接头和柔性接头两种。钢性接头是在水下连接完毕后，在相邻两节管段端面之间，沿隧道外壁浇筑一圈钢筋混凝土将其连接起来，其最大缺点是水密性不可靠。柔性接头是利用水力压接时所用的橡胶垫吸收变温伸缩与基础不均匀沉降造成的角度变化，消除或减小管段所受温度与变形的应力，然后在管段接头缝外侧再安装一道橡胶止水带，以加强防水效果。如图 8.3.9 所示为水力压接法示意图。

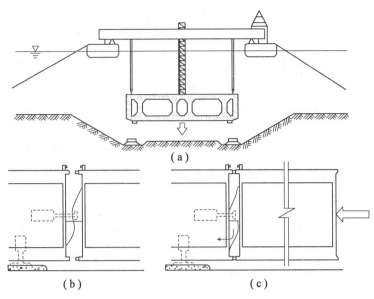

(a)

(b) (c)

图 8.3.9 水力压接法示意图

5. 基础处理

沉管基础处理方法大体上可以分为两类：一类是先铺法，即在沉管管段沉设前，先铺好砂、石垫层；另一类是后填法，先将管段沉设在预制沟槽底上的临时支座上，随后再补填垫实。

沉管隧道对各种地质条件其适应性都很强，地基处理的目的不是为了对付地基的沉降，而是因为在开槽作业中，挖成的槽底表面与沉管底面存在着许多不规则的空隙，这些空隙可能导致地基土受力不均而局部破坏，从而引起不均匀沉降，使沉管结构受到较高的局部应力而开裂，因此沉管隧道的各种地基处理方法，一般以消灭有害空隙为目的，所以各种不同的基础处理方法之间的差别，仅是垫平途径的不同而已。详见第 4 章 4.4 节。

8.4 新奥法施工简介

8.4.1 新奥法的概念

新奥法全名为：新奥地利隧道施工法（New Austrian Tunnelling Methad，简称 NATM）。新奥法是 1957—1965 年间在欧洲德语系地区修筑阿尔卑斯山脉的隧道中，通过实践而逐步建立起来的一种地下结构工程设计和施工的新理论和新技术。新奥法的主要创始人是奥地利的米勒、拉布希维兹及帕赫等学者。1963 年拉布希维兹教授在总结本国多年隧道施工经验的基础上首先提出这种科学的设计和施工方法。1980 年奥地利土木工程学会地下空间分会把新奥法定义为："在岩体或土体中设置的使地下空间的周围岩体形成一个中空简状支承环结构为目的的设计施工方法"。这个定义扼要地揭示了新奥法的最核心的问题——调动围岩的承载能力，促使围岩本身变为支护结构的重要组成部分，使围岩与构筑物的支护结构共同形成为坚固的支承环。

目前，在隧道工程施工中，主要通过打锚杆和喷射混凝土来实现"变围岩本身为支护结构的重要组成部分"这一目标。但是，这并不意味着锚喷支护就是新奥法的全部，锚喷支护只是新奥法的主要支护手段。新奥法的主要特点是通过许多精密的测量仪器对开挖后的洞室围岩进行动态监测并以此指导地下支护结构的设计和施工。

8.4.2 新奥法的基本指导思想和原则

新奥法来自于工程实践，该方法的创始者根据工程实践总结出 22 条原则如下：

1. 地下工程是以其自身的围岩来支护的，衬砌与围岩应紧密的贴合在一起，使围岩与衬砌形成整体性结构。

2. 在地下工程的开挖过程中，应最大限度地保持围岩的原始强度。

3. 尽可能地防止围岩松动，因为围岩松动必将导致其强度降低。以往惯用的木支架、石材支护及钢拱架不能与围岩紧密贴合，故不可避免地出现围岩松动，而采用喷射混凝土可以及时封闭围岩，因此可以防止围岩松动，如图 8.4.1 所示。

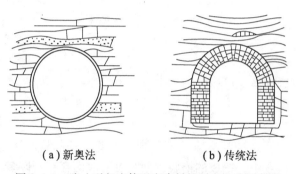

(a)新奥法　　　　　(b)传统法

图 8.4.1　防止引起岩体强度降低的围岩松动示意图

4. 应尽量避免岩体出现单向或双向应力状态。地下工程开挖后，洞周岩体由三向应力状态转变为双向应力状态，岩体强度大大下降。若能及时采取喷锚支护，可以提供足够大的径向支护抗力，使围岩从最不利的双向应力状态向三向应力状态转化。

5. 恰当地控制围岩变形，即一方面要允许围岩向洞内空间收缩变形，以便形成岩石支承环，而另一方面又要限制其产生过大变形造成围岩强度降低。采取的措施是在岩壁表面施以支护结构来阻止围岩发生松动破坏。

6. 应适时地进行支护，既不能过早，也不能太晚。支护结构的刚度要适宜，不宜过大，也不要太柔，以便充分发挥围岩自身的承载能力。

7. 应正确地确定岩体或岩体支护系统的特定的时间因素。例如以隧道开挖后围岩能保持稳定的时间为基础，对围岩进行分类，根据不同类别的围岩，针对其自稳时间的不同而采取不同的支护方式。

如图 8.4.2 所示是以隧道开挖后围岩能保持稳定的时间为基础，对围岩进行的分类。图 8.4.2 中给出了 1 秒到 100 年的时间范围内，根据围岩的自承时间将围岩分为 A ~ G 共七类。从图 8.4.2 中可以看出围岩 A、B、C 三类围岩的自承时间一般在 3 个月以上，其主要支护形式为锚喷支护；D 类围岩主要支护形式为锚喷网支护；E、F、G 三类围岩主要支护形式为钢拱架喷射混凝土支护。

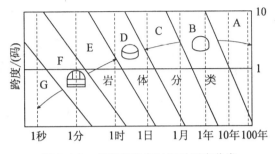

图 8.4.2　按围岩稳定时间对围岩分类

8. 如果预计在隧道开挖时围岩产生较大变形或松动，则所采用的支护应能覆盖全部开挖岩面并能与围岩紧密贴合。使用喷混凝土能够达到这两点要求，而木支架或钢拱支架与围岩之间为点支撑，只能有效地阻止围岩变形或松动。

9. 第一次支护应该是薄壁柔性结构，以便最大限度地限制弯矩和由弯矩而引起的拉裂破坏。一般采用的支护厚度为 150～250mm。

10. 如果第一次支护的喷混凝土层的承载能力确实不能保证围岩稳定，应通过打锚杆、挂金属网或增设钢拱架联合支护来解决，如图 8.4.3 所示。

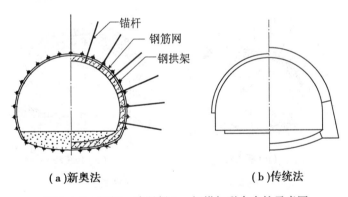

（a）新奥法　　　　　　　　　（b）传统法

图 8.4.3　锚杆、喷混凝土、钢拱架联合支护示意图

11. 从力学角度上看，新奥法构筑的隧道可以认为是由围岩支承环与第一次支护、第二次支护构成的厚壁圆筒。围岩支承环和支护结构是在变形协调条件下共同工作的结构物，而传统的观点则是把隧道看成是双墩拱，认为该拱是承担围岩荷载的结构物。新奥法把围岩从加载的因素（或把支护变为支撑概念）转变成承载的因素（或把支护变为加固概念）是一个飞跃，如图 8.4.4 所示。

12. 当隧道为双层支护时，内圈支护不宜太厚且内外两层要紧密贴合为一个整体，不要成为摩擦结合，要使两层支护之间仅能传递径向应力。

13. 若采用二次支护，第一次支护所形成的围岩支护体系就应该是稳定的，第二支

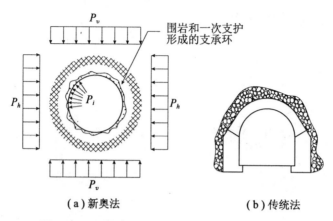

（a）新奥法 （b）传统法

图 8.4.4 围岩支承环和支护结构共同工作示意图

护（内衬砌）的作用在于进一步提高工程的安全性。但在有大量涌水时，或在围岩变形尚未稳定前就构筑第二次支护，则一次支护与二次支护都需要考虑结构的稳定性问题。当渗水具有侵蚀性时，只有采取了防腐蚀措施才能把锚杆看成是永久性支护的组成部分。

14. 从力学角度上看，圆筒只有在全圆周上没任何缝隙才能起到圆筒的作用，因此，隧道要封底（围岩非常坚硬除外），形成闭合圆筒。封底要及时，一般为仰拱，如图 8.4.5 所示。

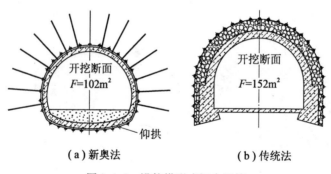

（a）新奥法 （b）传统法

图 8.4.5 设仰拱形成闭合圆筒

15. 围岩的性态受封底时间的影响较大，若掘进工作面推进过快而延长了封底时间，则使拱圈承受不利的纵向弯矩，而且拱圈的岩石承受很高的应力。

16. 隧道开挖后，破坏了岩石应力状态，围岩应力重新分布。为了不使应力重新分布过程复杂化并损坏岩体，应该采用全断面一次开挖。

17. 隧道的施工方法影响着围岩时间效应。因此，正确的施工方法对保证隧道的稳定性起着决定性作用。

18. 为了避免隧道断面上尖角处的应力集中现象，应采用光滑的圆形断面。

19. 正确确定围岩自承时间的手段是室内试验、现场试验、围岩变形量测等。此外，围岩的裸露时间、变形速度和岩体分类也可以为确定岩体或支护系统的特定的时间因素

（第 7 条）提供重要数据。围岩的变形量测工作已经成为新奥法施工不可缺少的组成部分。

20. 第一次支护的形式及设置的时间应根据所测得的岩体变形来确定，如图 8.4.6 所示为现场岩体变形量测测点布置示意图。

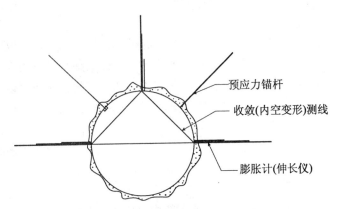

预应力锚杆

收敛(内空变形)测线

膨胀计(伸长仪)

图 8.4.6 岩体变形量测测点布置示意图

21. 混凝土应力量测、支护与围岩之间接触应力量测以及施工期进行的收敛变形量测等获得的数据反馈到设计与施工中，是指导设计与施工的重要依据。

22. 围岩的渗流压力以及作用于支护上的静水压力可以通过各种排水设施或手段使之消除。必要时，应在第一次支护和第二次支护之间，设置专门的防水层来解决防水问题。

上述 22 条基本原则说明，不能把新奥法单纯看成一种施工方法或支护方法，而是一系列思想的综合和系统化，是一个具体应用岩体动态性质的完整的力学概念。

根据以上 22 条原则，新奥法的核心思想可以归纳为以下三个方面：

（1）支护要充分发挥围岩的承载能力

新奥法根据现代岩石力学中支护与围岩共同作用的原理，明确指出围岩是承载的主体，初次支护和最终衬砌的目的，是为了保证和调动围岩的强度，帮助围岩实现自承，使隧道周围尽快形成一个能自承的岩土体承载环。

围岩一旦风化松动，岩体强度会大幅度降低，要发挥围岩的承载能力，首先一点就是尽可能不损害围岩原有的强度。惯用的木支架和钢拱支架不能避免围岩出现松动，采用喷混凝土或锚喷支护封闭围岩壁面可以防止围岩风化和松动，减少围岩强度的降低。因此，采用喷锚或锚喷支护是新奥法的重要特征。

从力学角度上讲，新奥法构筑的地下结构可以认为是由围岩支承环与一次衬砌、二次衬砌共同构成的厚壁圆筒。支承环厚壁圆筒只有在全圆周上没有任何缝隙时才能起到圆筒的作用，因此形成闭合环非常重要。围岩的工作特性取决于衬砌的封闭时间，因此，除非确认底板围岩是非常坚硬而无需设置底拱外，一般都要设仰拱，并且在施工过程中要尽快对底板进行支护以形成闭合环。

（2）建立二次支护的概念

地下洞室开挖初期围岩的应力调整过程中，围岩变形量大、速度快。为适应这一特点，新奥法要求支护既能抑制围岩变形、防止围岩开裂松动，又要具有一定的柔性，允许围岩适度变形,只有这样才能最大限度地减少支护结构受力,充分发挥围岩的自承能力。

初期支护在于有控制地允许围岩变形,充分发挥围岩的自承能力,以较低的成本获得较好的支护效果。二次支护的作用是提高支护的安全度,根据新奥法原则,二次支护也应采用薄壁结构,当围岩变形稳定后适时地完成。

(3)建立监控量测体系

新奥法强调在地下工程施工过程中进行系统的现场监控量测工作,以掌握围岩的活动规律和地下结构的安全程度。新奥法的初期支护参数设计,是在岩石力学基本理论的基础上,按照围岩分类及工程类比方法确定的,只有通过现场实测,才能对设计参数进行进一步的优化,达到最佳支护效果。因此,监控量测工作是评价初期支护是否合理、施工方法与工艺是否正确、围岩状态是否稳定和确定二次支护时机的科学依据。监控量测工作应伴随着地下工程施工的全过程,量测工作的好坏,是按新奥法施工能否成功的重要前提。

8.4.3 锚喷支护施工技术

锚喷支护实际上包含两大部分:一部分是喷混凝土;另一部分是锚杆。在洞室开挖后,首先在围岩表面喷一层混凝土,防止围岩松动,如果这层混凝土不足以支护围岩,则根据情况加设锚杆或再加厚喷混凝土层。

1. 喷混凝土

喷混凝土的施工工艺过程一般由供料、供风和供水三个系统组成。在实际施工中,还需根据工程规模、机械设备和施工条件等具体情况适当改变。

喷射混凝土的施工工序是:首先撬除洞周的"危岩",清洗岩面。一般混凝土与岩石之间的粘着力可达 $1.0 \sim 1.5\text{MPa}$,如果岩面冲洗不良或部分含泥,粘着力将大为降低。为了提高喷层与岩面的粘着力,并减少回弹,一般在岩石表面先喷一层水灰比较小的砂浆,或喷一薄层含水泥较高的混凝土作为底层。喷完底层后,即可分次喷混凝土,每次厚度为 $3 \sim 8\text{cm}$。每次喷完后,应清除回弹料、松散料。第一层喷完后,可以进行锚杆施工,必要时挂钢筋网,然后再喷第二层、第三层混凝土。

喷混凝土的方法有"干喷"与"湿喷"两种,干喷是将水泥、砂、小石子等干料拌和好,装入喷射机,用压缩空气通过输料管,把拌和物送到喷嘴处加上溶有速凝剂的水,喷射出去;湿喷是将水泥、砂、小石子及水等拌和好,装入喷射机送到喷嘴处,在喷嘴处再加上溶入水中的速凝剂喷射出去。实际工程中这两种喷法都有实际应用。

喷混凝土配比一般为水,水泥:砂:石:速凝剂 $= 0.35 \sim 0.5 : 1.0 : 2.0 : 2.0 : 0.03$,正确选用配合比和正确操作、加强养护是提高喷混凝土强度的基本方法。此外,在喷射混凝土中还可以加入钢纤维,这样将大大提高混凝土的韧性和抗拉强度。

2. 锚杆支护

在岩体内施加锚杆的主要作用是加强和支承部分分离的片状或不稳定的岩体,从而改善岩体的稳定状态。

锚杆种类很多,主要有砂浆锚杆、树脂锚杆、楔缝式锚杆、胀壳式锚杆、倒楔式锚杆等,各种锚杆均要求先钻孔,然后才能安设。

按锚杆受力情况分,有普通锚杆(安设时锚杆本身不受力)和预应力锚杆(安设时对锚杆施加预张力)之分。

楔缝式锚杆的端部劈叉，中间夹入一个铁楔子，孔钻完成后，用风锤将锚杆打入孔中，此时，端部的楔子使锚杆劈开，将锚杆固定，孔口处加垫板及止浆封垫，用螺帽拧紧，张拉锚杆施加预应力，然后通过预留的灌浆管，向孔内灌注砂浆，保护锚杆，防止锈蚀。

胀壳式锚杆端部有一个锥形塞，用丝扣连接在锚头上，锥形塞外面有几片胀壳，转动杆体，扩张胀壳因而将锚杆与孔壁挤紧，得到锚固，然后可张拉。胀壳式锚杆在安装时不用锤击，故杆体比楔缝式锚杆细一些，其孔口和注浆方式与楔缝式锚杆相同。

倒楔式锚杆的原理和胀壳式锚杆的原理类似，杆体端部连接一个固定楔，外面有一个活动楔，安装时用钎杆锤击活动楔，使之与岩体挤紧，因而起到锚固作用。

树脂锚杆是以高分子合成树脂为粘结剂，把锚杆和岩石孔壁粘在一起，起锚固作用。将合成树脂固化剂、催化剂等分别装在互相隔开的塑料袋中，安装时用锚杆将塑料袋轻轻推入锚杆孔中，然后靠锚杆的压力和旋转使固化剂、填料、树脂充分混合。

砂浆锚杆是用水泥砂浆将锚杆杆体和孔壁围岩粘结成整体，砂浆锚杆是目前施工最简便、使用最多的一种锚杆。

3. 预应力锚索

预应力锚索一般由多根高强钢丝或钢绞线组成。目前常用的预应力锚索有锚头胀壳式钢绞线预应力锚索，胀壳式高强钢丝束预应力锚索和二次灌浆预应力锚索等。预应力锚索不仅能应用于稳定性较差的地层中修建的大型洞室，而且还可以用来加固边坡和坝体等。预应力锚索的施工工艺是：钻孔→锚索的组装和推送就位→内锚固段灌浆→浇筑孔口混凝土墩→锚索张拉→张拉段灌浆→外锚固段处理。

如图 8.4.7 所示为某大型地下洞室预应力锚索支护实例。

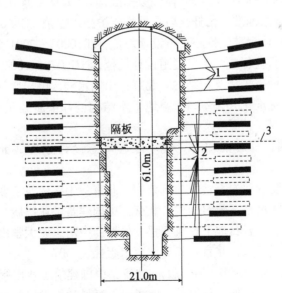

1—长 16~17m、预加张力为 800~1000kN 的锚索；2—长 16~17m、预加张力为 350kN 的锚索；
3—长 21~27m、预加张力为 600~800kN 的锚索

图 8.4.7　某大型地下洞室预应力锚索支护实例图

参 考 文 献

[1] 关宝树，杨其新编著．地下工程概论．成都：西南交通大学出版社，2001.

[2] 束昱编著．地下空间资源的开发与利用：规划·设计·建设·管理·环境·防灾．上海：同济大学出版社，2002.

[3] 钱七虎，卓衍荣编著．地下城市．北京：清华大学出版社；广州：暨南大学出版社，2002.

[4] Wickham G E, Tiedemann H R, Skinner E H. SUPPORT DETERMINATIONS BASEND ON GEOLOGIC PREDICTIONS. In Proc. North American Rapid Excavation and Tunneling Confference, Ed. by Kenneth S Lane and Larry Garfield, Chicago, June 5-7, 1972. V1, 43-64.

[5] Bieniawski Z T. ENGINEERING CLASSIFICATION OF JOINTED ROCK MASSES. *Civil Engineer in South Africa*, v 15, n 12, p 335-343, Dec 1973.

[6] Barton N, Lien R, Lunde J. ENGINEERING CLASSIFICATION OF ROCK MASSES FOR THE DESIGN OF TUNNEL SUPPORT. Rock Mechanics, v 6, n 4, p 189-236, Dec 1974.

[7] 中华人民共和国国家标准．工程岩体分级标准，GB50218—94. 1994.

[8] 中华人民共和国国家标准．锚杆喷射混凝土支护技术规范，GB50086—2001. 2001.

[9] 中华人民共和国行业标准．铁路隧道设计规范，TB10003—2001. 2001.

[10] 中华人民共和国行业标准．公路隧道设计规范，JTG D70—2004. 2004.

[11] 徐干成等编著．地下工程支护结构．北京：中国水利水电出版社，2002.

[12] 北京市建筑设计标准化办公室．防空地下室结构设计手册．北京：中国建筑工业出版社，2008.

[13] 王后裕，陈上明，言志信编著．地下工程动态设计原理．北京：化学工业出版社，2008.

[14] 重庆建筑工程学院等．岩石地下建筑结构．北京：中国建筑工业出版社，1982.

[15] 同济大学等编．土层地下建筑结构．北京：中国建筑工业出版社，1982.

[16] 李夕兵，冯涛编著．岩石地下建筑工程．长沙：中南工业大学出版社，1999.

[17] 关宝树主编，地下工程，北京：高等教育出版社，2007.

[18] 朱合华主编．地下建筑结构(第二版)．北京：中国建筑工业出版社，2011.

[19] 孙钧著．地下工程设计理论与实践．上海：上海科学技术出版社，1996.

[20] 龚维明等编著．地下结构工程．南京：东南大学出版社，2004.

[21] 本书编委会编．简明地下结构设计施工资料集成．北京：中国电力出版社，2005.

[22] 李志业，曾艳华编著．地下结构设计原理与方法．成都：西南交通大学出版社，2003.

[23] 张庆贺，朱合华编著．土木工程专业毕业设计指南·隧道及地下工程分册．北京：中国水利水电出版社，1999.

[24] 贺少辉主编．地下工程（修订本）．北京：清华大学出版社；北京交通大学出版社，2008.

[25] 陈建平等编著．地下建筑结构．北京：人民交通出版社，2008.

[26] 门玉明，王启耀主编．地下建筑结构．北京：人民交通出版社，2007.

[27] 陆述远著．水工建筑物专题（复杂坝基和地下结构）．北京：水利电力出版社，1995.

[28] 孙钧，侯学渊主编．地下结构（上）．北京：科学出版社，1987.

[29] 孙钧，侯学渊主编．地下结构（下）．北京：科学出版社，1988.

[30] 孙钧，汪炳鉴编著，地下结构有限元法解析．上海：同济大学出版社，1988.

[31] 王勖成编著．有限单元法．北京：清华大学出版社，2003.

[32] 徐志英主编．岩石力学．北京：水利电力出版社，1993.

[33] 蒋彭年编著．土的本构关系．北京：科学出版社，1982.

[34] PROCEEDINGS OF THE FRENCH ASSOCIATION FOR UNDERGROUND WORKS (AFTES) SYMPOSIUM ON ANALYSIS OF TUNNEL STABILITY BY THE CONVERGENCE-CONFINEMENT METHOD, 1978. *Underground Space*, v 4, n 4-6, 1980.

[35] 黄仁福，吴铭江著．地下洞室原位观测．北京：水利电力出版社，1990.

[36] 夏才初，李永盛编著．地下工程测试理论与监测技术．上海：同济大学出版社，1999.

[37] 韩瑞庚编著．地下工程新奥法．北京：科学出版社，1987.

[38] 郑颖人主编．地下工程锚喷支护设计指南．北京：中国铁道出版社，1988.

[39] 王建宇编著．地下工程喷锚支护原理和设计．北京：中国铁道出版社，1980.

[40] 杨其新，王明年编．地下工程施工与管理．成都：西南交通大学出版社，2005.

[41] 重庆建筑工程学院，同济大学编．岩石地下建筑施工．北京：中国建筑工业出版社，1982.

[42] 天津大学等编．土层地下建筑施工．北京：中国建筑工业出版社，1982.

[43] 崔玖江著．隧道与地下工程修建技术．北京：科学出版社，2005.